广视角·全方位·多品种

权威·前沿·原创

皮书系列为
"十二五"国家重点图书出版规划项目

U0257085

低碳发展蓝皮书

BLUE BOOK OF
LOW-CARBON DEVELOPMENT

中国低碳发展报告
（2013）

ANNUAL REVIEW OF LOW-CARBON DEVELOPMENT
IN CHINA (2013)

政策执行与制度创新

清华大学气候政策研究中心
主　编／齐　晔

社会科学文献出版社
SOCIAL SCIENCES ACADEMIC PRESS (CHINA)

图书在版编目（CIP）数据

中国低碳发展报告. 2013：政策执行与制度创新/齐晔主编.
—北京：社会科学文献出版社，2013.1
（低碳发展蓝皮书）
ISBN 978 - 7 - 5097 - 4160 - 3

Ⅰ.①中…　Ⅱ.①齐…　Ⅲ.①二氧化碳 - 排气 - 研究报告 -
中国 - 2012～2013　Ⅳ.①X511 ②F120

中国版本图书馆 CIP 数据核字（2012）第 307701 号

低碳发展蓝皮书

中国低碳发展报告（2013）
——政策执行与制度创新

主　编/齐　晔

出 版 人/谢寿光
出 版 者/社会科学文献出版社
地　　址/北京市西城区北三环中路甲 29 号院 3 号楼华龙大厦
邮政编码/100029

责任部门/经济与管理出版中心（010）59367226　　责任编辑/王莉莉　张景增　林　尧
电子信箱/caijingbu@ ssap. cn　　　　　　　　　　责任校对/岳爱华
项目统筹/恽　薇　王莉莉　　　　　　　　　　　　责任印制/岳　阳
经　　销/社会科学文献出版社市场营销中心（010）59367081　59367089
读者服务/读者服务中心（010）59367028

印　　装/北京画中画印刷有限公司
开　　本/787mm×1092mm　1/16　　　　　　印　　张/29.75
版　　次/2013 年 1 月第 1 版　　　　　　　　字　　数/500 千字
印　　次/2013 年 1 月第 1 次印刷
书　　号/ISBN 978 - 7 - 5097 - 4160 - 3
定　　价/85.00 元

编写单位说明

- 本书是在《中国低碳发展报告》编委会指导下，由清华大学气候政策研究中心研究编写。清华大学气候政策研究中心是清华大学与国际气候政策中心（Climate Policy Initiative，CPI）共同努力、合作建立的专门从事气候变化与低碳发展政策研究的跨院系学术机构，研究重点在于政策绩效评估和有效性分析，目的是为决策者提供技术支撑和决策参考。

- 感谢清华大学、国际气候政策中心（Climate Policy Initiative，CPI）、国家发改委能源研究所、国家发改委应对气候变化司对本研究的支持、指导和帮助。

低碳发展蓝皮书编辑委员会

主 任

何建坤　清华大学教授、校务委员会副主任、原常务副校长，国家气候变化专家委员会副主任

成 员

倪维斗　清华大学教授、原副校长，中国工程院院士

江　亿　中国工程院院士，清华大学教授、清华大学建筑节能研究中心主任，国家能源领导小组国家能源专家咨询委员会委员

刘世锦　国务院发展研究中心副主任、研究员

魏建国　中国国际经济交流中心秘书长，商务部原副部长

冯　飞　国务院发展研究中心研究员、产业经济研究部部长

周大地　国家发展和改革委员会能源研究所原所长、研究员，国家能源领导小组专家组副主任

薛　澜　清华大学教授、清华大学公共管理学院院长

齐　晔　清华大学公共管理学院教授、清华大学气候政策研究中心主任

研究编写组及评审专家

研究编写组 （以姓氏笔画为序）

主　　　编　齐　晔

成　　　员　马　丽　　王　晓　　王　湃　　王冰妍　　邓向辉

　　　　　　朱　岩　　朱旭峰　　刘　旻　　刘希雅　　齐　晔

　　　　　　李惠民　　杨　秀　　杨振林　　宋玮玮　　宋修霖

　　　　　　张　华　　张丹玮　　张声远　　苗　青　　郁宇青

　　　　　　赵小凡　　黄　婧　　龚梦洁　　董文娟　　鲁成军

特约评审专家 （以姓氏笔画为序）

　　　　　　王庆一　　白　泉　　白荣春　　刘　滨　　张永伟

　　　　　　张希良　　周宏春　　胡鞍钢　　姜克隽　　高　虎

　　　　　　戴彦德

附：报告执笔分工

BⅠ　综合篇：齐晔、鲁成军

BⅡ　政策执行篇：节能目标责任制：李惠民、赵小凡、
　　马丽、齐晔

BⅢ　政策效应篇Ⅰ：能效投融资：郁宇青

BⅣ　政策效应篇Ⅱ：可再生能源投融资：董文娟、王湃

BⅤ　制度创新篇：低碳发展试点：张华、朱旭峰、杨秀、
　　张沥丹、赵慧、田斯羽、张友浪、刘希雅

BⅥ　低碳指标篇：王晓

主要作者简介（按章节排序）

齐　晔　清华大学公共管理学院教授，清华大学气候政策研究中心主任，国务院学位委员会学科评审委员，美国纽约州立大学环境科学与森林学院（SUNY-ESF）及 Syracuse 大学博士。教育部与李嘉诚基金会"长江学者"特聘教授，清华大学"百人计划"特聘教授。曾执教于美国伯克利加州大学、北京师范大学。

鲁成军　经济学博士，清华大学公共政策博士后，重庆市人民政府驻京办事处经济合作处处长，主要从事政策制定与调研、区域经济合作等工作。

李惠民　2009 年于北京师范大学环境学院获得工学博士学位，2009～2012 年在清华大学公共管理学院、清华大学气候政策研究中心从事博士后研究，主要研究方向为气候变化政策。近年来主要参与博士后科学基金、国家自然科学基金、科技部科技支撑计划等研究项目，在国内外学术期刊上发表论文20 篇。

赵小凡　美国斯坦福大学环境工程系本科，管理科学与工程系硕士，2010～2011 年获得 Berkeley Fellowship 在美国加州大学伯克利分校农业与资源经济系攻读博士课程，曾任世界资源研究所（World Resources Institute）可持续能源研究员（MAP Sustainable Energy Fellow）、清华大学气候政策研究中心分析师，现为清华大学公共管理学院博士研究生，研究方向为节能政策。

马　丽　中央党校党的建设教研部讲师，清华大学管理学博士。主要研究方向为资源环境管理与政策、地方治理，曾发表《中央－地方互动与"十一

五"节能目标责任考核政策的制定过程分析》《节能的目标责任制与自愿协议》等相关领域学术论文十余篇。

郁宇青 博士，美国哥伦比亚大学毕业，清华大学气候政策研究中心研究部主任。研究方向为工业节能、低碳技术、可测量可报告可核实（MRV）、能效投资等。

董文娟 主要研究领域为能源政策、低碳技术；曾参与中国工程院应对气候变化的科学技术问题研究，科技部科技支撑计划应对全球环境变化的综合支撑技术研究，中德财政合作西部村落太阳能等项目咨询研究，是《中国低碳发展报告》系列的主要作者之一。

王 湃 爱丁堡大学硕士毕业，主要研究领域为资源与经济、可再生能源政策、生活消费节能，曾参与中国工程院应对气候变化的科学技术问题研究项目，是《中国低碳发展报告》系列的主要英文作者之一。

张 华 清华大学气候政策研究中心政策分析师。长期从事节能和低碳领域的研究工作，曾参与"十一五"国家科技支撑计划"重点节能工程节能量评价关键技术研究与应用"课题研究和专著撰写，《节能降耗行动的统计监测考核：MRV 的中国实践》《中国低碳发展报告（2011～2012）》《中国2050：走向绿色低碳社会》等报告的撰写，《横琴新区低碳发展规划》的编制等。

朱旭峰 清华大学环境工程学学士、公共管理学博士，南开大学周恩来政府管理学院教授、博士生导师，主要研究方向为公共政策理论与治理。

杨 秀 工学博士，国家应对气候变化战略研究和国际合作中心助理研究员。长期致力于国内的节能战略与低碳发展研究，于2010年1月获得清华大学博士学位，2010年3月至2012年5月在清华大学公共管理学院做博士后研究。

张沥丹 南开大学行政管理系本科，南开大学周恩来政府管理学院硕士研究生，主要研究方向为公共政策。

赵 慧 南开大学行政管理系本科，中山大学行政管理系硕士。现为南开大学周恩来政府管理学院博士研究生，主要研究方向为公共政策、政策创新及政策扩散等。

田斯羽 南开大学周恩来政府管理学院行政管理系硕士研究生，主要研究方向为政策创新与政策扩散。

张友浪 南开大学周恩来政府管理学院行政管理系硕士研究生，主要研究方向为公共政策与思想库等领域。

刘希雅 清华大学公共管理学院硕士研究生，主要研究方向为能源经济、城市可持续发展。

王 晓 工学博士，毕业于北京师范大学环境学院，现为清华大学公共管理学院博士后。研究领域为流域水环境模拟、环境规划与影响评价、气候变化与低碳发展政策。承担多项中国工程院、环保部、国家发展和改革委员会、地方政府等的公益性研究项目，发表多篇论文，参与编写多部专著。

摘　要

本年度报告专题探讨中国低碳发展中的政策执行和制度创新问题。选题的确定基于这样一种认识：良好的政策绩效往往取决于政策的执行，而政策的创新和政策执行机制的创新有赖于制度环境的创新。以往的研究发现目标责任制在近年来中国节能减碳政策执行中发挥了至关重要的作用。事实上，这项制度的建立是中国节能政策执行机制的创新。随着节能目标责任制的建立和实施，中国节能政策执行由原来以工业部门为执行主体的"条管"体制转变为以地方政府为基本架构的"块管"体制。尽管发生了根本性的变革，节能政策执行模式自始至终保留了以政府为核心的治理结构。与此形成鲜明对照的是可再生能源的开发应用的政策执行模式。在风能开发中，中央政府的作用在于通过法律、法规和规划确定政策方向和目标、创立市场激励、明确竞争规则。市场，而不是政府，成为治理的核心。在太阳能光伏制造和应用中，企业成为先导，利用国际市场和技术，拉动了产业发展，并推动了政府朝着有利于产业的方向制定政策。在节能、风能和太阳能三个领域形成了三种政策模式。

节能目标责任制

节能目标责任制是"十一五"以来中国节能政策执行的基本制度，在省、市、县、乡镇四级人民政府，以及各类重点耗能企业范围内得到了深入执行。目标责任制为"十一五"以来节能目标的完成发挥了关键作用。目标责任制的确立，使节能管理体系由行业部门主导转变为地方政府主导，使1998年政府机构改革以来不断弱化的节能管理机构得以强化。目标责任制执行以来，地方政府加强了节能工作的领导、建立健全了节能监察执法和能源统计机构，为节能目标的实现奠定了组织基础。地方政府逐级配套节能资金，并逐年增加，同时采用多种方式激励合同能源管理等节能新机制的发展，有效带动了企业节能工作的开展。目标责任制强化了企业负责人在相关决策中对节能工作的重视

程度，改变了企业的资金流向，使企业资金一定程度上向节能领域倾斜。

目标责任制发挥作用的核心机制在于节能压力的逐级传递，将中央政府的意志逐级转化为各级地方政府和用能单位的节能目标。目标责任制发挥作用的关键在于：通过"节能统计、监测和考核三个方案"把中央对地方的节能考核与中央组织部执行的地方党政领导干部绩效考核依照《节能法》有机地联系起来。从而，把一个针对地方政府的行政性考核转变为一项针对地方主要领导的政治性考核。这项考核对于激发地方领导和政府的积极性具有强大的作用。然而，必须看到，目标责任制的制度基础是我国政府体系中目前盛行的自上而下的压力型体制。这种体制固然有效，但也有明显的不足。它可以通过压力把上级的目标和指标传递给下级，但并不能使上级的目标内化为下级的目标。因此，压力的传递可以促进下级政府对政策执行的积极性，却难以使其产生主动性。而缺乏主动性的执行就难以产生创造性。长效的节能机制应当充分运用各项市场化手段，消除影响企业节能的制度障碍，以较高的、可实现的节能投资回报率吸引企业节能。

能效投融资

节能政策执行的重要保障在于资金，因此，研究能效投融资的意义不仅在于弄清资金的数量和渠道，更在于可以以此为窗口观察节能政策的执行及其效果。"十一五"期间，中国累计能效投资8224亿元，是同一时期世界上能效投资最多的国家。财政资金共投入1573亿元，占全社会能效投资总规模的19.1%。其中，中央财政在能效领域共投入1044亿元（12.7%）；地方财政共投入529亿元（6.4%）。社会融资共计6498亿元，占全社会能效投资总规模的79%。国际资金投入153亿元，占全社会能效投资总规模的1.9%。

"十一五"期间，8224亿元的能效投资共形成节能能力4.1亿tce，为实现单位GDP能耗下降19.1%的贡献度达到64%，能效投融资领域实践了多项创新的融资模式。例如，财政资金以"以奖代补"方式发放，提高了财政资金撬动社会资金的能力。通过"以奖代补"方式，1元财政资金可以拉动22.6元社会资金；与此相对比，以项目投资补贴方式，1元财政资金拉动了14.9元社会资金。在能效贷款领域，CHUEE项目创新性地启动风险担保机制，实践了基于项目现金流和项目资本的项目贷款。融资租赁也被引入能效领域，与合同能源管理机制相结合，解决了节能设备使用方面的问题。

"十二五"期间，能效投资需求为12358亿元。能效投资需要在"十一五"的基础上增长50%，才可能满足投资需求。12358亿元的能效投资可在"十二五"期间形成节能能力3.8亿tce，为实现单位GDP能耗下降16%目标的贡献度为57%。"十二五"期间，能效投资的需求大大提高，但通过能效可实现的节能量下降，"十二五"节能任务十分艰巨。

可再生能源投融资

本报告通过研究风力发电和光伏发电项目来分析中国的可再生能源投融资情况。风力发电和光伏发电的主要特点表现在：其一，大型国有企业是主要的开发商；其二，虽然风电和光伏发电的融资方式多种多样，包含了公司融资、项目融资和融资租赁，并且融资方式正在呈现多元化发展的趋势，但从项目资金构成来看，银行贷款是中国可再生能源开发利用的主要资金来源。在2011年风力发电和光伏发电项目的总投资中，开发商的资本金占比为22.48%，银行贷款占比为76.04%，而政府补贴占比为1.47%。

风电融资是典型的政府引导融资模式，中央政府在风电融资中发挥了重要的引导作用；以具有国资背景的主体为主要参与者，具有国资背景的开发商和银行构成了风电开发的投资主体。光伏发电融资是典型的由制造商推动的融资模式，制造商和地方政府在促进光伏国内应用中起到了主要的推动作用；中央政府是被动的主导者，由于被制造商和地方政府推动而采取了一系列措施启动和扩大国内应用市场，从而带动了光伏发电融资。"十二五"期间可再生能源应用投资需求估算总计约1.8万亿元，将比"十一五"时期增加37.5%，这为下一阶段的融资带来了挑战。

低碳发展试点

由于在当前经济、技术和社会发展阶段还未找到协调经济增长与低碳发展的根本解决途径和现成方案，中央政府试图通过地方试点创造并总结有效的政策和制度。国家发改委牵头"五省八市"低碳试点工作，希望具有代表性的试点省市在同等地区起到示范作用，同时也希望试点形成独特的低碳发展思路，以便在全国范围推广。低碳发展试点首先要解决的一个问题是如何调动地方政府的主动性。节能目标责任制解决了地方政府在节能监管和政策执行上的

积极性问题，但没有解决主动性问题。如果说节能是中央政府先确定约束性目标然后分解给地方强制实现，那么低碳发展试点则是地方主动申请、自我要求、自主实施。这在机制上是一个重要创新。地方试点工作的两大指向：一是如何发挥行政体制优势，优化政府管理，以促进地方低碳发展；二是如何通过创设市场，利用市场机制实现低碳发展目标。在开展试点的两年中，这两个方向上都取得了重要的进展。政府在低碳发展工作中具有四个方面的优势，即领导优势、规划优势、执行优势和资源优势。

两年来，低碳试点工作进展迅速。第一，低碳发展能力建设加强。成立以地方主要领导任组长的低碳工作领导小组；根据中央要求并结合地方特点形成较为完善的低碳规划体系；建立低碳发展智库并加强与国际机构和政府的合作。第二，低碳发展手段多样。通过区域试点探索经验；设立低碳专项资金支持低碳工作。第三，低碳发展内涵丰富、因地制宜。在产业、能源、交通、建筑、生活各领域同步推进，并结合当地资源优势和经济阶段确立各自的发展模式。在此过程中，温室气体排放的统计、监测和考核体系初步建立；碳排放权交易试点工作取得阶段性成果。低碳试点工作虽已取得初步进展，但由于仍处于工业化和城镇化快速发展阶段，如何平衡发展与低碳的"矛盾"，建立完善的低碳发展评价体系，并有效地完成相应指标，真正走出一条低碳发展之路，任务还很艰巨。

Abstract

This annual review looks into policy implementation and institutional innovation through the lens of four topics. Selection of the topics is based on the understanding that good policy performance relies on policy implementation, and that innovation of policy as well as innovation of policy implementation mechanism relies on the innovation of broader institutional environment. Previous research has revealed that the target responsibility system (hereafter referred to as TRS) plays a critical role in energy conservation and carbon reduction policy implementation in recent years. As a matter of fact, the establishment of TRS is indeed an innovation of energy conservation policy implementation mechanisms. With the establishment and implementation of TRS, energy conservation policy implementation in China transitioned from the "line" system dominated by central government agencies in charge of industrial sectors to the "block" system dominated by local governments. Despite the fundamental institutional reform, governments remain as the core of the governance structure of the energy conservation policy implementation model. What contrasts sharply with the energy conservation policy implementation model is the development and deployment of renewable energy. In the case of wind energy, for instance, the central government plays the role of setting policy winds and objectives, creating market incentives, and specifying the rule of competition through laws, regulations and guidelines. And markets have replaced government to become the core of governance. In the case of solar energy, enterprises are the leading force behind photovoltaic (PV) manufacturing and deployment. Taking advantage of the international market and technology, enterprises have fueled the PV industry growth, and have pushed governments to formulate policies beneficial for the industry. In summary, energy conservation, wind energy, and solar power represent three distinctive models of policy implementation.

Energy conservation target responsibility system (TRS)

TRS is the fundamental institution underlying energy conservation policy implementation in China since the 11th Five-year-plan period (FYP). TRS is

effectively implemented in four levels of governments including provincial, municipal, county, as well as township governments, and a broad range of energy intensive enterprises. TRS has played a critical role in achieving energy conservation targets since the 11th FYP. The establishment of TRS marks the transition of energy conservation management system from the central government industrial agency – dominated model to the local government-dominated model, thereby strengthening the gradually weakened energy conservation management agencies as a result of government restructuring since 1998. With the advent of the TRS, local governments strengthened leadership of energy conservation, created and strengthened energy conservation supervisory and law enforcement agencies and energy accounting agencies, which laid a firm institutional foundation for the achievement of energy conservation targets. Local governments have complemented central government fiscal support with local fiscal support for energy conservation, and increased the fiscal support from year to year. Meanwhile, local governments have stimulated the development of innovative energy conservation mechanisms such as energy performance contracting (EPC), effectively mobilizing energy conservation action at enterprises. TRS increased enterprise leaders' awareness of energy conservation in decision-making and to some extent redirected capital towards energy conservation.

The core mechanism under which TRS performs its function is the transfer of pressure of energy conservation, turning the will of the central government into energy conservation targets of all levels of local governments and energy consumption entities. The key of TRS is to synergize assessment of local governments by central government through the "energy conservation accounting, monitoring and assessment plans" and the performance evaluation of local government officials by the Organization Department of the Communist Party of China Central Committee in accordance with the Energy Conservation Law. As a result, the administrative assessment of local governments becomes political assessment of major local government leaders. The assessment is very powerful at stimulating local governments and government leaders' energy conservation action. However, it is important to note that the institutional foundation of TRS is the "pressurized" institution prevailing in China's government system. The "pressurized" institution is admittedly effective, but has obvious defects. Even though TRS transfers the targets and indicators of higher levels of governments to lower levels of governments, it fails to internalize the target of higher levels of governments to the target of the lower levels of governments. As a result, the transfer of pressure stimulated more active implementation of energy conservation policies at the lower levels of governments, but it hardly triggered their internal motivation for energy conservation action. Implementation in the absence of motivation inevitably does not generate creativity. Long-term mechanism for energy conservation should take advantage of market-based mechanisms, eliminate institutional barriers that inhibit energy conservation of enterprises, and induce a higher and achievable return on investment for energy conservation action.

Energy efficiency finance

Abundant finance ensures the implementation of energy conservation policies. The significance of tracking energy efficiency (EE) finance lies in not only accurately capturing finance scale and channels, but also applying finance as the window to examine the implementation as well as the effectiveness of energy conservation policies. Over the course of 11th FYP, China invested a cumulative amount of RMB 822. 4 billion in the energy efficiency sector and became the global leading investor. Government budgets contributed RMB 157. 3 billion, accounting for 19. 1% of the RMB 822. 4 billion invested. More specifically, the central government provided RMB 104. 4 billion (12. 7%) and local governments collectively provided RMB 52. 9 billion (6. 4%). Non-government agents contributed RMB 649. 8 billion, representing 79% of EE finance; and international sources added another RMB 15. 3 billion, accounting for 1. 9% of EE finance.

During the 11th FYP, EE activities achieved energy savings of 408 Mtce, representing 64% of the total energy savings realized to fulfill energy intensity reduction of 19. 1%. China adopted several innovative approaches to finance EE activities in the 11th FYP. For example, China used outcome-based rewards instead of activity-based subsidies to engage enterprises. Rewards achieved a noticeably higher leverage ratio than subsidies: One unit of government expenditure via rewarding leveraged 22. 6 units of corporate investment; by contrast, one unit of government expenditure via subsidizing leveraged 14. 9 units of corporate investment. Moreover, the CHUEE (China utility-based energy efficiency) program exercised project loan, which is quite unfamiliar to China's commercial banks. The operator

of the CHUEE program—International Finance Corporate—executed a risk-sharing mechanism to reduce the overall risk of project loans. Although the influence of the CHUEE program is limited so far, the innovative way of lending has mitigated the borrowing difficulty faced by small and medium energy service companies. Finally, financial leasing has been introduced to the EE field. Bound with EPC, financial leasing solves the equipment dilemma experienced by key stakeholders in the energy service industry.

During the 12th FYP, China needs RMB 1.24 trillion in the energy efficiency sector, which indicates that China has to scale up by 50% relative to the investment level in the 11th FYP. EE activities in the 12th FYP can achieve energy savings of 383 Mtce, accounting for 57% of the total energy savings required to realize the national energy intensity reduction target of 16%. China is challenged to meet the 12th FYP's target, as the finance need increases yet the energy saving potential reduces.

Renewable energy finance

According to our study of wind and PV power projects, we analyze the current status quo of renewable energy finance in China. Finance of wind and PV power projects shows the following characteristics: (1) the key developers are big, state-owned companies; (2) although finance of wind and PV power projects demonstrates not only a wide spectrum of models, such as balance sheet finance, project finance, and finance leasing, but also a trend towards further diversification, bank loan represents the lion's share of funding sources of China's renewable energy development and deployment. In the total capital investment of wind and PV power projects in 2011, the share of developers' capital, bank loan, and government subsidy accounts for 22.48%, 76.04% and 1.47%, respectively.

Wind power finance is featured as government-led. The central government has played a leading role in promoting the development of wind power, and the key stakeholders are the ones who are state-owned or with government backgrounds, for example, state-owned developers and banks represent the main investing body. PV power finance is manufacturer-driven, as PV manufacturers and local governments have driven the deployment of PV power in China. The central government is a passive leader who has been pushed by manufacturers and local governments to implement a series of measures so as to take off and expand the PV power deployment market in China. We estimated that the finance need of renewable energy

deployment in the 12th FYP amounts to RMB 1. 8 trillion, an increase of 37. 5% relative to the investment scale in the 11th FYP. China will be challenged by the vast amount of finance need.

Low-carbon pilots in China

Due to the lack of coordination between the current economic growth and carbon emission reduction, the central government has been exploring feasible and efficient policy instruments to strengthen low-carbon development through pilot projects. Since 2010, NDRC initiated the "five provinces, eight cities" low-carbon pilots experiment project, aiming for both its demonstration effect across the country and innovative low-carbon growth paths developed by the pilots. Within this project, one key question is how to stimulate the enthusiasm of the local governments for low-carbon development. Although TRS has solved the problem of mobilizing local governments to enforce energy conservation monitoring and policy implementation, it has not succeeded in motivating local governments to take initiatives. Assuming the energy-saving targets are achieved through decomposing the binding targets to local governments, we find that the participation and implementation in the low-carbon pilot experiment project are proposed by the pilots themselves. Thus the mechanism behind the project itself is an important innovation. The low-carbon pilots explored their low-carbon development path in two major aspects: First, the pilots utilized the unique political system of China to improve the climate governance for low-carbon development. Secondly, it utilized the market-based approaches to realize the low-carbon development. Over the last two years, significant progress has been made in both aspects. For instance, the government in the pilots utilized its advantage in leading, planning, implementing, and resources-mobilizing to improve its governance in low-carbon development.

In the two year period since the launch of the project, the pilots have made significant progress. Firstly, the capacity for low-carbon development has been strengthened. The pilots set up working groups on low-carbon development led by government heads, and built comprehensive low-carbon planning systems that follow the requirements of the central government and local economic and natural conditions. The pilots also established various think tanks and strengthened the cooperation with international NGOs and governments. Secondly, the pilots have applied various innovative ways to promote low-carbon development, such as gaining

experiences through regional pilots and setting up designated funds. Thirdly, the pilots have developed the concept of low-carbon development that fits their local conditions. The pilots established development modes compatible with their economic and natural conditions in areas such as infrastructure, energy, transport, building, and daily life. During this process, the pilots established the statistics, monitoring and evaluation system for the GHG emissions. Progress has also been made in carbon-trading pilots experiment project. However, due to China's current development stage, which is still in the process of rapid urbanization and industrialization, China faces a great challenge to explore innovative ways so as to balance economic development and carbon emission, and to build a comprehensive evaluation system for low-carbon development.

序

　　"十一五"期间,我国制定并实施了一系列促进节能减排的目标和政策措施,并取得了显著成效,扭转了"十五"期间单位 GDP 能源强度上升的趋势,实现了下降 19.1% 的良好业绩。这期间单位 GDP 的 CO_2 排放强度也下降约 21%,有效地控制了温室气体排放的增长。我国节能减排目标责任制等制度建设和财税金融政策激励机制的实施发挥了极为重要的作用。"十二五"以来,在实施单位 GDP 能源强度下降 16% 约束性目标的同时,也制定了单位 GDP 的 CO_2 排放强度下降 17% 和非化石能源比重达 11.4% 的约束性目标,并进一步强化和完善了制度建设和政策激励机制,加强了应对气候变化战略的实施。从而使国内节约资源、保护环境、建设两型社会的可持续发展目标与减缓 CO_2 排放的全球应对气候变化目标相互协调,统筹部署,强化了绿色低碳发展的理念和措施。

　　我国当前低碳发展面临的形势日益紧迫。从国际上看,2012 年 6 月召开的"里约 + 20"世界可持续发展大会主题是"在可持续发展和消除贫困框架下发展绿色经济",体现了全球可持续发展面临的新形势。会议强调以绿色经济的发展路径,统筹可持续发展三个层面,即经济发展、社会进步、环境保护之间的关系,在可持续发展框架下应对以气候变化为代表的全球环境问题的挑战,并呼吁世界各国加大温室气体减排力度,弥补当前各国减排承诺与实现控制全球温升不超过 2℃ 的减排路径之间的缺口。2011 年底德班气候大会启动的增强减排力度的"德班平台"谈判,将确定 2020 年后全球减排的制度框架,并讨论 2020 年前各国如何开展增强减排力度的行动,发达国家力推建立适用于所有国家的统一的减排框架,"共同但有区别的责任"原则受到挑战。作为排放大国,我国地位突出,面临空前减排压力。2020 年后排放空间不足可能成为我国经济社会发展的刚性制约因素,迫切需要尽早、

尽快向低碳发展转型。

从国内看，我国当前经济社会发展面临日益强化的资源和环境制约。2011年我国煤炭产量已达35亿吨，超出了科学产能的供应能力。石油对外依存度已达56%，超出了美国石油进口的比例。能源总消费量达34.78亿tce，约占世界的20%，而我国GDP总量只占世界的10%左右，单位GDP能耗是发达国家的3~4倍。化石能源消费的CO_2排放接近全球的1/4，由于化石能源生产和消费而产生的常规污染物排放和生态环境问题也难以得到根本性遏制。当前这种资源依赖型、粗放扩张的高碳发展方式已难以为继。加快经济发展方式转变，走科技创新型、内涵提高的绿色低碳发展路径，既是世界应对全球气候变化的变革趋势，也是我国实现可持续发展的内在需求和战略选择。

我国当前实现绿色低碳发展的核心是建设以低碳排放为特征的产业体系和消费方式，促进经济发展方式的根本性转变。包括加快产业结构的战略性调整，大力发展战略性新兴产业和现代服务业，限制"两高一资"型产品出口和产能扩张，促进结构节能；提高能源转换和利用效率，加强先进能效技术和新能源技术的研发和应用，促进传统产业技术升级，产品向价值链高端发展，推进技术节能；大力发展新能源和可再生能源，积极开发利用天然气、页岩气、煤层气等低碳能源，降低能源构成中的含碳率，在保障能源供应的同时，减少CO_2排放；引导社会消费方式转变，加强公众自觉参与，树立健康文明的消费理念，倡导绿色低碳的出行方式和居住方式，促进低碳社会的建设。

实现向低碳发展转型的目标，需要建立强有力的法律、法规和政策保障体系及运行机制。我国已适时修订了《可再生能源法》《节约能源法》，颁布了一系列促进节能和低碳发展的法规和政策，各级政府都实施了节能减排目标责任制，加强了节能和可再生能源发展的财税金融政策支持力度，开展了"五省八市"低碳发展试点。特别是在"五市二省"开展了碳排放交易试点，探索利用市场机制促进节能和减缓CO_2排放目标的实现。当前要进一步以节能减排的政策体系为基础，完善促进低碳发展的财税金融等政策体系，完善能源产品价格形成机制及资源、环境税费制度，建立地方和行业低碳发展的评价指标体系，建立地区和企业碳排放的统计、检测和核算体系，加快碳排放交易市场机制的探索和实践。特别是要积极推进《应对气候变化法》和《低碳发展促进法》的立法进程，为中国实现低碳发展的长期目标提供法律保障。

中国当前正在进行第二批低碳城市建设试点的申报和评审工作，第二批试点申请城市在低碳发展理念、低碳发展目标以及政策力度上，比第一批试点城市又有了进一步提高。东部较发达地区城市在强化单位 GDP 的 CO_2 强度下降目标基础上，普遍提出了 2020 年前 CO_2 排放总量控制目标或 CO_2 排放达到峰值的目标，提出了实施 CO_2 排放总量控制的措施和政策，同时加大了产业结构调整和发展低碳新型产业、加快能源结构优化的力度。低碳城市建设试点工作的全面开展和进一步深化，对于我国有效控制 CO_2 排放、探索中国特色的低碳城市化模式、走上绿色低碳发展路径具有重要意义。

低碳发展需要先进的能效技术和新能源技术的创新作为支撑。国家在制度上和政策上支持先进技术的发展，重点在于支持企业的技术创新，支持自主知识产权先进技术的研发和产业化，并使其在成长期尽快降低成本，提高市场竞争能力，而不是单纯补贴其产能扩张和市场推广。风电和太阳能发电、生物燃料等新能源最终要在市场上与传统能源相竞争，才能走上健康发展的轨道。随着碳税、碳排放限额和交易等促进低碳发展政策体系的形成和完善，碳排放的环境外部性将以碳价的形式内部化，这也将相对提升新能源产业的竞争力，并将引导和促进能效及新能源领域的投融资。在全球应对气候变化低碳发展的变革潮流中，先进的低碳技术反映了一个国家的核心技术竞争能力。全球低碳技术和产业的快速发展及巨额资金需求，既是新的经济增长点，必然成为世界技术竞争的前沿和重点领域，也是世界大国必争的高新科技领域。我国促进低碳发展的法律、法规和政策体系的发展和完善，将为企业的低碳技术创新提供良好的制度环境、政策环境和市场环境。

《中国低碳发展报告（2013）》旨在系统总结和评价我国"十一五"以来促进节能和减缓 CO_2 排放的政策手段及实施效果，主要集中于节能目标责任

制、能效投融资、可再生能源投融资以及低碳发展试点等领域，通过较为翔实的资料总结和系统分析，评价了上述领域各项政策的发展过程及激励效果，以期与社会各界交流探讨，共同促进我国低碳发展的政策体系和实施机制的进一步改革和完善。

2012 年 11 月

目 录

B Ⅲ   政策效应篇Ⅰ：能效投融资

BⅣ 政策效应篇Ⅱ：可再生能源投融资

B V 制度创新篇：低碳发展试点

B Ⅵ　低碳指标篇

B Ⅶ　附录

皮书数据库阅读 **使用指南**

CONTENTS

B II Policy implementation: energy conservation target responsibility system

B III Effects of policy implementation part I: Energy efficiency finance

B IV   Effects of policy implementation part II: Renewable Energy Finance

B V Institutional Innovation: Low Carbon Pilots

B·VI   Low-carbon indicators

B·VII   Appendices

前　言
——动荡转折背景下的中国低碳发展

2012 年，是动荡和转折的一年。这体现在国内外政治、经济和社会生活中，世界经济环境动荡不安。肇始于 2010 年的希腊主权债务危机迅速蔓延，包括西班牙、葡萄牙、意大利等国也难以独善其身。到 2012 年，个别国家的问题逐渐成为整个欧元区甚至欧盟的问题。围绕拯救个别国家主权债务危机的问题演变为拯救欧盟的问题。各国财政紧张削弱了政府发展新能源的雄心壮志。从 2011 年开始，德国、英国、西班牙等多个欧洲国家相继减少对光伏发电的补贴。这一政策的实施迅速波及严重依赖欧洲市场的中国光伏制造业。欧洲市场紧缩后，价格竞争日趋激烈。为保护自身利益，美国在 2011 年率先展开反补贴、反倾销的贸易"双反"调查，并在立案调查一年后做出对中国光伏电池和组件征收 18.32% ~249.96% 的反倾销税和 14.78% ~15.97% 的反补贴税的最终裁决。一夜间，使中国的光伏企业雪上加霜。屋漏偏逢连夜雨，欧洲很快跟进，对中国光伏企业进行了"双反"调查。山雨欲来风满楼，这让早已习惯于大手大脚的光伏企业一下子感受到寒冬来袭，股价下滑，银行、债券、风险投资/私募股权等融资渠道纷纷堵塞，资金链濒临断裂。至此，中国光伏产业似乎山穷水尽。

世界经济的动荡影响了全球气候谈判的进展。三年前在哥本哈根达成的附件一国家提供资金的承诺似乎越来难以兑现。以至于在走向多哈之时，包括欧盟在内的多个缔约方都或多或少下调了对此次大会的期望值。缺少了外部动力，各国的低碳发展努力是否会因此减弱？

2012 年，世界的政治环境也在发生深刻的变化。世界上近 1/3 的国家和地区在这一年进行"换届"，囊括中国、美国、俄罗斯、法国等世界性政治经济大国，以及多个影响巨大的热点国家和地区，覆盖了世界人口的 53%、国内生产总值（GDP）的一半以上。因此，媒体曾担心这个"超级换届年"演变为超级动荡年。年初的俄罗斯换届实现了总统和总理的岗位对调，保持了政治上的稳定。法国的选举实现了执政党的交换。美国的大选结果为民主党继续执政，但在这个又慢又长的过程中，两位主角始终不忘提及第三方——中国。以至于"三一重工"这样的中国民营企业投资的低碳发展投资项目也被牵连进来，被赋予了国际政治色彩。令人遗憾的是，这个竞选的过程中，两个天天把"变化"挂在嘴边的候选人似乎忘记了世界上还有气候变化这样一件大事。那些曾经期望奥巴马的第二任期在气候变化问题上有所作为的人们，变得越来越谨慎了。幸而，中国的十八大不负众望，把生态文明建设提到了前所未有的高度，与经济、政治、文化和社会一起构成当今中国的"五位一体"改革与发展的核心内容。在十八大报告中专辟一章阐述生态文明建设的领域和要求，首次把低碳发展与绿色发展和循环发展并行列入中国共产党最重要的纲领性文件。可以预期，在今后的 5～10 年，"低碳发展"将进一步成为中国经济和社会生活中的关键词。此外，"人类命运共同体"这一概念的提出更彰显了中国的执政党和政府将把中国与世界的发展更加紧密地联系在一起。人们有理由相信，中国将在全球环境保护、人类家园建设以及世界的生态文明发展中发挥更为重要的领导作用。可以认为，中国的最高领导层在绿色经济和低碳发展问题上已经取得了至关重要的政治共识。迄今为止，世界在绿色低碳发展问题上取得政治共识的国家仍属少数。

2012 年 6 月，各国领导人云集巴西的里约热内卢，庆祝 1992 年"世界环境与发展大会"召开 20 周年。呼应 20 年前的"我们共同的未来"，在这次命名为"里约 + 20"的大会上，各国元首、政府首脑和高级代表达成了"我们期望的未来"的决议，对"里约原则"和以往的行动计划再次做出政治承诺，承认"自 1992 年以来，整合可持续发展的三个层面工作在一些领域进展不足，遭受挫折，金融、经济、粮食和能源多重危机更是雪上加霜，对所有国家特别是发展中国家实现可持续发展的能力构成威胁"。关键的原因是各国"在履行对联合国环境与发展会议的成果的承诺方面却步"。各国认识到"对于所有国家，特别是对于发展中国家，当前的主要挑战之一是影响全世界的多重危机的冲击"。这份具有反省精神的文件并没有激发世界的热情。时隔半年，很少有人再提及这次在标志性时间但没有发挥标志性作用的劳民伤财的大会。人们担心，各国领导人做出的政治承诺会不会再一次落空？

2012 年是动荡的一年。在全球经济复苏无望、增长乏力之时，谈论可持续发展似乎显得过于奢侈。2012 年也是转折的一年，各国努力在动荡中抓住转机。2011 年 3 月 11 日，日本发生了 9.1 级大地震并引发强烈海啸。这次大灾难不仅夺走了数以万计的生命，也影响了日本 15% 的电力供应。如何应对电力骤减而保持经济的稳定，既是日本政府和社会面临的挑战，也是世界观察现代经济和社会恢复力（resilience）、创造力的窗口。2011 年 5 月 29 日，德国政府宣布弃核，代之以清洁、低风险的风能和太阳能。这个大规模的社会实验似乎要向世界宣布低碳电力是可行的选择。2012 年，日本和德国的实践表明，降低电耗和可再生能源替代虽然困难，但是可行。转折正在发生！

在中国，当光伏产业受到国际市场萎缩以及贸易壁垒的冲击时，寻求国内政策的保护和政府扶持就成为困顿之中的不二选择。而在此时，政府为了保障人民就业、经济增长和社会稳定也不得不对那些"大而不能倒"的光伏企业伸出援助之手。实践中的逻辑总是辩证的。被动的应对在一定的条件下可以转化为积极的转机。2012 年 5 月国务院常务会议决定支持自给式太阳能进入公共设施和家庭；2012 年 9 月 14 日，国家能源局发布《关于申报分布式光伏发电规模化应用示范区的通知》，宣布将以上网电价的方式支持分布式光伏发电示范区建设；2012 年 10 月 26 日，国家电网公司发布《关于做好分布式光伏发电并网服务工作的意见》，承诺免费提供分布式发电系统计入系统方案制定、并网检测等服务。中国国内分布式光伏发电应用市场启动指日可待，拯救光伏产业的行动可能就此成为培育国内市场和光伏应用的历史机遇。当然，条件在于这个市场必须是有效的，而成本和收益的分配必须是公平的。本书第四篇深入分析了光伏产业的融资模式，指出在国际市场和技术的诱导和驱动下，企业和地方政府推动、中央政策逐步跟进的发展模式，有优势也有风险。目前正是转折的关键时期。

2012 年也是中国经济发展动荡和转折的一年。在经历了 2011 年国内生产总值增长超过 9% 之后，上半年经济增速明显回落，GDP 增长 7.8%，时隔三年再一次回到 8% 以下。下半年经济增速上扬，但这是否标志着又一次触底反弹，经济学家莫衷一是。可以肯定的是，2012年全国节能指标的完成情况要好于2011年，总能耗和总碳排放增速相应放缓。2011年全国能源强度下降2.01%，低于预期，再一次出现了五年计划初年指标完成较差的现象。尽管原因复杂，但从本书第二篇分析中可以推测，在以行政体系为主体的节能政策执行体制中，五年计划的第一年往往因为新的具体计划和措施仍在制定之中而影响目标的实现。这个政策执行"空档期"为后续的几年增加了压力，值得引起注意。

本年度报告着重分析中国低碳发展政策的执行体制、机制以及制度创新。第一篇（综合篇）第一章从政策执行困境这一普遍的现象入手，分析了中国低碳发展不同领域中政策执行体制和机制的多样性和复杂性，辨识了在节能、风能开发和光伏发电中三种不同的政策执行模式及其形成基础和演变。通过对中国低碳发展试点的总结，探讨了低碳发展制度创新的难点和机遇。第二章提出了理解中国低碳治理机制的一个理论框架，试图从政治经济学视角分析现行的政治经济制度中的激励和约束如何影响中国的低碳发展。第二篇将节能目标责任制作为我国节能政策执行的核心机制，从地方政府和企业两方面对其进行详细描述和细致分析。第三篇集中描述并分析了"十一五"期间节能投融资的绩效，表明了资金投入和使用是在此期间能效提高的关键因素。第四篇通过对风能开发和光伏发电两个领域的案例研究，探讨了可再生能源投融资模式。第五篇对我国五省八市低碳发展试点开展两年来的工作进行总结和观察，试图概括我国低碳发展政策和制度创新的途径、方式和成果。全部研究通过实证分析的途径，所用资料来源于现有研究、政府文献以及实地调研。

本报告是清华大学气候政策研究中心第三次发布年度研究报告。我们欣喜地看到"低碳发展"作为党的执政理念和纲领中的重要内容列入十八大报告。我们对"低碳发展"这一概念的理解始终沿用我们在2010年报告中给出的定义：所谓低碳发展是在严格控制碳排放、积极促进碳吸收的同时，实现经济和社会的健康和可持续发展。我们高兴地看到，在最近国家发改委气候司组织编写的《中国低碳发展方案编制原理和方法》教材中，完全接受并采用了这一定义。自2010年报告发布以来，国内外政府和学术机构的专家学者、研究人员在广泛引用报告内容和数据之际，也提出了许多十分宝贵的经验，在此我们深表感谢！

本年度报告的选题由何建坤教授和汤姆·海勒教授与研究编写组共同确定；研究和编写大纲由编委会及相关专家讨论形成，报告的初稿、修订稿和终稿得到了编委会和特约审稿专家的多次审阅和修正。在报告的研究和编写过程中，我们得到了许多单位和专家的支持和帮助，难以一一列出，在此一并致以衷心感谢！

鉴于报告的内容及影响，社会科学文献出版社将本报告列为其在业界备受尊重的"皮书系列"，给予重点推广。对此，我们深受鼓舞，并深表感谢。

清华大学气候政策研究中心是清华大学与国际气候政策中心（Climate Policy Initiative，CPI）共同努力、合作建立的专门从事气候变化与低碳发展政策研究的跨院系学术机构，研究重点在于政策绩效评估和有效性分析，目的是为决策者提供技术支撑和决策参考。CPI 是索罗斯基金会资助的全球性智库，是专门针对气候变化与低碳发展政策的国际性研究网络。在此，我们对学校和 CPI 在研究过程中给予的各种帮助表示衷心的感谢。

《中国低碳发展报告》是由清华大学气候政策研究中心组建的专业团队在长期专门研究基础上撰写的年度报告。这是一个朝气蓬勃、积极向上、极具使命感的研究团队。但由于时间和水平所限，不当之处在所难免，敬请业界同人不吝赐教！

2012 年于清华园

ℬ I　综合篇

Overview

摘　要:

中国低碳治理体系包括政策制定与执行两大部分。相对于政策制定，政策执行更加困难，尤其体现为政策目标的难度大和执行手段的极端性。在过去的35年中，中国政策执行体制和机制经历了由计划向市场变迁的四个不同阶段，并形成了三种不同的政策执行模式，即以节能目标责任制为代表的政府主导下的自上而下节能政策执行模式、以风电开发领域为代表的政府引导下的市场运作的政策执行模式、以太阳能光伏领域为代表的企业主导下的自下而上的企业 – 产业拉动型模式。上述三种模式实际上内生于"高位推动、层级治理、多属性整合"的中国特色低碳治理体系，并依托后者，使中国能够在短期内迅速降低了产业结构重型化带来的挑战，逆转了单位 GDP 碳强度上升的趋势。但同时，中国特色的低碳治理体系也内生出各种负面激励，如行政发包制下缺乏科层化的协商机制难以消除政策执行中的"一刀切"现象、属地化管理与竞争联邦主义共同驱动产业结构重型化和高碳化的锁定效应、晋升竞标赛下的资源错配引发指标的"层层加码"等。这些负面因素相互融合，共同作用，强化了中国低碳政策执行效应总体衰减的趋势。研究发现，对当下中国而言，试图消除上述负面因素的一个理性的选择就是：通过渐进式的制度调整，逐渐构建可行的体制机制来打破既有的路径依赖和锁定效应，确保低碳治理的长期目标得以实现。一是建立适应于经济基础和基本制度环境的政策执行机制，形成符合领域特点的政策及其执行机制。二是优化既有的行政发包制，在行政发包中注入自下而上、自外而内的因素，促进体制内外形成良好的信任关系和良性的执行、监督机制。三是促进"条"、"块"结合的均衡化管理，摆脱属地化管理下地方政府的利益牵制。四是改进晋升考核机制，建立基于社会民众福利、生态环境改善等指标为主的政绩考核和问责体系。五是积极推进市场化改革，加大低碳转型市场化机制推广力度，真正把节能减碳转化为企事业主体的内在要求。

关键词：

　　低碳治理体系　政策执行模式　行政发包制　属地化管理　竞争联邦主义　晋升考核机制

B.1
中国低碳发展的政策
执行与制度创新

一 政策执行之谜

要认识中国低碳发展的绩效就需要理解低碳发展政策的执行机制。在中国，成功的政策推动不仅需要良好的政策本身，更需要对这些政策的有效执行。一般认为，在中国制定政策相对容易，而执行政策尤其困难。

对于中国低碳发展政策的理解，国内外学术界以及相关的社会各界有较多的共识。近年来，中国在节约用能、提高能耗、发展非化石能源等领域出台了许多重要政策，并从国家立法、政府规章和行政命令等多层次、多方面逐步形成了一个较为完整的政策体系。然而，对于政策执行的主动性和有效性的认知，往往见仁见智。这种反差与政策所涉及的地区和部门情况的多样性、复杂性密切相关。国家政策一般出在中央，整齐划一、清晰明确、易于理解，但各地执行起来，难免在手段、过程和效果上参差不齐。而针对不同方面的政策执行的机制和效果更难以相互比较，例如，针对交通和建筑的节能标准的执行手段就十分不同。机动车燃油经济性标准可以在设计和制造环节把关，便于执行，同一型号的汽车可以完全一致。而建筑节能标准往往要在建设和运行过程中体现，执行起来费时费力，需要大量资源。因此，在政策执行方面常常给人纷繁甚至杂乱之感。一般来说，人们对低碳发展政策的执行都有一个笼统但极为一致的认识，那就是：政策执行，难！

执行低碳发展政策为什么难？因为各地方政府的施政重点在经济增长，而不在低碳发展。现阶段在传统的发展模式下，经济要增长，就要发展工业，就要高耗能；经济发展了，人民生活水平提高了，就要买房、开车，就会高碳。循着这样一种模式，经济发展似乎必然导致高碳。反过来说，要执行国家低碳

发展的政策，就要节约用能，要通过投资提高能效，发展非化石能源，而这可能会对其他项目的投资形成竞争，会影响工业、建筑和交通用能，并因而影响经济的增长。于是，对地方政府而言，执行国家的低碳发展政策一般是缺乏积极性和主动性的。

大量事实数据支持以上的推理和判断。2002 年，中国加入 WTO 之后，在强大的出口需求引导下，国内外企业在高耗能重化工业项目上投资强劲，地方政府往往给予支持，大开方便之门，全国的能耗总量随之上升，能源强度在经历了 20 多年的持续下降之后迅速攀升，即使到了 2006 年，进入"十一五"规划的第一年，在有了中央的高度重视、全国人大的约束性目标、国务院的三令五申之后，各地方能耗强度仍无明显下降，有些地方甚至不降反升，低碳发展政策执行之难可见一斑。

政策执行之难不仅表现在实现政策目标的难度大，而且表现在政策执行手段的极端性。在实施淘汰落后产能方面，各地政府均遇到了不同程度的困难，即使对相关企业给予一定数量的补偿，都难以平复企业主对失去原有产能的不满和遗憾。2010 年，有些地方为了实现节能目标，更采取了停工停产、拉闸限电等极端措施，影响了当地群众的生产和生活。从另一角度也反映了政策执行之难以及政策执行者的无奈和无力。

尽管如此，一概而论地以"难"字来概括中国低碳发展政策执行情况仍不免有以偏概全之嫌。事实上，在中国低碳发展的另一重要领域——非化石能源的政策执行却呈现出一派截然不同的景象。核电、水电、风电以及太阳能光伏等领域发展迅速，实际的装机容量远远超过国家规划中确定的政策目标。特别是在风力发电领域，装机容量的发展速度更是以每年超过一番的速度增加，超越了多数研究机构和政府的预测。可见，在这些领域政策执行和政策目标的实现显然并不困难。

即使在节能领域，不同时期的政策执行在力度和有效性上的程度差异有明显的变化。对比"十五"和"十一五"两个时期，政策目标是相似的，但后五年中，节能政策执行无论是力度还是在有效性上都远高于前五年。如果说政策执行难度是以为实现政策目标而需要付出的努力和克服的困难来度量，那么，"十一五"时期节能政策执行的难度显然高于"十五"。"十一五"期间，经济增长速度、城市化水平均高于前五年。在这样的背景下，仍然实现了19.1%的节能目标。一方面，这说明节能政策执行力度对实现节能目标是有重大影响的；另一方面，也表明政策执行的潜力和发挥空间很大，是中国低碳发展治理中需要着力开发的方面。

政策执行中的多样化和复杂性导致人们在观察这现象时，常如雾里看花，其结论自然莫衷一是。然而，由于政策执行过程和执行机制对于实现政策目标具有极高的重要性和巨大的潜力，所以要求研究者和政策决策者乃至政策执行者必须对这一问题有清醒的认识和深刻的理解。

二　低碳发展政策执行的三种模式

清华大学气候政策研究中心通过研究中国在节能和可再生能源领域的政策执行，归纳了三种模式，对于理解中国低碳发展中的政策执行机制和绩效具有启示意义。政策执行模式的多样性、政策执行体制和机制的变迁以及影响政策执行效力的因素等问题特别值得关注。

低碳发展的不同领域政策源自中央政府，由国务院所属的节能和可再生能源主管部门制定，但政策执行的机构和机制不同。在"十一五"期间，节能政策的执行主要是由各级地方政府和重点用能单位具体执行和实施。各级地方政府及其所属相关部门构成节能监管和政策执行的主体。国家政权体系和政府行政体系是节能政策执行体系的基础。自上而下形成的节能政策执行模式为，中央政府通过目标责任制驱动地方政府，上级政府监督下级政府，地方政府监管重点耗能企业，自上而下共同推动节能政策的实施和节能目标的实现。这种政策模式的特征在于：地方政府是政策执行体系的核心。地方政府及其管辖企业的结合使中央政府的政策得以贯彻实施。

与节能领域形成鲜明对照的是，在风力发电领域的政策执行上，电力企业发挥了核心的作用，而地方政府只起到了辅助性作用，相关的市场机构中，银行和证券市场对于风力发展也发挥了重要作用。在这一领域中，中央政府通过可再生能源法的制定以及相关法规和规划的完善，使国家政策有效地约束并激励了企业这个市场的主体。国家政策固然对于大型国有企业在风力发电领域实行配额管理制度，但从实际装机远超政府配额这一现象来看，相关政策及电价水平对风电开发企业有足够的激励来进行风电项目的开发。对开发商而言，风电项目是有利可图的。当然，利益不必限于风力发电项目本身的财务收益。与项目相关的其他各种收益，如土地开发权益和煤炭资源分配，也有可能成为项目开发商看重的部分。同样，相关金融机构包括散户股民也正是看中投资风电企业有利可图，才使得大量资金不断涌入这一领域。相对于节能领域中大量以政府为主导的强制性措施和机制，风电领域政策执行过程中，企业和市场发挥了积极、主动的作用。这种模式表现为，中央政府制定了有利于市场的激励政策，企业积极响应，金融机构主动配合，地方政府借势推动经济发展，形成了多方面积极主动、合力推动的政策执行机制。政府引导和支持下的市场机制是风电开发政策执行模式的基本特征。

太阳能光伏发电为理解中国低碳发展政策的制定和执行提供了一个颇为典型的案例。就政策执行而言，尽管与风力发电一样，二者均属可再生能源开发利用，但早期由于太阳能光伏发电成本较高而且技术成熟度相对较低，国家政策侧重于积极推动风力发电，而不是太阳能光伏发电。迄今为止，国家能源政策中对太阳能发电利用仍偏于保守，限于"在青海、新疆、甘肃、内蒙古等太阳能资源丰富、具有荒漠和闲散土地资源的地区，以增加当地电力供应为目的，建设大型并网光伏电站和太阳能热发电项目。鼓励在中东部地区建设与建筑结合的分布式光伏发电系统"（参见《中国的能源政策（2012）》[①]）。然而，国内的制造业企业却发挥了主动和积极的作用，在技术和市场两头在外的情形下，少数企业看准机会积极发展以多晶硅为主体的光伏制造项目，地方政府积极配合，企业与地方政府一道努力推动中央政府优惠政策的出台。另外，光伏制造业一直致力于开启和扩大国内市场，并与地方政府一道推动了光伏上网电价的出台。在此过程中，金融市场也推波助澜，居然使其在短短几年中俨然成为不可小觑的一大产业，并作为高新技术产业和未来朝阳产业被列入政府所确定的中国战略性新兴产业名录。由于成本限制，绝大多数光伏发电设备出口海

---

① 国务院新闻办公室：《中国的能源政策（2012）》白皮书，2012 年 10 月 24 日发布，引自中央政府门户网站（www.gov.cn）。

外，特别是欧洲市场。随着欧美反倾销、反补贴措施的加强，中央政府不得不推出新的扶持政策，帮助已然成形的产业开辟国内市场。可见，在这个领域中，常常是行动在先，政策随后，是企业行动和产业发展拉动了政策的制定。因此，在太阳能光伏领域的政策执行是自下而上的企业－产业拉动型模式。其中，企业和地方政府的行动对中央政府的政策制定产生了较大影响。

在节能、风能和光伏三个领域中形成了三种不同的政策执行模式，每一种模式中有其特定的政策执行机制，体现了低碳发展政策执行模式和机制的多样性和复杂性。由于这种多样性和复杂性的存在，所以很难用"难"和"易"这样一些简单化的概念来概括低碳发展政策执行的特征。我们的研究试图尽可能详细地描绘并准确地刻画有关政策执行的不同模式及其运行机制，以期帮助决策者制定更为有效的政策。

三　节能政策执行模式的演变

节能政策的执行模式在一定时期具有相对稳定性，但绝非一成不变。随着国民经济基础和国家体制的变革，节能监管中政策执行模式也在发生量变和质变。

中国的节能行动与改革开放几乎同时起步。中央政府自上而下推动全国范围内的节能运动始自改革开放之初。当时节能是为了缓解能源短缺的燃眉之急。1978 年 1 月 9 日，国务院下发《批转国家计委等部门关于燃料、电力凭证定量供应办法的通知》（国发〔1978〕2 号），要求对燃料、电力等能源必须加强管理，严格实行凭证定量供应制度，把燃料、电力像管口粮一样管好、用好，厉行节约，杜绝浪费。这个在今天看来措辞严厉、手段近乎苛刻的通知，不仅标志着中国节能运动的开端，而且反映了当时全国所面临的能源短缺局面之严峻。此外，它还表明当时节能政策的指令性性质和政策执行手段的计划性特征，即能源凭证定量供应。

在过去的 35 年中，节能始终是国民经济发展和社会生活中的一件大事。在长期实践中，逐渐形成了国家节能政策体系，并且通过不断地摸索和调整，日益完善了节能政策执行的模式和机制。综观 35 年的发展历程，我们根据政

策执行的主体和执行机制的特征把节能政策执行模式和机制的演变划分为四个前后紧密衔接的阶段，每个阶段既有其独有的特征又有与前后阶段相似的方面。

第一阶段：1978～1992年。改革开放之初，国民经济沿袭原有的计划经济体制，在工业领域尤甚。尽管在这一时期，全国各地乡镇企业（原称社队工业）发展迅速，但工业生产和用能大户主要集中在国营企业。工业生产及其用能以国家计划分配为主。这一时期的节能政策由国家计委和国家经委两大综合性经济部门制定，政策的调节对象是耗能较多的工业企业，特别是年耗能5000吨标准煤以上重点耗能企业。由于这些企业绝大部分归口相关的工业部门，因此，国务院下属的相关工业部门自然成为监管下属企业、执行国家节能政策的主体。这一时期，专业的工业部门包括冶金工业部、石油工业部、机电工业部、纺织工业部、化学工业部、轻工业部等。这一时期所形成国家节能监督管理体系具有计划经济时期国家行政管理体制的基本特征，体现为：综合经济部门制定节能政策－专业工业部门执行节能政策－下属工业企业落实政策措施。[1] 在这一时期，国务院曾先后成立了负责节能政策最高决策的机构。1980年8月，国务院成立"国家能源委员会"，其核心职能之一是就国家节能政策进行议事、决策和协调。该机构在1982年5月撤销。此外，1985年，国务院建立了跨部门的节能工作联席会议制度，直至1990年撤销，该制度对于国家节能政策的决策和执行发挥过重要的作用。1978～1992年的第一阶段中，节能政策及其执行机制秉承长期的计划经济特征，这一特征与当时的以国营工业为主体的能耗结构相结合，政策执行机制是有效的。

第二阶段：1993～2000年。1992年，邓小平南方谈话之后，国家经济体制改革的步伐加快。同年10月，党的十四大首次提出了社会主义市场经济的改革目标。1993年3月，第八届全国人大一次会议对于加快建立社会主义市场经济做了具体的部署。李鹏总理代表国务院所做的《政府工作报告》中要求认真落实《全民所有制工业企业转换经营机制条例》，加快转换国有企业经营机制。同年，《中华人民共和国公司法》颁布，为建立适应市场经济的现代

---

① 中央机构编制委员会办公室理论学习中心组：《改革开放以来我国行政管理体制改革的光辉历程》，2011年7月25日《人民日报》。

企业制度奠定了法律基础。此后，大批国营企业改制，一部分中央直属企业完成了股份制改革，实行属地化管理，归由企业所在地政府管理，也有许多企业在改制之前便直接纳入地方，实行属地化管理。与此同时，随着乡镇企业在规模和数量上的快速发展，民营企业整体发展迅速。外国投资开始进入中国，"三资"成为国家工业体系的一个重要组成部分。所有这些带来的一个重要结果是由地方政府直接管理的企业数量和规模快速扩张，而由国务院工业部门直接和间接管理的企业却在不断减少。这使得在20世纪80年代计划经济体制下形成的以工业部门为主体的节能监管的政策执行体系逐渐与现实的经济基础脱节，越来越多非国有企业的出现使得工业部门的节能监管面临困难。为了适应社会主义市场经济体制改革，国家实施了较大规模的行政体制和机构改革。但是，这次改革对工业管理体系的影响不大。与节能监管有关的轻工业部和纺织工业部分别变为轻工总会和纺织总会。原机电工业部拆分为机械部和电子部。值得关注的是原能源部在这次机构改革中被撤销，取而代之的是新建电力工业部和煤炭工业部。机构改革之后，与节能监管直接相关的有六大工业部门，即电力工业部、煤炭工业部、机械工业部、电子工业部、冶金工业部和化学工业部。1998年国务院进行了新一轮更为彻底的机构改革。在这一轮改革中，冶金工业部分解为国家冶金工业局和国家有色金属工业局，石油和化工工业局；煤炭工业部变为煤炭工业局，电力工业部归口国家经贸委电力司，中国轻工总会变为国家轻工业局，中国纺织总会变为国家纺织工业局。这一时期，尽管这些工业部门在机构上有了一定程度的弱化，而且对全国工业企业的管理远不像在上一个阶段那样广泛和具体，但毕竟这个政策执行体系的存在对于国家节能政策的实施发挥了重要作用，为这一时期能源效率的继续提高提供了体制保障。

为了适应这一阶段经济基础的变革，节能政策和实施手段也进行了重要调整。第一，在节能政策的性质上，原来的详细而具体的行政命令逐渐被宏观的立法和规制所取代。1986年，国务院颁布了《节能管理暂行条例》；1997年全国人大制定了《中华人民共和国节约能源法》。此外，在国民经济和社会发展的五年计划中专门针对节能确定了国家目标，并由相关部门制定规则。第二，在政策实施手段上更为丰富，税收、利率、信贷以及财政补贴等经济杠杆成为对用能行为进行调节的重要管理手段。第三，重视能力建设，特别是在节能科技的开发与利用方面，加强投入，制定了相关政策，出台了《节能技术政策大纲》。第四，国际合作成为这一阶段的一个亮点。从 1993 年制定中国《21 世纪议程》，到与联合国、世界银行以及各国政府和非政府的多边和双边合作，对节能政策的制定和实施起了重要的推动作用。总体而言，在这一时期，节能政策执行机构主体并未发生根本性改变，但政策的性质和实施手段出现了全新的局面。从节能政策的效果来看，在第一和第二两个阶段，中国节能取得了突出的成就，连续 20 多年实现能源强度以 5% 以上的速度下降，在世界各主要经济体当中堪称楷模。在此期间，具有计划经济色彩的工业部门对全国工业企业节能监管构成了一个强大而连贯的政策执行体系，对执行国家节能政策发挥了重要的基础性作用。

第三阶段：2001～2005 年。国民经济和社会发展的第十个五年计划时期是中国的工业化和城市化过程中一个重要的转折阶段，在中国的经济发展和节能减排中具有划时代的意义。这不仅是因为在这一时期由于中国加入世界贸易组织（WTO）后，吸引了全球高耗能、高污染工业投资大量涌入，而且由于大规模、高速度的城市化，强劲地驱动了钢铁、水泥、建材等建筑基础工业的快速发展。能源消耗的大幅提高，能源强度的快速上升，污染物总量的增长，成为这一时期经济和社会发展的沉重代价。对我国的节能监管工作而言，也经历了一个十分特殊的时期，表现为节能政策执行能力的显著衰退。

就工业部门而言，1998 年开始的国务院机构改革到 2000 年底方告彻底完成。1998 年原有工业部门的部级建制撤销后，改为国家经贸委领导下的相应的工业局。随着机构的调整，原有的节能监管机构也随之削弱。直到 2000 年底，这些工业局进一步转制为相应的工业行业协会后，原来作为政府部门的监管功能大为弱化，而代表工业企业利益诉求的中介性质尤为凸显。在这种情形下，依靠转型后的行业协会发挥对工业企业的节能监管和政策执行功能已不现实。这是因为节能是一项公共物品特征极为显著的工作，单纯依靠市场往往无法奏效，需要政府的强烈干预。但依靠行业协会进行监管存在根本上的制度缺陷和委托－代理难题，即委托方（政府）和代理方（行业协会）的目标不一致。因此，到 2000 年底，曾在国家节能监管中长期发挥核心作用的以"条"为主体的政策执行体系基本消失，而此时新的政策执行体系尚未正式建立起来，因此出现了节能政策执行机构的不足甚至缺位现象。

事实上，中国的节能政策执行从一开始就包括中央和地方两个体系。节能政策制定出自国务院及其所属的国家节能主管部门，中央和地方两个体系及其所属的耗能企业分头实施。央属国有企业归中央部委管辖，而地方政府只负责其属地地方国有和其他类型企业，从而形成中央和地方所辖相对独立的两个体系。开始时，中央工业部门管理耗能企业的主体，并因此形成了长期以中央体系为主体、地方体系为辅助的局面。随着国有企业改制和非国有企业的快速发展，地方节能监管和政策执行的地位变得越来越重要。除了政府部门之外，在许多省市也建立了许多节能管理和服务机构，包括节能监察中心、节能监测中心和节能服务中心。这些机构的建设使地方政府具备了一定的节能政策执行能力。然而，地方政策执行能力的发挥取决于地方政府和部门的积极性。在国务院工业部门被撤销后，部门所属的各种与节能相关的中心难以发挥应有的作用。与此同时，地方政府在节能政策执行上的积极性尚未被调动起来。于是，出现了这样一种局面：在以中央政府牵头的"条管"体系中，原有的机构消失了，而在"块管"体系中地方政府缺乏节能监管的能力和动力。

地方各级政府对节能工作缺乏积极性和主动性，是众所周知的事实。其原因是多方面的，既有历史原因，也有现实因素，更有制度根源。从历史上看，由于计划经济时期的传统，中央政府控制并影响了国家大部分的重点耗能企业，从而事实上承担了节能监管工作的大部分任务。地方各级政府的责任范围局限在直属的工业企业中的耗能大户，其数量有限，因此在第一和第二阶段，地方政府始终没有成为节能监管工作和政策执行的主体。从现实考虑，地方政府被赋予发展地方经济、维护社会稳定的头等重任。当经济发展与节能发生矛盾时，地方政府的选择当然要偏重经济而忽略节能。从制度安排上，中央政府所制定的地方领导绩效考核体系中强调经济增长而忽略节能减排，从而进一步促使地方政府更加注重经济发展而对节能减排缺乏热情。

在第三阶段，原有的节能政策执行体系随着中央政府工业部门的撤销而弱化甚至消失，新的政策体系及其激励机制尚未完全建立，从而严重削弱了国家节能监管的能力。这一时期，国家节能主管部门——国家经贸委资源节约与综合利用司所做的调查研究发现，从中央到地方节能机构和能力削弱的现象相当严重。节能监管和政策执行机构的弱化和缺位成为这一时期的突出特征，对能

耗上升和能效下降产生了严重的影响，是"十五"期间全国能源消耗和能源强度同步上升的重要原因，到2005年全国能源强度上升到1999年的水平。

第四阶段：2006年至今。针对"十五"期间出现的总能耗和能源强度快速攀升的严峻局面，中共中央十六届五中全会在关于国民经济和社会发展"十一五"规划的建议中提出了2010年单位国内生产总值较2005年降低20%左右的目标。2006年3月，全国人大通过的"十一五"规划纲要更创造性地将这一目标确立为约束性目标并赋予法律效力，明确要求将这一目标的完成情况纳入各地区、各部门经济社会发展综合评价和绩效考核。至此，中国节能监管一个新的政策执行机制——节能目标责任制呼之欲出。2006年8月6日颁布的《国务院关于加强节能工作的决定》中，国务院明确要求建立节能目标责任制和评价考核体系："国家发改委要将'十一五'规划纲要确定的单位国内生产总值能耗降低目标分解落实到各省、自治区、直辖市，省级人民政府要将目标逐级分解落实到各市、县以及重点耗能企业，实行严格的目标责任制。统计局、发改委等部门每年要定期公布各地区能源消耗情况；省级人民政府要建立本地区能耗公报制度。要将能耗指标纳入各地经济社会发展综合评价和年度考核体系，作为地方各级人民政府领导班子和领导干部任期内贯彻落实科学发展观的重要考核内容，作为国有大中型企业负责人经营业绩的重要考核内容，实行节能工作问责制"。这标志着目标责任制作为一项基本制度，已经在理念层面得到了基本确认。2007年全国人大重新修订《中华人民共和国节约能源法》（以下简称《节能法》），首次将节约资源确定为中国的基本国策，从而把节能提高到前所未有的地位。修改后的《节能法》对节能目标责任制做出了明确而具体的规定。《节能法》第六条规定：国家实行节能目标责任制和节能考核评价制度，将节能目标完成情况作为对地方人民政府及其负责人考核评价的内容。省、自治区、直辖市人民政府每年向国务院报告节能目标责任的履行情况。自此，中国节能监管中的政策执行模式和机制正式立法。

节能目标责任制突出了地方各级人民政府在国家节能监管中的责任和作用，明确规定了地方各级政府的责任分配、绩效考核和行政问责的标准和程序，确定了节能数据统计、动态监测和情况核查的规则。节能目标责任制的实质是建立一套激励和约束机制促进地方政府和企业的积极性，从而更好地执行中央节能政策、实现规定节能目标。节能目标责任制的确立彻底改变了执行了近30年的国家节能监管体制，地方各级人民政府正式成为节能监管中政策执行的主体。从而，原来的以工业部门为代表的"条"为基本架构的节能政策执行体系，转变为以地方各级人民政府为代表的"块"为基本架构的节能政策执行体系。这是迄今为止我国节能监管体系中最为重大的结构性变革，也是近年来中国低碳发展中最引人注目的制度创新。

节能目标责任制对地方政府和相关企业节能都发挥了极大的促进作用。第一，它有效地调动了地方政府的积极性，使地方政府把节能问题的优先级提升到前所未有的高度。2006年以来，在省、市、县三级均效仿中央政府成立了节能减排领导小组，作为节能政策落实的议事和协调机构。参照国务院节能减排领导小组的构成，各级政府领导小组由本级政府行政首长担任组长，成员包括发改委、经信委、财政、税收、土地、环保、建设、交通、科技等多家机构的主要负责人，以加强对节能事业的领导。有些省份成立了专门的节能监管和政策执行机构。山东省人民政府不仅成立了节能办，在2010年甚至成立了以主管副省长挂帅的节能减排指挥部，与省政府相关部门抽调人员在特定地点联署办公。根据《节能法》的要求，各级地方政府"将节能工作纳入国民经济和社会发展规划、年度计划，并组织编制和实施节能中长期专项规划、年度节能计划"。为保障节能政策的执行，地方政府加强了节能监察和执法机构建设。"十一五"期间，全国各级地方政府建立的节能监察中心从2005年的147家发展到2010年的606家，"十二五"以来更进一步上升到881家。除了数量的增长外，更重要的是这些机构的职能得到了实质性的提升。过去，这些机构绝大多数只是代行节能监管职能。少数具有节能管理权限的机构，其执法能力较弱，难以真正起到节能监察的作用。目标责任制实施以来，许多地方政府赋予原有的节能监测中心或节能服务中心以执法职能，并加大了财政支持力度。此外，在节能机构方面还加强了节能统计和监测机构建设，省、市、县三级地方政府均设立了专门的能源统计部门。第二，节能目标责任制改变了地方政府的资源分配重点，大大加强了在节能领域的投资。"十一五"期间，地方政府节能总投入为529亿元，其中仅节能技改方面的财政投入就达到了297亿元。第三，节能目标责任制促进地方政府主动进行政策创新，主要表现为提高中央政策要求执行标准、推广节能审计以及主动进行低碳发展试点建设。在提高标准方面，突出体现在对节能服务公司的补贴力度上，多个省份主动提高了中央政府要求的补贴标准。第四，节能目标责任制的实施促进了企业的节能管理和节能项目投入，特别是纳入千家企业节能行动的单位在节能管理和节能投入方面大大加强。"十五"期间企业投入节能的自有资金和银行贷款为 1560 亿元，而"十一五"期间企业节能技改投入资金就高达 6170 亿元，其中千家企业投入节能技改资金为 2874 亿元。

从节能效果来看，以"块"为基本架构的政策执行机制与以"条"为主体的政策执行机制均有效地实现了政策目标，很难对两种执行机制的优劣进行直接比较，不同机制有其产生的历史背景、经济基础和政治环境。只有适应当时制度环境的机制，才能使政策得到有效执行。以工业专业经济部门为主体的政策执行体制产生于计划经济背景之下，适应当时以国营工业企业为主体的节能形势。在计划经济向市场经济转型的过程中，仍以其强大的惯性发挥了重要的政策执行功能。国家工业化进程彻底改变了工业经济的总量和所有制构成；而国民经济的市场化改革根本性地改变了国家工业企业的管理方式。随着工业企业主体由部委管理转为地方属地管理，地方在节能监管和政策执行上的责任凸显出来。此时，原有的以"条"为基础的节能政策执行体制必须让位于以地方政府为主体的、以"块"为标志的政策执行体制。

然而，体制的转变并不会自动发生。"十五"期间节能政策执行主体缺位的现象表明，要使地方政府成为节能政策执行主体必须建立有效的激励机制，克服中央对地方在公共物品提供上普遍面临的委托－代理困境。目标责任制这一制度创新把中央政府的节能目标转化为地方各级政府的目标，从而有效地克服了中央政府与地方政府目标不一致的问题。同时，由于节能统计和监测规定的设定赋予中央政府对节能数据认定的权力，因此，在规则和程序上解决了因中央与地方政府节能信息不对称而无法对地方实施考核的难题。① 目标责任制

---

① 目标责任制通过考核压力在效果上解决了委托－代理之间目标不一致的问题，但未必使代理方（地方政府）产生节能减碳的主动性。在消除信息不对称方面，是通过规则和程序的设定让代理方承担证明数据可信性责任（burden of proof），这一规则虽然不能确保数据无误，但总体上可以提高数据的质量。

发挥作用的关键在于：通过国务院转发的"节能统计、监测和考核三个方案"依照《节能法》把中央对地方的节能考核与中央组织部执行的地方党政领导干部绩效考核有机地联系起来，从而把一项针对地方政府的行政性考核转变为一项针对地方主要领导的政治性考核。这项考核对于激发地方领导和政府的积极性具有强大的作用。然而，必须看到，目标责任制的制度基础是我国政府体系中目前盛行的自上而下的压力型体制。这种体制固然有效，但也有明显的不足。它可以通过压力把上级的目标和指标传递给下级，但并不能使上级的目标内化为下级的目标。因此，压力的传递可以促进下级政府对政策执行产生积极性，却难以使其产生主动性。而缺乏主动性的执行就难以产生创造性。压力型体制下的政策执行中存在的另一问题是执行成本偏高，我们以往的报告中对此做过详细分析。①

四　可再生能源政策执行模式的形成

节能领域中政策执行犹如在压力型体制下逆水行舟。与此相比，可再生能源领域的政策执行可谓是顺风顺水。固然，在风能利用中，中央政府对大型国有电力企业实行了配额管理，使得该领域看上去与节能领域的目标分解有些许相似之处，但相似仅止于表面。从"十一五"期间风能和太阳能光伏发电实际装机量远超规划这一事实来看，可再生能源政策的执行效果远超预期。而风能和太阳能两者之间在政策执行模式和机制上也有较大差异。

（一）风能开发政策执行模式的形成

风能的发电利用体现了国家意志。中国能源构成中低碳能源短缺，传统能源资源的特点是"多煤、贫油、少气"。而在可再生能源资源中，中国的风能资源世界领先。因此，在应对国家能源短缺、全球清洁能源大规模开发利用的大背景下，大力发展风能利用被确立为国家能源战略中重要的组成部分。中国

---

① 参见清华大学气候政策研究中心《中国低碳发展报告（2010）》《中国低碳发展报告（2011～2012）》。

在设备制造、电站建设和并网供电等方面以惊人的速度发展，其原因在于：中央政府及早明确了大规模发展风能利用的战略方向，通过政策创新、资源配置和配套政策，培育了一个重要的风力发电设备和风能利用市场，消除了大量市场风险，保障了市场参与各方的利益分成，从而使制造商、开发商、金融机构以及地方政府都有极大的动力积极主动地参与其中，共同推动了产业的进步和良性循环。在此过程中，中央政府的政策支持、财政补贴以及地方政府的土地优惠是保障风力发电快速发展的三大要素。

中央政府的激励政策包括通过财政支持和配额管理启动风电市场供给，通过全额收购、电价补贴和税收优惠保证风力发电市场赢利，通过技术研发、本土化和规模化降低风电装机成本。全国人大常委会于2005年月通过的《可再生能源法》是可再生能源快速发展的政策基础，该项法律于2009年底进行修改时更进一步从法律上确立了"国家实行可再生能源发电全额保障性收购制度"，并对该项制度的实施做出了具体规定，从而为市场提供了明确而稳定的政策信号。

地方政府对于发展风力发电始终态度积极，这是因为风力发电不仅有助于当地能源资源的开发利用，更是带动地方经济发展的投资项目。风力资源丰富的地区依靠本地资源条件，推行"资源换产业"策略，促使开发商在发展风力发电项目的同时投资设备制造，推动了地方就业和产业发展。在中央政府制定的各项优惠政策基础上，地方政府在其可能的范围内最大限度地提供土地、税收方面的优惠，吸引并帮助设备制造商和项目开发商投资兴建风能项目。

中央和地方的两个积极性和优惠政策为风力发电项目创造了有利的市场环境，并在很大程度上控制了投资风险、保障了投资收益。经过设备引进、技术研发以及本土化和规模化生产，风能设备成本下降显著，极大地推动了风力发电项目的开发。此外，对于开发商而言，还有一些不明言的利益考量，例如资源布局、市场份额的争夺、对土地资源和相关矿藏资源的占有和开发等都为项目发展增加了吸引力。

研究表明，风能发电项目融资途径较为单一，多数项目除企业自有资本金外，主要来自银行贷款。根据《国务院关于调整固定资产投资项目资本金比例的通知》（国发〔2009〕27号），风电项目中资本金的比例可低至20%。对于风力发电项目来说，银行贷款占到80%是常见的情形。风电项目对大型国有商业银行具有吸引力，这与国家将风能开发利用作为一项长期稳定的宏观战略有关，更重要的原因在于风能项目开发商主要为大型国有企业，有着极为稳定的收益预期，在企业融资模式下，其还本付息能力不容置疑。中国风力发电以银行贷款为主体的融资模式与欧美国家的以项目融资为基础、以资本市场为主体的融资模式形成鲜明的对照。除制度因素之外，本阶段中国大型国有银行资金充足无疑也是一个重要的原因。根据 1996 年发布的《中国人民银行国有降低金融机构存、贷款利率的通知》，风力发电项目作为国家优先支持的行业，原则上可以享受基准利率下浮 10% 的优惠；从 2012 年 6 月起可进一步享受基准利率下浮 20% 的优惠。

在中央和地方政府的政策和资源支持下，大型国有企业为主体的项目开发商与大型国有商业银行相结合，构成了现阶段中国特色的风能开发项目发展模式。在此过程中，也形成了极富特色的风能开发政策的执行模式和机制：中央政府创造了有利于市场发育和发展的政策和制度环境，在地方政府积极配合下，项目开发商和金融机构等市场主体积极响应政府政策，形成多方主动、相互呼应的有效机制，从而使政策执行如行云流水般畅通无阻。这种各方主动的政策执行模式与节能政策执行中的压力型模式形成鲜明对照。除了内在激励和动力不同之外，在政策制定者（中央政府）与政策调节对象（项目开发商）之间基本不存在政策执行中介。在节能执行中，在中央政府（政策制定者）和企业（政策调节对象）之间有专业工业经济部门、各级地方政府、多个监察监测服务中心以及节能服务公司这些中介机构帮助实现政策执行。这是两个政策执行模式之间十分重要的区别。根据制度经济学理论，风能开发政策的制度设计保证了自我实施性，而节能政策的设计中缺乏自我实施性，因而，需要由外在的机构作为政策执行者或中介以帮助制度的实施。

（二）太阳能光伏产业政策执行模式的形成

如果说风能开发利用是中央政府在国家战略确定后通过政策培育市场，促使市场主体参与其中，从而促进风能产业的形成和发展，那么，太阳能光伏产业的发展几乎是一个恰好相反的过程。全国光伏产业的发展似乎是在光伏制造商的驱动下实现的，甚至在一些相关的重要政策和国家规划的背后也可以发现

光伏制造商的影响。因此，认为光伏设备制造业拉动了中国光伏发电产业链和光伏发电政策也并不为过。

尽管中国的光伏电池研究有半个多世纪的历史，真正意义上的光伏产业发展却只是近十年的事。直到21世纪初，国家对光伏产业的定位仍限于为偏远的乡村地区电气化提供补充性解决方案。即便如此，2000年的"光明工程先导项目"以及其后不久的"送电到乡"对国内光伏制造业的发展起到了重要的推动作用。然而，跟同一时期欧洲国家的光伏发展相比较，后者显然更具有宏观、长远的战略意图。欧洲的光伏发展战略定位主要考虑两个重要因素：《京都议定书》对附件一国家温室气体减排的要求以及光伏技术突破性进展，而正是这两个因素成为日后驱动中国光伏产业迅猛发展的核心要素。《京都议定书》的实施，促使欧洲一些国家对太阳能光伏发电这种低碳排放的供电方式进行补贴，从而瞬间推高了市场需求。而太阳能光伏技术的创新和转移为中国的光伏组件制造带来了机遇。此时，中国刚刚加入世界贸易组织（WTO），低廉的制造业成本正在让中国迅速成为素有"世界工厂"之称的制造业大国，为承接光伏制造技术的转移做好了准备。

因此，从一开始中国的光伏设备制造业就是典型的市场和技术"两头在外"的产业。但当时"两头在外"并未成为不利因素。2003年，中国新增太阳能光伏装机容量为10MW，欧洲为201MW，而此时中国的光伏产量仅为8MW，远远不能满足市场需求。在巨大的市场需求驱动下，中国的光伏设备制造业开始快速发展。2004年产量一跃上升到50MW，是前一年产量的6.25倍；2005年更进一步提高到200MW；到2007年中国光伏产量超过1000MW，跃居世界第一位。截至2008年，有13家国内光伏企业在海外上市，开创了产业发展的融资新渠道。从2009年下半年至2010年下半年，由于世界各国实施经济刺激计划，把光伏发电作为一个重要领域，国际光伏市场需求激增。中国光伏制造业迎来了第二个高速扩张期，这也是产能扩张最快的时期。供不应求的国际市场掩盖了金融危机的风险，光伏企业忙于扩大产能、批量生产、抢占市场，使整个行业的技术提升陷于停顿。2010年底在光伏产业链中，实际产能的多晶硅生产商总数有20～30家，60多家硅片企业，60多家电池企业，330多家组件企业，国内外上市的光伏公司有30家左右（李俊峰等，2011）。

至 2011 年初欧债危机爆发的时候，中国光伏企业的产能已达世界需求的 1.4 倍。与迅速增长的光伏制造能力形成鲜明对比的是中国的光伏应用市场。2003 年"送电到乡"工程结束后，政府内部对于是否应该继续推广昂贵的光伏应用产生了很大的分歧，最终中国政府选择了优先支持技术更为成熟的风能发电。因此，2002～2008 年中国的光伏应用只限于少数示范工程。2009 年金融危机爆发，光伏制造业的出口受到打击，在此情况下，中国政府启动了第一个光伏特许权招标项目，2010 年启动了第二批共 280MW 的特许权项目，希望通过之后多次特许权招标引导光伏发电成本的降低。然而，随着中国光伏制造业产能的迅速扩张，进展缓慢的特许权招标已不能满足制造业希望快速启动国内市场的需要。在光伏制造商和地方政府的推动下，2011 年中央政府出台了光伏上网电价，当年新增光伏装机容量达到 2.2GW，但仍有 83% 的产品出口到国外。2011 年欧洲各国大幅调整光伏产业政策，削减光伏补贴。2012 年 5 月，美国做出对来自中国的电池片"反倾销，反补贴"的裁决，宣布了对其课以高额惩罚性关税的裁决；9 月欧盟启动对中国光伏产品的"反倾销，反补贴"调查。严峻的国际市场环境使中国的光伏产品制造业雪上加霜，昔日风光无限的知名企业面临资金紧张、还贷困难的窘境，纷纷要求政府给予帮助。2012 年 5 月国务院常务会议决定支持自给式太阳能进入公共设施和家庭（新华网，2012）。2012 年 9 月 14 日，国家能源局发布《关于申报分布式光伏发电规模化应用示范区的通知》，宣布将以上网电价的方式支持分布式光伏发电示范区建设；10 月 26 日，国家电网公司发布《关于做好分布式光伏发电并网服务工作的意见》，承诺免费提供分布式发电系统计入系统方案制定、并网检测等服务。中国国内分布式光伏发电应用市场的启动指日可待，为拯救光伏产业而培育了国内市场；同时，这有可能使此次的国际市场危机转化为国内光伏应用的机遇。

除中央政府帮扶"大而不能倒"的光伏产业，促进国内市场外，地方政府更是对光伏产业发展具有浓厚的兴趣。这主要是因为光伏制造业发展为地方投资、经济增长和就业带来了机会。为了支持光伏产业发展，地方政府出台了相关优惠政策吸引、扶持和帮助企业在当地发展。2012 年，当赛维 LDK 资金出现困难时，其所在地江西新余市政府甚至由地方人大批准动用财政预算帮助

这家民营上市公司脱困，其急切的心情可见一斑。在国际市场低迷时，有些地方政府从长计议，帮助光伏制造业开辟下游市场需求。2009 年，江苏、山东、浙江等省政府出台政策提高光伏上网电价；2011 年，青海省宣布将以 1.15 元/kWh 电价补贴 9 月 30 日前在省内建成的光伏电站。

在过去的 10 年中，光伏产业领域形成了"国际市场和技术催生国内光伏制造业，国内产业驱动国家政策"的市场驱动型政策决策和执行模式。这种模式不但有别于风能领域，更是与节能领域形成了鲜明对比。

五 低碳发展试点推动政策和制度创新

综上所述，近年来中国的低碳发展在政策制定和执行中出现了不少有效的创新性模式和机制，值得总结和推广。同时，必须看到中国的低碳发展任重而道远。在经济、技术和社会发展的现阶段，还没有找到协调经济增长与低碳发展的根本解决途径和现成方案，需要在政策和制度上进行创新。在中国，政策和制度创新的一个重要途径是地方试点。为此，国家发改委于 2010 年决定在广东、湖北等 5 省以及天津、重庆等 8 市进行低碳发展试点，试图通过地方试点创造并总结实践中行之有效的政策和制度。

地方低碳发展试点实施两年来，试点省市做了大量工作。归纳起来，分为 6 个方面。一是加强了领导，建立相关机构。13 个试点省市都成立了以政府主要领导挂帅的低碳试点领导小组，负责所辖区低碳发展政策制定和工作协调。在气候变化工作主管部门设立办事机构，主抓低碳发展试点相关工作。二是制定规划和实施方案，把低碳发展纳入本地区日常工作的主流。各试点省市把低碳发展作为重要内容纳入本地区"十二五"规划，结合应对气候变化工作制订了"应对气候变化工作方案"、"控制温室气体排放工作方案"以及"低碳发展试点实施方案"。此外，各试点省市分别与国内外专业机构一道制定了本地区中近期低碳发展规划。三是配置资源，加强低碳发展能力建设。试点省市均从本级财政拨付一定资金用于制定低碳发展规划，提高技术能力、研发能力。云南、重庆、贵阳、天津、保定、南昌等省市成立了针对低碳发展的政策研究咨询机构，加强低碳政策研究和咨询。四是重视基础建设，率先建立温室气体排放统计、监测和考核体系。结合国家"十二五"规划，按照国家发改委要求，建立三个相互关联的体系，为低碳政策执行打好基础。五是开展国际合作。保定、南昌、深圳以及昆明分别与丹麦、奥地利、德国、瑞士等签订合作协议，共同推进低碳发展。六是推动市场机制，试点推进碳排放交易。广东、湖北、天津、重庆、深圳等省市被列入国家发改委碳排放交易试点，尝试通过利用市场机制，推进本地区低碳发展。此外，有的省份如广东省在国家试点的基础上，又在本省之内选取了包括珠海、惠州、横琴新区在内的二级试点，试图重点突破，加速政策创新和制度创新。

归纳起来，可以看到地方试点工作的两大指向：一是如何发挥行政体制优势、优化政府管理，以促进地方低碳发展；二是如何通过创设市场、利用市场机制，实现低碳发展目标。在开展试点的两年中，这两个方向上都取得了重要的进展。政府在低碳发展工作中具有四个方面的优势，即领导优势、规划优势、执行优势和资源优势。在发挥政府行政体制优势方面，试点省市吸取了"十一五"以来我国推进节能政策实施的经验，从加强领导入手，在各级政府内部建立共识、提升优先级。成立低碳发展工作领导小组既是对该项工作重要性的宣示，更具有实质性的机构建设意义。它不但让政府和社会认识到低碳发展在政府工作中是一项综合性、多部门的工作，而且具有统领性和前瞻性，是转变经济发展方式、实现科学发展的重要抓手，对于生态文明建设具有重要的先导性意义。加强领导有助于建立共识并提高低碳发展在政府工作中的优先级，有利于协调政府相关部门的工作以便共同推进。在中国，政府的领导优势具有特别突出的意义。这是因为长期以来中国政府体系是按照多层次、多部门的镶嵌科层机制构建的单一制体系。而广阔的幅员和众多的人口无疑极大地强化了这样一个庞大的大一统科层体系的力量。

中国政府的规划优势既来自本身在规划制定中的合法性，又与中国长期以来的经济社会计划和规划传统密切相关。可以说，中国政府和社会已经建立了一种依照规划开展工作的传统和机制。而中国的低碳发展规划区别于西方国家和地区的重要特征在于：规划的综合性和全面性。例如，西方的低碳城市规划着重于市政方面，而在中国，低碳发展规划包括产业、技术、经济结构、城市建筑、交通布局、低碳生活等方方面面。在"十一五"期间形成节能政策执

行机制为推动试点省市的低碳发展规划和政策奠定了制度基础。同时，现阶段各级政府控制了大量的资源，并且具有强大的资源配置权力和能力，在资金、土地、税收、财政等多个方面可以发挥政府功能，推动低碳发展。

碳排放交易试点建设是全国低碳试点工作中的重要内容。目前，各相关试点地区都在积极进行研究和准备，制定规则，确定总量，择机实施。如广东省已经开展了初始分配和一级市场的尝试，试图在实践中总结经验。

低碳发展试点首先要解决的一个问题是地方政府的主动性如何调动。节能目标责任制解决了地方政府在节能监管和政策执行上的积极性问题，但没有解决主动性问题。如果说节能是中央政府先确定约束性目标然后分解给地方强制实现，那么低碳发展试点却是地方主动申请、自我要求、自主实施。这在机制上是一个重要创新。地方政府之间的竞争强化了试点省市的创新冲动。此外，低碳试点为探索转变方式、实现绿色发展、建设生态文明提供了一个抓手。当然在先行先试以及争取政治认可、政策机会、资金支持方面也是重要机会。在国家第二批低碳发展试点的申报过程中，地方政府表现出了极大的热情，不少城市市长亲自报告争取成为试点。相信这些试点的建设将在推动中国低碳发展政策和制度创新中发挥重要作用，清华大学气候政策研究中心将密切关注、及时总结试点建设中的经验和创新。

六　政策启示

中国低碳发展的政策执行模式的发展、演变以及制度创新的尝试对于目前和今后一个时期中国的绿色发展、循环发展和低碳发展政策制定以及制度建设具有重要的启示。

第一，必须建立与经济基础和基本制度环境相适应的政策执行机制。节能监管的政策执行机制的变迁表明，不同阶段中耗能企业的类型、数量、规模和所有制构成不同，由此构成了不同性质的经济基础。国家经济制度、政治制度以及与之相适应的政府行政体制构成了重要的制度环境。政策执行机制既受政策工具选择的影响，更受到经济基础和制度环境的制约。因此，政策制定者需要审时度势，随着条件的变化调整政策执行的体制和机制。节能目标责任制的实施就是这种调整的成功范例。

第二，必须制定符合领域特点的政策及其执行机制。节能、风能和光伏三个领域有其各自的特点和制度背景。因此，低碳发展的政策各不相同，相应的政策机制也不一样。同时，需要看到市场和政府两种治理机制在政策执行中的通用性和互补性，在一定的条件下相互转化、协同作用。因此，在节能治理中，充分引入并发挥市场的作用，可以有效地降低政策执行成本。反过来，在太阳能光伏发展中，强化政府特别是中央政府的宏观引导作用，有利于规范市场秩序和战略方向。

第三，政策制定和政策执行不能分割开来。政策的制定和执行是一个问题的两个方面，在政策制定阶段就需要给予高度重视，不可机械地分割为两个问题或两个鲜明的阶段。这是风电发展中的宝贵经验，也是第三阶段节能政策实施中的教训。在政策制定中常常习惯性地沿用原有的执行机制，而较少考虑其适用性，结果往往达不到政策预期。

第四，政策制定必须具有前瞻性。回顾光伏领域的发展可见，中央政府在政策制定、引导产业方面落后于市场，从而造成了一定的被动局面。在目前被迫应对严峻局面时，更应该高瞻远瞩，更为全面、前瞻性地制定相关政策，并设计政策执行机制。

第五，政策创新需要顶层设计和地方试点相结合，需要有自上而下的人力、资金和政治支持。目前的低碳发展试点较多地依靠地方自力更生地创造，缺乏自上而下的指导、引导和支持。在初期不可能对试点的细节有完善的"顶层设计"，但是，基本的原则和方式可以借鉴。最近国家发改委的领导正在研究低碳发展方案编制的原则与方法，这是加强宏观指导的尝试。此外，国家的资源支持对能力相对薄弱省市的试点建设工作也十分必要。

B.2
中国低碳治理体系的
逻辑、约束及创新

中国低碳实践的途径主要有三种，即技术减碳、管理减碳、结构减碳。其中，结构减碳是中坚，技术减碳是基础，管理减碳是保障。[①] 无论是对外颁布的《中国应对气候变化国家方案》还是国内的《节能减排综合性工作方案》[②]都将三者作为中国低碳治理的题中应有之义。事实上，中国低碳治理始终沿袭上述路径并经历了一个漫长的过程。自20世纪80年代以来，能源消费年均上升5.82%，支撑了国民经济年均10%的增长。1981～1992年，产业结构的调整尚未成为政府日常管理中的主题，计划性的调整往往借助于强制性的管理来实行。随着1992年中共十四大宣布市场化改革、1993年中国由石油净出口国向净进口国的转变，中国结构减碳在市场化步伐加快的推动下，对碳强度下降的推动作用逐渐显性化，这尤其体现在1996年之后国有企业改革、能源管理体制调整产生的监管缺位上，导致低碳转型更多地依赖于结构减碳。实践证明，结构减碳在2002年前的大部分时间发挥了主导作用，但2002年之后技术减碳的效果因为中国节能体制改革滞后[③]、产业结构重型化而被抵消，从而造成中国碳强度上升。"十一五"以来，中国充分调整并完善了低碳治理体系，

---

① 技术减碳是以能源消费领域持续技术进步为推动的技术节能，如淘汰落后产能、推广先进技术、制造高效设备和加大科研投入等；结构减碳是以经济结构不断优化导致能源消耗总量变化为核心的结构节能，如推进经济需求转型、调整产业结构等；管理减碳是以管理体制改革和运作机制调整带来的能效提高，如推广能源合同管理、强化能源消费统计与检测。

② 参见《国务院关于印发"十二五"节能减排综合性工作方案的通知》国发〔2011〕26号；《国务院关于印发中国应气候变化国家方案的通知》国发〔2007〕17号。资料来源于中央政府门户网站，http://www.gov.cn/zwgk。

③ 如2005年前后各个省级层面的工业厅局撤销后，行业准确产能没有专门机构来统计，各地经信部门掌握的落后产能都是大概数，主要靠企业上报，难免存在一些不符合国家产业政策、早就该主动淘汰的产能和设备仍在生产，因而淘汰落后产能面临一些失真行为的挑战。

侧重于管理体制的建立与技术节能的推进，在一定程度上降低了产业结构重型化带来的挑战，逆转了中国碳强度上升的趋势。2006~2011年，万元国内生产总值能耗累计下降20.7%，实现节能7.1亿吨标准煤，单位国内生产总值能耗下降，减排二氧化碳14.6亿吨；非化石能源占一次能源消费的比重达到8%，每年减排二氧化碳6亿吨以上。①

从国际经验和中国现实国情出发，结构减碳在中国低碳治理行动中起到了十分关键的作用。研究发现，未来中国低碳发展绩效的20%~30%依靠技术和管理节能，70%来自结构减碳。2012年新出台的《〈节能减排〉"十二五"规划》也将调整优化产业结构作为完成规划指标的三大主要任务之一。但和上述研究及国家寄予重托相背离的是，"十一五"时期以来，技术减碳与管理减碳的贡献度高达70%以上，而结构减碳的贡献度仅仅达到20%~30%，甚至在2006~2008年对碳强度下降产生负贡献。这尤其体现为，作为节能主力军的工业节能减碳进展迟缓："十一五"期间，工业能耗占全社会整体能耗的比重，由2005年的70.9%左右上升到2010年的73%左右；作为结构调整重要标志之一的高能耗产业比重不降反升，六大高耗能产业的能耗占工业整体能耗的比重由2005年的71%左右上升到77%左右。②

为什么作为中国节能减碳主要载体的结构减碳出现短期效应与长期效应之间的巨大背离？为什么同样是政府驱动的技术减碳却能取得显著的成效？究竟是什么力量阻碍了结构性减碳行为在短期内的有效发挥？本报告立足于中国节能减碳治理体系的基本逻辑、支撑要素分析，找寻中国节能减碳偏离均衡点的主要约束，对中国低碳治理体系的创新提出有针对性的政策建议。

一　基本逻辑

在资源日益枯竭、能源价格飙升、环境污染恶化、全球气候异常变化、国

---

① 《中国的能源政策（2012）》，中央政府门户网站，http：//www.gov.cn/jrzg/2012－10/24/content_2250377.htm。

② 早在2006年，国家发展和改革委员会就预测，按照当时的工业结构，如果高技术产业增加值比重提高1个百分点，而冶金、建材、化工等高耗能行业比重相应地下降1个百分点，万元GDP能耗可相应降低1.3个百分点。

际低碳博弈加剧、阶段拉动能源刚性需求的今天，任何经济体的发展都开始面临低碳转型的压力，以大量使用化石燃料为基础的传统高碳发展条件已经丧失，未来的发展方式必须建立在低碳基础之上，中国也不例外。虽然中国自20世纪90年代以来，对节约能源和保护环境开始重视，但长期以来注重GDP的评价考核体系导致经济增长方式依然粗放，经济发展在很大程度上仍然以牺牲环境和经济质量为代价，在经历了21世纪以来的经济高速高增长和再次重化工业化之后，中国经济也已经走到了转型升级的十字路口。①

正是在资源环境约束日趋强化、战略任务异常艰巨、国际压力不断增加等多重压力叠加的背景下，中国政府开始意识到低碳转型的重要性、紧迫性、艰巨性，并实施低碳转型战略，以扭转中国碳强度上升的趋势及其带来的诸多压力。或者从更广阔的视角来说，中国低碳转型战略是中共中央领导集体倡导科学发展观和生态文明理念的必然选择。2007年6月，国务院正式批准对外发布了第一部《中国应对气候变化国家方案》，表达了中国政府负责任大国的态度。② 2007年9月，中国国家主席胡锦涛在亚太经合组织（APEC）第15次领导人会议上，郑重提出"发展低碳经济"，明确主张"发展低碳经济"。③ 2009年，中国政府在哥本哈根会议上承诺到2020年单位GDP碳排放量比2005年下降40%~45%，在2011年的德班会议上又进一步提出在满足5项前提下，2020年后将参加具有法律约束力的框架协议。2010年，国家发改委在"5省8市"开展低碳经济试点。④ 2011年，中国制定的"十二五"规划明确要求以科学发展为主题，以节能减排、建设资源节约型和环境友好型社会为特征的低碳转型为明确路径和重要抓手。2012年10月，国务院新闻办发布了《中国的能源政策（2012）》，提出到"十二五"期末，非化石能源消费占一次能源消费比重将达到11.4%，非化石能源发电装机比重达到30%。2012年11月，中

---

① 陈诗一：《中国各地区低碳经济转型进程评估》，《经济研究》2012年第8期。
② 《国务院关于印发〈中国应对气候变化国家方案〉的通知》国发〔2007〕17号，中央政府门户网站，http://www.gov.cn/zwgk/2007-06/08/content_641704.htm。
③ 参见胡锦涛在APEC第15次领导人非正式会议上的讲话，中央政府门户网站，http://www.gov.cn/ldhd/2007-09/08/content_742977.htm，2007年9月8日。
④ 参见《国务院：大力发展绿色经济 开展低碳经济试点》，2009年8月13日《第一财经日报》，http://business.sohu.com/20090813/n265941429.shtml。

共十八大报告把低碳战略上升到与经济、政治、文化、社会同等重要的高度，明确提出要"大力推进生态文明建设"，打造"五位一体"的"美丽中国"，"实现中华民族永续发展"。实际上，早在中央做出上述承诺与要求之前，中国就一直尝试构建科学系统的低碳治理体系。在经历了改革初期的"摸着石头过河"的试错改革、20世纪90年代的体制局部性调整、"十一五"初期的机制完善之后，截至2012年初，中国已经基本建立起一个具有中国特色、比较完整的低碳治理体系，扭转了中国碳强度上升的趋势，为中国经济持续发展、城镇化和工业化加快发展提供了更大的容纳空间。总体而言，中国低碳治理体系带有浓厚的行政主导、高位推动、央地博弈的色彩，对此进行系统的分析与认识，不仅有助于发现这种治理体系的特点及优势所在，还能找出其不足的地方，为中国下一步低碳转型找到更好的路径。一个科学的视角，就是遵循时空分析的逻辑，探讨中国在面临内外压力之时，如何将压力转化为内部动力、治理能力，并完成向执行力的有效转化，从而在规定的时空约束内，实现初步的低碳目标。

中国低碳治理体系和其他公共政策治理体系一样，发生在一个"以党领政"、党和国家相互嵌入的独特结构和政治生态中，形成了中国特色的党主导下的低碳政策执行机制，呈现出"高位推动、层级治理、多属性整合"的特点，形成了外部压力－内部压力－内在动力－治理能力－执行力的"五力"转化逻辑。这种逻辑在体制上可以概括为"345"的治理体系，即三个主体、四个手段、五个机制。

（1）三个主体，指的是中央政府、中间政府、基层政府三个主体。其中，中央政府包括国务院及其下属负责低碳的发改委、财政部等部门；中间政府则分为省级政府和地市级政府。省级政府包括各省、自治区、直辖市及地级市、州、盟，市级政府包括市、州、盟，基层政府包括县及以下的乡（镇）政府；企事业单位包括公有制企业、非公企业、事业组织。需要指出的是，企事业单位是低碳转型的最终承担者，其低碳行为归属于不同层次的政府监管，故没有单独列为主体。由于中国低碳治理是一项涉及不同层级、不同利益主体的重大公共治理体系，在中共中央的高位压力推动下，中央、省、市、县、乡镇，甚至村及社区的干部和工作人员都直接或间接地参与到这场治理中，同时还牵涉

发改委、财政局、经信委、建委、国土、金融等多个部门的利益，因此，有必要合理划分中国低碳治理体系的主体层次，以更加清楚地透视低碳治理体系的经验与不足。

从图2-1可以看出，三个主体之间基本上形成了权力逐级上收、事务逐层下递、压力逐层加大的现状。中央政府扮演着委托者的角色，掌握着目标设定权、人事控制权、否决权和剩余控制权，利用组织设计权和立法权高度集中于中央的权威优势，将低碳目标及事务通过层层发包的方式实现自上而下的传递。中间政府则作为管理者，扮演着承上启下的角色，省和市这两个中间层级在一定程度上既不最终承受压力，也不直接面对低碳治理难题，于是压力与难题大多集中于县及以下这一级。基层政府作为代理者，承担着自上而下传递累加的压力，享有的资源调配权也最小，导致其不得不把低碳治理压力向企业、社区转移。

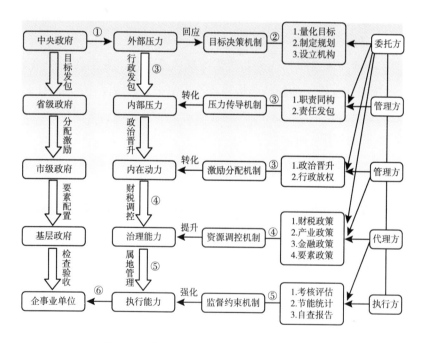

图2-1 高位压力下的低碳治理的基本逻辑

（2）四个工具，所谓的"四个工具"实际上是低碳治理体系中"五力"之间有效转化的关键节点，其任何一点出现了问题，就会导致整个低碳治理体系出现困难。①行政发包制使中央政府的节能降碳目标转化为地方各级政府的目标，从而实现委托方和代理方目标的一致性。②政治晋升竞赛减少了下级政府与上级讨价还价的筹码，确保地方有足够的动力来完成中央赋予的量化指标。③财税调控机制有效地缩小了不同地区或企业之间存在的低碳治理能力的差异，确保经济实力薄弱的基层有一定的能力来推进低碳治理。④属地化管理赋予地方政府动员域内所有资源的自由裁量权，包括利用与企业的政治关联效应，形成全社会的低碳动员机制，从"块状"层面解决了不同企事业单位之间多目标属性对低碳治理的冲击，弥补了"条状"目标传递的纵向不足，强化了低碳治理的执行力。

（3）五个机制，指的是在中央高位推动下，建立起以量化目标设定为主的压力决策机制、以行政发包为主的压力传导机制、以政治晋升为主的激励分配机制、以属地管理为主的资源调控机制、以检查验收为主的监督约束机制。①目标量化使低碳压力能够得到有效的界定，压力决策充分发挥了中国特色的党主导低碳政策下的"高位推动"优势。②压力传导机制借助于责任发包和职责同构，将中央政府面临的初始压力最终转化为基层政府的现实压力。③激励分配机制借助于政治晋升、行政放权，甚至通过低碳试点、政策创新等先行先试权，从政治、经济层面赋予了地方政府低碳治理的积极性。④资源调控机制利用政府资源的调控主导权，从产业规划、财税政策、金融服务、价格政策、法律规范等层面，在不同层级政府及企业之间进行配置，确保低碳治理能力的均衡性，实现低碳治理在全国层面之间的有序推进。⑤监督约束机制是在中央保留事后追究权力的前提下，通过不确定性的抽查，着重从结果方面确保低碳治理能力转变为企事业单位实实在在的低碳执行力，实现节能减碳绩效的提升。

（一）建立以目标设定权为核心的压力回应机制

压力回应机制是一级政府为了实现赶超，消除来自外界的客观压力，采取量化压力，并以任务分解的管理方式和物质化的评价管理机制来回应压力。中国低碳治理体系通过将目标最大限度地进行量化和分解，提高了管理的科学程度。无论是从行政管理的角度，还是从地方政权实际运作的角度来看，目标的量化设定与管理由于融进了管理的能级原理，讲究信任下属，放权管理，一级管一级，这有效地克服了领导干部集权于一身、事无巨细、统包统揽的小生产的管理方式，推动了干部由命令型向信任型、由放任型向责任型、由耗散型向效率型、由依赖型向开拓型的转变。从积极意义层面来讲，量化目标责任制实际上对于基层政府具有绩效评价和激励的作用，即所谓的"激励－绩效－满意"模式；并认识到目标责任制的实施对于中央以下级政府及企业的自主性、积极性以及管理方式的转变等都发挥了相当积极的作用。中央政府在"十一五"和"十二五"两个节能减碳规划中提出了"20%"、"16%"的节能减碳目标，这两个指标是全国人大通过的具有法律约束力的指标，是整个五年规划中为数不多的几项明确的数量指标之一。2011年，中国发布了《"十二五"节能减排综合性工作方案》，把能源强度指标和能源消费总量指标有机结合起来，形成低碳转型的"倒逼机制"。中央围绕量化指标，着重加强了三个方面的工作。①成立了领导机构，确保形成高位压力。高位推动是中国公共政策制定与执行的重要特征。中央和国务院是公共政策的决策主体，是政策目标的创制者。2007年4月25日，国务院常务会议决定成立国务院节能减排工作领导小组。一个多月后，为了突出国家对低碳治理的重视程度和便于国际交流，国务院决定成立以总理温家宝为组长，各部委办主要领导任成员的国家应对气候变化及节能减排工作领导小组。除了研究、制定重大低碳战略、方针、政策外，领导小组的作用主要体现在四个方面①：其一，发挥协调沟通作用，由于低碳事务涉及部门众多，而部门存在本位利益差异。领导小组可以协调、整合部门之间的共识。其二，减少执行摩擦成本。由于低碳治理涉及的职能部门在政府序列中的重要性不同，可能会出现"配合部门"比"牵头部门"更为强势的现象。这时，通过成立领导小组，可以促进党政各部门之间的互动和非正式的意见交换，形成集体决策，减少摩擦成本。其三，承担监督政策执行的职能。各个部门都是党领导下的一员，都要服从于国家的利益，其与党委、国家之间的关系不是平行关系，而是上下级关系。因而，成立国家领导小组能够强

---

① 关于党委领导小组的作用研究比较多，但相对更为系统的总结有"协调沟通、下情上达、减少成本、监督执行、政策推动"五个方面的内容，参见贺东航、孔繁斌《公共政策执行的中国经验》，《中国社会科学》2011年第5期。

化党委对政策执行的监督。其四，起到"下情上达"作用。在低碳政策执行过程中，会有许多建议或意见要反馈，这些建议往往涉及多个部门的利益，牵头部门往往无法一家解决。如果呈送到领导小组，经由领导小组办公室汇总，再转交职能部门，就会起到上下之间取舍的功能。②立足于顶层设计，制定了战略规划。2006年12月，胡锦涛在中央政治局第三十七次集体学习中强调，把节约能源资源放在更突出的战略位置，下最大决心、花最大气力抓好节约能源资源工作。① 2007年10月，中共十七大提出"加强能源资源节约和生态环境保护，增强可持续发展能力"，并要求"必须把建设资源节约型、环境友好型社会放在工业化、现代化发展战略的突出位置，落实到每个单位、每个家庭"。2012年11月，中共十八大将生态明建设提高到了新的高度，提出打造"五位一体"的"美丽中国"。为了确保低碳目标的实现，中央还先后制定了新兴战略产业发展规划、各行业节能降耗方案等全国性规划。其中，国民经济和社会发展第十一个（2006～2010年）和第十二个（2011～2015年）五年规划纲要，除了明确提出"建设资源节约型、环境友好型"社会、推动绿色发展、建设生态文明等目标及工作安排外，还设置了一些重要考核指标。实践证明，这些指标对于低碳治理主体的行为构成了较为有效的约束。③注重推动低碳法治建设。2007年10月，中国正式修订通过了《中华人民共和国节约能源法》，要求"国务院和县级以上地方各级人民政府应当将节能工作纳入国民经济和社会发展规划、年度计划，并组织编制和实施节能中长期专项规划、年度节能计划"，明确提出"国家实行节能目标责任制和节能考核评价制度，将节能目标完成情况作为对地方人民政府及其负责人考核评价的内容"。截至2012年10月，中国已经形成了以《中华人民共和国宪法》为基础，以《中华人民共和国节约能源法》为主体，以节能减碳专门法、资源法、循环经济促进法、行政规章、地方性法规为主要内容的低碳法律体系。

（二）建立以逐级发包为主的压力传导机制

上级政府通过将确定的经济发展和政治任务等"硬性指标"层层下达，

---

① 参见《胡锦涛：把节约能源资源放在更突出的战略位置》，新华网，http://news.xinhuanet.com/politics/2006－12/26/content_ 5534918. htm，2006年12月26日。

由省至市再至县，然后经过乡（镇），再由乡镇到社区或企业。即使在企业内部，也会将每项指标最终落实到每个岗位上。企业作为低碳转型主体，根据各自产权所属、地理空间、监管范围被分别纳入四级政府管辖范畴之内，也相应地被分配了具体的低碳指标。逐级发包主要借助于两个支撑要素：其一，责任发包。2006 年 7 月，国家发改委与 30 个省、自治区、直辖市人民政府以及新疆生产建设兵团签订了节能目标责任书。同时，国家发改委还与包括中石油、中石化、中海油、五大电力公司等在内的 14 家中央企业签订了节能目标责任书。接下来，中央以下各级政府分别与所管辖的政府、企业签订了以节能降耗为主的责任书。其二，职责同构。职责同构指的是不同层级的政府在纵向职能、职责和机构设置上的高度统一。① "职责同构"保证了中央的"权威"，使低碳目标和任务能够顺着"条条"逐级往下推进。中国除了强化发改委、经信委、统计、住建办等传统低碳治理部门的职能之外，还开始自上而下地新增节能统计、监察机构，搭建起低碳治理的基础平台。据不完全统计，截至 2011 年初，全国各级节能监察机构的数量已达 881 个。全国 31 个省、市、自治区，15 个副省级市以及 68% 的地级市都组建了节能监察机构，并且 12% 的全国区县建立了县级节能监察机构。这些机构的建立为中国低碳治理体系的完善奠定了良好的基础。

（三）建立以政治晋升为主的压力转化机制

在中国，提拔官员的政绩考核被称为"政治晋升机制"②，晋升激励是中国官员治理和政府治理、国企管理的主线。与西方依靠司法诉讼、政府监管、市场选择相结合的低碳治理机制不同，诉诸于官员晋升的强势干预往往是中国政府应对重大压力问题时所采取的习惯性选择，官员晋升制无疑是支撑这一选择的核心与基础。低碳治理，作为重要事务之一，在面临非治理不可的巨大压力时，也就顺理成章地被纳入绩效考核范围，与政治晋升挂钩，以此寻求突破口。晋升制度作为强势干预的基础和核心，通过官员问责与行政激励，使地方

---

① 贺东航、孔繁斌：《公共政策执行的中国经验》，《中国社会科学》2011 年第 5 期。
② 张军、周黎安编《为增长而竞争：中国增长的政治经济学》，上海人民出版社，2008。

政府负责人或企业领导人以"乌纱帽"作抵押，层层施压，依靠手中掌握的自由裁量权，最大限度地将上级施加的压力转化为自身的低碳治理动力。低碳实践证明，这种以晋升为主的压力转化机制确实在短期内推动了内部压力向内在动力的转化，体现为以人事任命权为基础的政治锦标赛维护了中央的权威，让地方官员、国企领导之间相互竞争，减少了与中央的谈价筹码，缩小其与中央利益的冲突空间，并迫使其尽可能满足中央设定的低碳目标要求。在指标逐级下达过程中，上级还辅以"一票否决"为代表的"压力型"惩罚措施。由此，从上到下、首尾连贯的低碳承包制就演化为"政治承包制"，并变相地形成中间层级政府－基层政府－企业的"连坐制度"。迫于晋升的压力，无论是中间政府还是基层政府，都紧紧围绕"委托－管理－代理－执行"的契约要求，把如期按约向委托方"交货"作为短期的中心任务。为了达到这个目的，中央以下级政府有权力在不同阶段采取相应的行动。① 在行政发包阶段，为了保证圆满完成任务，管理方（中间政府）向代理方（基层政府）施加压力，采取"层层加码"的策略，使其努力工作，以便应对检查验收过程中的不确定性，确保万无一失地完成任务。在低碳转型推进阶段，省市级政府比中央政府更为关心和行使资源激励分配权，确保奖惩配置与代理方（基层政府）、执行者（企事业单位）的努力程度相吻合。中央政府对此也"心知肚明"，不仅赋予省级政府监察验收权，还将部分财政扶持资金交由地方统筹安排使用，由各地对应主管部门按照中央文件要求组织申报、分配。在验收考核阶段，中间政府与基层政府有着共同的利益来确保低碳契约所要求的目标和任务完成程度被委托方接受，甚至有可能通过"合谋"的方式来促使验收考核过程不出纰漏，顺利实现低碳契约的要求。

（四）建立了以资源调控为主的能力建设机制

在中国这样一个幅员辽阔、多元且发展不平衡的区域性经济与社会中所构建的低碳治理机制，势必在有效治理上存在不可克服的内在矛盾：幅员辽阔意

---

① 学者周雪光在"控制权"的相关研究中，非常准确地阐述了一般公共政策执行过程中三种类型的行动。参见周雪光《中国政府的治理模式：一个"控制权"理论》，《社会学研究》2012年第5期。

味着区域差异性巨大，纵向一致的统一制度和政策治理的有效性难以负荷不同地区的经济发展状况，无法解决能力薄弱地区的低碳治理问题；幅员辽阔意味着从中央抵达基层的治理层级链条过长，辽阔的行政范围和漫长的空间距离使治理信息的传递难免发生阻碍和偏差，对基层地方政府及企业的低碳行为的监督比较困难。这就需要治理主体借资源交换以实现利益的"求同存异"，降低监督成本。在中央控制着目标设定权、检查验收权、激励分配权、人事任命权的背景下，这种资源交换更多是中央借助"委托－代理"的方式，将上述权力适度下放到地方，一旦其遭遇挑战或危机，中央就可能通过各种手段将相关控制权暂时但有效地收回，以确保目标和任务的按时完成。在保留目标设定权的前提下，中央把激励分配权和检查验收权及人事任命权适度下放，中间政府（省市政府）无疑是上述权力的最大承接者，承担着域内低碳行动的监管、资源调配等职能。一方面，省市级政府代表中央管理着本区域内的低碳行动，确保其不偏离中央设定的目标；另一方面，利用所处的层次优势，掌握了资源的实际分配权，通过鼓励、配合下级政府或企业来申报项目，获取中央的资源支持。当然，中间政府也会拿出一定的配套资金来支持低碳行动。这种做法不仅符合中央对地方配套相应财税资金的要求，还可以通过杠杆效应，拉动域内外社会投资的持续跟进，最大限度地引导各种资源流向低碳领域。基层政府作为低碳行动的最终代理者，兼有执行者的色彩，面临来自中央及中间政府的多重监督，更多地负责烦琐事务的操作与执行。作为补偿，基层政府也被赋予了属地化的资源自由裁量权，同时还获取了来自中央及中间政府的资源性转移收入，确保有足够的能力来推进低碳转型。

（五）建立了以检查验收为主的执行监督机制

这指的是上级政府（包括中央政府、中间政府以及基层的县级政府）通过高压的形式推行严格的监督机制、密集的审核考察、适度的惩罚措施，来作为传递强硬决心的信号。检查验收方式往往包括暗访、专项检查、自查等方式，并辅以在主流媒体或政府网站上向社会公告的做法。但这并不意味着高位压力最终实际转化为基层政府和企事业单位的执行力。基层政府和企事业单位并非消极被动的行为体，有着独立的利益诉求，对低碳事务甚至消极抵制。[①] 因而，中央采取了灵活的方法，通过非制度性的权力让渡，把检查验收权下放到地方，并保留了事后追究的权力。这意味着：虽然中间层面的省市政府掌握着实际资源激励分配权，但中央政府仍然拥有"随意干预"的权力，体现在时常发生的自上而下、大张旗鼓的整顿和运动等情形中。

当然，中央只是把上述做法看作一种手段，其最终关心的目标仍然是总体层面的低碳治理绩效。所以，中央对某个具体治理行为或某个区域出现的问题，类似于货物验收检查时出现的次品，只要这些问题（次品）发生在允许的误差范围之内，就不会影响整批货物的验收。从这个意义上讲，中央并没有过于看重督察的重要性，这也解释了在低碳治理中，许多地区及企业没有完成低碳目标，却也没有遭受严格的惩罚。但检查验收对弄虚作假的做法尤为敏感，因为这意味着，整个的低碳治理（整批货物的质量）有可能普遍存在类似问题。所以，一旦发现作假问题，常常通过严惩措施以儆效尤；被检查方则努力把这些问题解释为偶然的、个别的情况，与"整批货物"无关。但是，每当低碳目标或任务难以完成时，上级部门就会加大检查验收的力度和频率，往往发布紧急动员指令三番五次地督促要求，通过密集检查评估，不断要求下面汇报，将下级部门的注意力集中在特定的低碳政策实施领域。在这一背景下，作为管理方的中间政府和代理方的基层政府对自上而下的各种要求和规定极其敏感，反应迅速，全力以赴应对之。

二　支撑要素

在中国低碳治理体系的基本逻辑中，行政发包制、政策调控、属地管理、政治晋升成为连接低碳内外部压力、动力、能力、执行力的四个关键节点，使得其与中国低碳治理绩效息息相关。这四个关键点既相互独立，又互为补充，共同构成了中国低碳治理体系的支撑要素，如图 2-2 所示，推动中国低碳治理沿着有序的轨道前进，搞清楚其作用机制及运行过程是理解中国低碳治理体系的背后运行逻辑的关键。

[①] 这一点早在已有的制度经济学的实证研究中得到验证。参见青木昌彦、吴敬琏《从威权到民主——可持续发展的政治经济学》，中信出版社，2008，第 187～188 页。

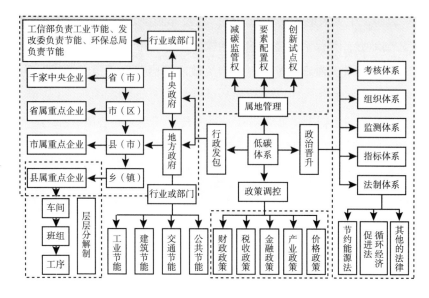

图2-2　低碳治理体系的支撑要素

（一）行政发包制

行政发包是一种形象的类比，指的是发包方把任务发包给承包方，承包方按规定的要求交货，发包方不具体干预生产过程，承包方占用生产工具和设备，代表一种间接控制的分权治理。[①] 在低碳治理体系中，中国政府将量化的低碳目标连同规划及方案，通过逐级发包的方式，沿着"中央－省－市－县－乡镇"、"政府－企业"、"政府－部门"、"政府－行业"的多重路径传递，形成了"条块结合"、"纵横交错"的发包体系。2006年8月，国务院发布了《关于加强节能工作的决定》，要求国家发改委将"十一五"规划纲要确定的单位GDP能耗降低目标分解到各省、自治区、直辖市，省级政府将目标逐级分解落实到各市、县以及重点耗能企业，实行严格的目标责任制。在运行五年后，2011年8月，国务院又印发了《"十二五"节能减排综合性工作方案》，提出"进一步落实地方各级人民政府对本行政区域节能减排负总责、政府主

---

① 周黎安：《行政逐级发包制：关于政府间关系的经济学分析》，http://wenku. baidu. com/view/c9de29d1c1c708a1284a44bb. html，2007年10月。

要领导是第一责任人的工作要求"，至此中国已经形成了比较完善的节能目标责任制，其运行机制如下：中央作为最高级别的发包人，在与地方政府经过简单的博弈协商之后，确定了发包的方式和内容。在省级政府对市级政府分解目标之后，市级政府将调整后的低碳指标再分解到各个县级政府。它们的分解方式虽然与省级政府在细节上有些差别，但大体上类似省级政府。按照方案要求，省、市、县、乡镇政府主要负责人是本地区节能减排的第一责任人，企业主要负责人是本企业节能减碳的第一责任人。以县级政府为例，县委、县政府把低碳工作列入党委、政府的重要议程，专题听取和研究相关工作。党委会通常会与各涉能部门的负责人、各乡镇的负责人、重点用能企业的负责人在每年签订一份目标责任书，明确各项要求和奖惩规定，把节能减碳各项工作目标和任务逐级分解到各地和重点企业，既要部门"意识到位、责任到位、措施到位、投入到位"，又要企业"增产不增量、扩建不扩量"；后者又会与下属单位的负责人签订责任书；最后这些单位的负责人再与工作人员——签订责任书。最终，低碳指标就通过"横向到边，纵向到底"的分解方式具体到每个工作人员。① 于是，经济上的承包制和政治上的岗位责任制被复制到低碳治理体系中来，形成了一种独特的、压力驱动的"行政发包制"。以浙江省台州市为例，截至 2010 年 6 月，全市实现了市、县、乡镇三级政府目标责任书签订率 100%，各级政府与重点耗能企业签订率 100%，初步形成了各级政府、有关部门和广大企业齐抓共管节能降耗的工作格局。② 许多企业也把低碳目标和任务逐级分解到下属企业，建立了从公司管理层到一线员工、从集团公司到基层岗位的责任体系。如西电等央企集团早在 2009 年前就推行了"一岗双责"和四级管理体系，形成了"责任层层落实，压力层层传递"的工作机制。③

从目前来看，这种行政发包制主要具有三个方面的好处：其一，有助于减

① 荣敬本：《从压力型体制向民主合作体制的转变》，中央编译出版社，1996，第 17~27、31~32 页。

② 资料来源于浙江省台州市政府网站，http：//www.zjtz.gov.cn/zwgk/ldzc/yxl/ldjh/201009/t20100908_47143.shtml。

③ 《西电集团低碳经济发展模式取得显著成效》，中国央企节能减排网，http：//114.255.43.243/news_view5.asp？lm2=2&id=2179，2010 年 7 月 2 日。

少组织成本。中国治理实践表明，金字塔式的指令传递和逐级监督系统体现了中国特有的行政体制优势，比扁平式的传递和监督系统（即中央直接向大量个体直接发送信号和监督实施）更为有效。从纯技术角度看，作为发包方的上级政府对统计数字和总量指标进行评价比实地调研、过程监督成本要小得多，尤其是把复杂的低碳事务逐级分解给下级政府，可以大幅度减少上级政府的事务负担。此外，中央政府不能够按照每个居民的偏好和资源条件供给推进节能减碳，对中央而言，试图直接控制资源或动员企事业单位等微观主体参与低碳行动，既面临着巨大的成本挑战，也面临微观主体动员能力不足的考验，但地方政府使这种行动更加便利。其二，有助于提供适当的激励。行政发包制相当于对下级政府做出关于分权的可信承诺，赋予了地方官员使用自由裁量权力的稳定空间，相当于为节能减碳的自主决策提供了"产权保护"。为了保证低碳目标能够得到很好的落实，行政逐级发包赋予了下级政府许多事权和自由裁量权，这种事实上的管理权就像被保护的产权一样可以变成对地方官员独立决策的激励。例如，山东省济南市在对部门进行行政发包时，仅仅就涉及的固定资产投资项目、三产增加值比重、关停小火电机组三个方面内容进行了明确的规定；在考核评价方面也只是强调了考核的部门及依据文件。这种目标任务明确的发包方式在一定程度上为节能减碳承包者明确了努力的方向，而其手中被赋予的自由裁量权也为其优化资源配置、推进目标实现提供了保障。其三，加强了对地方的控制。20 世纪 80 年代初以来，低碳治理体系加强了横向"块状"方面的联系，但在纵向方面，中央、地方各管各的企业或行业领域的节能，即使节能减碳的考核也多是企业内部的责任概念。这种各管各的低碳管理管理体制，实际上陷入了低碳治理的"孤岛效应"，造成了监管的实际缺位。虽然中国 1981～2002 年的碳强度不断降低，但更多的是市场化放权带来的产业结构调整，其贡献率高达 70% 左右。结构性减碳掩盖了原有低碳治理体制的不足，但随着中国重化工业阶段的来临，原有松散的节能管理体制所形成的弊端开始凸显，带动了"十五"期间中国碳强度的上升。行政发包制通过节能指标的发包，将原有松散的纵向层级政府联系起来，形成一个"条块结合"、"以块为主"的管理体系，将地方和企业的低碳行动直接或间接地纳入治理体系。

（二）属地化管理

属地化管理指中央为了调动地方发展积极性，适度把行政审批制度改革与投资体制、财税金融体制、社会体制和行政管理体制改革紧密结合起来，通过财权与事权分权、投资项目审批地方化等改革，赋予了地方政府发展经济的自由裁量权和剩余索取权。新中国成立以来，中国低碳治理在经历了多年的"条条管理"和短暂的"条块缺失"之后，形成了"条块管理、以块为主"的治理框架。在该框架中，"条条"部门只提供业务指导，但不负责指导部门的人财物供给，"属地化管理"的"块状"色彩非常浓厚。以工业低碳主管部门为例，国家工信部是这一领域的最高行政机构，以下由省经信委、市经信委、县经信局逐级组成。作为中间层级的市经信委受制于双重关系：在横向上，它接受市政府的管辖，即所谓"块块"关系；在纵向上，它接受上级职能部门——省经信委的指导，即所谓"条条"关系。中国政府的组织机构惯例规定，市经信委接受省经信委的技术指导；同时，它接受市政府的行政领导，后者控制着市经信委的财政预算、人员编制和晋升流动。显然，与省经信委相比，市政府与市经信委有着更为密切、直接的权威关系。同样，主管基层低碳行动的县经信局也面临着县政府的行政领导和市经信委职能指导的双重关系。① 除了经信委（局）之外，其他包括发改委、统计局、建委（或称住建委）等所涉及部门也具有浓厚的属地化色彩。

属地化管理带来的好处如下：第一，使低碳治理责任更加清晰。低碳治理属地化使地方官员的行政责任边界容易清晰界定。实施"谁主管、谁负责"的原则，避免了责任不清和相互推诿的现象，什么企业或什么地方低碳目标没有完成，最终可以直接追究主管行政长官的责任。一旦目标任务难以完成，各级政府可以迅速把任务或责任落实到最基层，形成所谓的"压力型体制"，这无论在"条条管理"的框架还是"条块混合"的管理框架中，都是政府间动员能力的主要源泉之一。

---

① 关于这样的论述可以参见渠敬东、周飞舟《从总体支配到技术治理》，《中国社会科学》2009年第6期。

第二，使低碳动员机制快速建立起来。从表面上看，似乎是发改委、经信委等节能主管部门开展了极为有效的低碳转型的社会动员，但实际上却是"五级政府一把手抓低碳"。短短几年间，中国就取得了碳强度上升趋势得以扭转的显著绩效，很大程度上应归功于"五级政府一把手主抓"的高位推动，解决了横向层面的政策多属性带来的困境。在企业层面，企业对地方政府的刚性依赖与属地化管理的官员权责之间的长期博弈强化了两者之间的政治关联机制。这有助于企业获得管制行业的准入资格，提高资本获得能力和政府补贴标准；① 降低要素成本，实现更高的负债率和更低的税收优惠；优先获得关键信息，化解政策风险，保障企业收益；减少企业遭受的各方面侵害，提高契约执行和产权保护的概率。② "天下没有免费的午餐"，作为资源交换的代价，企业在一定程度上要响应政府的号召，即使这种号召有时候是盲目的或歧视性的。正是利用这种政治关联机制，地方政府能够迅速动员企业参与到低碳行动中来。毕竟对大多数企业而言，节能减碳对企业经营绩效的冲击要比抵触政府指示带来的潜在损失小得多，何况响应政府指示还能带来一定的财税优惠。实践证明，这种属地化管理的确起到了立竿见影的作用。以千家企业节能减碳目标为例，截至 2010 年底，纳入考核的千家企业共 881 家，在整个"十一五"时期实现节能 1.66 亿吨，比下达的指标 1.5 亿吨还高出 10%。③ 良好的示范效应让中央坚定了信心，在"十二五"时期将企业数量从千家扩展到万家。④ 在部门层面，地方成立了由政府一把手任组长、分管节能减碳的同级副职任副组长、各职能部门一把手为成员的低碳工作领导小组，设立了政府节约能源办公室。领导小组作为部际协调合作的平台，将具有不同利益的多部门有效地整合起来，并分配给相应的目标任务，如图 2-3 所示，避免了低碳治理事务像其他公共事务因部门各自为管而陷入"碎片化"和"孤岛现象"的困境。这种"一把手负总责、分管领导直接抓"的分工机制促成了"条块结合、分兵把

① 胡旭阳：《民营企业家的政治身份与民营企业的融资便利——以浙江省民营百强企业为例》，《管理世界》2006 年第 5 期。
② 王永进：《政治关联与企业契约实施环境的所有制差异》，中国经济学学术资源网工作论文。
③ 《中华人民共和国国家发展和改革委员会公告》，2011 年第 31 号。
④ 2011 年 12 月 7 日国家发展和改革委员会等 12 个部委联合发布了《万家企业节能低碳行动实施方案》，将 16000 家企业纳入节能减碳治理中。

口、各负其责、齐抓共管"的工作格局,并借助"惩防并举"和职责同构的体制优势,在一定程度上弥补了部门之间职责的缝隙,打破了部门之间长期存在的"权责壁垒",克服了单一部门执行的限度而形成了低碳治理的合力。

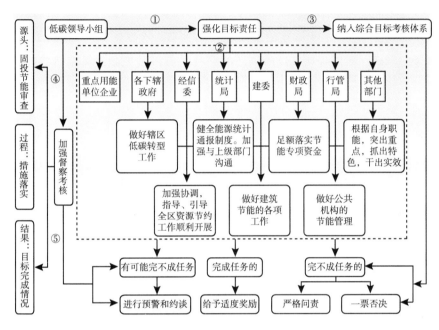

图 2-3 属地化管理下的部门动员模式

第三,提升了政策执行的灵活性。中央政府由于没有足够的能力创新"知识",无法全面掌握各个地区的具体情况,其控制与协调能力不足以应对低碳治理中千变万化的问题和利益各异的部门,不得不与地方达成政策"变通"[①]的默认共识,借助地方政府临近现场、掌握较多信息的优势去推动低碳治理。一方面,中央制定的低碳制度,较之于地方政府,往往具有更强的宏观性和指导性。因而,低碳制度与指标在落实过程中实际上已经转变为一次一次的政策再细化和再规划的过程,地方可能会根据自己的地方性知识、特殊性和地区性利益,运用属地化赋予的自由裁量权对中央政策采取具体化处理,形成形态各异的低碳政策,实现了低碳政策从宏观到中观再到微观的转化,每一次转化都

---

① 政策变通是因人、因时、因事、因地制宜地执行政策的方法,是原则性与灵活性在政策执行过程中的体现。

包含一定的创新性和灵活性。另一方面，地方政府充分利用低碳治理体系尚未健全留下的制度空白或漏洞，在没有得到制度决定者（中央）的正式准许前或未通过改变制度的正式程序的情况下，通过属地管理赋予的自由裁量权自行做出改变原制度中的某些部分的决策，甚至打制度的"擦边球"，推行一套经过改变的制度安排①，使低碳治理制度"求神似，不求形像"，实现了低碳治理制度的创新。实践证明，这种创新的好处是可以避免激进策略造成的风险，通过"船小好掉头"的渐进式试点，确保低碳治理体系的创新进程是稳妥的、可控的，降低了政策"一步到位"带来的系统风险，既调动了地方的积极性，也降低了中央政府的控制成本。其一，自发创新。这类自发性创新现象遍布于低碳政策、体制、机制的各个层面。1997年，上海市率先在全国成立节能监察中心，开启了全国由专业部门进行监管的先河，比中央要求建立节能监察机构的时间早了近10年；2003年，山东省在济钢和莱钢开展自愿协议的试点项目，成为后来千家企业节能行动的模板；2007年，江苏实施"百家企业节能行动"，将未被列入国家"千家企业节能行动"的省内重点能耗企业纳入重点实施范围，这也为后来"万家企业节能行动"提供了经验参考；2008年，山东省聊城市率先建立节能降耗预警机制并由此推向全国。其二，中央或上级政府支持的试点创新或示范建设。这类创新或示范主要是中央为了降低低碳治理风险或成本，选择那些比较具备条件的地区或企业，并赋予政策先行先试权。实际上，这种中央支持的试点创新还有着更深层的利益关系：在目前财权、税权、金融政策、体制改革、人事权都集中在中央的背景下，地方政府拥有的资源和权限都是有限的。各地方或企业为了自己的发展需要，都千方百计地想进入国家级别的改革试点区域。因为一旦进入，就意味着巨大的国家利益的倾斜。2002年，中央率先支持上海实行合同能源管理试点，并随后向全国推广。2009年，中央在新疆率先进行资源税改革试点，将原油、天然气资源税由从量计征改为从价计征，适当提高了税额标准；同年，北京、天津、深圳作为全国能耗在线监测平台试点城市，率先构建了公共机构能耗监测平台。2010年，

---

① 这一点早已在孙立平等人关于"制度与结构变迁研究"中得到详细验证。参见刘世定、孙立平《作为制度运作和制度变迁方式的变通》，《中国社会科学季刊》（香港）1997年冬季卷（总第21期）。

中国决定在广东、辽宁、湖北、陕西、云南5省以及天津、重庆、厦门等8市开展低碳试点。此外，中央还启动了7个地区的碳交易试点。但试点创新并不是无节制的，至少在数量上如此。以光伏发电为例，2012年11月，财政部等四部门发文要求"每个省示范市（县）原则上不超过3个"[1]。

（三）政治晋升机制

以结果为导向的政治晋升激励机制已经演变为一项高度综合性的公共竞争机制，官员的晋升标准不再是单纯追求GDP增长，而是转变为追求经济增长、改善居民福利、构建生态文明、促进社会和谐的多元化标准，势必相对提升了低碳事务在上述标准中的排序权重。尤其随着"一票否决制"的推行，低碳治理与政府官员仕途之间的关系要比以往任何时候都更加密切，直接好处就是：虽然属地化管理难以消除主管部门服从于地方竞争的消极现象，但得益于官员晋升机制，低碳目标责任制被纳入干部绩效考核，在一定程度上遏制了这种消极现象的过度蔓延，形成了节能减碳的自我纠错机制。这主要体现为重视程度的上升与层层加码的现象。

1. 极大地提升了低碳治理的重要性和优先性

从公共管理政策视角来看，低碳治理事务更多地属于经济社会层面的事务，但在政治晋升驱动下，却转变为政治性的任务，在各种层级政府之间达到了前所未有的政治高度。

（1）国家层面。2006年8月，国务院出台了《国务院关于加强节能工作的决定》，要求将能耗指标作为地方政府领导干部和国有大中型企业负责人的重要考核内容。2007年11月，国家发改委出台了《单位GDP能耗考核实施方案》，制订了单位GDP能耗的量化指标，并规定了具体的考核程序和步骤。同时，国务院下发了《国务院批转节能减排统计监测及考核实施方案和办法的通知》以及"三个方案"[2]的附件。2010年5月，温家宝在全国节能减排工作电视电话

---

① 参见《关于组织申报金太阳和光电建筑应用示范项目的通知》财办建〔2012〕148号。
② 具体指《单位GDP能耗统计指标体系实施方案》《单位GDP能耗监测体系实施方案》《单位GDP能耗考核体系实施方案》和"三个办法"（具体指《主要污染物总量减排统计办法》《主要污染物总量减排监测办法》《主要污染物总量减排考核办法》）。

会议上指出，要强化行政问责，对各地区节能目标完成好的要给予奖励，未完成的要追究主要领导和相关领导责任，根据情节给予相应处分，直至撤职。①

（2）省级层面。2007 年，甘肃省省长徐守盛表态，国务院下达的节能减排任务和指标是必须要完成的，完不成就引咎辞职。② 2007 年 9 月，上海市市长韩正在上海市节能减排工作领导小组第一次会议暨产业结构调整协调推进联席会议上强调，"节能减排是刚性指标、铁的纪律，推进这项工作关键是抓落实，最终要看结果"③。2008 年 6 月，山东省省长姜大明提出"完不成指标就摘乌纱帽"④。2008 年 10 月，河北省确定 30 个耗能大的县（市）和 30 家耗能大的国有大中型企业，实行节能减排目标管理，如果三年内能耗和污染排放达不到国家标准，县（市）长和企业负责人职位难保，必须自动引咎辞职或依法处理。⑤ 2010 年 5 月，浙江省省长吕祖善强调："要以铁的决心、铁的手腕、铁的纪律，全力以赴打好节能减排攻坚战"，"我们宁可牺牲一点预期性指标，也要确保约束性指标的完成，如果节能降耗指标完不成，其他所有指标完成得再漂亮也没用，其他成绩统统都是零"⑥。2010 年 10 月，河南省省长郭庚茂强调："节能减排是死任务，必须千方百计完成"⑦。2011 年，湖北省出台的"十二五"规划中明确规定，凡完不成节能减排目标的官员和企业，都将接受问责。⑧ 2012 年河北省省长张庆黎对

① 参见《国务院节能减排措施升格完不成任务领导可撤职》，2010 年 5 月 6 日《第一财经报》，http：//www. shenguang. com/news/2010 - 05/047311965715. html。

② 参见 http：//www. landong. com/gp_ gw_ 50_ 49921. htm。

③ 参见中国经济导报社上海记者站：http：//blog. sina. com. cn/s/blog_ 4dc638c201000b6a. html，2007 年 9 月 1 日。

④ 参见《山东省省长姜大明回顾"十一五"展望"十二五"》，2011 年 2 月 19 日《人民日报》，http：//politics. people. com. cn/GB/1026/13956896. html。

⑤ 参见《河北"硬措施"推进节能减排将选定能耗大的 30 个县市和 30 家企业重点突破》，2008 年 11 月 12 日《人民日报》，http：//www. xqw. gov. cn/html/2008 - 11/174441. html。

⑥ 这是在浙江温州下辖的瑞安市的一次全市节能降耗紧急动员大会上，分管节能的领导要求"以铁的决心、铁的手腕、铁的纪律，全力打好节能降耗攻坚战，确保实现全年节能降耗目标"，并引用了省级领导人的讲话。参见《在全市节能降耗工作紧急动员大会上的讲话》，http：//hatta-ciglik-lameri-bile. ruian. gov. cn/zwgk/ldzc/jzm/zyjh/20110506/195519_ 1. htm。

⑦ 参见《节能减排任务完不成将追责》，http：//newpaper. dahe. cn/dhb/html/2010 - 10/13/content_ 397119. htm，2010 年 10 月 13 日。

⑧ 参见《湖北：完不成节能减排目标的企业将被问责》，2011 年 3 月 22 日《湖北日报》，http：//www. chinanews. com/ny/2011/03 - 22/2923073. shtml。

该省节能减碳工作做出如下批示："一定要一以贯之抓到底"①。

（3）地市级层面。2008 年，河北省唐山市要求 10 个县（市）区和 100 家重点耗能企业，在 3 年内完成市下达的节能减排任务，逾期未完成目标者，县（市、区）长引咎辞职，国有企业法人代表就地免职，民营企业停产整顿。② 2009 年 12 月，四川省宜宾市印发《工业节能工作问责制》，明确规定节能"监管不力、处置不当；落实决策不力，影响节能目标任务等 7 种情形，企业和主管部门领导及相应责任人将被问责"。2010 年 10 月，衡水市市长高宏志甚至要求"用钢的手段、铁的措施，拿出不惜牺牲暂时发展的魄力，全力做好节能减排各项工作"③。与此同时，山东省烟台市要求全市上下要从讲政治的高度，切实增强危机意识，将用电量指标纳入全市"科学发展工作考核"和"节能目标责任考核体系"，并作为一票否决的重要依据。④ 在这种外部强压或自我加压的政策体制下，各地方节能减碳行动基本上得到了较为有力的执行，实现了全国节能减碳工作从 2006 年的全面"飘红"到此后连续多年的"双下降"。

2. 在行政发包阶段出现了"层层加码"的现象

早在"十一五"时期，河北省就主动加压，把降低单位生产总值能耗标准提高到 22%，高于中央给其分配的 20% 的指标。"十二五"时期，河北省基本上沿袭了"十一五"时期自我加压的做法，在 2012 年 9 月出台的节能减排的"十二五"规划中提出了 18% 的目标，比国家规定的指标高出 1 个百分点。除了自我加压，争取获得首肯，各地区在执行节能减碳目标时，即使被赋予了更为挑战性的节能指标，也多采取配合的方式，推进节能减碳指标的完成。以江苏为例，2009 年单位 GDP 能耗指标值为 0.761 吨标准煤/万元，而宁夏 2009 年单位 GDP 能耗指标值为 3.454 吨标准煤/万元。虽然在 0.761 吨标

---

① 资料来源于河北省沧州市政府公开信息平台，http：//zwgk. cangzhou. gov. cn/article5. jsp？infoId =84232。

② 参见《唐山节能减排任务完不成责任人将就地免职》，中国质量新闻网，http：//finance. sina. com. cn/roll/20080417/07352154271. shtml，2008 年 4 月 17 日。

③ 参见《如此减排不可取》，《云南日报》，http：//yndaily. yunnan. cn/html/2010 – 10/26/content_220292. htm。

④ 资料来源于烟台市经信委网站，http：//jxw. yantai. gov. cn/content/jxxx/index_ show. jsp？id =569501&code =JMWZYJYYZHLY。

准煤/万元的基础上再降 20% 的难度不会太小，但江苏还是自己上报之后协商，而非中央强制分配。结果江苏虽然顺利完成了"十一五"时期的分配目标，但其过程也十分曲折。在山东省，中央下达的单位 GDP 能耗降低率为 17%，但山东省给各市下达的指标是"十二五"期间下降 17.2%[①]；在浙江，中央下达的指标是 18%，到了宁波市则增加到了 19%，宁波市下辖的镇海区的指标则提到了 24%，即使在宁波下辖的其他区县，指标也都按照不低于 19% 的标准进行分配。同样，这样层层加码的现象也出现于内蒙古等西部地区。

（四）财政调控机制

财税调控是中国低碳治理体系的核心工具。在当前的转型中国，能源价格机制、金融扶持政策、产业发展规划、要素支撑体系等调控工具不仅面临着先天性的自身发育不足，还往往借助于财税调控机制来实现既有的调控目的。财税调控机制在低碳治理体系的所有调控工具中扮演着核心的角色，对其他调控工具的正常运作起着基础性的作用。在既有的财税调控机制中，上级政府通过加大财政转移支付力度，使得地方政府得到较为充足的工作经费，并为被治理者——企事业单位（甚至个体公民）提供相对足够的激励和保障。前者体现为中央主导、地方配套投入的财税调控机制；后者体现为财政引导的多元化低碳投融资体系。

1. 建立中央主导、地方配套的财税调控机制

财政均等化能够保证各级政府有较均衡或均等的财政能力以提供全国范围内较均等的基本公共服务。[②] 1994 年分税制改革是在中央财力下降的情况下推出的，其表征是财权上收中央以扩大转移支付和大型公共支出、事权下放地方以促进经济和社会建设，结果造成了地方财政自给能力（本级财政收入/本级财政支出）的急剧下降。1993 年中央与地方分别为 0.73、1.02，到了 2010 年则分别为 2.66、0.55。随着事权的增多和城市化的不断扩张，地方政府不

---

① 资料来源于山东省东营市经济和信息化委员会网站，http：//dyeic. dongying. gov. cn/web201122800. html。

② 政府间财政均衡制度研究课题组：《国家财政均衡制度考察与借鉴》，《经济研究参考》2006年第 10 期。

得不增加大量的公共支出，在预算收入受限、融资渠道受阻、可出让土地逐渐枯竭的情况下，地方政府不得不依赖于中央及上级政府的转移支付，以平衡日益扩大的财政收支缺口。中央政府承诺每年在一定范围内，通过税收返还、补助、奖励的形式，补偿地方财政收支上的缺口，但条件是地方政府要响应中央号召，积极安排资金支持中央决策。在低碳治理体系中，中央主要通过要求地方配套跟进、强化对欠发达地区财力扶持两种途径来提升低碳治理的总体实力。

（1）地方财政资金配套跟进。中央先后出台各种促进低碳转型的文件，从节能减排综合性工作方案、新能源产业规划到各行业部门的低碳文件，都在中央强化资金扶持的基础上，要求地方资金的配套跟进。如《节能减排综合性工作方案》要求"各级人民政府安排必要的引导资金予以支持"；2010年，国家发改委、财政部联合下发了《合同能源管理财政奖励资金管理暂行办法》等文件，针对符合标准的项目，要求"中央财政奖励标准为240元/吨标准煤，省级财政奖励标准不低于60元/吨标准煤。有条件的地方，可视情况适当提高奖励标准"。地方政府通过银行贷款、发行城投债的方式，甚至通过私募、信托、"银信政"理财产品等途径来募集资金，确保包括节能减碳在内的中央配套项目建设的持续推进，并相应地在各自涉及低碳的政策文件中规定了相应的资金配套政策。如深圳市设立新能源产业发展专项资金，针对太阳能发电项目，在享受国家补助的基础上，再给予不高于项目建设成本20%的补助。① 此外，为了减少地方政府挤占低碳项目配套资金，中央政府还间接地同意由财政部代理地方政府发行2000亿元左右的地方债券，弥补地方政府财政收支缺口问题，确保了节能减碳等事务的刚性财政支出。

（2）适度提升了经济欠发达地区的低碳治理能力。中央财政加大了对财政实力薄弱地区的扶持，以平衡其节能减碳能力的不足。《"十二五"节能减排综合性工作方案的通知》《国务院关于进一步加强淘汰落后产能工作的通知》等文件相继提出，中央财政安排专项资金对经济欠发达地区淘汰落后产能等低碳行为给予扶持、奖励。财政部和国家发改委在2011年出台的节能补

---

① 参见《深圳新能源产业振兴发展政策》深府〔2009〕240号。

贴政策中体现了区域财政的再平衡导向，明确规定东部地区节能技术改造项目根据项目完工后实现的年节能量按 240 元/吨标准煤给予一次性奖励，中西部地区按 300 元/吨标准煤给予一次性奖励。① 纳入金太阳示范工程的项目原则上按光伏发电系统及其配套输配电工程总投资的 50% 给予补助，偏远无电地区的独立光伏发电系统按总投资的 70% 给予补助。而西部地区之所以比其他地区略高，关键在于西部地区在中央财政转移中获得较高的转移比重，如贵州、云南、广西等地区的中央财政转移比重占地方财政总收入的一大半以上。如果不是中央给予强制性的项目配套资金、政策转移力度，西部地区在经济发展巨大压力的背景下，不可能拿出更多的资金用于节能减碳行动。目前，中国基本上形成了"中央主导、地方配套"的低碳财税调控机制。自"十一五"以来，中央财政在低碳领域的相关投入基本上保持递增的趋势，并带动了地方财政的配套投入，如图 2-4 所示。据统计，"十一五"期间，中国出台了 30 多项财税制度和办法，中央财政累计安排 3380 多亿元资金，加上地方财政配套资金，共同带动社会投入上万亿元，为完成"十一五"节能减排目标提供了有力支撑和保障。②

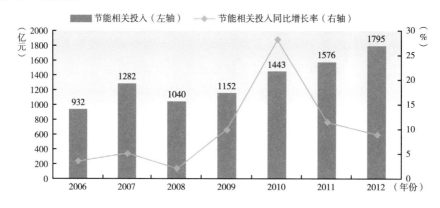

图 2-4 "十一五"以来中央财政用于节能相关领域的投入趋势

---

① 参见《节能技术改造财政奖励资金管理暂行办法》财建〔2007〕371 号，http：//www. mof. gov. cn/zhengwuxinxi/caizhengwengao/caizhengbuwengao2007/caizhengbuwengao200711/200805/ t20080519_ 27902. html。

② 参见《"十一五"中央累计投入 3380 多亿支撑节能减排》，2012 年 11 月 6 日《中国财经报》，http：//www. cgdc. com. cn/zhzx/94883. jhtml。

2. 构建政府主导的多元化低碳投融资体系（见图2-5）

（1）加强金融市场支持。近年来，中央先后出台《中国人民银行关于改进和加强节能环保领域金融服务工作的指导意见》[①]《节能减排授信工作指导意见》[②]《关于进一步做好支持节能减排和淘汰落后产能金融服务工作的意见》[③] 等政策文件，要求商业银行"切实改进和加强对节能环保领域的金融服务工作"，从信贷指导和督导检查、加强和改进信贷管理、改进和完善金融服务等方面支持低碳转型，探索发展低碳金融，以及绿色信用卡和生态账户等。[④] 在实践中，政府也通过贷款贴息、信用担保等方式，引导商业银行将贷款投向低碳企业，如地方政府对光伏企业的扶持就是典型的案例。2012年，当尚德、赛维遭遇经营和财务危机时，无锡市政府、新余市政府及时伸出援助之手，通过协调金融机构及出台政策，帮助上述企业走出危机。许多地方政府对新能源企业或可再生能源企业都给予了一定的上市奖励和财政补贴、税收减免，以及绿色通道等政策；积极支持符合条件的新能源企业通过上市、发行企

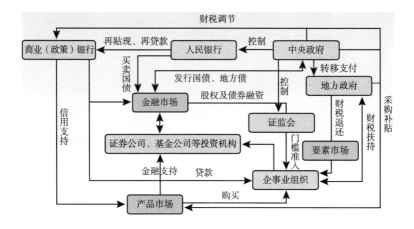

图2-5 政府主导的多元化低碳投融资体系

---

① 《中国人民银行关于改进和加强节能环保领域金融服务工作的指导意见》银发〔2007〕215号。

② 《节能减排授信工作指导意见》银监发〔2007〕83号。

③ 中国人民银行、中国银行业监督管理委员会：《关于进一步做好支持节能减排和淘汰落后产能金融服务工作的意见》银发〔2010〕170号。

④ 参见《银监会王华庆：积极发展绿色信贷和低碳金融》，中国新闻网，http://business.Sohu.com/20100927/n275286384.shtml，2010年9月27日。

业债券、公司债券、短期融资券和中期票据等方式融资，开展新能源企业联合发行企业债券试点。如深圳市针对在境内上市企业向中国证监会提交首次公开发行上市申请并取得《中国证监会行政许可申请受理通知书》的行为安排专项资金优先给予资助。

（2）加强要素市场支持。这主要包括通过财税减免、专项基金支持等方式，对企业的土地、人才、技术需求给予适度优惠，直接支持企业关停并转落后产能、加强低碳技术研发与创新、培育壮大新兴战略产业等行为。2009年12月，深圳出台了《新能源产业振兴发展政策》，从人才、资金、土地等方面给予支持，如土地利用年度计划优先解决新能源项目用地需求，建立新能源产业创新人才支撑体系。2010年10月，江西省宜春市出台了《宜春市锂电新能源产业发展优惠政策》①，从财政扶持、信贷支持、人才与技术引进、企业上市等诸多方面对锂能产业给予优惠，甚至提出了"一事一议"。

（3）加强产品市场支持。在供给方面，中央和地方财政都拿出一定的资金用于低碳项目、低碳技术、低碳产品的研发，如中央财政从节能减排专项资金中安排部分新能源汽车产业技术创新工程财政奖励资金，支持新能源汽车产业技术创新。在需求方面，出台节能惠民产品、家电下乡计划，激励消费者使用低碳产品。近年来，中央财政已累计安排316亿元支持实施"节能产品惠民工程"，逐步建立了以照明产品、家电、汽车、电机四大类产品为核心的推广体系，预计拉动消费需求4500亿元，形成了1170万吨标准煤的年减碳能力。

三 主要约束

基于能源全要素生产率的研究发现，中国自改革开放以来能效在1986～2002年保持着持续改善的趋势，但于2003年遭遇逆转，并贯穿大半个"十五"时期，在"十一五"时期得到扭转并持续至今，进而带动中国在过去26年间的碳强度下降，体现为能源效率每年平均提高幅度为3.75%，单位GDP

---

① 《宜春市政府关于印发〈宜春市锂电新能源产业发展优惠政策〉的通知》，http：//news. 9ask. cn/fagui/dffggzk/201009/876108. shtml。

能耗每年下降3.71%左右。其中，技术进步变化率为2.12%，要素投入替代率为1.51。虽然技术进步在过去的26年间对能源效率提升的贡献度保持在60%左右，是导致能源效率改善的首要因素，但实际上"十一五"以来，技术进步及效率的变化呈现边际递减的趋势，甚至有时为负，这表明其对能源效率改善的空间不断缩小。相反，要素替代的贡献率却保持着绝对的正值，抵消了技术进步趋缓对能源效率改善的负面冲击，带动中国碳强度继续保持下降的趋势。众所周知，在中国要素市场化步伐严重滞后于生产领域市场化的背景下，正是由于既有的行政控制体制，才确保在短短的"十一五"时期调动劳动、资本等要素投入比重，实现其对能源投入的部分替代，保持经济持续、平稳地增长，从而超越全要素生产率的作用，成为影响低碳效率的首要因素。

问题是，虽然既有的低碳治理体系对碳强度的降低保持着绝对的正影响力，但呈现出总体衰减的趋势。如图2-6所示，中国能源要素替代率自2007年以来一直保持下降的趋势。以技术创新为主体的微观领域的节能空间[1]与以结构调整为主体的宏观领域的节能效率呈现出前所未有的"双下降"，这不仅证明了中国经济增长还未越过倒U形环境库兹涅茨曲线（二氧化碳排放）的拐点[2]，尤其随着中国未来低碳技术创新难度的加大、淘汰落后产能空间的大大缩小，而且标志着中国未来低碳转型路径面临着不断收窄的挑战。究竟是什么因素导致节能减碳体系的影响力下降？这不仅关系到中国能否顺利在2020年实现预定的节能减碳目标，还关系到中国经济长期的持续发展大局。寻找造成中国低碳治理体系绩效呈现递减效应的因素，仍然需要立足于中国低碳治理的基本逻辑，从低碳治理体系的四个支撑要素方面着手。

---

[1] 研究发现，中国的低碳转型进程面临着很大的技术约束以及由此带来的不确定性，其中电力、交通、建筑、钢铁、水泥和化工、石油化工六大部门降低碳强度需要60多种关键的专门技术和通用技术的支撑，对于其中的42种关键技术，中国目前并不掌握。参见邹骥《中国实现碳强度削减目标的成本》，《环境保护》2009年第24期。

[2] 林伯强、蒋竺均：《中国二氧化碳的环境库兹涅茨曲线预测及影响因素分析》，《管理世界》2009年第4期。

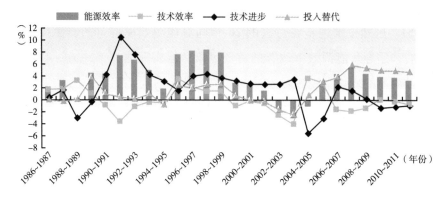

图 2 - 6 中国历年能源效率变化及分解项变化率

注：该模型基于距离函数的产出增长分解，结合相邻两年的能源效率改善进行测算。其中，技术效率的变化与技术进步的变化结合起来就是 Malquist 全要素生产率函数。在此基础上，将资本、劳动、能源作为投入要素，并将技术进步、技术效率、要素投入替代作为能源效率的三个解释变量，测算出三者对能源效率变化的影响度。

资料来源：参见孙广生《全要素生产率、投入替代与地区间的能源效率》，《经济研究》2012 年第 9 期；郑京海、胡鞍钢：《中国改革时期省际生产率增长变化的实证分析（1979 ~ 2001）》，《经济学季刊》2005 年第 1 期；鲁成军：《中国工业部门的能源替代研究——基于对 ALLEN 替代弹性模型的修正》，《数量经济技术经济研究》2008 年第 5 期。

（一）行政发包制：难以消除适应性预期带来的诸多挑战

1. 缺乏科层化的协商机制，难以消除"一刀切"现象

中国在既有的政策制度上已经对决策的协商做了很大程度的完善。根据中国宪法、国务院〔2005〕33 号文件规定及以往惯例，在中央层面，由中央政治局在前期调研的基础上，结合国家发展和改革委员会的前期研究，成立专门起草小组制定规划建议，最后由国家发改委根据规划建议制定规划纲要，在广泛征求意见的基础上，由全国人大审议批准。在省级层面，主要包括以下方面：①省委结合中央规划建议精神，制定本省规划建议。发改委根据建议，会同有关部门起草草案。②省级发改委将草案报送国家发改委与总体规划衔接，必要时还要送国务院其他部门与国家专项规划进行衔接。③国家发改委要广泛听取省级所属部门及下辖政府的意见，结合省级人大、政协专门委员会的指导意见，完善规划内容。④规划草案报送省级人民政府审定，并经过省级党委审定。⑤总体规划草案在次年举行的人大会议上审议批准并公布。这样的程序基

本上能够保障任务制定的民主性与系统性。但通过考察中国低碳目标的行政发包机制发现，在其制定、分配及实施过程中，上述正式规则只是实际规则的一部分，甚至仅仅是实际规则的起点。在中国，地方人大会议一般在每年 1~3 月召开，而全国人大会议一般在每年 3 月召开，越是基层，人大会议开得越早。这意味着地方"十一五"规划、"十二五"规划要早于对应的全国规划。因此，地方指标制定在前，通过地方人大认可，具有法律效力；全国指标制定在后，如何尊重地方人大的法律效力则是全国指标制定中必须考虑的问题。实际上，"十一五"时期，中央最终给定了各地区的低碳指标，似乎并没有和各地的指标统一起来，由此产生的问题是：各地的指标加总也可能与全国指标不匹配。全国节能降耗指标为 20%，如果将 31 个省级指标加总，是无法实现这一指标的。[①] 究其原因，在于中央政府缺乏与地方的充分协商，低碳指标的发包更多是在区域利益平衡的基础上做出的适度妥协。"十一五"初期，国家发改委正式下发了"十一五"期间各地应完成的节能指标，除了山西、内蒙古等 8 个省份被分配了 7 个不同档次的目标，其余省份都统一地被分配了 20%的目标。这种中央主导的行政发包制违背了多目标优化原则，忽略了各地能效差异和节能潜力的现实，出现了"一刀切"的显著特征：在全国 31 个省区中，中央分配的能耗指标与地区之间规划的指标吻合率不到 13%。其中，除了山东、内蒙古等 4 个省区之外，高达 27 个省区的能耗规划指标不高于中央分配的指标，显示了中央在能耗分解指标中缺乏与地方协商、忽略地方实际情况的传统体制思维模式，从而为能耗目标的完成进度制造了先设性障碍。这种依靠行政发包而来的节能制度更多地呈现出传统行政的色彩而非市场化的手段，必然陷入"一收就死、一放就乱"的怪圈，这一现象尤其反映在 2011 年各地区在面临 3.5%能耗目标时的暂时性放松，导致全国万元 GDP 能耗仅降低 2.01%。虽然中央吸收了"十一五"初期的经验教训，但在"十二五"初期，这种现象似乎并没有彻底消除。以东部地区的上海为例，上海在 2011 年 1 月出台了上述政策，中央在 2011 年 3 月给上海下达了 18%的低碳目标。上海在

---

① 宋雅琴：《"十一五规划"开局节能、减排指标"失灵"的制度分析》，《中国软科学》2007年第 9 期。

之前的 2011 年 1 月 24 日出台了节能目标分解方案，按照三类地区，分别给予 16%、17%、18% 的分解目标，这就意味着，即使上海下辖各地区如期完成节能目标，在上海层面也难以达到 18% 的指标，便难以达到中央的要求。折中的办法就是借用既有的 GDP 系统，依托技术处理，将 GDP 做大，才能实现中央的节能目标，而这与中国传统中被管辖地区的 GDP 总量加总大于管辖区域 GDP 总量的现象相矛盾。

中央这种做法似乎并没有考虑到地方的实际意愿，至少在上海指标分配上是如此。究其原因，除了中央与地方的协商不足外，中央指标分解尚未走出适应性预期的行为怪圈也是一个不可忽视的原因。所谓适应性预期，指基于地区过去低碳指标完成情况分配指标，而不是结合地区未来的产业结构、碳强度等变化趋势做出的理性预判。"十二五"时期，包括海南、西藏、青海和新疆在内的第五类地区的单位 GDP 能耗降低率为 10%，很大程度上是参考了新疆 "十一五"时期 10.2% 的节能结果。这直接导致第五类地区的节能指标与前四类地区指标差距过大，引起了很大质疑。事实也证明，2011 年许多地区出现 "亮红灯"的现象，固然有其他原因，但这种适应性预期的分配指标行为也起到了推波助澜的作用。这种适应性预期在缺乏有效协商的背景下，导致低碳指标的行政发包在一定程度上违背了资源禀赋与产业发展的客观规律。无论是 "十一五"还是"十二五"时期的指标分配都没有很好地遵循梯度分解、差异分配的原则，在中央层面没有很好地实行省级层面和行业层面的差异化节能指标的背景下，各省（自治区、市）的低碳目标也多沿袭大致的水平进行设定，虽然有一定的合理性，但是碳强度在经济发展过程中遵循着倒 U 形的变化规律。同样的碳强度目标虽然对发达地区存在一定的挑战，但对于那些正处于碳强度上升的欠发达地区以及那些正处于重化工业阶段的较发达地区而言，低碳转型目标与经济发展之间的矛盾十分突出。这导致低碳指标分解在现实中也遭遇了下级政府的抗议和抵触。2008 年 8 月浙江省温州市十一届人民代表大会第一次会议上，11 位人大代表对这种"一刀切"的做法提出了质疑。对此，温州市发改委给出的答复是："目前没有其他好的办法"①。

---

① 参见 http://www.wenzhou.gov.cn/art/2008/12/16/art_6843_574.html。

2. 信息不对称导致逆向选择现象

低碳治理体系中的逆向选择指的是下层政府利用信息不对称的优势，通过选择性行为执行有利于自身利益的政策，并造成政策执行的失真。究其原因，在于过度倚重体制内的监督。随着治理层级自上而下地传递，到了基层的县、乡（镇）一级，基层政府已经不能完全被看成中央政府的直接代理，因为中央政府很难直接控制县、乡（镇）政府。基层政府拥有更多地方性信息和技术处理能力，这使它们在与上级政府进行合法性申诉和互动中有着更强的谈判能力。它们可以灵活地利用上下级政府间信息传递链条过长，承包方（地方政府）有足够的能力控制"私人信息"和辖区"自然状态"信息，加之目前来自体制外的社会群体与组织监督不足等体制漏洞，"选择性"地执行政策。当地方政府或企事业单位面临的节能减碳压力远远超出其实际治理能力时，不得不面临"完美行政"和"自身利益"的两难选择①，前者要求不折不扣地执行中央的政策，后者要以做大经济总量或产能规模为优先目标。这种两难选择的天平砝码在实践中往往倾向于后者，导致低碳政策在层级传递中遭遇失真，如其他治理领域出现的各种替换政策、抵制政策、敷衍政策、架空政策、截留政策、损缺政策和附和政策等②也频频出现在低碳治理领域（见表2-1）。需要指出的是，中间政府（省市政府）往往参与到上述政策"合谋"中。一方面，有选择地向中央政府隐蔽信息；另一方面，与基层政府通过"合谋"来应对更上一级政府的检查监督，乃至建立"攻守同盟"和利益共同体以应对来自外部的压力，确保低碳指标完成。中央政府不得不依靠中央部门组成的督察组通过现场核查、重点抽查的方式，确保地方政府在节能减碳数据方面的真实性。由于抽查的随机性，部门或地区总是面临不被抽查到的可能，最基层的政府被中央部门组成的评价考核组抽中的概率非常小。一些地区或部门正是利用了这种体制的漏洞，进行数据造假或采取消极执行。即使上级政府每年频繁抽查，最终也常常流于形式。因为上级的指标对于一些地方而言，本来就不切实际，只重表面文章、政绩工程。达标监察非但没

---

① 贺东航、孔繁斌：《公共政策执行的中国经验》，《中国社会科学》2011年第5期。

② 张爱阳：《公共政策执行缘何失真》，《探索与争鸣》2006年第2期。

有达到监督下级的目的，反而诱发了腐败问题，变成了一个权力"寻租"的大好机会。

表 2 - 1 　低碳治理中的逆向选择行为

类型	界　定	易发领域	案　例
替换政策	政策执行表面上与原政策一致，而事实却背离了原政策的精神。	行政管制	2010 年,河北省安平县、枣强县实施"一刀切"式的拉闸限电,严重干扰了正常的生产和生活。
敷衍政策	执行做表面文章,制定象征性的执行计划和措施,执行起来虎头蛇尾、敷衍塞责。	落后产能淘汰领域	山西洪洞县马二水泥粉磨站,2010 年前就已拆除,却出现在 2010 年 8 月工信部淘汰落后产能名单中。原因在于淘汰落后产能的标准是"拆除"而非"停产"。换言之,即便落后产能企业已停产,但只要生产设备此前未被拆除,就存在"复产"可能,且此前未被列入淘汰名单并在 2010 年底前拆除,该落后产能就符合 2010 年淘汰条件。也就是说,尽管粉磨站只剩下养猪的功能,只要房子不被拆除,就不算被淘汰,就可以进入名单向全国公示*。
抵制政策	刻意不执行或变相不执行中央或上级政策	低碳项目及管理能力建设	财政配套资金迟迟不到位,2011 年 5 月,审计署公布了《20 个省有关企业节能减排情况审计调查结果》,发现挤占、挪用低碳资金,编造虚假申报材料,套取资金,违规建设高能耗项目,违规使用税费减免政策等现象在一定程度上存在;低碳统计、监察机构建设滞后,投入不足,只是搭起了架子,没有具体执法人员。
架空政策	对政策内容仅仅停留在宣传上,实际上并没有制定出可操作的具体措施。	产业结构调整政策	2006 年,为促进节能型汽车发展,国家发改委发出通知,要求同年 3 月前取消对小型汽车的一切限制。但许多地方,如北京、上海等城市,仍以缓解交通拥堵等为由,专门对节能环保型小排量汽车采取交通管理限制措施,变相架空政策。国家针对高能耗行业实行差别电价,许多地区却以"保增长、保稳定"名义,给予更低的价格优惠。
截留政策	将政策中途截留,使政策的精神和内容不能传达到目标群体和利益相关人。	节能产品惠民工程	2009 年开始实施的"节能产品惠民"工程要求推广企业在"本体和包装上加贴'节能产品惠民工程'标识推广企业及时将补贴资金兑付给消费者"。但在实施中,一些汽车、家电企业偷梁换柱,隐瞒消费者,将中央给予消费者的节能补贴作为优惠奖励给消费者**,或者暗自调低降幅,使总让利与未补贴前基本一致***。

续表

类型	界　定	易发领域	案　　例
损缺政策	部门或个人对政策进行掐头去尾，按其意志有选择地执行。	新能源产业	2009年国家出台支持光伏产业发展的金太阳工程，但地方政府从地方利益出发，无视国家产业政策，结果使光伏产业重复建设，同质竞争，导致产业陷入过剩危机。一期设计装机总规模为642兆瓦，而2012年年中已高达1709兆瓦，这个数字也大约是2011年的3倍。同样的现象也发生在风电、太阳能发电等领域，据不完全统计，2010年全国有18个省区提出要打造太阳能发电、风能、光伏产业等新能源基地，甚至还有一些省市已经制定出打造上万亿元的新能源产业规划。如发展煤制油等高能耗项目，中央三令五申要求严格限制，但由于能够带动地方经济增长，许多地区纷纷利用自己手中的审批权或信息不对称，将项目化整为零，变相上马，以至于国家发展改委短短两年间三度叫停煤制油项目，更不允许新上煤制油项目 ****。
附加政策	在政策执行中附加了不恰当的内容，随意扩大了政策的外延，超出了政策原定的要求。	低碳金融领域	不少商业银行根据自身规划，制定了关于支持低碳项目融资的制度和办法。但是，对低碳项目的贷款往往设置较高的门槛，已达到规避对节能减碳项目的融资。

资料来源：* 参见《媒体称节能减排存在数字造假等现象》，2011年1月5日《中华工商时报》，http：//news. sina. com. cn/green/news/roll/2011 – 01 – 05/074821761333. shtml。

** 参见《部分商家偷梁换柱节能补贴猫腻多》，环球家电网，http：//news. cheari. com/2012/0806/41829. shtml，2012年8月6日。

*** 参见《暗访4S店，国家节能惠民政策落实情况》，凤凰网，http：//auto. ifeng. com/buycar/market/20100908/417262. shtml，2010年9月8日。

**** 参见《发展改革委再度叫停煤制油严禁化整为零》，每日经济新闻，http：//auto. qq. com/a/20080905/000056. htm，2008年9月5日。

（二）属地管理：竞争联邦主义下的囚徒困境及锁定效应

尽管属地化管理对于低碳转型有促进的一面，但也不可避免地伴生了部门利益和地区利益、职能角色错位、行政权力无序扩张等，表现出一种经济高碳化的"路径依赖"。地方政府在以"重经济绩效、轻公共服务"为特点的目标函数下，要想保持本地经济相对于相邻地区的较快增长，并在财政及政治竞争中脱颖而出，就要存在足够的激励去采用主动降低要素供给成本和低碳准入标准这种"追逐到底"的方式以吸引更多的资本等流动性要素。这种以放松低碳标准为手段争取流动性要素的动机贯穿于属地化治理的全过程，并造成了资源配置的扭曲效应：依托属地化管理，类似于联邦制的行政分权和财政分权体制刺激了地方政府发展地方经济的行为①，并加剧了地方"法团主义"的色彩。与发达国家通过宪法或法律界定各级政府事权的做法不同，中国政府间的财政关系因政府与市场的边界未定而极不稳定，如同一枚硬币的两面，中央政府在预留给地方政府制度创新空间的同时，客观上也留下了"模糊产权"的产权制度环境。在这种情况下，地方政府迫于辖区间竞争和政绩现实的压力，往往会大肆攫取现行制度安排中产权界定模糊（例如土地征用、资源价格差异化）和预算"软约束"（如地方政府隐性举债、自由安排财政支出）领域的"公地"资源②，体现为要素优惠政策作为博弈工具在地方招商竞争中被不断放大，由此引发的盲目攀比和恶性竞争导致资源的极大浪费和不合理配置。如图2-7所示，在属地化管理体制中，地方政府控制着土地、原材料及行政审批权等要素。地价、房价、能源价格等必然影响地方政府的招商引资，不仅影响新的、潜在的投资进入，而且可能导致已经进入的投资者撤资或减少追加投资，特别是存在国家间或地区间竞争的情况下。③ 地方政府为了本地区GDP增长和税收增加，很重视招商引资。有的地区甚至开展全民招商，赋予官员招商任务，并将其与政绩考核挂钩。为了取悦和吸引资本，许多地区不得不通过属地化管理中所控制的地方部门制定、实施各种优惠政策以吸引、刺激投资。优惠政策措施主要包括廉价甚至免费地提供大量投资建厂的土地（工业和商业用地）、减免税或变相减免税、低价地供给能源、放松低碳管制、降低固定资产投资的能评标准等。为此，各地区竞相突破中央及上级政府规定或原有的政策底线，进行恶性竞争，其结果是：一方面，政府因为经济增长所带来的财税收入，又因为免费或廉价提供要素供给而被抵消，挤占了原本用于居民福利改善和公共服务的支出；另一方面，招商引资成本剧增导致政府收益水平下降，使政府难以拿出更多的财政收入或其他资源用于招商引

① 徐孟洲、叶姗：《论地方政府间税收不当竞争的法律规制》，《政治与法律》2006年第6期。
② 李军杰、周卫峰：《基于政府间竞争的地方政府经济行为分析——以铁本事件为例》，http://www.cnki.com.cn/Journal/J-J1-JJSH-2005-01.htm。
③ 黄少安、陈斌开：《"租税替代"、财政收入与政府的房地产政策》，《经济研究》2012年第8期。

资，面临经济增长过于依赖投资和投资收益边际递减的"两难困境"，直接加剧了低碳转型的难度。

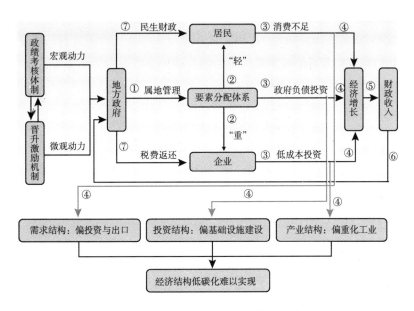

图2-7 经济低碳化的属地化管理体制的内生约束

2008年以来，在美国经济尚未彻底复苏、欧洲债务危机仍在持续的背景下，中国经济形势呈现筑底徘徊的趋势，作为"三驾马车"之一的出口增长放缓，消费贡献短期内难以提高，使经济增长过于依赖投资，并演变为基于投资驱动的地方政府强制性调整产业的动力开始弱化。在以优惠能源价格为代表的要素政策支持下，"两高一资"的产业投资开始呈现回升，使部分行业排放强度出现较大幅度上升。2008年以来，大部分省市的能耗下降幅度不断收窄，带动全国单位GDP能耗下降幅度逐渐收窄，如图2-8所示。从更长期来看，1995～2009年，在全国29个省份中，只有北京、天津、上海等9个地区的产业结构变化对二氧化碳的排放产生了减缓作用，其他省份的产业结构变化增加了二氧化碳的排放。[1] 中国偏重化工业的产业结构以及较高的经济增长率是碳排放不断增加的主要原因，抵消了技术进步和管理减碳的积极作用。经测算，中国GDP每增

---

① 仲云云、仲伟周：《我国碳排放区域差异及驱动因素分析》，《财贸研究》2012年第38卷。

加1%，煤炭消费增加0.3%；在工业构成中，重工业产值每增加1%，煤炭消费量增加0.9%[①]。在政府公司主义的属地化管理模式下，单位GDP能耗下降幅度在外部宏观经济周期冲击下呈现出逐年收窄的趋势。2008年、2009年、2011年全国GDP能耗分别为4.59%、3.61%、2.01%。许多省份的低碳经济转型评估指数呈现反复升降的现象，使中国低碳转型难以走出不稳健的初级阶段。此外，针对贸易开放与中国碳强度之间关系的研究发现，虽然中国碳强度与经济增长之间存在倒U形关系，但这更多地依赖于中国过去十几年的GDP高增长率，在控制人均GDP变量之后，贸易开放同样增加了中国省区的碳强度。[②]

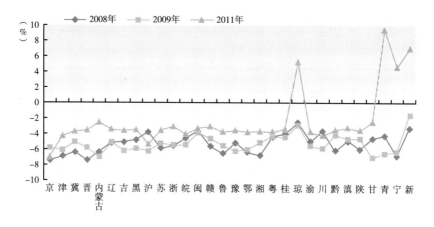

图2-8 经济下行周期中的各地区单位GDP能耗变化趋势

（三）晋升锦标赛：激励扭曲下的角色冲突

现有的晋升锦标赛是导致经济增长为主的发展型目标与节能减排为主的规制型目标的权重失衡的主要因素。可以说，在低碳治理实践中，地方政府官员往往既是救火人，也是放火人，集低碳治理和制造高碳的双重角色于一身。自上而下的政绩考核制虽然有利于地方政府经济增长、财政收入等发展型目标函数与中央政府目标函数实现有效的兼容，但规制型的发展要求节能作为经济增长的"底线"，由于地方政府以自由裁量权空间和利益边界日益清晰而屡次被

---

① 于左、孔宪丽：《产业结构、经济增长与中国煤炭可持续利用问题》，《财贸研究》2011年第6期。
② 李锴、齐绍洲：《贸易开放、经济增长与中国二氧化碳排放》，《经济研究》2011年第11期。

突破。从政府管理的角度看，特别是从中央政府的角度看，这种情景十分令人尴尬。地方政府或企业设定的目标虽然是确保低碳指标实现，但在所有的考核指标中，低碳指标只占了很小的权重，仍然排在经济发展、社会维稳之后。如果责任目标考核标准是 100 分，低碳指标一般也就是 2~7 分，主要包括能耗指标和生态环保指标两个部分。很显然，经济增长压倒了"低碳治理"。以陕西省宝鸡市 2012 年的年度目标责任考核指标分值及完成情况统计汇总认定部门表为例，涉及经济发展的指标高达 32 分，涉及低碳指标的仅 3 分。其中，万元 GDP 能耗降低率为 2 分，万元 GDP 二氧化碳排放降低率为 1 分。但在经济发展指标中，仅涉及 GDP 规模和增速的考核分值就达 5 分之多，如果加上财政收入指标和固定资产投资指标，则高达 9 分之多。更重要的是，经济发展指标的改善往往意味着社会管理创新、人民生活水平都有了较好的投入保证，因而政府将考核重心放在经济发展类指标上，似乎也符合地方政府"以发展为第一要务"的政绩意图。虽然低碳指标被赋予了"一票否决制"的考核标准，但是很早之前，计划生育、食品安全、官员廉洁也被赋予了"一票否决制"。虽然上述指标的考核分值似乎没有低碳指标那么高，如食品安全类的也只是 3 分而已，但食品安全与社会的平安稳定（该指标的考核分值为 5 分）息息相关，总值也有 8 分之多。在"稳定是硬任务"的背景下，肩负维稳压力的地方政府往往认为食品安全指标相对于低碳指标更为重要。因而，低碳指标在时空二维上显得就不那么急促、紧迫。官员更多地关注公共安全的问题，因为这种指标一旦失控，往往就会演变成突发性的公共事件。廉洁指标虽然不与官员政绩相关，但往往与官员的利益直接相关，甚至决定着官员仕途的终结，因而对官员个体的影响也要大于低碳指标。即使如此，地方政府仍然不愿意因为低碳指标完成不了而受到惩治。在通常情况下，借助于行政发包的手段将指标传递到下级政府中，造成了两个消极现象的发生。其一，低碳指标超出了地方实际的治理能力，角色的冲突使得许多地区陷入了"鱼肉与熊掌不可兼得"的困境。一位地方经信委副主任将这种困境描述成"左手与右手的较量"，如此评述："发展原材料工业和节能降耗相互冲突，又都归我主管，有时开一个会同时研究这两个议题，从要求到措施都前后矛盾，政府既是压力的制造者，又是压力的承担者，所以体会特别深、压力特别大"①。这种"一手抓节能降耗，一手抓耗能工业发展"的纠结，已经成为部分地区发展中的常态，并导致在节能减碳领域难以像在经济发展领域取得那么大的成绩，体现为"十一五"时期，只有北京等少数省市较大幅度地完成计划节能减碳指标，而绝大多数省市仅仅在计划指标附近徘徊，如图 2 - 9 所示。在超额完成"十一五"节能目标任务的 28 个地区中，除了北京超额32.95%之外，其他地区全部在 5% 之下。地方出现层层加码现象，导致许多节能目标高于地方的实际节能能力。如一些地方要求市级低碳指标比省级高、省级指标比市级高，结果使得低碳指标的短期完成任务量超出了地方政府的实际能力，河北省安平县"一刀切"式的拉闸限电就是典型的案例。作为河北省的节能减排"双三十"重点考核县之一，2011 年安平县的节能指标是下降 6.6%，但前 6 个月只完成了 0.9% 的任务量。于是，上级政府衡水市给安平县下达了最后几个月完成节能减排任务的通知。迫于问责压力，安平县政府做出了无差别限电的决定，对全县 98 条线路分 3 批实施有序限电，每批限电时间为 22 小时，从当日 21 点到次日 19 点。② 这意味着，安平所有企事业单位、公共设施，甚至连普通老百姓也要每 3 天就面对一次长达 22 小时的停电。在全国大限电的背景下，安平县这种"完不成指标，无奈限电"的现象只是一个地方发展的缩影。更为重要的是，"一刀切"式的限电方式过于简单化，甚至矫枉过正，对高耗能行业进行"一刀切"式的限产、停产，往往会误伤真正在节能减排上下功夫的企业，不利于节能减排工作的持续推广。类似于这样的地区很多，如与安平同市的枣强县、同省的张北县③，安徽滁州市的全椒县④、江苏的常州市⑤。其

---

① 参见《2012 年西部高耗能行业将获得电价优惠》，2012 年 7 月 24 日《经济参考报》，http：//news. xinhuanet. com/fortune/2012 - 07/24/c_ 123458650. htm。

② 参见《完不成节能减排目标全县每三天停电 22 小时》，2010 年 9 月 16 日《华西都市报》，http：//business. sohu. com/20100906/n274735778. shtml。

③ 2010 年 10 月 5 日开始，张北县为了"节能减排"，全县限电，一天仅供电 3 个小时。参见燕赵都市网，http：//heb. hebei. com. cn/xwzx/hbpd/zjk/201010/t20101011_ 2292172. shtml。

④ 参见中央电视台 2010 年 11 月 15 日《焦点访谈》播出的节目《拉闸限电为哪般》，http：//news. hexun. com/2010 - 11 - 16/125634664. html。

⑤ 2010 年 8 月 27 日，江苏省常州市经济和信息化委员会发布公告称，为完成该市"十一五"节能目标，对市区工业企业实施"开九停五"（企业连续生产九天后连休五天）的节能应急用电调控措施。该方案将持续到 10 月 11 日。资料来源于《第一财经日报》2010 年 9 月 7 日。

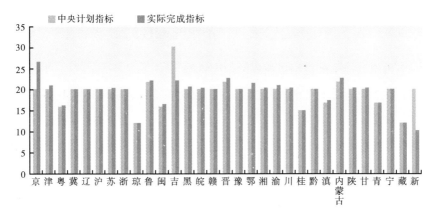

图 2－9 "十一五"时期各地区节能完成情况

二，造成低碳治理行为呈现周期性波动。当低碳指标达到进度要求或新指标尚未出台时，往往过于放松，导致形势严峻，地方官员往往选择那些"短、平、快"的举措，不得不突击完成任务，导致节能减碳呈现周期性的波动。在一些地区，节能降耗指标呈现不断累加的现象，原因就在于前期进展相对迟缓，导致后期不得不为前期埋单。当然，为了防止所谓的"苦乐不均"而进行的指标在地区间的平衡、基于过去节能指标的层层加码也助长了这种"前松后紧"的现象。内蒙古在"十一五"期间的节能指标演变趋势就是这种现象的典型表现，如图 2－10 所示。在全国层面，"十一五"末期蔓延全国的节能减碳冲刺风暴就是例证。各地纷纷采取强制性限电措施，工业城市轮番对区内 GDP 的支柱产业突然"痛下杀手"。原因也比较简单，"十一五"节能减排大考在即，再不冲刺，"考试"就可能不及格。

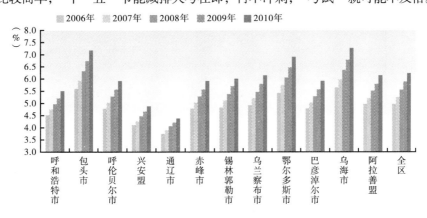

图 2－10 内蒙古"十一五"时期各盟市节能指标分解一览

（四）财政调控机制：缺乏科学系统的运行机制

1. 中央层面尚未形成相机抉择的调控机制

这主要体现为针对节能减碳的财政支出政策没有从宏观环境波动方面进行配置，尚未形成逆周期调节，即通过系统的正反馈性，对节能减碳进行适度相机抉择的干预，确保节能减碳行动能够得到平稳推进。研究发现，中国低碳转型呈现显著的顺周期性，如图 2 - 11 所示。而科学的节能调控机制应该是，中央财政根据一定时期的经济社会状况，主动灵活地选择不同类型的反经济周期的节能减碳目标，干预经济主体运行行为，实现节能减碳目标。在经济萧条时，为缓解地方政府或企业节能减碳压力，中央通过增加财政支出、降低节能减碳目标，引导社会增加低碳投入，提高社会减碳能力。在经济繁荣时，中央适度放缓财政支出增幅或调高节能减碳指标，形成地方政府或企业节能减碳的倒逼机制。中央既有的节能财税政策框架却忽略了这一点，也呈现类似的顺周期性特征，如图 2 - 12 所示：经济上行时，财政支出增幅较大；经济下行时，财政支出增幅较低。因此，不能有效地解决地方政府或企业潜在节能减碳能力不足的问题。加之既有的政策框架缺乏预警机制，公共财政体系尚未充分形成，不能准确地把握时机，导致中央财政支出往往具有滞后性，不能使节能减碳目标得到充分实现。

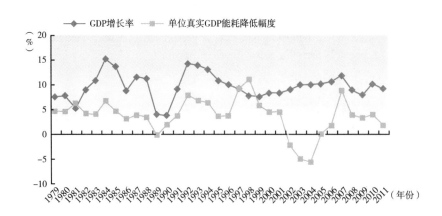

图 2 - 11　中国 GDP 增长率与单位 GDP 能耗降低幅度

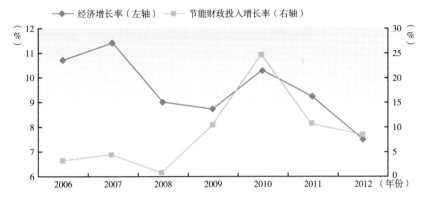

图2-12 节能财政投入的顺周期性

2007~2008年经济过热时，全国用于节能环保支出1040.3亿元，占中央当年财政支出总额的2.9%，而到了2009年这一比重降低到了2.8%，2010年降到了2.7%，虽然到了2011年比重提高到了2.9%，但相比较2010年而言，节能环保财政总支出也只增加了19%，2012年重新又跌到了2.8%。作为中央主导的财政投入机制在2012年的财政投入增长速度上仅增长19%，低于整体财政支出增幅。此外，中央节能减碳指标也没有出现良好的逆周期调节，中央为了避免重蹈"十一五"末期覆辙，杜绝"十二五"初期出现的"前松后紧"的现象，于2012年2月初出台了囊括"奖惩措施"、"打分标准"等内容的评价考核文件，要求各省第一年完成"十二五"节能目标进度的20%，第二年完成40%，第三年完成60%，第四年完成80%，第五年完成100%。但这种平均主义、匀速降耗的做法在财政尚未形成相机抉择的调节机制之前，违背了市场规律与经济周期的内在规律，并进一步加剧了地方政府的低碳治理压力。

2. 在空间上尚未形成公平的财政转移支付机制

（1）转移支付呈现马太效应。这在一般转移支付中比较常见。虽然从全国层面来看，财力越低的省份得到越多的转移支付资金，也就是说资金分配向财力较弱的省份发生了倾斜。但这一倾斜主要由于北京、上海等6个财力较强省市没有得到转移支付资金造成的。仅就得到转移支付资金的省份而言，转移支付资金与财力水平之间呈现明显的正相关，即财力越强的省份，得到转移支付资金人均值也就越多，资金的分配向财力较强的地区发生了倾斜。① 这种资金分配结果主要缘于人口为主和少数民族为主的分配方式，忽略了节能减碳、环境保护，从而使原本应拿出更多财政资金用于节能减碳的地区面临财力不足的困境。

（2）专项支付缺乏制度性保障。专项转移支付的随意性较大，很大程度上取决于地方政府的讨价还价能力，而且支付范围过大导致资金使用分散化。从纵向看，市级政府人均财政转移支付数高，而县市级比重大；从横向看，东部地区转移支付比重大，财政困难的西部地区比重小。尤其在欠发达地区，这种现象更为明显。在许多地方政府看来，中央低碳治理的"配套"要求其实是逼着地方弄虚作假和"刮地皮"，西部一些地区的基层财政不得不向银行和非金融机构借款配套，土地则成为抵押物。② 这实际上是以透支地方政府未来低碳治理能力和牺牲其他正常领域支出为代价的，不仅肢解了地方政府的财政自主权，也影响了区域内低碳领域的支出平衡。

3. 地方财政受制于财政预算软约束制度

财政预算软约束指在地方政府事权与财权缺口及地方利益驱动下，利用财政预算规划、法律保障机制不健全等制度漏洞，调整财政支出方向、比重的行为，造成地方财政供给存在经济建设"越位"与公共治理缺位的现象。由于地方政府财政预算约束力较弱，财政资金难以满足重点领域的支出需求，节能减碳支出占财政总支出的比重增幅较为缓慢，甚至出现周期性下降。反之，大量资金（包括预算外资金）被用于竞争性生产建设和行政管理开支等非重点领域，导致财政对节能减碳项目难以实施更加有力的保障。加之近年来经济正处于下行周期，地方财政支出受到融资平台清理、新增土地资产受限、债务负担过大、债券发行空间受限、保增长刚性支出过大、中央专项强制要求配套资金等多重因素的影响，挤占了低碳治理资金的增长空间，地方政府缺乏充裕的资金用于跟进中央的低碳项目，甚至出现挪用中央资金用于其他领域建设的情况。以 2010 年为例，地方政府在低碳领域的投入（粗略以节能环保投入比重测算）占财政预算支出

---

① 贾晓俊、岳希明：《我国均衡性转移支付资金分配机制研究》，《经济研究》2012 年第 1 期。
② 贾康、刘微：《"土地财政"：分析与出路——在深化财税改革中构建合理、规范、可持续的地方"土地生财"机制》，《财政研究》2012 年第 2 期。

的比重仅为 3. 29%。① 其中，东部、中部、西部、东北地区占比分别为 3. 1%、3. 3%、3. 9%、2. 6%，低于其他公共产品占财政支出的比重。2010 年 3 月，国家节能目标考核组在山东省的济南、潍坊、泰安等地进行实地考察时发现，"山东省节能专项资金的投入与节能任务相比存在一定差距，专项资金占财政收入的比重还不高"②。2009 年和 2010 年住房与城乡建设部对全国 22 个省（区、市）的建筑节能抽查中，连续两年发现地方政府资金配套不足。

4. 社会投资受制于体制和环境不健全

（1）内源融资受到企业内生动力不足的制约。占比高达 80% 的中小企业经营规模小、资金积累能力弱；宏观经济外部冲击、市场需求萎缩、生产要素成本上升、企业税负偏高、企业库存压力增加、企业盈利水平下降，导致企业依靠内源融资的渠道受限。此外，能源价格改革滞后，加之低碳投资具有投入成本高、回报周期长、收益相对低等特点，企业对低碳新技术、新工艺投入不多，积极性也不高，即使具有较强的内源融资实力，也缺乏足够的动力推进节能减碳。这一点尤其体现在县域经济层面。以浙江省象山县为例，该县在总结2007 年、2008 年连续两年没有完成低碳目标时，把企业科研投入、低碳技改投入不足列为重要原因。③

（2）外源融资受到发展环境不优的约束。在政府主导的投融资体制背景下，上市或债券融资门槛高④导致直接融资规模受限；金融部门垂直化管理、金融市场市场化步伐滞后，加之低碳激励政策多是针对企业，缺乏对金融机构的激励，在信用审核机制和担保机制尚不健全、信贷分配存在体制性主从次序的背景下，银行缺乏足够动力将贷款分配给节能减碳领域、中小企业及经济发展滞后地区，导致占低碳投资资本来源主导地位的间接融资供给不足。

---

① 该数据根据《中国财政年鉴（2011）》中各地区财政支出及节能减碳（含环保）支出的加总得出。

② 参见 http：//www. jnhyfgw. gov. cn/a/zhengwudongtai/2011/1123/513. html。

③ 据统计，2007 年，象山县规模以上工业企业共投入科研经费 2 亿元，仅占规模以上工业总产值的 0. 7%。全县工业企业全年共实施节能和循环经济技术改造项目 50 项，实际投入 3320 万元，占全县技改投入的比重不到 1%。参见 http：//www. xiangshan. gov. cn/art/2009/1/5/art_225_ 32551. html。

④ 在直接融资市场，公司债券征收 20% 的利息税，不仅增加了上市公司的融资成本，而且增加了债券融资难度。

四　创新路径

中国低碳治理体系的基本逻辑、支撑要素虽然在短期内发挥了技术与管理两种途径的积极作用，但长期来看，如果不能充分发挥结构减碳的作用，随着技术创新边际效应递减、创新空间萎缩和治理体系内生约束机制的强化，中国低碳治理体系可能会阻碍中国低碳转型的进程。在增长优先机制尚未彻底转型为规制优先的发展机制背景下，中国低碳治理体系必然将造成治理绩效的短期总体性改善与长期结构性失衡，现实减碳能力与潜在减碳潜力的背离。更重要的是，这种低碳治理体系已经随着治理进程的推进，内生出一种负激励机制，与既有的低碳宗旨、目标相冲突，无法与经济发展之间形成一种利益兼容的机制，不能转化为可持续的低碳治理动力、能力及执行力。但是，试图在短期内彻底改变这种行政主导的治理体系也不可行。毕竟，低碳治理体系改革是一个系统工程，涉及理念变革、体制再造、机制创新、职能转变、方式优化、行为改进等方方面面，要有整体思维、总体安排，切忌各自为政、零敲碎打。何况中国数千年的制度选择及改革以来的制度改良，在一定程度上得益于这种体制及其土壤的滋润。在完全现代化的国家制度尚未建立之前，在国家尚未完成现代化的赶超之前，一个理性的选择就是：通过渐进式的制度调整，逐渐构建可行的体制机制来打破既有的路径依赖和锁定效应，确保低碳治理的长期目标得以实现。

（一）优化既有的行政发包制

行政性发包引发的问题在于：应对压力的急迫性掩盖了体制内外民主协商的重要性，忽略了权力渗透与权威建构远非一个同步过程的事实。因此，改革既有的行政发包制并不是一步到位式的改革。可行的方式之一就是在行政发包中注入自下而上、自外而内的因素，实现基层政府、社会居民、非政府组织对低碳治理的平等参与，促进体制内外形成良好的信任关系和良性的监督机制。归根到底，这种优化的最终落脚点就在于民意的互动，而互动绝不仅是民众的简单参与，必须从"压力回应型"政权主导的行政发包转变为协商治理的模式。其一，建立"环境规制、节能减碳机制、技术创新与引进机制"三位一体的绿色转型机制体系①，推动经济由高碳驱动型向绿色驱动型转型。逐步采用以碳排放税、碳排放权交易等为主的"市场导向型政策"，取代传统的"控制导向型"低碳规制政策。其二，建立"事前预防、事中监管、事后奖惩"有机结合的全过程监管机制。积极推进由量化指标为主的结果导向型向能效标准为主的过程导向型转变，实现低碳治理由事后治理变为事前预防。尽快改变"一刀切"模式，加快建立全国统一的能效标准与环评标准，提高立法在低碳治理中的地位。在过渡阶段，可以推行行业性的能效标准和地区性的差异标准，如在东部、中部、西部地区实施不同的能耗标准和环保标准，确保标准的可操作性。通过对这些标准的不断调整，实现落后产能的不断淘汰和改造，有效避免未来再度因落后产能淘汰进度滞后而出现行政性的"拉闸限电"。其三，建立"民主协商、理性预期、统筹兼顾"相互补位的指标制定及分解机制。加快促进指标制定及分解由适应性预期向理性预期的转变。在充分发挥中央与地方民主协商的基础上，综合考虑地区间的经济发展水平、产业结构、节能潜力、环境容量及宏观层面的国家产业布局等因素，将全国低碳指标合理分解到各地区、各行业。一个典型的做法是，根据全国单位 GDP 碳排放强度下降目标和 GDP 预期增长数据，测算出全国碳总排放额度。再根据各省区的人均 GDP、人口数、资源禀赋状况与行业技术标准将全国碳总排放额度公平分配给各省区。同时，还要为各省区建立碳排放账户并允许各省区采取灵活多样的方式完成各自的低碳任务。

（二）促进条块结合的均衡化管理

在中国现行低碳治理体系下，打破属地化管理带来的负面效应可以尝试下列几种途径：其一，试点低碳主管部门的垂直化管理。积极吸收、借鉴中国自20 世纪 90 年代以来陆续推出的"垂直化管理"经验。将现有属于地方政府控

---

① 何小钢、张耀辉：《中国工业碳排放影响因素与 CKC 重组效应》，《中国工业经济》2012 年第1 期。

制的节能、环保（二氧化碳排放权）部门权力调整、整合并陆续上收，使得低碳管理部门像国税、海关等部门一样，成为中央垂直管理部门。届时，部门的人事任命、人员编制、机构设置和财政经费等方面完全由上级政府统一管理，而不再依赖于地方政府，从而真正摆脱地方政府的利益牵制。其二，建立高层次低碳管理部门。负责制定低碳战略规划和政策，调控碳排放总量平衡，保障低碳目标及任务按时完成等。对低碳各领域的改革和发展实行统一的规划与管理，构建低碳领域协调机制，适时整合矿产资源开采、成品油市场流通、电力行业管理、碳交易市场建设、碳指标设定等方面的管理权。其三，成立区域性低碳联合治理机制。在各区域政府之上设立统一的、跨区域的低碳专职机构，取代互不隶属的分头管理机构，使区域政府的相关部门成为其分支组织，国外成功的案例如美国密西西比河管理局。此外，在中央政府层级设立负责区域管理的综合性权威机构，如区域管理委员会，负责制定区域节能减碳规划，组织跨区域低碳治理机制，处理区域间利益冲突。

（三）改进晋升考核机制

1. 完善中央对地方的考核评价机制

以地区经济增长为主的考核机制固然有科学内涵，但不应将其设为主导性的考核标准。在既有的低碳治理体系中，如何在地方政府、国有企业中嵌入中央的政策目标，关键在于针对当前中国基于传统 GDP 导向的主导政绩考核机制，逐渐加大对碳排放强度的考核指标。在将社会民众福利、生态环境改善等指标纳入政绩考核体系的基础上，提升其权重。

2. 完善节能减碳的问责机制

打破问责限于体制内监督的现状，通过网络问政、媒体监督等各种形式，建立起政府与公民的合作机制，长期发挥公众监督，将公众对政府施政的满意度纳入官员的考核环节，也可以发挥人大和政协在监督和问责政府官员方面的作用。

3. 转变政府职能，建立服务型政府

政府的主要功能是公共产品的提供者、良好市场环境的创造者。由于政府仍然主导着三大要素（土地、劳动力、资本）的配置权，使市场的作用仅仅限制在产品市场和服务市场。但政府的目标函数不仅仅是经济效率，而是包括速度、规模、市政形象在内的其他目标。未来政府要逐步退出要素市场、解除价格管制、让价格反映资源要素的稀缺程度，减少对原材料、能源和资金的浪费，通过政策引导增长模式转型，实现从对物的投资转向对人的投资，推动低碳转型进程。

（四）构建开放多元的节能投融资体系

1. 建立科学的节能减碳财政对冲投入机制

（1）建立节能环保投入的刚性增长机制，在继续强化将节能减碳资金纳入财政预算的基础上，探索建立节能减碳资金的刚性增长机制，提高中央对地方均衡转移支付的规模和水平，要求中央及地方政府的低碳财政支出的增长不低于财政支出增长的速度或不低于其他公共服务支出的平均水平。

（2）科学细化政府财权与事权支出责任。在目前保持分税制基本框架不变的前提下，完善中央与中间政府的财政分配机制。尊重各地发展差异，由中间政府确定低碳项目和中央审批，提高中间低碳治理的灵活性。减少中间政府挤占基层政府低碳治理资金的"逆向调节"，在明确省市财政支出重点应为区域公共产品的基础上，适度推进财政体制向"省管县"过渡，确保县级财政有足够的财力推进低碳治理。适度增加对人均低碳财政支出水平低、发展后劲不足、碳强度偏高地区的转移支付力度，缓解区域治理能力的失衡状态。

2. 制定和完善相关法律

在国际上，政府间财权的配置主要通过立法而非行政干预来确立和调整的。无论美国以列举联邦事权的方式，还是德国宪法对各级政府的事权做了原则性规定，都体现了法律主导财政支出的原则。就连一些发展中国家如印度、阿根廷、巴西和墨西哥等也无不如此。[①] 因此，中国应以低碳治理为契机，逐渐使中央和地方的关系制度化，以立法形式将改革形成的中央地方政府各自的低碳治理权力范围、权力运作方式、利益配置结构、责任和义务明确下来。

---

① 陈少英：《论地方政府保障民生的财政支出责任》，《社会科学》2012年第2期。

3. 建立地方民主财政机制

合理界定政府间事权与财权，适度将低碳事务中的非市场性领域管理权上收，减少地方干扰。同时，健全地方民主财政机制，加强地方人大对政府预算的决定权，加大财政预算与支出的公开度，加强社会对财政的监督机制，减轻中央对地方可能滥用转移资金的担忧。

（五）构建绿色投融资体系

遵循绿色金融发展的客观规律，构建一个符合绿色发展和可持续发展要求的绿色投融资体系。

1. 健全绿色金融制度

完善碳市场交易制度，制定绿色信贷、绿色保险及证券等业务操作细则。

2. 发展绿色金融市场

逐渐建立和完善适合中小企业融资需求的创业板市场和风险投资市场，进一步完善进入和退出机制，尤其是新能源行业的风险投资市场。适时减免个人持有公司债券的利息所得税、解决上市公司现金分红重复征税及税负不均的问题，为低碳企业直接融资降低成本。

3. 创新绿色金融工具

发展碳信用和碳现货市场，适时推进碳期货、期权、互换和结构性碳金融产品的开发。改变单纯以贷款贴息等补贴资金需求方的传统形式，把财政政策的杠杆放在有效促进金融供给的扩大上，引导金融机构对低碳领域加大投入。

4. 积极利用外资

构建开放性融资体系。充分利用已有与欧洲银行、国际金融机构合作的经验，建立与国际性组织、非政府组织的低碳合作机制。

（六）积极推进市场化改革

中国低碳治理体系高度依赖高压力的行政措施得以运行，原因在于能源定价体系由政府控制，不能真实反映市场供求关系、资源稀缺程度及外部环境成本，价格总体偏低，恶化了本已紧张的资源供求关系，阻碍了能源价格传导机制的正常运行。要进一步发挥市场机制的作用，加大低碳转型市场化机制推广力度，真正把节能减碳转化为企事业主体的内在要求。

1. 推进能源价格机制改革

加快能源产品价格改革，让能源要素市场真正发挥推进低碳转型的功能。选择具备条件的地区开展试点工作，如可选择电力相对富余的区域或省级电网作为电力改革试点，放开大用户双边交易，推进独立调度和交易机构的改革；选择煤炭资源不足的中东部省份放松电价管制，使电价合理反映煤炭市场价格，促进能源消费总量控制和产业结构调整；对天然气管道、电网等自然垄断行业，以加强行业监管为根本目标，对属于竞争性的行业，要打破垄断格局，鼓励多元竞争主体进入。

2. 适时启动碳税征收议程

强化税收的再分配机制，将财税收入投资于低碳技术的研发与转化。[①] 在注重与既有资源税、消费税、车船税等税种协调、整合的基础上，科学制定碳税政策。针对低碳技术的研发、转化及其设备的购置，可以给予加速折旧或税费减免的补贴；对新能源等新兴战略型产业，要建立健全合理的税收支出和返还机制。碳税征收的方式可以采取渐进的方式，即以先低标准后高标准、先汽车行业后其他行业、先企业后家庭的方式进行征收。[②]

3. 建立区域性碳交易市场

加强调控，避免区域保护主义造成的碳交易市场的分割。通过设置行业或地区碳排放量的上限，对纳入排放交易体系的分配一定数量的排放许可权。政府仅需通过发布行业或地区碳排放总量，以经济手段让市场力量来进行调节，逐步淘汰高污染、高耗能企业，避免对单个企业的硬性管制和行政管理，即可实现降低碳排放量的目标。

---

① 姚昕、刘希颖：《基于增长视角的中国最优碳税研究》，《经济研究》2010 年第 11 期。

② 按照财政部相关课题组的研究建议，中国的碳税最终应该根据煤炭、天然气和成品油的消耗量来征收。碳税在起步的时候，每吨二氧化碳排放征税 10 元，征收年限可设定在 2012 年；到 2020 年，碳税的税率可提高到 40 元/吨。对于碳税归属，本书建议将碳税作为中央与地方共享税，中央与地方分成比例为 7∶3。

参考文献

1. 陈少英：《论地方政府保障民生的财政支出责任》，《社会科学》2012 年第 2 期。

2. 陈诗一：《中国各地区低碳经济转型进程评估》，《经济研究》2012 年第 8 期。

3. 《国务院关于印发"十二五"节能减排综合性工作方案的通知》国发〔2011〕26 号，《国务院关于印发中国应对气候变化国家方案的通知》国发〔2007〕17 号，中央政府门户网站，http：//www. gov. cn/zwgk。

4. 《中国的能源政策（2012）》，中央政府门户网站，http：//www. gov. cn/jrzg/2012 – 10/24/conten t_ 22503 77. htm。

5. 贺东航、孔繁斌：《公共政策执行的中国经验》，《中国社会科学》2011 年第 5 期。

6. 《国务院关于印发中国应气候变化国家方案的通知》国发〔2007〕17 号，参见中央政府门户网站，http：//www. gov. cn/zwgk/2007 – 06/08/content_ 641704. htm。

7. 《国务院：大力发展绿色经济开展低碳经济试点》，2009 年 8 月 13 日《第一财经日报》，http：//business. sohu. com/20090813/n265941429. shtml。

8. 何小钢、张耀辉：《中国工业碳排放影响因素与 CKC 重组效应》，《中国工业经济》2012 年第 1 期。

9. 胡旭阳：《民营企业家的政治身份与民营企业的融资便利——以浙江省民营百强企业为例》，《管理世界》2006 年第 5 期。

10. 黄少安、陈斌开：《"租税替代"、财政收入与政府的房地产政策》，《经济研究》2012 年第 8 期。

11. 贾康、刘微：《"土地财政"：分析与出路——在深化财税改革中构建合理、规范、可持续的地方"土地生财"机制》，《财政研究》2012 年第 2 期。

12. 贾晓俊、岳希明：《我国均衡性转移支付资金分配机制研究》，《经济研究》2012 年第 1 期。

13. 《节能技术改造财政奖励资金管理暂行办法》财建〔2007〕371 号。

14. 李军杰、周卫峰：《基于政府间竞争的地方政府经济行为分析——以铁本事件为例》，http：//www. cnki. com. cn/Journal/J-J1-JJSH-2005 – 01. htm。

15. 李锴、齐绍洲：《贸易开放、经济增长与中国二氧化碳排放》，《经济研究》2011 年第 11 期。

16. 刘世定、孙立平：《作为制度运作和制度变迁方式的变通》，《中国社会科学季刊》（香港）1997 年冬季卷（总第 21 期）。

17. 鲁成军：《中国工业部门的能源替代研究——基于对 ALLEN 替代弹性模型的修正》，《数量经济技术经济研究》2008 年第 5 期。

18. 陆旸、于同申：《环境规制强度和生产技术进步》，《经济研究》2011 年第 2 期。

19. 青木昌彦、吴敬琏：《从威权到民主——可持续发展的政治经济学》，中信出版社，2008。

20. 渠敬东、周飞舟：《从总体支配到技术治理》，《中国社会科学》2009 年第 6 期。

21. 荣敬本：《从压力型体制向民主合作体制的转变》，中央编译出版社，1996。

22. 《深圳新能源产业振兴发展政策》深府〔2009〕240 号。

23. 孙广生：《能源效率"缺口"的理论、实据与公共政策——基于文献的一个分析》，《国有经济评论》2011 年第 3 卷第 2 期。

24. 王永进：《政治关联与企业契约实施环境的所有制差异》，中国经济学学术资源网工作论文。

25. 徐孟洲、叶姗：《论地方政府间税收不当竞争的法律规制》，《政治与法律》2006 年第 6 期。

26. 姚昕、刘希颖：《基于增长视角的中国最优碳税研究》，《经济研究》2010 年第 11 期。

27. 于左、孔宪丽：《产业结构、经济增长与中国煤炭可持续利用问题》，《财贸研究》2011 年第 6 期。

28. 张爱阳：《公共政策执行缘何失真》，《探索与争鸣》2006 年第 2 期。

29. 张军、周黎安：《为增长而竞争：中国增长的政治经济学》，上海人民出版社，2008。

30. 政府间财政均衡制度研究课题组：《国家财政均衡制度考察与借鉴》，《经济研究参考》2006 年第 10 期。

31. 仲云云、仲伟周：《我国碳排放区域差异及驱动因素分析》，《财贸研究》2012 年第 38 卷。

32. 周黎安：《行政逐级发包制：关于政府间关系的经济学分析》，http：//wenku. baidu. com/view /c9de29d1c1c 708a1284a44bb. html，2007 年 10 月。

B II 政策执行篇：节能目标责任制

Policy implementation：energy conservation
target responsibility system

摘　要：

　　节能目标责任制是"十一五"以来中国节能政策执行的基本制度，在省、市、县、乡镇四级人民政府，以及各类重点耗能企业范围内得到了深入执行。

　　目标责任制为"十一五"以来节能目标的完成发挥了根本性作用。目标责任制的确立，使节能管理体系由行业部门主导转变为地方政府主导，使1998年政府机构改革以来不断弱化的节能管理机构得以强化。目标责任制执行以来，地方政府加强了对节能工作的领导，建立健全了节能监察执法和能源统计机构，为节能目标的实现奠定了组织基础。地方政府逐级配套节能资金，并逐年增加，同时采用多种方式激励合同能源管理等节能新机制的发展，有效带动了企业节能工作的开展。目标责任制强化了企业负责人在相关决策中对节能工作的重视程度，改变了企业的资金流向，使企业资金一定程度上向节能领域倾斜。

　　目标责任制发挥作用的核心机制在于节能压力的逐级传递，将中央政府的意志逐级转化为各级地方政府和用能单位的节能目标。目标责任制综合了政治机制、法律机制以及经济激励机制，准确把握了这一时期节能工作中的主要矛盾。然而，这种自上而下的压力传递机制并没有真正转化为地方政府和企业开展节能工作的自发性力量。长效的节能机制应当充分运用各项市场化手段，消除影响企业节能的制度障碍，以高的且可实现的节能投资回报率吸引企业节能。

关键词：

目标责任制　政策执行　节能

B.3
中国节能政策执行的机制创新

"十一五"以来，中国政府在节能政策和制度创新方面开展了许多有益的尝试，并逐步建立起节能目标责任制这一新的节能政策执行机制。目标责任制作为中国节能政策执行的基本制度，在中国节能目标完成过程中发挥了根本性作用。

在中国的能源战略中，节能占据重要地位。20 世纪 80 年代以来，中国政府出台了一系列节能政策，推动全社会的节能行动，但政策执行的效果参差不齐。在国有企业股份制改革之前的 20 世纪 80 ~ 90 年代，通过政府主管部门对所属企业的管理可以有效地贯彻落实国家的各项节能政策。然而，国企改制之后，原来的主管部门"条条管理"的方式逐步失去效力，新的政策执行机制亟待产生。在这种宏观背景下，节能目标责任制应运而生。

在中国，目标责任制发挥了政府在经济和社会管理中的强大优势，成为别具特色的、自上而下确保目标完成的政策执行机制。目标责任制明确了地方政府作为节能政策执行主体的责任，强化了政府对既有政策的执行，调动了各级政府在节能政策制定中的能动性，并有效提高了节能在企业各项决策因素中的优先级。研究目标责任制的执行机制及其有效性对于中国在"十二五"时期继续巩固已有的节能成果、挖掘更大的节能潜力具有深远意义。

一 目标责任制是实现"十一五"节能目标的核心制度

20 世纪 80 年代，能源短缺成为制约中国经济发展的重要瓶颈，能源节约开始成为中国宏观政策中的一项重要内容。1980 年开始，原国家计划委员会[①]、国

① 国家计划委员会成立于 1952 年，1998 年更名为国家发展计划委员会，2003 年将原国务院体制改革办公室和国家经济贸易委员会部分职能并入，改组为国家发展和改革委员会（维基百科）。

家经济委员会①开始编制五年节能计划。1980～2000 年，中国连续的四个国民经济和社会发展五年计划②中，均写入了明确的以单位 GDP 能耗下降为主要内容的节能目标。2001～2005 年的第十个五年计划，是唯一未提出明确的节能目标的国民经济和社会发展五年计划。尽管如此，国家经济与贸易委员会 2001年发布的《能源节约与资源综合利用"十五"规划》，明确提出了 2001～2005年的节能目标，即单位 GDP 能耗年均下降 4.5%。在一系列节能政策的作用下，1980～2002 年，中国万元 GDP 的能源消耗由 3.401tce 降为 1.162tce（2005 年价格），降幅达 65.8%（见图 3 - 1）。2002～2004 年，中国的能耗强度出现转折，由 2002 年的 1.162tce/万元上升到 1.285tce/万元，打破了 1980年以来的连续下降趋势。由于这一时期的强度上升，"十五"时期成为 1980年以来唯一的能耗强度上升时期。

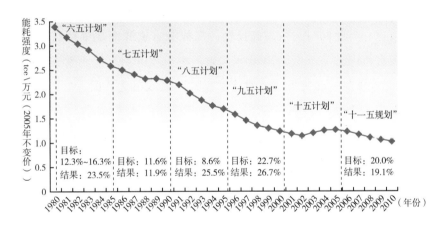

图 3 - 1　1980～2010 年中国历次五年规划中能耗强度的变化

资料来源：清华大学气候政策研究中心，2011。

为了有效地控制能耗水平，2006 年 3 月通过的《中华人民共和国国民经济和社会发展第十一个五年规划纲要》（以下简称《"十一五"规划纲

---

① 国家经济委员会成立于 1956 年，1970 年撤销并入国家计划委员会，1978 年恢复，1988 年再次撤销，1993 年重建，并改名为国家经济贸易委员会，2003 年再次撤销（维基百科）。

② "十一五"之前的历次国民经济与社会发展计划，均以"计划"命名。"十一五"之后，改称为"规划"。

要》）明确提出了"2010 年单位 GDP 能源消耗较 2005 年降低 20% 左右"的约束性指标。由于"十五"期间能耗上升的不利因素依然存在，如高能耗产业的扩张冲动，地方政府追求过高的经济增长速度等，大量的分析认为，"十一五"节能目标的实现充满挑战（戴彦德等，2006）。然而，五年过后，中国万元 GDP 能耗由 2005 年的 1.276tce/万元下降到 2010 年的 1.033tce/万元，下降了 19.1%，逆转了 2002 年以来单位 GDP 能耗不降反升的趋势，并基本实现了"十一五"规划所提出的万元 GDP 能耗下降 20% 的节能目标。

与"十五"时期相比，"十一五"时期促进能源消耗快速增长的基本面并没有发生变化。重化工业化、城市化过程加速、出口居高不下，这三大因素的存在，大大增加了节能目标完成的难度。"十一五"时期与"十五"时期相比，重工业的平均增长速度基本相当，高达 15.7%，远高于轻工业 13.1% 的增速。与此同时，依靠高投资、高能源、资源消耗维持高增长的增长模式并没有得到彻底改变，2008 年以来的中央政府 4 万亿元投资、地方政府 18 万亿元投资进一步加剧了这种增长模式。在城市化方面，"十一五"时期的城市化率每年提高 1.35 个百分点，与"十五"时期基本一致，但由于城市的扩张和城市化质量的提升，城市建设对能源消耗的促进作用更加明显。在出口方面，无论是出口额的增速还是出口占 GDP 的比重方面，"十一五"均远远超过了以往任何一个时期。在工业化、城市化过程加速，出口居高不下的情况下，中国是如何实现单位 GDP 能源强度的逆转并实现 19.1% 的下降的呢？

如上一份报告《中国低碳发展报告（2011～2012）》所阐述的，"十一五"以来，中国的节能事业取得了重要进展。这些进展不仅体现在企业节能行动的加强，也体现在政府在节能领域的大量投资以及各项政策创新。更重要的是，"十一五"时期，中国逐步建立了以各级地方政府和重点用能企业为主体的节能目标责任制，明确了各级地方政府和企业在节能方面的目标以及相关责任，强化了政府对既有政策的执行，调动了各级政府在节能政策制定中的能动性，有效提高了节能在企业各项决策因素中的优先级。目标责任制的建立及有效执行，弥补了 1998 年政府机构改革后节能管理主体的弱化和缺位，使中国的节能管理由计划经济时代的行业管理顺利过渡到以地方政府为主体的属地管理。目标责任制在中国"十一五"节能目标实现的过程中发挥了基础性作用。2007年修订的《中华人民共和国节约能源法》第六条明确规定：国家实行节能目标责任制和节能考核评价制度，将节能目标完成情况作为对地方人民政府及其负责人考核评价的内容。作为一项基本的节能管理制度，目标责任制将对中国未来的能源节约以及低碳发展产生深远的影响。

二 节能目标责任制的概念与内涵

节能目标责任制是指上级政府和下级政府之间、政府与企业之间、企业内部上级和下级之间，以签订目标责任书的形式，规定相关责任人某一时期内的节能目标，并通过对节能数据的统计和监测，在期末对相关责任人进行考核的一种节能管理制度。"十一五"以来，中国通过各项政策与行动，逐步明晰了节能目标责任制的基本内涵（见图3-2）。节能目标责任制主要包括四个方面的内容，即节能目标的分解与确定、节能目标责任书签署、节能统计与监测以及目标责任考核。目标分解确定了各节能主体的节能目标；目标责任书明确了

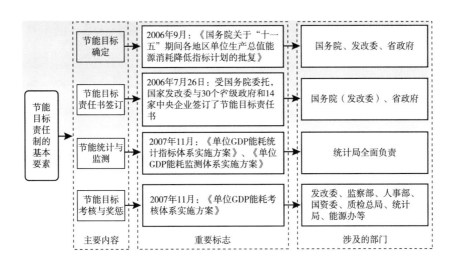

图3-2 节能目标责任制的内涵

资料来源：国务院，2006；新华网，2006；国务院，2007b。

节能主体的相关责任人；统计和监测为目标责任考核提供数据支持；考核是确保节能目标完成的重要举措。

在时间上，节能目标责任制的推行大致可分为三个阶段，即明确概念阶段、明确步骤阶段与实施阶段。第一阶段始于 2005 年 10 月，正值中共中央发布《中共中央关于制定国民经济和社会发展第十一个五年规划的建议》（以下简称《"十一五"规划建议》），止于 2006 年 8 月国务院发布《国务院关于加强节能工作的决定》。在这一阶段，国家从理念上逐步明确了目标责任制在节能工作中的应用，但并没有提出明确的实施措施。《"十一五"规划建议》首次提出了"2010 年单位 GDP 能耗强度较 2005 年降低 20% 左右"的目标，此后，国家在如何实现这一目标方面开展了多方面的探索。2005 年底，国家发改委、能源办、统计局下发通知，要求从 2006 年起实施单位 GDP 能耗公示制度，每年 6 月底向社会公布上一年度各地区万元 GDP 能耗及其降低率等数据，这是中国在目标责任制推行方面的第一步重要举措。2006 年 3 月，中国发布了《中华人民共和国国民经济和社会发展第十一个五年规划纲要》，明确提出"本规划确定的约束性指标，具有法律效力，要纳入各地区、各部门经济社会发展综合评价和绩效考核"，事实上已经隐含了目标责任制的相关内容。2006 年 8 月 6 日颁布的《国务院关于加强节能工作的决定》中，国务院明确要求建立节能目标责任制和评价考核体系。国家发改委要将"十一五"规划纲要确定的单位 GDP 能耗降低目标分解落实到各省、自治区、直辖市，省级人民政府要将目标逐级分解落实到各市、县以及重点耗能企业，实行严格的目标责任制。国家统计局、发改委等部门每年要定期公布各地区能源消耗情况，省级人民政府要建立本地区能耗公报制度。要将能耗指标纳入各地经济社会发展综合评价和年度考核体系，作为地方各级人民政府领导班子和领导干部任期内贯彻落实科学发展观的重要考核内容，作为国有大中型企业负责人经营业绩的重要考核内容，实行节能工作问责制。这标志着目标责任制作为一项基本制度，已经在理念层面得到基本确认，并开始向实践层面过渡。

2006 年 9 月到 2007 年 11 月，是目标责任制推行过程中的第二阶段。在这一阶段，国家对节能指标进行了分解，明确了各省级政府和千家重点用能企业的节能目标，并制定了节能目标的统计、监测和考核办法，使节能目标责任制的具体实施方案得以明确。2006 年 9 月 17 日，国务院发布了《国务院关于"十一五"期间各地区单位生产总值能源消耗降低指标计划的批复》，将"十一五"期间节能的国家目标分解到了各省、直辖市、自治区，使各地区的节能目标得以落实。2007 年 6 月发布的《国务院关于印发节能减排综合性工作方案的通知》，进一步明确了"地方各级人民政府对本行政区域节能减排负总责，政府主要领导是第一责任人"，以及"将节能减排指标完成情况纳入各地经济社会发展综合评价体系，作为政府领导干部综合考核评价和企业负责人业绩考核的重要内容，实行问责制和'一票否决'制"两个基本内容。2007 年 10 月 28 日，中国对 1997 年颁布的《中华人民共和国节约能源法》进行了重新修订，明确提出"国家实行节能目标责任制和节能考核评价制度，把节能目标的完成情况作为地方人民政府及其责任人的考核评价的内容"，以法律形式确立了节能目标责任制是中国节能政策执行的基本制度。同年 11 月，国务院发布了《国务院批转节能减排统计监测及考核实施方案和办法的通知》，进一步明确了节能统计监测实施方案和单位 GDP 能耗考核体系实施方案。纳入单位 GDP 能耗考核的对象包括省级人民政府和千家重点耗能企业，主要就节能目标完成情况和落实节能措施情况进行考核。考核结果经国务院审定后，交由干部主管部门。以《体现科学发展观要求的地方党政领导班子和领导干部综合考核评价试行办法》等规定作为对省级人民政府领导班子和领导干部综合考核评价的重要依据，实行问责制和"一票否决"制。另外，该方案还规定了一系列奖惩措施来促进地方政府及千家重点耗能企业节能。至此，国家级别的节能目标责任制基本建立。

2007 年 11 月之后，是目标责任制推行的第三阶段。这一阶段标志着节能目标责任制在各级地方政府层面得到了落实。尽管一些地方政府在此之前已经在落实目标责任制方面做了许多工作，但对大部分地方政府（包括省、市、县三级地方政府）而言，目标责任制在本级地方政府层面的落实都是在国家发布《国务院批转节能减排统计监测及考核实施方案和办法的通知》之后展开的。在这一阶段，目标责任制开始在全国范围内推行，各级地方政府在具

体实施中逐步明确、细化并丰富了国家所制定的节能目标责任制的基本框架。目标责任制确立和实施的三个阶段如图 3 - 3 所示。

图 3 - 3 节能目标责任制确立和实施的三个阶段

节能目标责任制从性质上看具有约束性特征。目标责任制通过强化政府责任，促使政府科学配置公共资源和有效运用行政力量，确保符合公共服务和涉及公共利益的事务能够按时推进。节能目标责任制依托各级地方政府，与大部分行政事务类似，带有行政发包的性质。另外，节能目标责任制还表现为一种政府之间以及政府和企业之间的契约机制，而并非单纯的控制－命令系统。目标责任制通过上下级政府以及政府和企业之间不对等博弈所形成的节能契约，明确了各级地方政府和重点用能企业的节能目标，以及基于节能目标完成情况的奖惩机制。目标责任书的签订，使上下级政府以及政府与企业之间由管理被管理的关系在一定程度上演变为合同关系，从而增强了节能目标的法律性质。

三 目标责任制的确立，使政府机构改革中 不断弱化的节能管理机构得以明确

节能管理机构是节能政策制定与执行的主体，在节能工作中发挥关键作用。改革开放以来，伴随几次大规模的机构改革，中国的节能管理机构发生了关键性转变，对中国节能政策的制定和执行产生了深远的影响。中央层面的节能管理部门虽然几经更迭，但并未消失。国家发展和改革委员会历经国家发展计划委员会（1998～2003 年）、国家计划委员会（1957～2003 年），多次更名或改组，始终负责编制全国的节能规划以及制定各类宏观的节能政策。企业是中国节能的主体，改革开放以来，国家经济委员会（1978～1988 年）、国家经

济贸易委员会（1993～2003年）、工业和信息化部（2008年至今），几经撤销、重建和更名，主要负责工业企业的节能政策制定和实施工作。1980年以来，国家计划委员会和经济委员会出台了一系列的节能政策，以达到单位GDP能耗降低的目的（Sinton et al.，1998）。这些政策手段包括支持能效投资，出台能耗标准，对能源使用和能效实施配额管理，加大能效方面的研发力度，成立节能服务中心（Sinton et al.，1998；赵晓丽、洪东悦，2010），限制高能耗技术和产业的发展，加强节能管理（陈甲斌，2003；陈和平，1995），提高能源价格，对高能耗产业实施差别电价等（赵晓丽、洪东悦，2010）。无论是从政策的覆盖范围，还是从政策手段的多样性来看，中央层面改革开放以来出台的政策几乎涉及每一个方面。2002年以来中国单位GDP能耗强度不降反升的一个主要原因，在于中国计划经济体系下不断形成的节能行业管理体系在机构改革和市场经济发展中不断被弱化，甚至消失，而新的节能政策执行机制尚未建立。

1982年以来，为了适应社会主义市场经济的需要，中国政府进行了6次大规模的机构改革，逐步转变政府职能、实现政企分开。在计划经济向市场经济转型的背景下，原来的各个工业专业经济部门先后被撤销和改组，企业的经营权逐步放开，同时企业的节能主管机构也不断模糊。与历次大规模的机构改革相对应，中国各行业的节能管理机构也经历了三个阶段的变革（见表3-1）。1982～1998年，行业管理结构由原来的部级专业经济部门逐渐弱化为国家经贸委、发改委等机构管理下的一个局级部门。以九大高能耗行业为例，1982～1998年，钢铁、有色金属行业由冶金工业部统一管理，管理内容不仅涉及企业的经济管理，也涉及企业的节能技术改造、落后产能淘汰、能耗标准等，其间各经济部门出台了大量的行业技术标准以及相应的激励和约束政策。1982～1998年，省、市、县各级政府均设有相应的工业专业经济部门，这些部门实质上构成了中国节能工作的行业管理体系，为该时期中国能耗强度的下降发挥了基础性作用。

1982～1998年也是中国经济发生重要变化的时期。这期间，随着民营企业、外资企业的不断兴起，国有企业在市场中的份额逐步缩小。1978～1998年，国有经济占工业总产值的比重由78.5%一路下滑到28.2%（见

表3-1　行业节能管理机构的演变

行　业	工业专业经济部门	1998~2001 年	2001 年至今
钢　铁	冶金工业部(1982~1998 年)	国家冶金工业局(1998~2001 年)	中国钢铁工业协会(2001 年至今)
有色金属	冶金工业部(1982~1998 年)	国家有色金属工业局(1998~2001 年)	中国有色金属工业协会(2001 年至今)
石油石化	石油工业部(1982~1988 年)能源部(1988~1993 年)	国家石油和化学工业局(1998~2001 年)	中国石油和化学工业协会(2001 年至今)
化　工	化学工业部(1982~1998 年)	国家石油和化学工业局(1998~2001 年)	中国石油和化学工业协会(2001 年至今)
建　材	国家建筑材料工业局(1982~2001 年)		中国建筑材料工业协会(2001 年至今)
煤　炭	煤炭工业部(1982~1988 年,1993~1998 年)、能源部(1988~1993 年)	国家煤炭工业局(1998~2001 年)	中国煤炭工业协会(2001 年至今)
电　力	水利电力部(1982~1988 年)能源部(1988~1993 年)电力工业部(1993~1998 年)	国家经贸委电力司(1998~2003 年)	国家电力监管委员会(2002 年至今)中国电力企业联合会(1988 年至今)
造　纸	轻工业部(1982~1993 年)中国轻工总会(1993~1998 年)	国家轻工业局(1998~2001 年)	中国轻工业联合会(2001 年至今)
纺　织	纺织工业部(1982~1993 年)中国纺织总会(1993~1998 年)	国家纺织工业局(1998~2001 年)	中国纺织工业协会(2001 年至今)

图3-4)。由于国有经济在国民经济中的地位逐渐降低，以管理和控制国有经济为主的工业专业经济部门在实际工作中所能发挥的作用逐渐弱化。同时，政企不分导致国有企业的经营管理出现各种各样的问题，使政府背上了沉重的经济包袱。

在这种背景下，1998 年的政府机构改革，几乎撤销了所有的专业经济管理部门，使之弱化为局级管理机构。短短 3 年后，这些局级管理机构几乎被全部撤销，取而代之的是以协会形式出现的各类行业协会。从职能上来看，行业协会不再具有管理职能，仅发挥一些协调性的功能。同时，短短的几年间，许多国有企业完成了改制，改制后的国有企业在经营上不再受政府的干

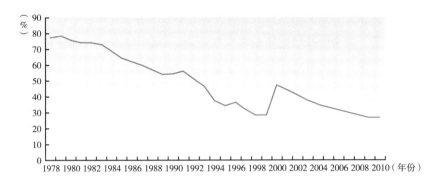

图 3 - 4　国有及国有控股工业占工业总产值的比重

注：中国工业统计口径至今已发生多次变化。1999 年之前，工业统计口径包含所有独立核算的工业企业；2000 年开始，工业统计不再包含规模以下（年度营收 500 万元以下）的非国有企业，口径为"全部国有企业"以及"规模以上其他企业"。因此，2000 年与 1999 年相比，国有及国有控股工业所占比重大幅上升。2007 年开始，规模以下的国有企业也不再纳入统计范围，口径变成"全国所有规模以上企业"。由于规模以下国有企业数量极少，影响微小。

资料来源：《中国工业经济统计年鉴》。

预。中国在对企业经营权全面放开的同时，实质上也放弃了对企业节能的直接干预。

1998 年以来，随着行业管理机构的消失，各级地方政府实质上承担起了企业的宏观管理职能，负责落实产业政策在企业层面的执行，包括监督管理企业的节能行动。然而，出于发展经济的迫切需求，地方政府往往忽视节能的重要性。1994 年开始实施的分税制改革直接导致地方税源减少，因此地方政府更加注重 GDP 增长，为了更快地发展地方经济，其弱化了对国家出台的各类节能和产业政策的执行，更有甚者还对高能耗企业大开绿灯，客观上造成了能源消耗的快速增长。1997 年颁布的《中华人民共和国节约能源法》是诞生于社会主义市场经济建立过程中的首部节能综合性法律，其中规定了"县级以上地方人民政府管理节能工作的部门主管本行政区域内的节能监督管理工作。县级以上地方人民政府有关部门在各自的职责范围内负责节能监督管理工作"。但由于对节能工作的重视不够，地方政府的节能"有关部门"一直处于缺位或弱势地位，使节能法的实施、执法与监督一度处于真空状态。

2002 年以来中国能源强度的上升、快速增长的能源消耗总量以及相关的温室气体排放量，使中国开始重新重视节能问题。2006 年，中国政府在第十一个五年规划中，再一次将节能目标写入规划，并将其列为"约束性指标"，之后通过一系列的政策文件，确立了节能目标责任制。与行业节能管理体系相比，节能目标责任制实质上确立了以各级地方政府为主体的属地管理体系（见图 3 - 5）。

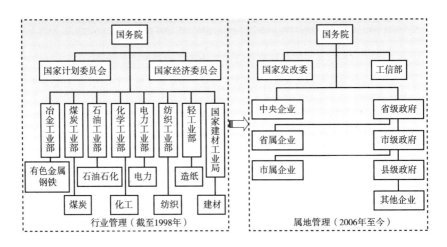

图 3 - 5　中国节能管理体系的历史演变

目标责任制的确立，使中国的节能管理和政策执行体系顺畅地由"条"过渡为"块"，与中国的经济管理体系保持了一致。目标责任制明确了地方政府在节能工作中的主体地位，使既有的节能政策能够得以贯彻和实施。同时，目标责任制的奖惩机制在一定程度上改变了地方政府热衷 GDP 增长，而节能环保工作动力不足的问题，使地方政府在完成节能目标时开展制度创新，将节能与 GDP 增长之间的冲突降到最低。

四　目标责任制的确立，有效提升了节能管理部门的权力体系

计划经济体制下，企业的经营目标是由国家相应的管理部门来确定的，除了追求利润之外，还必须完成国家制定的各项社会服务的任务。企业被国家设

定了一系列的任务，节能目标也作为一项主要指标被融入到企业的各项考核中。随着行业管理体系的瓦解以及国有企业在国民经济中地位的下降，这种节能管理模式在大部分行业均已不复存在。1998年之后，地方政府的节能管理机构承担起了企业的节能管理工作。如同环境保护工作一样，由于节能管理部门在政府机构中的地位较低，而节能环保又是一项融入经济各方面发展过程中的全面性工作，在地方政府大力发展GDP的背景下，节能环保难以进入地方政府的各项关键性决策。地方政府对企业的保护也使得节能管理部门在执行节能政策的过程中困难重重，无法充分发挥效力。"十一五"期间确立的目标责任制，不仅明确了地方政府在节能工作中的主体地位，更明确了"地方政府主要领导是第一责任人"。此举切中了相当长一段时间内地方政府在节能减排方面少有作为的要害，使地方政府必须将节能减排工作列入政府的全面发展规划中。

在一般的属地管理体系下，节能环保等工作属于部门性工作范畴，主管部门主要依靠本部门的行政资源开展工作。节能是一项综合性事务，政策制定涉及经济和社会发展规划、产业准入等各个方面，而政策执行往往又需要财政、税收、价格、技术服务等各个机构的配合。节能工作的复杂性使节能事务作为一项部门性工作，在实施过程中面临行政力量不足的困难和挑战。目标责任制通过明确地方政府主要领导是完成节能目标的第一责任人，使节能成为政府的一项全局性工作。

中央层面为了切实加强节能减排工作，2007年6月成立了国家应对气候变化及节能减排工作领导小组。根据对外需要的不同，该小组也被称为国家应对气候变化领导小组或国务院节能减排工作领导小组。节能减排领导小组由国务院总理温家宝任组长，成员包括国家发展和改革委员会、外交部、科技部、国防科工委、监察部、财政部、国土资源部、建设部、铁道部、交通部、水利部、农业部、商务部、卫生部、国资委、税务总局、质检总局、环保部、民航总局、统计局、林业局、气象局、电力监管委员会、海洋局、中国科学院等单位的主要领导，从而使国务院节能减排工作领导小组成为中国规格最高的专项工作领导小组之一。领导小组下设国务院节能减排工作领导小组办公室，设在国家发改委。该小组的主要职责是"组织贯彻落实国务院有关节能减排工作的方针政策，统一部署节能减排工作，研究审议重大政策建议，协调解决工作

中的重大问题"。国务院节能减排工作领导小组的成立，从中央层面解决了节能减排作为一项部门工作的不足，使节能减排真正成为一个发展问题。

国务院节能减排工作领导小组成立之后的几个月内，作为对国家成立国务院节能减排领导小组的响应，以及落实节能目标责任制的一项重要措施，省级政府的节能减排工作领导小组①纷纷成立。省级政府节能减排工作领导小组的设置与国务院节能减排工作领导小组的设置类似，由省长或副省长担任组长，成员包括发改委、经信委（或经委、经贸委）、环保局、财政厅、交通厅、建设厅等单位的主要领导。在节能减排工作领导小组办公室的设置上，省级政府与国务院有所区别，一部分省级政府设在发改委，而其他省级政府设在经贸委等经济（及信息产业）主管部门②。在国务院和省级地方政府的影响下，许多市级政府、县级政府甚至乡镇政府纷纷成立了相应级别的节能减排工作领导小组。

各级节能减排工作领导小组的成立，从形式上看是对上级成立相应机构的一种响应；从功能上来看，通过成立节能减排领导小组并设置专门的办公室，政府主要领导将其节能目标有效传递到了相应的节能主管部门，同时使节能主管部门在节能减排领导小组的名义下开展工作，有效地提升了节能主管部门在节能工作中的权力。各级节能减排工作领导小组在目标责任制的落实过程中发挥了关键性作用。倘若没有各级节能减排工作领导小组，发改委或经信委作为一个与下一级政府同一行政级别的部门很难有效地将节能目标分解到下一级政府；发改委或经信委也无法对下级政府的节能目标完成情况进行考核。从这一点上看，各级节能减排工作领导小组的成立实质上是节能目标责任制落实过程中的一个必然过程。

---

① 该领导小组的名称因省份不同而略有差别，除部分省份将工作领导小组命名为"节能减排工作领导小组"外，其他省份的领导小组的名称体现了这些领导小组也兼具"应对气候变化"的职能。例如，海南、甘肃等省份的节能减排工作领导小组全称为"应对气候变化及节能减排工作领导小组"，云南、青海等省份的领导小组全称为"节能减排及应对气候变化工作领导小组"，湖北、福建等省份的领导小组全称为"节能减排（应对气候变化）工作领导小组"。

② 如贵州省、福建省的节能减排工作领导小组办公室设在省经贸委，辽宁省、甘肃省的节能减排工作领导小组办公室设在省经委，而海南省应对气候变化及节能减排工作领导小组办公室则设在省工业经济与信息产业局。

五 依托于独特的行政体系，目标责任制 在中国得以有效实施

目标责任制的机制创新，不仅在理论上弥补了政府机构改革中节能管理机构的缺位，强化了节能管理机构的权力体系，更重要的是，依托于中国独特的行政体系，目标责任制可以得到有效实施。在中国，目标责任制利用政府在经济和社会管理中的强大优势，成为别具特色的政策执行的制度性安排。

节能目标责任制能够得以实施，与中国的行政体制以及该行政体制下多年来形成的政企关系密切相关。在中国多层级、多地区的政府间关系中，上级政府具有明显的行政权威，上下级政府之间构成非常严密的等级体系。上级政府的意图往往通过一层一层的行政发包得以实现。针对某些非常紧迫、具有明显目标的事件，政府间往往采用目标责任制的形式强化政策的执行和目标的落实，如计划生育的目标责任制、安全生产的目标责任制等。作为上级政府的派出机构，下级政府有义务落实上级政府分配的各项基本任务。

政府与企业之间的目标责任制可以分为两类。对国有企业来说，政府既是国有企业的控股方，又是企业投资和经营活动的宏观管理者，还是企业产品和服务质量的监管者，并且掌握着企业经理的人事任命权，政府对国有企业具有直接监督和控制权。中国的国有企业并不是一个纯粹的经济组织，同时也是中国多级行政发包体制下的"准行政"基层组织。这一点从企业领导人与行政部门的领导同在一个官场相互流动就可以看出。因此，作为一级"准行政"的基层组织，与政府之间签订目标责任书是科层组织中的一种常见现象。

对民营企业来说，政府与其之间尽管存在管理与被管理的关系，但并不是严密的上下级关系，民营企业在法律和政策的允许范围内的一切经营活动并不受政府的制约。然而，尽管没有产权关系，企业对政府在关键性生产要素方面的依赖也逐渐降低，但地方政府与辖区内的企业仍然保持千丝万缕的联系。简单说来，地方政府与民营企业之间的关系是一种双赢的"战略合作伙伴"关系。民营企业是地方经济的主要驱动力。地方政府与官员出于对地方经济发展（包括 GDP 与财税）和官员晋升的考虑，愿意与企业密切合作，提供企业发展

所需要的政策和资源。地方政府持有对民营企业成长期具有关键性影响的生产性和政策性资源，如项目审批权、土地、财政资金、信贷担保、政策环境等，因此民营企业在发展的每一个阶段都高度依赖于地方政府的默许和支持，也愿意在条件允许的情况下配合政府完成所需的政绩与财政任务。在中国特有的行政体系下，与地方政府保持非常紧密的联系往往被认为是企业最大的竞争优势。在这种背景下，许多民营企业都力争与地方政府建立紧密伙伴关系，并力图发生各种政治关联。中国的许多民营企业是由过去的国有企业转制而来，这些企业本身还带有许多国有企业的痕迹，企业的所有者也往往是原政府官员。此外，许多经营状况较好的企业主往往通过人大、政协等机构参与到政府的各项活动中去。近年来，许多民营企业纷纷成立企业内的党支部，也反映出企业在寻求与政府之间更密切的关系。由于政企之间的这种复杂的关联，尽管节能目标并不像纳税、计划生育等任务具有法律的约束效力，政府依然可以将节能目标"合理"地施加给企业。企业配合政府节能工作的收益主要是维护了与政府的良性关系，为未来发展赢得了更多筹码。另一个不可忽视的因素是避免了违抗政府命令的风险，企业唯恐政府由于其不配合完成节能目标而在未来发展中设置绊脚石，如在企业未来申请项目的审批过程中增加阻力。迫于政府强大的威慑力，企业不得不配合其工作，而这份威慑力的影响往往远大于配合节能工作的直接正面收益。也就是说，配合政府工作所能得到的直接收益也许是微小的（政府默认企业会完成任务），但不配合政府工作的代价很高昂。

政府之间严密的科层体系、国有企业"准行政"组织的特性、民营企业对政府的依附，构成了节能目标责任制得以实施的基础，使目标责任制成为中国别具特色的政策执行的制度性安排。

B.4
节能目标责任制的实施路径

"十一五"期间，中央政府提出节能20%的目标并通过一系列的政策文件建立了节能目标责任制。目标责任制是一种自上而下的、层层落实的政策执行机制。涵盖的范围非常广泛，不仅涉及省、市、县以及乡镇四级人民政府，还涉及规模不一的各类重点耗能企业。

从实施路径上看，目标责任制主要包括目标的确定与分解，目标责任书签订，节能数据的统计和监测，节能目标的评价、考核与奖惩等几个方面。目标责任制在上下级政府之间、政府与企业之间都得到了深入贯彻和落实，并被不断丰富。在目标分解方面，许多地方政府不仅按地区进行了分解，还按行业、行政部门进行了分解，并扩展了目标责任制的应用范围。在针对节能目标的奖惩方面，不少地方政府在"一票否决"的基础上，出台了更加严格的奖惩措施，对相关责任人产生了更强的威慑力。

目标责任制在执行过程中体现了上下级政府之间，以及政府与企业之间的博弈。在节能目标分解过程中，上下级政府之间往往通过协商来确定，而这种协商具有一定的"讨价还价"色彩。随着目标责任制的深入执行，地方政府的博弈能力不断增强。政府与企业之间的目标分解一般不涉及协商过程，但在节能目标考核方面具有一定的协商或博弈空间。企业的节能量计算往往选择一种对目标完成有利的计算方法。

目标责任制是"十一五"以来中国节能政策执行的核心制度。目标责任制在整个国家的范围内的深入执行和落实，为中国节能目标的实现奠定了坚实的制度基础。

一　政府间的节能目标责任制

（一）确定节能目标

确定节能目标是落实目标责任制的首要步骤。2006年8月发布的《国务院关于加强节能工作的决定》明确指出,"发改委要将'十一五'规划纲要确定的单位国内生产总值能耗降低目标分解落实到各省、自治区、直辖市,省级人民政府要将目标逐级分解落实到各市、县以及重点耗能企业,实行严格的目标责任制"。根据这一要求,国家发改委在与各地区协商的基础上,确定了"十一五"以及"十二五"期间各省级政府的节能目标。"十一五"和"十二五"时期最终确定的各省级政府节能目标如表4-1所示。

表4-1 "十一五"、"十二五"时期各地区节能目标

单位:%

地 区	单位国内生产总值能耗降低率目标		地 区	单位国内生产总值能耗降低率目标	
	"十一五"时期	"十二五"时期		"十一五"时期	"十二五"时期
全 国	20	16	河 南	20	16
北 京	20	17	湖 北	20	16
天 津	20	18	湖 南	20	16
河 北	20	17	广 东	16	18
山 西	22	16	广 西	15	15
内蒙古	22	15	海 南	12	10
辽 宁	20	17	重 庆	20	16
吉 林	22	16	四 川	20	16
黑龙江	20	16	贵 州	20	15
上 海	20	18	云 南	17	15
江 苏	20	18	西 藏	12	10
浙 江	20	18	陕 西	20	16
安 徽	20	16	甘 肃	20	15
福 建	16	16	青 海	17	10
江 西	20	16	宁 夏	20	15
山 东	22	17	新 疆	20	10

资料来源:国务院,2006;国务院,2011。

在节能目标分解过程中,中央与省级政府之间的协商具有一定的"讨价还价"色彩。随着目标责任制的深入执行,地方政府的博弈能力不断增强。"十一五"节能目标确定之初,山东、山西、内蒙古和吉林四省区均提出了高于20%的目标并得到了国家发改委的确认。2008年,山西、内蒙古和吉林以节能目标压力太大为由,与发改委进行协商并将其节能目标调低为22%。"十

二五"确定节能目标则变得更为艰难。如山东省在"十二五"节能指标分解的初步计算结果中被归入了目标最高的一个档次，即应实现18%的节能降耗指标。在得知这一初步分解结果后，山东省感觉压力较大，与国家发改委进行了沟通，就该指标进行商榷。最后，山东省"十二五"节能指标被下调为17%。与山东省类似，还有其他几个省级政府也就指标分解与国家发改委进行了沟通、协商，最终包括山东省在内的三个省级政府得以下调了节能指标。

在中央政府对省级政府分解节能目标之后，省级政府将其节能目标分解到了各个地市级政府，地市级政府将其节能目标分解到了各个县级政府，在县级政府层面实现了全部覆盖。此外，一些区县级政府还将节能目标分解到了乡镇。如北京市通州区在考虑各乡镇节能潜力、节能难度、节能能力和节能责任的基础上，将节能指标分解到了乡镇，制定了《通州区"十二五"时期及2011年度节能目标分解方案》。

在区域分解的基础上，部分地方政府将节能任务指标分解到各相关直属行政部门。如福建省于2008年2月制定了《福建省人民政府节能目标部门责任分解表》，按照中央政府对省级政府考核的分项来确定对省直部门的责任分解；2009年山东省政府在对各市政府节能目标任务考核的基础上，建立了部门节能目标责任制，分解节能任务，签订目标责任书，实行"双目标"责任考核；济南市2011年把全市节能降耗责任目标分解到各县（市、区）政府、济南高新区管委会和市直有关部门，签订责任书的政府部门由2010年的15个增加到21个，进一步强化了"双目标责任制"。济南市市中区在《市中区2010年节能工作方案》中总结这种"双目标责任制"的特征为"横到边、纵到底"。

一些地方政府对节能目标进行了行业分解。如2006年5月上海市人民政府印发了《关于进一步加强本市节能工作若干意见的通知》，通知对节能目标进行了产业间的分解，其目标为：工业万元增加值能耗下降30%，第三产业万元增加值能耗下降15%，建筑节能15%，政府机关用能总量减少20%；2007年，北京市进行了"十一五"节能目标的行业分解，具体为第一产业单位GDP能耗下降13%，第二产业单位GDP能耗下降30%，第三产业单位GDP能耗下降17%。

"十二五"时期，中央政府明确提出了节能目标行业分解的要求。《"十二五"节能减排综合性工作方案》中提出，"综合考虑经济发展水平、产业结构、节能潜力、环境容量及国家产业布局等因素，将全国节能减排目标合理分解到各地区、各行业"，要"把地区目标考核与行业目标评价相结合"。一些地方政府落实了节能目标的行业分解，如北京市将经济属性明显的工业、交通运输、房地产、住宿餐饮等 10 个行业和能耗总量较大的民用建筑、公共机构、供热、供电 4 个重点领域作为节能目标分解对象，将单位增加值能耗下降率作为约束性指标，并对重点行业领域下达"十二五"末能源消费总量指导性指标；山西省晋城市确定的"十二五"时期各行业节能降幅目标为第一产业 15%，第二产业 27%，第三产业 20%，人民生活 15%。

除节能目标行业分解之外，一些省级政府还对"十二五"末能源消费总量控制目标进行了规定，如《北京市"十二五"时期区县节能目标分解方案》中规定海淀区"十二五"末能源消费总量控制目标为 1000 万 tce，东城区该指标为 330 万 tce；上海市发布了《上海市节能和应对气候变化"十二五"规划》，其中规定了各区县 2015 年用能控制目标，如金山为 218 万 tce，宝山为 188 万 tce。

政府间节能目标的分解总体表现出以下几点特征：第一，所分解的节能目标主要指单位 GDP 能耗下降率目标，并辅以五年计划的进度目标和能耗总量目标。第二，节能目标的分解主要通过中央政府向下级政府层层分解而实现，所有的省级政府和地市级政府都向下级政府分解了节能目标，部分县级政府向乡镇级政府分解了节能目标，此外，部分地方政府也将节能目标分解到了各行业和各相关直属行政部门。第三，地方政府在确定节能目标的过程中存在一定讨价还价能力，但并不能改变节能目标分解的大格局。表 4 - 2 对节能目标责任制中指标分解的演变进行了总结。

表 4 - 2 "十一五"、"十二五"节能指标分解差异比较

	"十一五"节能指标分解	"十二五"节能指标分解
涉及的指标类型	单位 GDP 能耗下降率目标 进度目标	单位 GDP 能耗下降率目标 能耗总量目标（预期性指标） 进度目标
指标分解的路径	分解到省 - 市 - 县 - 乡镇 分解到企业	分解到省 - 市 - 县 - 乡镇 分解到企业 分解到行业（用能部门） 分解到行政部门*

续表

	"十一五"节能指标分解	"十二五"节能指标分解
指标分解的方法	地区上报,中央政府批复	中央政府委托研究机构计算,再下发各地微调
指标分解结果	各地区指标不尽相同,共 8 类,大多为 20%	全国 31 个省、直辖市、自治区被分为 5 类地区,每类地区确定一个节能指标

注:*"十二五"时期许多地方政府将节能指标分解到各相关行政部门,"十一五"时期仅有部分地方政府采取了该方法。

(二)签订节能目标责任书

签订目标责任书是落实节能目标责任制的一项关键内容。节能目标责任书一般包含节能目标和考核评价两个方面(见专栏 4-1)。节能目标是对分解结果的一种书面确认,同时规定了一些更为详细的目标,如单位 GDP 电耗下降率、规模以上工业企业单位增加值能耗下降率、重点企业节能量等;考核评价则是对考核对象、考核内容以及奖惩机制的相关约定。节能目标责任书的签订,使节能目标责任制在形式上看来不再是一种单纯的上下级政府之间的命令-控制体系,而演化为一种合同关系并具有了一定的法律性质。

专栏 4-1　山东省政府与济南市政府 2010 年度节能目标责任书

为贯彻落实科学发展观和节约能源的基本国策,实现全省万元 GDP 能耗"十一五"降低 22% 的节能目标,省政府与济南市政府签订了 2010 年度节能目标责任书。

一、责任目标

1. 万元 GDP 能耗:2010 年目标为比 2005 年降低 22% 以上,2006~2008 年已累计完成 13.9764%,2009~2010 年应降低 9.3367% 以上。

2. 万元 GDP 电耗:2010 年目标为比 2009 年降低 1.91% 以上。

3. 规模以上工业万元增加值能耗:2010 年目标为比 2005 年降低 22% 以上,2006~2008 年已累计完成 21.3264%,2009~2010 年应降低 0.8562% 以上。

4. 万元 GDP 取水:2010 年目标为比 2005 年降低 20% 以上。

5. 规模以上工业万元增加值取水：2010 年目标为比 2005 年降低 30% 以上，2006～2008 年已累计完成 17.5083%，2009～2010 年应降低 15.143% 以上。

6. 48 户重点企业"十一五"期间实现节能 148.06 万 tce（企业名单及节能量附后*）。市政府要将节能目标落实到每户企业并与各企业签订责任书，节能目标不得低于附表要求。

7. 城市和县政府所在地、镇规划区新建建筑全面执行省建筑节能设计标准和竣工要求。完成既有居住建筑供热计量及节能改造任务。

8. 按省规定禁止生产、使用实心黏土砖，严格执行专项基金政策。

9. 市政府要加强对节能工作的组织领导，强化节能目标管理，调整和优化产业结构，加大节能投入力度，推进节能技术进步，开展重点企业和行业节能管理，完成高效照明产品推广任务，严格执行节能法律、法规，落实节能基础工作，确保实现节能目标。

二、考核评价

省政府节约能源办公室会同有关部门组成考核工作组，按照鲁政发〔2008〕55 号文件中《山东省节能目标责任考核体系实施方案》的要求进行年度考核和奖惩。

本责任书一式两份，省政府和市政府各存一份。

山东省人民政府　　　　　　　济南市人民政府
王军民（副省长）　　　　　　张宗祥（副市长）
　　　　　　　　　　　　　　二○○九年十二月二十三日

注：* 此处为目标责任书原文。企业名单及节能量附表省略。

资料来源：山东省人民政府，2010。

除了上下级政府之间签订节能目标责任书外，一些地方政府与直属行政部门也签订了节能目标责任书（见专栏 4-2）。与上下级政府间的目标责任书有所不同，政府与直属行政部门的目标责任书以承诺的方式出现。该目标责任书详细列出了该行政部门在实现区域节能目标时需要完成的具体任务，但并没有就奖惩措施做出约定。

专栏 4 - 2   山东省机关事务局 2009 年度节能工作目标责任书

为深入贯彻科学发展观和坚持节约资源的基本国策，实现 2009 年度全省万元 GDP 能耗降低 5.45% 的节能目标任务，现向省政府郑重承诺：

充分发挥各级机关事务管理局的职能作用，切实承担起本部门职责范围内的节能任务，促进全省节能工作深入开展。

1. 编制并实施公共机构节能规划，完成 8 万只高效照明产品的推广任务，确保全省 90% 以上的公共机构更换高效照明产品。各级党政机关用电、用水、用油指标比上年度分别降低 5%，车辆运行费用支出在近 3 年平均数基础上降低 15%。

2. 加强公共机构能源统计基础工作，建立省直部门能源消耗季度报送制度。积极开展政府机关办公建筑节能监管体系建设，落实节能考核制度。

3. 积极推进节能产品政府采购工作，认真落实节能产品政府采购政策，力争节能产品采购金额占同类产品采购金额的比重达到 80% 以上。

监督人：王仁元（副省长）   监督人：王军民（副省长）

承诺人：张泽忠（省机关事务局局长）

2009 年 6 月 26 日

资料来源：山东省人民政府，2010。

（三）节能数据的统计监测

数据的统计与监测是节能目标考核的基础，同时也是节能规划、节能政策制定与实施的基础。2007 年 11 月 17 日，国务院下发《国务院批转节能减排统计监测及考核实施方案和办法的通知》以及"三个方案"（具体指《单位 GDP 能耗统计指标体系实施方案》《单位 GDP 能耗监测体系实施方案》《单位 GDP 能耗考核体系实施方案》）。《单位 GDP 能耗统计指标体系实施方案》和《单位 GDP 能耗监测体系实施方案》的出台，标志着国家层面单位 GDP 能耗统计、监测制度的正式建立。之后，各省也陆续制定了和国家层面统计、监测制度相同的本地区的单位 GDP 能耗统计、监测制

度。

《单位 GDP 能耗统计指标体系实施方案》明确了中国"以普查为基础，根据国民经济各行业的能耗特点，全面调查、抽样调查、重点调查等相结合"的能源统计体系。根据该方案，中国的能源统计集中在三个方面：能源生产统计、能源流通统计、能源消费统计。

在能源生产方面，主要调查对象包括规模以上能源生产企业和规模以下能源生产企业。规模以上企业的能源统计属于常规统计的范畴，该方案提出进一步完善这类企业中小类能源产品的统计。对于规模以下能源生产企业，逐步建立煤炭、电力等产品的统计，这类企业由统计局组织全面调查。

在能源流通方面，分煤炭、原油、成品油、天然气、电力、其他能源品种6 个大类，主要由各行业协会提供统计资料。煤炭的统计范围由重点煤矿扩大到全部煤炭生产和流通企业，由中国煤炭运销协会组织全面调查；原油的流通根据海关统计和工业企业能源统计报表中的有关数据测算；成品油分批发和零售两类企业，由统计局组织全面调查；天然气流通统计由中石油、中石化、中海油三大石油公司天然气管理机构提供；电力流通统计由中国电力企业联合会提供；其他能源品种的流通则根据海关进出口资料和工业企业能源消费统计报表中的有关数据测算。

在能源消费方面，分第一产业（农、林、牧、渔、水利业）、第二产业（工业、建筑业）、第三产业（交通运输、仓储和邮政业；批发、零售业和住宿、餐饮业；其他）和生活消费（城镇、乡村）等几个大类进行统计。除规模以上工业企业外，其他几类的能源消费主要通过抽样调查、重点调查、典型调查等方法取得统计资料。

目前，中国在年耗能 1 万 tce 以上的工业企业范围内建立了 25 种重点耗能产品、108 项单位产品能耗统计调查制度。该方案指出，将逐步扩大统计范围，由年耗能 1 万 tce 以上工业企业扩大到规模以上工业企业，逐步增加耗能产品的统计品种。可再生能源方面，除核电、水电有规范的统计制度外，其他能源的利用缺乏统一的统计计量标准，统计制度尚不健全。为此，该方案提出，在抓紧制定统计标准的同时，积极探索和研究建立相关统计指标和统计调查制度，尽快将新能源、可再生能源的利用完整地纳入正常能源统计调查体系。另外，该方案要建立建筑物能耗统计制度，针对饭店、宾馆、商厦、写字楼、机关、学校、医院等单位的大型建筑物，由建设部会同统计局研究建立相应的统计制度。

尽管该方案命名为"单位 GDP 能耗统计指标体系实施方案"，但该方案并没有包括 GDP 统计的任何内容。这意味着中国的 GDP 统计继续沿用过去的统计制度。中国 1985 年建立了 GDP 核算制度，2003 年以来，又逐步建立了规范的 GDP 核算程序、数据修订制度和数据发布制度。年度 GDP 核算按初步核算、初步核实和最终核实三个步骤进行：初步核算数在 12 月的进度统计资料基础上计算，在次年 1 月 20 日左右发布，并在次年 2 月和 5 月出版的《中华人民共和国统计公报》和《中国统计摘要》中使用；初步核实数在统计年报资料的基础上计算，于次年 9 月在《中国统计年鉴》上发布；最终核实数在统计年报、部门会计、财政决算的基础上计算，于隔年 5 月和 9 月在《中国统计摘要》和《中国统计年鉴》上发布（许宪春，2010）。由于基础资料完整程度的不同，越靠后发布的 GDP 数据质量越高。在经济普查之后，基础资料的完整性进一步提高，需要对 GDP 数据进行再次修订。数据修订是 GDP 核算的客观需求，也是国际通行的做法。同时，2003 年国家统计局发布的《关于中国 GDP 核算和数据发布制度的改革》规定，在发布 GDP 数据时，同时发布相关重要数据，必要时公布计算方法，这项改革大大提高了 GDP 数据的透明度和可信度。由于 GDP 的统计非常完善并已被制度化，《单位 GDP 能耗统计指标体系实施方案》并不需要就 GDP 统计再次规范。

《单位 GDP 能耗监测体系实施方案》对能耗监测的方法进行了规定。节能降耗指标及其数据质量分别由上一级统计部门认定并实施监测。单位 GDP 能耗监测包括对节能降耗进展情况进行监测以及对地区单位 GDP 能耗及其降低率数据质量的监测；进展情况的监测主要包括对全国以及各地区节能降耗进展情况的监测等；数据质量方面的监测主要包括对 GDP 的监测和对能源消费总量的监测。

在节能统计监测的基础上，地方政府开始进行节能预警的实践和尝试。节能预警指节能主管部门或能源统计监测部门分析节能降耗进展情况，预测节能降耗主要指标的完成情况，对预测不能按计划完成任务的，向有关单位发出预警信号，并帮助其分析原因，查找薄弱环节，制定工作措施。山东省政府最早进行了节能预警的创新，这之后，节能预警的方法推广到了全国，"十二五"时期，从中央政府到地方政府都普遍开展了节能预警的工作。如2012年7月，国家发改委公布了《各地区2012年1~5月节能目标完成情况晴雨表》，通过对各地区节能形势进行分析，将全国各地区的节能形势划分为三个级别，预警等级为一级的地区节能形势十分严峻，预警等级为二级的地区节能形势比较严峻，预警等级为三级的地区节能工作进展基本顺利。

（四）节能目标责任的评价考核与奖惩

节能目标责任的评价考核及奖惩是目标责任制的核心内容，是促进地方政府实现节能目标的关键环节。2007年11月国务院下发的《单位GDP能耗考核体系实施方案》明确了节能目标考核的对象、内容、考核的方法、程序以及奖惩措施。单位GDP能耗考核的对象为各省级人民政府、千家重点耗能企业。在考核内容方面，采用量化指标，就节能目标完成情况和节能措施落实情况进行考核。其方法为：节能目标完成情况占40分，属于否决性指标，只要节能目标未完成，考核结果即为未完成等级；节能措施落实情况占60分（见表4-3）。

在考核程序方面（见图4-1），对于省级人民政府，各政府应当于当年3月底前，向国务院节能减排工作领导小组办公室上报其年度节能目标并备案。同时，在每年3月底前，将上年度节能工作进展情况和节能目标完成情况自查报告报国务院，同时抄送国家发改委、节能减排办。国家发改委会同监察部、人事部、国资委、质检总局、统计局、能源办等部门组成评价考核工作组，通过现场核查和重点抽查等方式，对各地区节能工作及节能目标完成情况进行评价考核和监督核查，形成综合评价考核报告，于每年5月底前报国务院。对各地区节能目标责任的评价考核结果经国务院审定后，由国家发展和改革委向社会公告。对千家重点耗能企业的节能目标责任评价考核按属地原则由省级节能主管部门负责组织实施。企业应于每年1月底前，向所在地省级节能主管部门提交上年度节能目标完成情况和节能工作进展情况自查报告，同时抄报国家发展和改革委员会。省级节能主管部门组织以社会各界专家为主的评估组，对企业节能目

表 4 – 3　省级政府节能目标责任评价考核计分方法

考核指标	序号	考核内容	分值	评分标准
节能目标 (40 分)	1	万元 GDP 能耗降低率	40	完成年度计划目标得 40 分,完成计划目标的 90% 得 36 分,完成 80% 得 32 分,完成 70% 得 28 分,完成 60% 得 24 分,完成 50% 得 20 分,完成 50% 以下不得分。每超额完成 10% 加 3 分,最多加 9 分。本指标为否决性指标,只要未达到年度计划确定的目标值即为未完成等级
节能措施 (60 分)	2	节能工作组织和领导情况	2	1. 建立本地区的单位 GDP 能耗统计、监测、考核体系,1 分; 2. 建立节能工作协调机制,明确职责分工,定期召开会议,研究重大问题,1 分
	3	节能目标分解和落实情况	3	1. 节能目标逐级分解,1 分; 2. 开展节能目标完成情况检查和考核,1 分; 3. 定期公布能耗指标,1 分
	4	调整和优化产业结构情况	20	1. 第三产业增加值占地区生产总值比重上升,4 分; 2. 高技术产业增加值占地区工业增加值比重上升,4 分; 3. 制定和实施固定资产投资项目节能评估和审查办法,4 分; 4. 完成当年淘汰落后生产能力目标,8 分
	5	节能投入和重点工程实施情况	10	1. 建立节能专项资金并足额落实,3 分; 2. 节能专项资金占财政收入比重逐年增加,4 分; 3. 组织实施重点节能工程,3 分
	6	节能技术开发和推广情况	9	1. 把节能技术研发列入年度科技计划,2 分; 2. 节能技术研发资金占财政收入比重逐年增长,3 分; 3. 实施节能技术示范项目,2 分; 4. 组织推广节能产品、技术和节能服务机制,2 分
	7	重点企业和行业节能工作管理情况	8	1. 完成重点耗能企业(含千家企业)当年节能目标,3 分; 2. 实施年度节能监测计划,1 分; 3. 新建建筑节能强制性标准执行率完成年度目标得 4 分,完成 80% 得 2 分,不足 70% 的不得分
	8	法律、法规执行情况	3	1. 出台和完善节约能源法配套法规等,1 分; 2. 开展节能执法监督检查等,1 分; 3. 执行高耗能产品能耗限额标准,1 分
	9	节能基础工作落实情况	5	1. 加强节能监察队伍、机构能力建设,1 分; 2. 完善能源统计制度并充实能源统计力量,1 分; 3. 按要求配备能源计量器具,1 分; 4. 开展节能宣传和培训工作,1 分; 5. 实施节能奖励制度,1 分
小计			100	

资料来源:国务院,2007b。

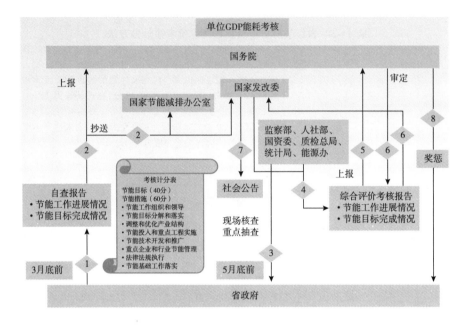

图4-1 单位 GDP 能耗考核程序

资料来源：清华大学气候政策研究中心，2011。

标完成情况进行评估核查，并于每年3月底前将综合评价报告报送省级人民政府和国家发展和改革委员会。千家重点耗能企业节能情况评价考核结果由国家发展和改革委员会审核汇总后，向社会公告。

同时，《单位 GDP 能耗考核体系实施方案》明确了奖惩措施。各地区节能目标责任评价考核结果经国务院审定后，交由干部主管部门。以《体现科学发展观要求的地方党政领导班子和领导干部综合考核评价试行办法》等规定作为对省级人民政府领导班子和领导干部综合考核评价的重要依据，实行问责制和"一票否决"制。对考核等级为完成和超额完成的省级人民政府，结合全国节能表彰活动进行表彰奖励，由国家发展和改革委员会以及省级人民政府予以通报表扬，并结合全国节能表彰活动进行表彰奖励。对评价考核结果为未完成等级的企业，予以通报批评，领导干部一律不得参加年度评奖、授予荣誉称号，不给予国家免检等扶优措施，对其新建高耗能投资项目和新增工业用地暂停核准和审批。

此外，节能目标责任考核结果还运用在干部主管部门对地方党政领导的评价考核中。《国务院批转节能减排统计监测及考核实施方案和办法的通知》提出，各地区节能目标责任评价考核结果经国务院审定后，交由干部主管部门，以《体现科学发展观要求的地方党政领导班子和领导干部综合考核评价试行办法》等规定作为对省级人民政府领导班子和领导干部综合考核评价的重要依据，实行问责制和"一票否决"制。《体现科学发展观要求的地方党政领导班子和领导干部综合考核评价试行办法》是我国对地方党政领导进行考核的基础性文件，主要用于县级以上地方党政领导班子换届考察、领导班子成员的个别提拔任职考察等。文件规定对地方党政领导的评价考核采用民主推荐、民主测评、民意调查、实绩分析、个别谈话、综合评价等具体方法，其中实绩分析部分体现地方党政领导在任期内的工作思路、工作投入和工作成效，涵盖本地人均生产总值及增长、人均财政收入及增长、资源消耗与安全生产、基础教育、城镇就业、环境保护等多项统计指标，节能目标的完成情况由各地根据实际情况可设置在实绩分析部分。干部主管部门对节能目标责任考核结果的运用如图 4-2 所示。

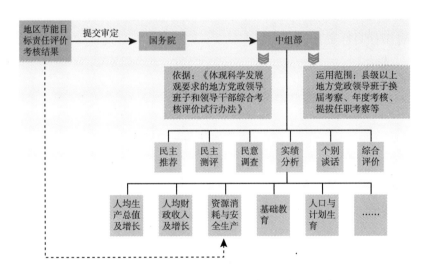

图 4-2　干部主管部门对节能目标责任考核结果的运用

一些地方政府在国家出台的上述政策基础上，对节能责任目标考核的问责做出了规定，如 2012 年 3 月山东省济宁市制定《济宁市"十二五"节能责任

目标考核问责办法》，对未完成"十二五"年度节能责任目标任务的县（市、区）政府等实施问责，其中问责方式包括诫勉谈话、通报批评、停职检查、责令辞职或者免职，受到停职检查、责令辞职或者免职问责的县级政府领导，当年度考核定为不称职等级，一年内不得重新担任与其原任职务相当的领导职务，两年内不得提拔。

一些地方政府还把节能目标完成情况列入地方党政领导的多套考评体系中。如无锡市把节能指标完成情况纳入科学发展观考核、国家可持续发展实验区建设工作指标体系、新兴化工业考核、党政领导班子和主要领导干部工作实绩综合评价考核体系等几套考核体系中来，分别占据一定的权重。山西省制定《山西省年度目标责任考核试行办法》，把节能目标完成情况纳入年度目标责任考核体系。

根据国内公开报道，我国各级政府对下级政府一般都按节能目标责任考核政策的规定进行了奖惩，但对地方党政干部问责的案例未曾见到。对于节能目标责任考核为不合格的地区而言，上级政府责令其限期整改的惩处措施给这些地区带来了很大压力，这些地区在惩处措施的压力下，采取各种方法尽量保证节能目标责任的完成。专栏4-3以山东省日照市的案例对此进行了说明。

专栏4-3 节能目标责任未完成地区的整改与政策创新——日照案例

2009年7月，山东省政府通报了2008年度17市节能目标责任完成情况，16个市完成年度节能目标，仅有日照市未完成。山东省政府对完成2008年度节能目标的16个市人民政府给予通报表彰，要求未完成节能目标的日照市政府在1个月内，向省政府写出书面报告，并提出切实有效的整改措施，2009年暂停批准、核准日照新建高耗能项目。

日照成为了山东省2008年唯一没有实现节能目标的地市级政府。在省政府要求限期整改的压力下，日照市下达了《日照市淘汰关停限产压能工作方案》，提出了对主要耗能产品产量进行限产压产、加快淘汰关停落后产能的具体任务和目标。2009年9月14日，日照市设立了三个淘汰关停现场，一天之内爆破拆除了 8 条水泥生产线和 4 台燃煤锅炉，并对这次淘汰的立窑水泥生产线和燃煤锅炉给予资金补贴，补贴总金额达 2600 余万元。

为了保证节能目标的完成，日照市也开始尝试节能政策的创新。2012年 5 月，日照市出台《日照市节能突出问题约谈制度》，当出现所辖县区政府万元 GDP 能耗指标季度完成情况与进度要求差距较大，区域用能、用电增长过快，对完成本地节能目标产生重大影响等情况时，日照市分管市长或相关部门负责人可以按规定对各区县政府负责人、节能主管部门主要负责人等进行约谈。其中，约谈的内容包括向被约谈对象通报存在的节能突出问题和有关问责规定，听取被约谈对象工作汇报，向被约谈对象提出整改要求和时限等。

二 政府和企业间的节能目标责任制

（一） 节能目标分解

2006 年 8 月发布的《国务院关于加强节能工作的决定》明确指出，"省级人民政府要将目标逐级分解落实到各市、县以及重点耗能企业，实行严格的目标责任制"。因此，在各地实现节能目标的过程中，均选择了一定数量的重点用能企业，并将其纳入目标责任制管理。"十一五"期间，中央政府开展千家企业节能行动，纳入了 1008 家重点耗能企业。这些企业涵盖钢铁、有色金属、煤炭、电力、石油石化、化工、建材、纺织、造纸 9 个重点耗能行业。2004年千家企业能源消费总量占全国能源消费总量的 33%，占工业能源消费量的47%，其总体目标是 2006～2010 年实现节能量 1 亿 tce（国家发改委等，2006）。"十二五"时期，中央政府下发了《关于印发〈万家企业节能低碳行动实施方案〉的通知》，启动了万家企业节能低碳行动。万家企业节能低碳行动不仅包含 2010 年综合能源消费量 1 万 tce 及以上的工业企业，还包括 2010年综合能源消费量 1 万 tce 及以上的客运、货运企业和沿海、内河港口企业，以及拥有 600 辆及以上车辆的客运、货运企业，货物吞吐量 5000 万吨以上的沿海、内河港口企业；同时，将 2010 年综合能源消费量 5000tce 及以上的宾馆、饭店、商贸企业、学校，或营业面积 8 万平方米及以上的宾馆饭店、5 万平方米及以上的商贸企业、在校生人数 1 万人及以上的学校纳入其中。纳入万家企业节能低碳行动的企业共有 17000 家左右，能源消费量占全国能源消费总量的 60% 以上，其目标是"十二五"期间实现节能 2.5 亿 tce。从企业的数量和类型上来看，"十二五"期间目标责任制所涉及的范围已大大扩张。此外，由于各省级政府和部分地市级政府、县区级政府在节能目标责任制实施过程中也纳入了各种级别的重点耗能企业，实际执行过程中纳入节能目标责任体系的企业在"十一五"期间即有万家以上。

在目标分解方法上，千家企业节能行动和万家企业节能低碳行动中对企业的节能目标分解都是采取属地分解的方法，由省级政府甚至市级政府来确定各企业应当承担的节能量指标。在这个过程中，企业的节能目标一般由政府直接下达，没有正式的协商过程，总体而言，企业一般都是被动地接受由政府分解确定的节能目标，谈判协商的空间极其有限。

除了上述政府对企业的节能目标的直接分解之外，不同所有制企业还存在着不同的节能目标责任分解情况，隶属于大型央企的企业面临着双重指标控制。这类企业作为分公司而言是独立的核算单位，因此承担政府的节能目标；此外，公司集团总部也有具体的节能目标，并向其分解节能目标。一般来说，总部下达的节能目标比地方政府下达的节能目标更为具体、更为严格。

（二）签订节能目标责任书

2006 年 7 月 26 日，受国务院委托，国家发展和改革委员会与 14 家中央企业签订了节能目标责任书。除了这 14 家央企，其他千家企业节能行动中的重点耗能企业都按照属地化管理原则，由省级政府与之签订节能目标责任书。"十二五"时期，万家企业节能低碳行动依旧采取属地管理方式。

政府和企业签订的节能目标责任书的主要内容包括节能目标和节能工作要求两大类。专栏 4－4 以 2010 年度中国石油化工股份有限公司中原油田分公司节能责任目标与当地政府签订目标责任书为例进行了说明。

专栏 4 – 4　濮阳市政府与中原油田分公司目标责任书

为贯彻落实科学发展观和节约资源的基本国策，实现我市"十一五"规划纲要提出的单位生产总值能耗降低 20% 左右的目标，切实加强节能管理，濮阳市人民政府对列入国家千家节能行动企业、省 3515 节能行动计划企业和新投产年综合能耗 5 万 tce 以上企业实行节能目标责任管理。

濮阳市人民政府对中国石油化工股份有限公司中原油田分公司 2010 年度节能目标完成情况进行考核，并依照《中共濮阳市委、濮阳市人民政府印发〈关于实行节能减排目标问责制和"一票否决"制的规定〉的通知》《濮阳市人民政府关于印发濮阳市单位生产总值能耗统计指标体系实施办法等六个办法的通知》的规定进行奖励和处罚。

2010 年中国石油化工股份有限公司中原油田分公司节能责任目标主要内容附后。

责任单位：中国石油化工股份有限公司中原油田分公司（盖章）

第一责任人：

二〇一〇年二月

2010 年度中国石油化工股份有限公司

中原油田分公司节能责任目标

一、节能目标

1. 全年实现节能量 1 万 tce，"十一五"期间累计实现节能量 21.1 万 tce。

二、节能工作要求

2. 节能工作领导小组定期研究部署节能工作。

3. 健全节能管理专门机构并提供工作保障。

4. 年度节能目标分解到车间、班组和个人。

5. 对节能目标落实情况进行考评。

6. 实施节能奖惩制度。

7. 主要产品单耗或综合能耗水平优于同行业平均水平或持平。

8. 降低主要产品能源消费强度，单耗或综合能耗比上年下降。

9. 增加节能研发专项资金。

10. 实施并完成年度节能技术改造计划。

11. 按规定采用先进工艺、设备、产品和淘汰落后耗能工艺、设备、产品。

12. 贯彻执行《节约能源法》及配套法律法规、地方性法规与政府规章。

13. 执行国家和省高耗能产品能耗限额标准。

14. 实施主要耗能设备能耗定额管理制度。

15. 执行国家和省规定，新、改、扩建项目严格按节能设计规范和用能标准建设。

16. 按照统一要求，实现与省、市重点耗能企业能源利用状况动态监测平台的信息联网。

17. 实行能源审计，并落实改进措施。

18. 加强能源统计，建立健全能源统计台账，按时保质报送能源统计报表。

19. 按规定配备能源计量器具，并定期进行检定、校准。

20. 组织开展节能宣传和节能技术培训工作。

（三）节能数据的统计监测

企业节能数据是一个地区能源统计的基础。高耗能企业能源消耗的统计工作由国家统计局和行业协会、发改委等部门组织实施，各部门制定规范统一的能源统计报表，要求企业按照统一要求、统一的报送程序和报送时间自下而上地向国家和各级领导机关进行报告，具体又可分为定期报表制度和年度报表制度。纳入工业企业统计范畴的能源包括一次能源和二次能源两种。现有的工业企业能源统计数据是基于对规模以上工业企业的普查和对规模以下企业的抽查基础上的。2006 年规模以上工业企业的能源报表由年报改成季报，2008 年部分省份为了完成"十一五"期间中央政府规定的目标，加强对高耗能企业的监控和管理，对规模以上高耗能企业的定期报表调整为月度报表制度，逐步提高了对高耗能企业能源统计数据的频度。规模以上企业需要定期向统计局上报能源统计数据，主要内容包括能源购进、消费和库存统计，能源加工转换统计，能源经济效益统计，能源单耗指标统计。对千家企业有专门的统计途径和要求，千家企业需要每月按期在线向国家统计局和发改委进行能源统计数据的直报，确保了重要用能企业能源数据的真实性和及时性。

一些地方政府在国家能源统计制度基础上加强了本地企业能源统计制度建设。如山东省建立了重点用能单位能源利用状况报告工作制度，要求列入《山东省千家企业节能低碳行动实施方案》的1188家企业，以及其他2010年综合能源消费量5000tce以上企业在每年3月底前通过山东省节能信息系统报送上一年度能源利用状况报告，每月6日前报送上一月度能耗数据，并要求企业依法设立能源管理岗位，安排专人负责能耗数据报送工作。又如济南市从2010年起建立重点用能单位用能情况报告制度，要求参加全市企业能源管理软件培训会议的50家重点用能单位从2010年5月开始，每月10日登录济南市节能网，进入节能管理综合信息系统，对用能数据进行网上直报。

《单位GDP能耗监测体系实施方案》规定，千家重点耗能企业节能降耗指标及其数据质量主要由统计局和节能减排办负责监测，地方各级人民政府也要对本地区重点耗能企业进行监测。《单位GDP能耗监测体系实施方案》给出的只是监测的大体范围和方法，并未对具体的操作细则进行规定。为保证能源统计数据质量，部分省级政府制定了能源统计数据质量控制办法，但是由于国家统计局并没有出台关于能源统计数据质量控制的正式规则，各地区的能源统计数据质量控制办法在细节上不尽相同，大都是根据国家统计局的实际做法和本省的实践经验自行制定。

（四）节能目标责任的评价考核与奖惩

按照《国务院批转节能减排统计监测及考核实施方案和办法的通知》，对千家重点耗能企业的节能目标责任评价考核按属地原则由省级节能主管部门负责组织实施。对企业的考核采用量化办法，满分为100分（见表4-4）。节能目标完成指标为定量考核指标，以各重点耗能企业签订节能目标责任书确定的年度节能目标为基准，依据省级节能主管部门认可的企业节能指标，计算目标完成率进行评分，满分为40分，超额完成指标的适当加分。节能措施落实指标为定性考核指标，是对各重点耗能企业落实节能措施情况进行评分，满分为60分。考核结果分为超额完成（95分以上）、完成（80~94分）、基本完成（60~80分）、未完成（60分以下）四个等级。未完成节能目标的，均为未完成等级。2012年7月，国家发改委发布的《万家企业节能目标责任考核实施方案》基本沿用了"十一五"时期的考核方案，不同之处在于增加了节能目标进度指标，同时在节能措施方面也根据实际需要增加了一些考核内容。

表4-4　千家重点耗能企业节能目标责任评价考核计分表

考核指标	序号	考核内容	分值	评分标准
节能目标（40分）	1	节能量	40	完成年度计划目标得40分，完成计划目标的90%得35分，80%得30分，70%得25分，60%得20分，50%得15分，50%以下不得分。每超额完成10%加2分，最多加6分。本指标为否决性指标，只要未达到目标值即为未完成等级。
节能措施（60分）	2	节能工作组织和领导情况	5	1. 建立由企业主要负责人为组长的节能工作领导小组并定期研究部署企业节能工作，3分； 2. 设立或指定节能管理专门机构并提供工作保障，2分。
	3	节能目标分解和落实情况	10	1. 按年度将节能目标分解到车间、班组或个人，3分； 2. 对节能目标落实情况进行考评，3分； 3. 实施节能奖惩制度，4分。
	4	节能技术进步和节能技改实施情况	25	1. 主要产品单耗或综合能耗水平在千家企业同行业中，位居前20%的得10分，位居前50%的得5分，位居后50%的不得分； 2. 安排节能研发专项资金并逐年增加，4分； 3. 实施并完成年度节能技改计划，4分； 4. 按规定淘汰落后耗能工艺、设备和产品，7分。
	5	节能法律法规执行情况	10	1. 贯彻执行节约能源法及配套法律法规，以及地方性法规与政府规章，2分； 2. 执行高耗能产品能耗限额标准，4分； 3. 实施主要耗能设备能耗定额管理制度，2分； 4. 新、改、扩建项目按节能设计规范和用能标准建设，2分。
	6	节能管理工作执行情况	10	1. 实行能源审计或监测，并落实改进措施，2分； 2. 设立能源统计岗位，建立能源统计台账，按时保质报送能源统计报表，3分； 3. 依法依规配备能源计量器具，并定期进行检定、校准，3分； 4. 节能宣传和节能技术培训工作，2分。
小计			100	

资料来源：国务院，2007b。

对重点耗能企业的节能目标责任考核由属地政府负责组织，地方节能主管部门组织考核小组对企业进行实地考核或集中考核，考核的主要依据是企业的节能自查报告。列入目标责任考核的企业需要对年度目标责任书中确定的节能目标完成情况和节能措施落实情况进行自查，形成自查报告。自查报告中节能量要有计算方法和计算依据，节能措施落实情况要根据相应的重点耗能企业节能目标责任考核计分表制定的评分标准逐条说明，并附相关文件予以证明。最后，由政府各部门组成的考核组对其自查报告进行审查，查阅相关证明文件，完成节能目标责任制考核。

在对企业的考核过程中，企业具有一定的博弈能力，可以通过不同的节能量计算方法来提高其目标完成程度。"十一五"期间，企业从政府得到的节能目标都是以节能量来衡量的，但并未就具体的计算方法做出约定，企业一般会依据自身情况，从单位产品法、万元产值法以及工业增加值法等计算方法中选择最有利于其完成节能目标的一种。

值得一提的是，在对企业的目标责任考核过程中，出现了部分企业拒绝政府考核的情况。如2011年5月，山西省对2011年度省千家企业节能目标完成情况进行了考核，这些企业共计1198家，但山西娃哈哈食品有限公司、北京汇源万荣分公司、太原五一百货大楼有限公司等11家企业拒绝考核。最后，这11家企业被山西省政府按照节能目标未完成等级企业处理。

《单位GDP能耗考核体系实施方案》《万家企业节能目标责任考核实施方案》《万家企业节能低碳行动实施方案》等文件明确了对重点耗能企业实施节能目标责任制的奖惩措施，如表4-5所示。

表4-5　企业节能目标责任考核结果的运用

考核结果	对企业的奖惩	对企业领导和表现突出个人的奖惩
考核等级为完成和超额完成	通报表扬，并结合全国节能表彰活动进行表彰奖励	对在节能工作中表现突出的个人进行表彰奖励
考核等级为未完成	通报批评 通过新闻媒体曝光 强制进行能源审计 责令限期整改 一律不得参加年度评奖、授予荣誉称号，不给予国家免检等扶优措施 对其新建高耗能项目测评暂缓审批 金融机构对其实施限制性贷款政策	在经营业绩考核中实行降级降分处理 与中央和地方国有企业负责人薪酬紧密挂钩

此外，按照《单位 GDP 能耗考核体系实施方案》，对千家企业中的国有独资、国有控股企业的考核评价结果，还将作为对企业负责人业绩考核的重要依据，实行"一票否决"。我国现有对国有独资、国有控股企业负责人的业绩考核的主要依据是 2009 年 12 月制定的《中央企业负责人经营业绩考核暂行办法》，该办法规定对企业负责人的考核主要分为基本指标和分类指标，其中分类指标由国资委根据企业所处行业特点，综合考虑企业技术创新能力、资源节约和环境保护水平、可持续发展能力及核心竞争力等因素确定，节能目标责任考核结果即列入分类指标中，如图 4 – 3 所示。

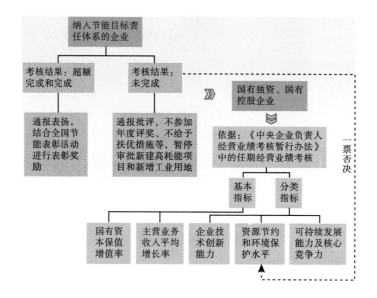

图 4 – 3　对纳入节能目标责任体系企业的奖惩

目标责任制在中国"十一五"以来节能目标完成过程中发挥了根本性作用。在重化工业化、城市化过程加速、出口居高不下的经济增长背景下，目标责任制的有效实施是"十一五"以来中国实现节能目标的制度保障。

随着节能成为一项政治性目标，地方政府在节能政策制定中的能动性得以发挥。目标责任制执行以来，地方政府强化了对节能工作的领导，建立健全了节能监察和执法机构，同时加强了能源统计和监察机构，为节能目标的实现奠定了组织基础。在节能目标责任制的作用下，地方政府实现了节能资金的逐级配套，并逐年增加，有效带动了企业节能工作的开展。地方政府不仅加大了既有节能政策的执行力度，同时采用多种方式激励合同能源管理等节能新机制的发展。

企业是节能行动的主体。政府不仅对重点用能企业进行目标责任制管理，还通过各项激励性、约束性以及信息引导类政策，对企业的节能行为加以引导。在目标责任制的综合作用下，企业负责人提高了对节能工作的重视程度，加强了企业的节能管理，同时增强了企业的节能资金投入。

尽管目标责任制在中国节能目标的实现中发挥了高效力，但同时也暴露出一些不足。在目标责任制自上而下的压力传递机制下，地方政府往往将节能目标当作一项上级任务来完成，缺乏建立节能长效机制的主动性。政府与企业间的目标责任制的科学性与合理性远远低于政府间的目标责任制。

一 保障了"十一五"以来中国节能目标的实现

目标责任制是"十一五"以来中国实现节能目标的制度保障。目标责任制的实施有效地提高了各级地方政府和用能企业对节能工作的重视程度，进而通过一系列节能行动，确保了节能目标的完成。将"九五"（1996～2000 年）、"十五"（2001～2005 年）以及"十一五"（2006～2010 年）期间经济与能源消耗各项指标进行对比，可以清晰地反映出"十一五"以来中国在节能领域所取得的巨大成就，从而凸显目标责任制在中国节能中所发挥的基础性作用。

"九五"到"十一五"之间的十五年，是中国经济高速发展、社会制度发生重大变革的时期。除了保持较高的经济增长率之外，中国在经济发展的许多领域均发生了明显变化（见表 5-1）。1996 年起，中国的城市化进程开始加速，并保持了年均 1.3%～1.4% 的城市化率增长速度；1999 年开始，中国的重工业增长速度超过轻工业并加速发展，从此开始了明显的重工业化进程；2001 年末，中国正式加入世贸组织，此后进出口额一路攀升，使中国出口导向型的经济特征更加明显。与此同时，经济之外的其他领域也发生了重大变化。"九五"之前的 1994 年，中国正式开始了分税制改革，此后地方政府更加注重 GDP 增长为主要衡量指标的经济发展；1998 年，中国进行了一次深刻的制度改革，以此来适应市场经济的需要，这一次改革使中国旧有的行业管理体系趋于解体，从而将节能环保等一系列事务交回给地方。此外，由于大规模的能源体系建设，1998 年之后中国电力供应短缺状态得到缓解，能源供应能力稳步提升。在一系列因素的作用下，2003 年中国的单位 GDP 能耗强度在连续几十年的持续下降后出现转折，使节能问题再次纳入国家宏观管理的视野。

表 5-1　1995～2010 年中国经济发展指标

单位：%

		"九五"	"十五"	"十一五"
GDP 增长率		8.3	8.8	11.2
工业增长率	重工业增长率	10.7	15.6	15.7
	轻工业增长率	10.3	13.0	13.1
城市化增长率		1.44	1.35	1.34
出口额年增长率		11	25	11
能耗强度变化率		下降 26.7	上升 1.8	下降 19.1

资料来源：根据历年《中国统计年鉴》计算。

图 5-1 显示了 1996～2011 年中国每年的能耗强度下降率。尽管从能耗强度的下降情况来看，"十一五"并不是最好的一段时期，但结合经济社会体系

发生的一系列变化,"十一五"节能目标的完成意义非凡。同样是在重化工业化、城市化过程加速、出口居高不下的经济增长背景下,中国的能耗强度在"十五"和"十一五"时期表现出截然不同的情形:"十五"时期上升1.8%,但"十一五"时期能耗强度却实现了19.1%的大幅下降。

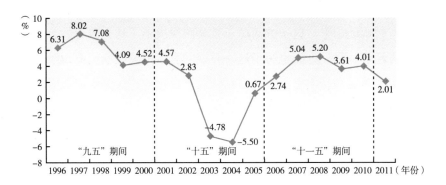

图5-1 1996~2011年中国能耗强度下降率

资料来源:根据《中国统计年鉴2011》计算。

能源强度是一个综合性指标,在能源消耗不变的情况下增加产出或者在经济产出不变的情况下减少能源消费,都可以达到降低能源强度的目的,能源强度的变化既反映了经济发展属性,也反映了能源管理属性。"九五"时期,即1996~2000年,中国正处于政府机构改革和国企改制的关键时期。"九五"前期,中国的行业管理体系依然存在,各专门的经济部门负责企业的节能管理工作,节能作为一项重要指标被下达到各个国有企业,节能管理体系相对完善。"九五"后期,随着各专门的经济部门被先后撤销,节能管理也随之松懈。但纵观整个"九五",这一时期非国有企业的快速发展,以及国企改制后经济效益转好,为单位GDP能耗的下降做出了巨大贡献。换句话说,这一时期内,由于政府放开了对经济的直接干预,调动了企业的生产积极性,使企业的生产效率大幅提升。此外,1998年以后,中国电力长期以来供应紧张的局面得到缓解,中国的能源供应能力稳步提高。1999年开始,中国的重工业增长速度开始超过轻工业,为之后能源强度的上升埋下了伏笔。

进入国民经济和社会发展的第十个五年计划时期,伴随快速工业化和大规模城市化进程,以及出口的拉动,促进能耗强度增长的经济因素进一步扩大,中国的节能监管工作面临严峻的挑战。然而，截至2000年底，原有的以"条"为主的行业节能管理体系已不复存在，而新的节能管理体系尚未建立，导致节能政策的执行力显著衰退。1997年制定的《节能法》虽然指出了地方政府是节能主管机构，国有企业的改制和非国有企业的快速发展也亟须地方政府提升节能监管和政策执行力度，但地方政府及部门在节能政策执行上的积极性显然没有被调动起来。这一方面源于发展阶段决定了地方政府的首要任务就是发展地方经济；另一方面也源于这一时期的官员激励机制仍旧以经济增长为主导，而忽略节能减排的重要性。在高能耗产业进一步扩张而节能管理不断弱化的背景下，2003年中国的能耗强度在持续几十年下降后出现转折，2004年保持了同样的上升趋势。能耗强度的反弹使中央政府开始重视节能问题，通过限制高能耗行业进一步发展以及限制高能耗产品出口等一系列措施来实现能耗强度的下降。在一系列因素的共同作用下，2005年能耗强度不再上升，并实现了较低的下降。

由于"十五"时期能耗强度的不降反升，以及国际应对气候变化中不断增加的减排压力，"十一五"时期中国对节能工作空前重视。2006年制定的"十一五"规划，再一次将节能目标写入其中，并将其纳入约束性指标。之后，中国通过一系列政策，将节能目标分解到各级地方政府和重点用能企业，并建立了考核和问责机制。在目标责任制影响下，各级地方政府的节能管理机构开始建立健全，节能管理工作迈入正轨。与"十五"相比，"十一五"时期的经济属性并没有发生根本性的转变，有些方面甚至进一步恶化。"十一五"之所以实现19.1%的能耗强度下降，与这一时期的节能管理密切相关。分析"十五"以及"十一五"时期的经济发展，各级地方政府在其中扮演了非常重要的角色。出于经济快速发展的需要，地方政府出台了一系列优惠措施，推动了高能耗产业的快速发展，可以说，地方政府是推动中国能源快速增长和能耗强度上升的重要力量。在新的形势下，依靠旧有的行业部门节能管理体系实现有效的节能管理变得没有可能。目标责任制的有效性，在于抓住了这一时期中国能耗强度增长的重要源头，使地方政府用自己节能政策的"盾"，来防御其粗放型增长所产生的能耗上升的"矛"。目标责任制下，地方政府对节能工作的重视程度显著提高，不仅加强了中央节能政策的落实，还出台了各种各样新的节能政策。在各级政府的共同作用下，"十一五"期间中国的能耗强度开始稳步下降。然而，目标责任制并没有从根本上消除地方政府的扩张冲动，在2010年轰轰烈烈的节能目标冲刺之后，由于2011年的节能目标尚未出台，各级地方政府的GDP冲动重新开始显现，导致2011年单位GDP能耗仅下降了2.01%，没有完成"十二五"期间的年度节能任务。

在重化工业化、城市化过程加速、出口居高不下等因素带动的高耗能行业快速扩张的背景下，目标责任制的有效实施是"十一五"以来中国实现节能目标的制度保障。

二 强化了地方政府的节能机构建设

节能机构是节能政策得以落实的基本保障。改革开放以来几次大规模的政府机构改革，以及市场经济的快速发展，使计划经济体制下的节能机构逐渐解体。相当长的一段时间内，中国的节能机构面临缺位、缩编、工作难以开展等一系列难题，成为制约节能政策落实的重要瓶颈。"十一五"以来，随着各级政府对节能工作重视程度的提高，各类节能机构均得到了不同程度的完善。节能目标责任制不仅关注节能目标的完成情况，在节能措施方面也对各级政府提出了具体要求，节能组织和机构建设是其中非常重要的一类考核内容。目标责任制实施以来，各级地方政府在节能领导和协调、节能监察和执法、节能统计和监测三个领域内的机构建设得到了明显增强，为中国长远节能目标的实现奠定了组织基础。

（一）节能领导和协调机构

节能是一项综合性工作，而不是一项单纯的部门性事务，节能领导和协调机构在节能政策的制定和落实方面均具有核心作用。"十一五"以来，根据目标责任制的考核要求，以及实现节能目标的工作需要，省、市、县三级地方政府均建立了由政府主要领导担任组长的节能减排领导小组，作为节能政策制定和落实的议事协调机构。各级节能减排领导小组大都参考了国家节能减排领导小组的构成，由省长或副省长担任组长，成员包括发改委、经信委、财政、税

收、土地、建设、交通、科技等诸多机构的主要领导人，以定期会议的形式，加强节能工作在各个政府机构间的协调。

（二）节能监察和执法机构

伴随1997年《中华人民共和国节约能源法》的颁布，上海市于1998年成立了全国首个"节能监察中心"，以应对新形势下的节能管理工作。截至2005年，全国各级地方政府已经建立了147家类似机构，不同程度地代行节能监察执法的职能（人民日报，2006）。然而，由于节能工作在地方政府层面上得不到足够重视，这些节能监察机构绝大多数只是代行节能监管职责，少部分具有行政管理权限的机构，其执法能力也较弱，并不能真正起到节能监察的作用（清华大学、中国石油集团公司，2007）。

目标责任制实施以来，各级地方政府纷纷加强了节能机构的建设力度。许多地方政府赋予原有的节能监测中心或节能服务中心以执法功能，这一角色的转变不仅体现在这些机构由"监测中心"更名为"监察中心"，更实质性的变化体现在地方财政对节能监察机构的扶持力度。全国除西藏外的30个省级节能监察机构中，22家由财政全额拨款支持，仅有很少的7家监察机构仍由财政差额拨款或自筹自支（见表5-2）。

表5-2　全国节能监察机构汇总

地　区	省级节能中心	编制人数	单位性质	地市级节能中心
北　京	北京市节能监察大队	20	行政执法机构	
	北京节能环保技术服务中心	117	全额	
天　津	天津市节能监察大队	50	全额	
	天津市节能技术服务中心	45	自筹	
河　北	河北省节能监察监测中心	45	全额	全省176个县(市)区中，有98个县成立了节能监察中心[①]
山　西	山西省节能监察总队	30	全额	全省11个地级市均建立了节能监察机构
内蒙古	内蒙古自治区节能监察中心	18	全额	呼伦贝尔、包头、赤峰、通辽、乌海、呼伦贝尔、巴彦淖尔等地级市建立了节能监察机构

续表

地 区	省级节能中心	编制人数	单位性质	地市级节能中心
辽 宁	辽宁省节能监察中心	40	全额	全省14个地级市均建立了节能监察机构
吉 林	吉林省节能监察中心	29	全额	
黑龙江	黑龙江省节能监察局②			
	黑龙江省节能技术服务中心	61	全额	
上 海	上海市节能监察中心	43	全额	
江 苏	江苏省节能监察中心	10	全额	截至2011年11月,尚有41个县市没有建立节能监察机构③
	江苏省节能技术服务中心	61	差额	
浙 江	浙江省能源监察总队	40	全额	
安 徽	安徽省节能监察中心	30	全额	合肥、芜湖等大部分市成立了市级节能监察中心④;三个县成立了县级节能监察中心
福 建	福建省节能监察(监测)中心	50	全额	
江 西	江西省节能监察总队	22	全额	全省11个设区市均设立了节能监察机构⑤
山 东	山东省节能监察总队	33	全额	全省17个设区的市、73个县(市、区)均成立节能监察机构⑥
河 南	河南省节能监察局			
	河南省节能监测中心	22	自筹	郑州、濮阳、南阳等市建立了节能监察(监测)中心。
湖 北	湖北省节能监测中心	16	全额	全省17个市州均设立节能监察(监测)机构⑦
湖 南	湖南省节能监察中心	25	全额	长沙、株洲、常德、衡阳、益阳、岳阳和怀化等市相继成立了节能监察中心⑧
广 东	广东省节能监察中心	27	差额	全省21个省辖市均建立节能监察机构⑨
广 西	广西节能监察中心	15	全额	
	广西节能技术服务中心	25	自筹	
海 南	海南省节能监察大队	15	全额	
重 庆	重庆市节能监察中心(重庆市节能技术服务中心)	55	差额	
四 川	四川省节能监察中心(四川省节能技术服务中心)	35	全额	17个市级和22个县级节能监察中心⑩
贵 州	贵州省节能监察总队	10	全额	全省九个设区市(州)都成立了节能监察机构,但人员到位率低,全省绝大部分区(县)还没有设立节能监察机构⑪
	贵州省节能监测中心	30	全额	
云 南	云南省节能技术服务中心	30	全额	
西 藏	西藏自治区节能监察中心			
陕 西	陕西省节能监察中心	28	差额	全省10个设区市均建立节能监察机构,县区级节能监察机构共48个⑫

续表

地 区	省级节能中心	编制人数	单位性质	地市级节能中心
甘 肃	甘肃省节能监察中心	21	全额	全省13个市州、32个区县组建了节能监察机构,其他54个区县尚未组建节能监察机构[13]
青 海	青海省节能监察办公室(青海省节能技术中心)	19	全额	
宁 夏	宁夏回族自治区节能监察中心	12	全额	
新 疆	新疆维吾尔自治区节能监察中心	14	全额	

注：①河北节能网,2010,《加强节能监察　推进节能降耗》,http：//www.hbjnw.net/xwzx/ShowArticle.asp?ArticleID=1301,[2012-10-31]。

②黑龙江省节能监察局于2012年初成立,其主要职责是：监督检查《中华人民共和国节约能源法》等法律法规和规章的执行情况；组织查处重大节能违法案件；指导省直有关部门和市(地)、县(市)查处节能违法案件。黑龙江全省节能监察行政职能由省发展和改革委员会承担。原承担监察职能的黑龙江省节能技术服务中心目前的职能为全省节能技术支撑机构,在管理上实行双重管理,仍隶属省工业和信息化委员会,业务上接受省发展和改革委员会指导,其职责任务是：承担全省能源资源节约、综合利用等技术服务工作；承担能源资源节约分析、监测、研究及相关信息服务工作(中央企业节能减排网,2012)。

③《江苏41个县市尚未建立节能监察机构》,2011,《新华日报》,http：//js.people.com.cn/html/2011/11/28/50757.html,[2012-10-31]。

④《安徽省建成三级节能监察体系》,2009,中安在线,http：//ah.anhuinews.com/qmt/system/2009/10/22/002364004.shtml,[2012-10-31]。

⑤江西省工业和信息化委员会,2011,《关于印发〈江西省工业节能与资源综合利用"十二五"规划纲要〉的通知》(赣工信节能字〔2011〕470号)。

⑥山东省节能监察总队,2011,《关于印发〈山东省2011~2013年节能监察规划〉通知》(鲁节监字〔2011〕5号)。

⑦湖北省发改委,2012,《湖北省强化节能监察工作——全国发展改革系统资源节约和环境保护工作会议材料之六》http：//www.ahpc.gov.cn/showfgyw.jsp?newsId=10109677,[2012-10-31]。

⑧湖南省节能监察中心,2011,《湖南省节能监察中心"十一五"工作总结和"十二五"工作思路》,http：//www.hnjnjc.com.cn/jnjc2/&id=576fc742-ed86-4f4e-a42f-c8ffd51bd0a3&comp_stats=comp-FrontInfo_listMultiPage-jnjc.html,[2012-10-31]。

⑨广东省经信委,2011,《印发2011年广东省节能监察行动计划的通知》(粤经信节能〔2011〕162号),http：//zwgk.gd.cn/696453330/201103/t20110323_15875.html,[2012-10-31]。

⑩《四川省节能监察中心能力建设初见成效》,2008,四川节能网,http：//www.scjnw.com/show.aspx?id=934&cid=7,[2012-10-31]。

⑪毕节市工业和能源委员会,2012,《2012年贵州省工业和信息化节能监察工作要点》,http：//www.bjdqgnw.gov.cn/Html/jljp/151703235.html,[2012-10-31]。

⑫陕西省发改委,2012,《我省53个节能监察能力建设项目获国家支持6812万元》,http：//www.sndrc.gov.cn/view.jsp?ID=17639,[2012-10-31]。

⑬甘肃省工业和信息化委员会,2012,《〈甘肃省人民政府办公厅关于加强全省工业节能监察体系建设的意见〉解读》,http：//www.gsec.gov.cn/Item/12778.aspx,[2012-11-22]。

资料来源：清华大学气候政策研究中心整理,部分节能监察机构信息由厦门节能中心2008年11月整理,相关资料主要来源于全国节能协作网。省级节能监察机构人员编制情况部分来自全国节能信息交流与协作网秘书处,2009。其他资料来源上述脚注。

截至 2010 年底，全国各级节能监察（监测）机构达到 606 家，其中省级 32 家，地市级 227 家，区县级 347 家，正式在编 5000 多人（李仰哲主编，2011）。而进入"十二五"时期，据不完全统计，全国各级节能监察机构的数量已达 881 个，比"十一五"末提高 45%（安徽省节能监察中心，2012）。全国 31 个省市自治区、15 个副省级市以及 68% 的地级市都组建了节能监察机构，并有 12% 的全国区县建立县级节能监察机构（见表 5 - 2）。这些机构的建立为中国节能政策的落实奠定了组织基础。

（三）能源统计和监测机构

能源统计是实现能源节约的基础工作和重要组成部分。能源统计信息是掌握节能目标实现情况、制定各类能源政策、编制节能规划以及实施节能管理的重要依据。2007 年底，国务院下发了《国务院批转节能减排统计监测及考核实施方案和办法的通知》，对能源统计和监测工作做出了全面部署，并在考核方案中明确要求各省级政府要制定本地区的节能统计、监测和考核体系，完善能源统计制度，切实充实能源统计机构。事实上，为了配合 2006 年开始实施的单位 GDP 能耗指标公报制度，各省级统计部门自 2006 年下半年起开始设立专门的能源统计部门，将能源统计从旧有的工业交通统计中独立出来。2006 ~ 2007 年，全国 31 个省、市、自治区中就有 21 个成立了能源与资源统计处，增强了能源统计力量，同时增加了经费保障（国际能源网，2007）。

2008 年，国家统计局成立能源统计司，主要职责为：组织实施能源统计调查，收集、整理和提供有关调查的统计数据；综合整理和提供资源统计数据；组织实施对全国及各地区、主要耗能行业节能和重点耗能企业能源使用、节约以及资源循环利用状况的统计监测；配合节能主管部门开展节能目标考核；对有关统计数据质量进行检查和评估；组织指导有关专业统计基础工作；进行统计分析。在国家统计局成立能源统计司的影响，以及国家目标责任考核的要求下，各省级统计局均成立了专门的能源统计部门（见表 5 - 3）。在各级政府的要求下，省、市、县三级地方政府均设立了专门的能源统计部门，为节能目标的完成提供了基础性的信息保障。

低碳发展蓝皮书

表 5 - 3　全国省级能源统计机构汇总

地　区	省统计局能源统计部门	成立日期
北　京	北京市统计局能源与资源统计处	
天　津	天津市统计局能源处	
河　北	河北省统计局能源处	
山　西	山西省能源与资源统计处	2007 年
内蒙古	内蒙古自治区统计局能源与环境统计处	
辽　宁	辽宁省能源统计处	
吉　林	吉林省统计局能源交通统计处	2007 年 11 月
黑龙江	黑龙江省统计局能源处	
上　海	上海市统计局能源处	
江　苏	江苏省统计局能源处	
浙　江	浙江省统计局能源处	
安　徽	安徽省统计局能源处	
福　建	福建省统计局能源监测处	2008 年 8 月
江　西	江西省统计局能源处	
山　东	山东省统计局能源处	2006 年
河　南	河南省统计局能源统计处	2006 年
湖　北	湖北省统计局能源处	
湖　南	湖南省统计局能源处	2007 年 6 月
广　东	广东省统计局能源处	2010 年
广　西	广西壮族自治区统计局能源与资源环境评价统计处	2007 年 4 月 27 日
海　南	海南省统计局能源处	
重　庆	重庆市统计局能源资源统计处	2007 年 7 月
四　川	四川省统计局能源环境统计处 四川省能源统计监测中心(受省统计局能源环境处和省社会经济评价中心的双重领导和管理)	2010 年 12 月
贵　州	贵州省统计局能源处	
云　南	云南省统计局能源处	
西　藏	西藏自治区统计局能源统计处	
陕　西	陕西省统计局能源处	
甘　肃	甘肃省统计局能源资源统计处	2008 年 5 月
青　海	青海省统计局能源统计处	2007 年 12 月
宁　夏	宁夏回族自治区统计局能源与资源统计处	
新　疆	新疆维吾尔自治区统计局能源与资源统计处	

资料来源：清华大学气候政策研究中心根据各省（直辖市、自治区）统计局官方网站信息整理。

三 促进了地方政府的节能资金投入

节能资金投入是实现节能目标的根本保障。"十一五"期间，中央财政投入 1044 亿元支持节能项目的开展，同时通过目标责任制，对省级地方政府的节能投入提出了具体要求（见 B.7）。在 2007 年底国务院公布的《单位 GDP 能耗考核体系实施方案》中，对省级政府的考核体系直接涉及资金投入的指标占到 12 分，间接涉及资金投入的指标几乎涵盖了所有的节能措施。在省对市、市对县的目标责任考核体系中，确保有效的资金投入也是核心内容。

"十一五"期间，省级及其以下地方财政的节能总投入达到 529 亿元（见 B.7），占同期全国节能总投入的 6.4%，成为实现"十一五"节能目标的重要保障。其中，仅节能技改领域的财政投入就高达 297 亿元，另有 85 亿元用于淘汰落后产能。[①]

在节能目标责任制要求下，节能财政资金在各级地方政府实现了逐级配套。按照中央政府对省级政府的考核体系要求，全国 31 个省级政府均建立起节能专项资金，许多市级政府也安排资金投入到节能减排领域。课题组在山东省济南市调研时发现，进入"十二五"时期，部分区县级政府也逐渐建立起节能专项资金（见专栏 5-1）。

专栏 5-1 中央、山东省、济南市及区县四级财政节能
专项资金在济南市的配比

自 2007 年起，中央、山东省、济南市三级财政均设立节能专项资金支持节能行动（见图 5-2）。2007~2011 年，中央、省、市三级财政节能专项资金在济南的累计投入超过 2 亿元，三者投入比例约为 1∶1∶1。总体而言，各级财政投入均逐年提高。具体来说，国家节能资金略有上升，省级节能财政投入

---

① 因统计口径不完全，实际地方财政对于淘汰落后产能的投入应大于 85 亿元（见 B.7）。

略有下降，而市财政专项资金呈稳定上升趋势，并于2010年起超越省财政节能资金。2011年起，区县级财政也开始设立节能专项资金，投入规模高达2300万元，大大超出济南市及山东省投入的节能专项资金规模。

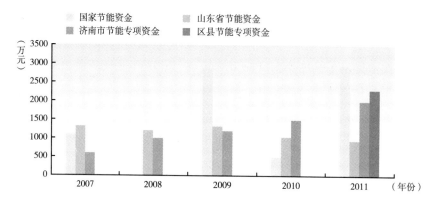

图5-2　山东省济南市范围内各级财政节能专项资金投入情况

资料来源：山东省济南市经信委节能办统计整理。

地方政府以拨款补助、贷款贴息、以奖代补、服务采购等多种方式鼓励用能单位节能。地方政府在节能领域的财政资金投入主要包含以下几项：①节能技改专项资金；②合同能源管理财政奖励资金；③能源审计财政奖励资金；④节能表彰和奖励资金；⑤淘汰落后产能专项奖励资金。福建、广东、湖北、湖南、内蒙古、青海、陕西、上海、云南等省份为鼓励用能企业从事节能技术改造，采取"以奖代补"的方式拨付财政补助资金，实行财政补助资金量与节能减排量挂钩，节能减排量按国家有关规定由省级有关部门予以考核确认，奖励标准从50元/tce至300元/tce不等；而安徽、黑龙江、浙江等省份则主要以项目补助（包含银行贷款贴息）的方式为节能技改企业提供财政奖励，如表5-4所示。在合同能源管理财政奖励方面，地方政府积极响应国家发改委等部门《关于加快推行合同能源管理促进节能服务产业发展意见的通知》，除西藏外的30个省（直辖市、自治区）均安排财政专项资金支持合同能源管理项目，其中8个省份的奖励标准超过了中央要求的60元/tce的最低配套奖励标准，如表5-4所示（财政部、国家发改委，2010）。

表 5 – 4　地方政府在节能领域的财政奖励资金

	合同能源管理省级财政配套奖励资金(元/tce)	节能技改专项资金
安　徽	60	采用项目补助或贴息的方式,每个项目只能选择一种支持方式
北　京	260	
重　庆	120	
福　建	工业:260 建筑、交通、公共机构等其他领域项目:560	150 元/tce
甘　肃	60	
广　东	80	240 元/tce(工业领域)
广　西	60	
贵　州	60	
海　南	120	
河　北	60	
黑龙江	60	项目补助(含银行贷款贴息)
河　南	60	
湖　北	60	50 元/tce
湖　南	60	100 元/tce
内蒙古	60	150 元/tce
江　苏	60	
江　西	60	
吉　林	60	
辽　宁	60	
宁　夏	60	
青　海	60	200 元/tce
陕　西	60	150～200 元/tce
山　东	60	按节能技改设备投资的3%给予奖励,最高不超过150万元
上　海	360	300 元/tce
山　西	160	
四　川	60	
天　津	60	
西　藏		
新　疆	*	
云　南	60	200 元/tce
浙　江	200	原则上以项目投资贴息和费用补助为主,适当考虑对节能、工业循环经济、清洁生产先进单位的奖励

注：＊根据《新疆维吾尔自治区合同能源管理项目及财政奖励资金实施办法（暂行）》,自治区财政安排专项资金对合同能源管理项目予以适当奖励,但并未明确具体奖励金额（新疆维吾尔自治区发改委,2011）。

资料来源：清华大学气候政策研究中心根据各省（直辖市、自治区）合同能源管理财政奖励办法以及节能（技改）专项资金管理办法整理。

各级政府普遍自我加压，依据自身的财政状况，逐年增加节能领域的财政投入。以省级节能专项资金为例，北京、上海、江西、海南、四川等省市2008～2010年节能减排专项资金增幅均在50%以上（见表5－5）。海南省与四川省节能专项资金增幅更是分别高达850%和243%。

表5－5 全国部分省级政府节能专项资金数额（2008～2010年）

地区	节能专项资金名称	2008年（万元）	2009年（万元）	2010年（万元）	增幅(%)
北京	节能减排专项资金	18025	18004	35000	94
上海	节能减排专项资金	107000	120000	170000	59
江西	节能专项资金	3000		5200	73
海南	节能专项资金、新增设立再生能源建筑应用引导专项资金	400	1000	3800	850
四川	节能专项资金＋省级工业节能专项资金＋节能减排技术研发资金(2010)	3000		10300	243

资料来源：清华大学气候政策研究中心，2011。

四 激励了各级政府的节能政策创新

节能目标责任制激发了地方政府开展节能工作的能动性，鼓励地方政府进行政策创新。节能政策大致可分为三类：激励类、约束类以及信息引导类（见表5－6）。在每一政策类别，地方政府在推行已有节能政策之外，还因地制宜地进行政策创新，从而确保节能目标的完成。本报告中的政策创新特指地方政府制定并实施过去从未尝试过的政策。在大多数政策创新案例中，如合同能源管理优惠政策以及能源审计政策，地方政府不仅积极贯彻了中央政府的节能政策，而且提高了中央政策所要求的标准及范围。

在合同能源管理领域，地方政府出台了一系列财政、税收、融资等方面的优惠政策。2010年，国家发改委、财政部、中国人民银行以及国税总局联合发布了《关于加快推行合同能源管理促进节能服务产业发展的意见》。同年，中央政府安排20亿资金支持合同能源管理项目（财政部，2010），奖励资金由中央

表5-6 节能目标责任制下地方政府的政策创新

政策类别	政 策	地方政府的政策创新
激励类	合同能源管理优惠政策	除西藏外的全部省级地方政府达到或超过中央政府要求的60元/tce配套奖励标准,并推出税收、融资等优惠政策
约束类	高耗能产品能耗限额标准	江西、天津、山西、湖南、山东等16省市制定了严于国家标准的地方单位产品能耗限额标准,以及现有国家标准中未涉及的产品能效限额标准。如山西省2012年发布并实施8项强制性地方标准,其中水泥、氧化铝、电解铝、合成氨、烧碱、钢铁产品的能耗限额标准,不仅严于国家标准,而且新增了产品生产过程中各工序能耗限额标准和单位产品电耗指标。风电法兰和铸钢产品国家并无相应的能耗限额标准,是基于山西省实际情况而制定
	能源审计	北京、天津等地方政府扩大了能源审计的范围,不仅包含中央政府要求的千家企业及万家企业,还包括所有年综合能耗5000tce以上的重点用能单位。部分地方政府明确规定重点用能单位的能源审计频率:如山东、甘肃、天津要求每三年进行一次能源审计;江西和青岛则要求每两年进行一次能源审计
信 息 引导类	节能预警调控	山东省于"十一五"时期率先试点节能预警调控机制,随后在"十二五"时期演变为全国范围的制度
	产业结构调整指导目录	四川省经济与信息化委员会发布《战略性新兴产业发展指导目录(2011年)》,旨在推动节能产业及节能技术

资料来源:合同能源管理优惠政策信息来自财政部,国家税务总局,2010;上海市徐汇区商务委员会、区发改委、区财政,2011。高耗能产品能耗限额标准信息来自《人民日报》,2012;《山西日报》,2012。能源审计信息来自北京市发展和改革委员会,北京市财政局,2012;天津经信委,2009;甘肃省经济委员会,2008;天津经信委,2009;山东省经济贸易委员会,2006;新华网,2006;《青岛日报》,2007。节能预警调控信息来自山东省节能办,2012;国家发改委,2012。产业结构调整指导目录信息来自四川省经济委,2011。

财政和省级财政共同负担:其中,中央财政奖励标准为240元/tce,省级财政奖励标准不低于60元/tce(财政部、国家发改委,2010)。部分地区根据自身经济条件适当提高了奖励标准。例如,上海市对符合规定条件的合同能源管理项目前期诊断费用由专项资金给予一次性资助,并按照300元/tce元的标准对合同能源服务公司进行专项奖励(上海市经济委员会,上海市财政局,2008)。①

---

① 对合同金额高于200万元、项目实施后年节能量超过500tce的项目,给予一次性资助5万元;对其他项目给予一次性资助2万元。由合同能源服务公司进行全额投资运行的合同能源管理项目,根据项目实施后的年实际节能量,按照300元/tce的标准对合同能源服务公司进行专项奖励;对由合同能源服务公司与项目实施单位共同投资的合同能源管理项目,根据项目实施后年实际节能量和合同能源服务公司的投资比例,按照300元/tce的标准对合同能源服务公司进行专项奖励。

除财政奖励资金外，各级政府还对运用合同能源管理模式实施节能项目的节能服务公司提供税收优惠。2011年起，对符合条件的节能服务公司实施合同能源管理项目：①取得的营业税应税收入，暂免征收营业税；②对合同期满后节能服务公司无偿转让给用能单位因实施合同能源管理项目形成的资产，免征增值税；③符合企业所得税税法有关规定的，企业所得税三免三减半，即自项目取得第一笔生产经营收入所属纳税年度起，第一年至第三年免征企业所得税，第四年至第六年减半征收企业所得税。用能企业按照合同支付给节能服务公司的合理支出，均可以在计算当期应纳税所得额时扣除（财政部、国家税务总局，2010）。

地方政府还积极创新合同能源管理融资模式，帮助节能服务公司解决融资难题。长久以来，银行等金融机构对贷款抵押的严格要求给不具备充足抵押物的节能服务管理公司造成了严峻挑战（王树茂，2008）。2011年，上海市徐汇区政府出台了《徐汇区合同能源管理融资工作试点方案》，大大放宽了对从事合同能源管理服务的节能服务公司的融资限制。凡在徐汇区注册的节能服务公司，为纳入区节能考核的用能单位提供合同能源管理服务，仅凭合同能源管理项目就可向银行提出无抵押融资申请，区政府将为融资银行承担40%的坏账风险（上海市徐汇区商务委员会、区发改委、区财政，2011）。徐汇区政府的创新性合同能源管理项目无抵押融资模式是对中央政府关于加大对合同能源管理融资支持的指示的积极响应。

地方政府在节能政策上的另一重大创新是对重点用能单位能源审计工作的积极推广。地方政府在引荐能源审计机构、扩大审计范围、明确审计周期、提供审计奖励资金、控制审计报告质量等方面的表现都超越了中央政府的预期。为了将能源审计的概念传授给用能企业，地方政府在能源审计机构与用能企业之间牵线搭桥。2007年，山东省及其管辖范围内的市级政府为了在企业当中普及能源审计，将地方的节能监测（监察）中心和节能技术服务中心等能源审计机构介绍给多家用能企业，从而帮助这些企业实施了第一次能源审计，而在此之前，这些企业大多从未接触过能源审计的概念（山东省工业企业调研，2012）。

尽管中央政府除千家企业以及后来的万家企业外，并未强制要求其他重点用能单位①进行能源审计，但北京、天津在内的部分地方政府都在不同程度上扩大了能源审计的范围。例如，北京市鼓励所有年综合能耗 5000tce 以上（含）的重点用能单位及 2000tce 以上的公共机构进行能源审计（北京市发展和改革委员会、北京市财政局，2012）。天津市则要求所有年综合能耗 5000tce 以上的重点用能单位进行能源审计（天津经信委，2009）。

许多地方政府还在中央政府并未明确规定的情况下对辖区内重点用能单位能源审计的周期提出了具体要求。如甘肃、天津、山东等省市的能源审计管理办法均要求重点用能单位每三年进行一次能源审计（甘肃省经济委员会，2008；天津经信委，2009；山东省经济贸易委员会，2006），江西、青岛等地更是要求重点用能单位每两年进行一次能源审计（江西省节能办、《青岛日报》，2007）。

为了减轻用能单位实施能源审计的经济负担，北京、山东青岛、陕西榆林等地方政府积极采用财政奖励等方式承担重点耗能企业的能源审计费用以及编制节能规划的费用，均从市财政安排的专项资金列支（北京市发展和改革委员会、北京市财政局，2012；《青岛日报》，2007；榆林市发改委，2011）。2011 年榆林市发改委委托相关能源审计机构承担本市年综合能耗 5000tce 以上的 33 家重点用能单位开展能源审计工作，每审计一户企业，财政给予补助基础审计费用 50000 元，年综合能耗在 1 万 tce 以上的企业，超出部分的费用，由审计机构与企业协商确定（榆林市发改委，2011）。而北京市则对开展鼓励性能源审计且能源审计报告质量最终评定为"合格"及以上等级的年综合能耗 5000tce 以上重点用能单位、年综合能耗 2000tce 以上的公共机构给予相应财政奖励资金支持（见表 5 - 7）。

为了保障能源审计质量，北京市政府早在 2011 年九月就发布了《关于发布北京市能源审计咨询机构推荐名单的通知》（京发改〔2011〕1704 号）。北京市发改委经公开征集、自愿报名、专家评审、网上公示等程序，遴选了 24 家能源审计咨询机构，向全社会进行推荐，从而为用能单位筛选审计机构提供了有权威性的依据（北京市发改委，2011）。

---

① 《中华人民共和国节约能源法》第五十二条将重点用能单位定义为：（一）年综合能源消费总量一万吨标准煤以上的用能单位；（二）国务院有关部门或者省、自治区、直辖市人民政府管理节能工作的部门指定的年综合能源消费总量五千吨以上不满一万吨标准煤的用能单位。

表5-7 北京市能源审计资金支持

	年能耗(tce)	市级财政奖励资金(万元)	满额奖励标准(万元)	中间档次奖励标准(万元)	基础奖励标准(万元)
重点用能单位	>500万(含)	≤40	40	35	30
	300万(含)~500万	≤30	30	28	25
	100万(含)~300万	≤20	20	18	15
	5万(含)~100万	≤15	15	13	10
	5000(含)~5万	≤10	10	9	8
公共机构		15	15	13	10

资料来源：北京市发改委、北京市财政局，2012。

五 完善了企业的节能管理

在节能目标责任制影响下，企业的节能行动发生明显改观，首先体现在节能管理工作的完善上。

在计划经济时代，工业部门的节能工作主要由相关行业中央部委及有色金属总公司、石油总公司等行业性总公司直接管理。这一时期，中国大中型企业都建立了公司（厂）-车间-班组三级节能网络，设置能源或节能管理部门，并配备节能管理和技术人员，具体负责节能工作。但伴随1987年、1992年国家机关的两次机构改革，1998年中国政府部门的机构精简，以及大量国有企业的改制并脱离部委领导，政府节能管理机构逐步被削弱，节能工作在企业层面也随之弱化。首先，企业的节能机构不健全，管理人员岗位不固定，人才数量不足，水平参差不齐（清华大学、中国石油集团公司，2007）。企业的能源计量、统计、监测能力也相对薄弱。例如，1987年、1992年国家机关两次机构改革以来，有色金属总公司取消了能源处，只留2人并入企业部综合处负责能源管理工作；相当省局一级的有色金属地区公司只有1人负责节能管理工作；大部分企业撤销或削弱了节能管理机构和人员，造成节能管理者大量流失，使得节能管理工作滑坡，能耗普遍上升。根据2002年国家发改委组织钢铁、有色金属、建材、化工、石化、造纸六大行业的机构和专家对中国有色金属工业企业的节能效果、节能潜力及节能障碍所进行的评估，当时部分企业的节能管理仅限于能源统计，个别企业由于撤换了能源统计人员，形成了无人统计的局面。根据课题组对山东省节能办以及山东省济南市节能办的访谈，节能目标责任制实施之前，大部分中小型企业由于能源统计力量的薄弱，对自身的能源利用状况不甚了解（山东省节能办调研，2012；济南市节能办调研，2012）。其次，企业的节能制度也未能有效建立并执行。厦门市节能监测技术服务中心2006年对100家重点用能企业的节能管理调查表明，建立节能管理制度的企业有66家，占66%；建立节能奖惩制度的48家，占48%；组织参加节能培训的企业也只有13家，而在要求重点用能设备操作员持证上岗方面，多数企业没有制订相应的规章制度（厦门市节能监测技术服务中心，2006）。

目标责任制的建立使不断削弱的企业节能管理重新得到重视。以全国千家企业为例，企业节能管理在各个节能目标考核领域都显著改善（见表5-8）。山东、天津、北京、河北、陕西等能源管理师试点省份要求重点用能企业聘请专业的能源管理师负责企业的节能管理工作。截至2009年，山东省培训能源管理师6600余人，已在钢铁、煤炭、水泥、电力、石化和化工等行业的40家企业开展了能源管理师试点（山东省节能监察总队，2010）。能源管理师的上任使企业能源管理水平有了显著提高，例如，山东省潍柴动力股份有限公司有3名首批取证的能源管理师。他们利用所学的基础管理知识，对企业先行能源管理制度进行梳理完善，并提出了30余条改进建议。总经理采纳了他们的建议，对3位能源管理师给予高度评价，并赋予他们现场监察权，对浪费能源或严重不合理用能行为有权予以处罚（陈向国，2011）。

表5-8　千家企业节能管理情况

考核指标	千家企业目标完成情况
节能工作组织和领导情况	1.96%以上的千家企业都设立了以企业最高级别负责人为组长，由核心部门的负责人组成的节能工作小组。领导小组定期召开会议，研究部署节能工作 2.95%以上的千家企业建立了专门的能源管理机构，在各部门、车间、班组都配备了相关能源管理人员，并提供工作保障

续表

考核指标	千家企业目标完成情况
节能目标分解和落实情况	1. 91%以上的千家企业将"十一五"节能目标按年度、车间（分厂）、班组进行了分解，落实到各个环节、各个岗位 2. 千家企业定期对各部门进行节能目标考核，并根据考核结果实行经济责任制，考核结果直接与干部职工经济利益挂钩，并作为企业内部评先评优的内容之一，对未完成年度节能任务的给予处罚
节能技术进步和节能技改实施情况	73%的千家企业设立专项节能技改资金
节能法律法规执行情况	1. 80%以上的企业实施了重要用能设备能耗定额管理制度 2. 88.7%的千家企业在新、改、扩建项目中按要求编制节能专篇，并将有关部门节能审查报告和批复意见作为项目实施的前提条件
节能管理工作执行情况	1. 大多数千家企业设立能源管理岗位，建立能源统计台账，按时保质报送能源统计报表 2. 大多数千家企业依法依规配备计量器具，并定期检定、校准 3. 部分企业利用现代信息平台建立计量信息管理系统，对测量设备、测量过程、计量标准、检定标准、检定校准等计量资源进行动态管理和监控 4. 近90%的千家企业积极组织开展"节能宣传周""节能减排全民行动"等活动，通过简报、黑板报、悬挂节能宣传图片（标语）、节能知识竞赛等形式进行节能宣传和节能技术培训工作

资料来源：国家发改委，2008；国家发改委，2011。

六 引导了企业的节能资金流向

在节能目标责任制的强制性和考核机制的压力以及财政奖励等激励性节能政策的鼓励下，企业增加了对节能领域的资金投入。"十五"期间，企业利用自有资金和银行贷款实施节能技术改造的资金累计投入约为1560亿元。[①] 而"十一五"期间，工业企业的节能投资突破了6170亿元，约为"十五"时期的4倍。值得注意的是，此数额还远远少于企业的实际投入，只计算了企业通过实施节能技改项目并实现节能量的资金投入，尚未包括企业用于建立能源管理体系、强化能力建设等方面的投资（见B.7）。仅全国千家企业"十一五"

---

① 清华大学气候政策研究中心根据多个来源的数据计算而得。

时期就投资了 2874 亿元进行节能技改，其中 2007 年投入 500 亿元，2008 年投入 900 亿元。

七　对地方政府的发展观难以形成实质性影响

目标责任制通过压力的逐级传递，有效调动了地方政府的能动性，促使其在人员、机构、资金、政策等方面加强了节能工作的执行力度。然而，作为一种单一的自上而下的压力传递机制，目标责任制并不能从根本上解决地方政府的主动性问题，难以对地方政府的发展观形成实质性影响。

目标责任制下，节能目标的完成带有明显的任务性色彩。作为一项强制性任务，地方政府往往不愿意承担较高的节能目标，而在向下分解时为了确保其完成节能目标，往往又加大下级政府的任务，将节能压力转移到下级政府。这种压力传递体系使县一级的基层政府承担了最大的节能压力，而这一级政府在人员、机构、资金、政策等方面可调配的资源远远小于市级和省级政府（清华大学公共管理学院，2010）。压力和权力的不对等使基层政府在完成节能目标时越来越依赖于行政手段，对社会管理的其他方面造成了不良影响。2010 年下半年，为了冲刺"十一五"节能目标，各地纷纷实行限电限产措施，有些地方甚至对居民用电也进行了限制。河北衡水市安平县为完成节能降耗指标，对全县分 3 批实施限电，每批限电 22 小时（新华社，2010）。限电期间，不仅居民家庭停电停水，医院和红绿灯也遭停电。停电限产等措施固然可以起到节能的作用，但这些措施已经严重影响到社会各方面的正常运转，其代价非常高昂。事后，国家发改委官员否定了安平县的这种做法，但在缺乏主动性又有目标考核的情形下，地方政府的这些做法实际上难以避免。

八　对企业的目标责任考核缺乏科学性

目标责任制在执行过程中，纳入了不同耗能规模的重点用能企业，使纳入目标责任制管理的企业远远超过了千家企业的范围。然而，政府与企业间的目标责任制的科学性与合理性远远低于政府间的目标责任制。首先，政府组织内

的上下级政府之间存在明显的上下级关系，是一个严密的科层组织，节能目标在这样的组织中进行传递具有合理性。但在中国特色的政企关系下，尽管节能目标可以在政府与企业之间有效传递，但这种传递依赖于政府与企业之间复杂的政治、经济以及社会联系，并不是一种可持续的传递体系。其次，在节能目标的分解方面，上下级政府之间往往存在一个协商环节，在节能目标确定之前有一定的相互沟通，而企业的节能目标往往是由政府根据企业的用能规模直接分配的。企业的行业不同、技术水平不同、管理水平不同，政府对企业的节能目标分配难以做到科学合理。由于节能目标设定的不科学，不同的企业受到的节能压力不尽相同，有些企业轻易地完成节能目标，而有些企业则需要付出高昂代价。某些企业在"十一五"时期刚刚进行了重大技术改造，节能水平已经处于行业前列，但在"十二五"期间也必须实现能耗强度的进一步降低，这无疑增大了这些企业实现节能目标的难度。此外，在节能目标考核方面，政府之间的目标考核指标非常一致，即"单位 GDP 能耗下降率"，而企业的节能目标以"节能量"来衡量，但并没有明确规定节能量的计算方法。在目标责任制考核中，存在根据单位产值能耗计算、根据单位产品能耗计算、根据单位工业增加值能耗计算三种方法，给予了企业自主选择计算方法的空间，使其可以选择一种有利于实现节能目标的计算方法，但同时也造成了企业节能量数据的混乱和失真。

目标责任制有效引导了企业的节能行动，提高了企业的节能管理水平，促进了企业的节能资金投入，但这种直接行政干预式的管理方式在市场化改革的背景下难以持续。政府对企业直接的行政干预不仅增加了政府与企业的工作负担，同时影响了企业的经济效率，不利于企业的长远发展。2011 年 5 月，山西省对 2011 年度省千家企业节能目标完成情况进行了考核，在纳入考核范畴的 1198 家企业中，山西娃哈哈食品有限公司、北京汇源万荣分公司、太原五一百货大楼有限公司等 11 家企业拒绝考核（山西省经信委，2012）。企业拒绝政府的目标责任考核固然有多方面的原因，但这同时也反映出政府对企业摊派目标并进行考核的做法缺乏科学性与合理性。在"加快转变政府职能、构建公共服务型政府"的背景下（中共十六大报告，2002），政府应该减少对企业直接的行政干预，利用激励类、约束类以及信息引导类的政策工具，引导并服务于企业节能。

$\mathbb{B}.6$
节能目标责任制的作用机制

　　"十一五"期间，节能目标责任制在节能方面表现出了高效力的特征，不仅扭转了"十五"时期能耗强度不降反升的趋势，而且提高了社会各界对于节能工作的重视程度。目标责任制发挥作用的核心机制在于节能压力的逐级传递，将中央政府的意志逐级转化为各级地方政府的节能目标，进而转化为用能单位的节能目标。

　　目标责任制通过对地方政府主要负责人"一票否决"式的责任考核，在节能问题上改变了原有的官员激励体系，调动了地方政府在节能工作中的积极性，同时加大了地方政府的资金投入。各级政府对企业的经济激励机制是目标责任制的重要组成部分。政府节能资金的投入，有效改变了企业采取节能行动的投资回报率，在节能目标实现过程中发挥了关键作用。节能目标责任制得以顺利实施，不仅依托于国务院的一系列政策文件，还有赖于节能目标责任制的法律地位。《中华人民共和国节约能源法》以及相关法律的颁布和实施，在法律层面保障了政府对企业的节能监管，以及各项节能措施的落实。

　　目标责任制综合了政治机制、法律机制以及经济激励机制，准确把握了这一时期节能工作中的主要矛盾。然而，这种自上而下的压力传递机制并没有真正转化为地方政府和企业开展节能工作的自发性力量。政府应该充分应用各项市场化手段，同时消除影响企业节能的制度障碍，将提高能源效率转化为企业的经济收益，探索长效节能机制。

一　自上而下的压力传递机制

　　中国"十一五"以来所确定的节能目标是一项政治目标。2005 年 10 月，中国共产党中央委员会提出了《中共中央关于制定国民经济和社会发展第十一个五年规划的建议》，建议国务院将单位国内生产总值能源消耗降低 20% 左右纳入"十一五"期间的经济社会发展目标。2006 年 3 月，国务院根据以上建议编制的《中华人民共和国国民经济和社会发展第十一个五年（2006 ~ 2010 年）规划纲要》（简称《"十一五"规划纲要》）提请全国人民代表大会表决，最终以 2815 票赞成、50 票反对、21 票弃权的结果获得通过。2006 年 8 月，国务院颁布《国务院关于加强节能工作的决定》，明确了实现"十一五"节能目标的具体方法，即建立节能目标责任制和评价考核体系。中国的节能目标从提出、确定到最后落实先后经过了中国共产党中央委员会、全国人民代表大会、国务院，而这三个单位构成了中国政治权力的核心。节能目标的政治属性构成了其可以通过目标责任制层层分解并得以实现的基础。

目标责任制发挥作用的核心机制在于节能压力的逐级传递，将中央政府的意志逐级转化为各级地方政府的节能目标，进而转化为用能单位的节能目标。中国的中央政府具有强大的行政权威，而这一时期的节能目标又具有鲜明的政治性，因而中央政府的节能目标可以有效地分解到各个地方政府和重点耗能企业，节能政策也可以在各个层面得到有效的落实。中央的节能目标经过了省级政府、地市级政府、县级政府甚至乡镇四级分解，节能压力也通过四级传递（见图 6 - 1）。按照一般的物理规律，压力在传递过程中会逐级降低；但节能压力的传递与之不同。各级地方政府为了减少其完不成的风险，将节能目标完全地分解到了下级政府，有些地区甚至在分解的过程中加大了下级政府的目标。在这样的传递体系下，中央政府的节能目标在多级传递之后不仅没有降低，反而有所增强。

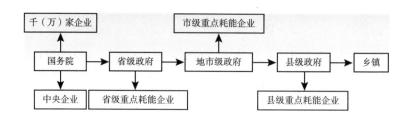

图 6 - 1　节能压力的传递体系

在中国多层级、多地区的政府间关系中，中央政府和地方政府有着不同的利益诉求。中央更关心宏观经济走势、全局利益平衡和社会福利，而地方政府则更关心辖区内的财政资源和经济发展，对宏观经济形势和别的地区的公众福利的关心程度较低（周黎安，2008）。在以经济增长为基础的政治锦标赛下，经济增长速度，特别是近期内的经济增长速度是地方官员所关心的核心问题。由于节能减排会对经济发展速度造成一定的不良影响，地方政府本身缺乏开展节能减排行动的动力。由此可见，对于中央政府和地方政府来说，节能问题的优先级并不一致。从企业方面来看，追求利益最大化是其根本性目标；而政府更希望通过企业的发展带动社会的全面发展，因此它们之间的目标也存在明显的差异性。目标责任制通过强有力的行政体系，使地方政府以及各类重点用能单位在节能这一问题上与中央政府保持了目标上的统一。

二 上级政府对下级政府的官员激励机制

在上下级政府之间，节能目标能够得以有效传递并逐级落实的关键在于官员激励。在中国官员自上而下进行任命的组织基础上，下级官员和政府的执政理念往往追随上级官员和政府。同时，由于节能指标被运用到地方党政领导的多套考评体系中，使地方领导更加重视节能工作。《单位 GDP 能耗考核体系实施方案》规定：各省级政府节能目标责任评价考核结果经审定后，要交由干部主管部门依照《体现科学发展观要求的地方党政领导班子和领导干部综合考核评价试行办法》等规定，作为考核省级政府领导班子的重要依据，并实行一票否决制。各省市出台的考核方案和国家基本类似，但有些地方的规定更加明确和严厉。2008 年 5 月出台的《石家庄市人民政府办公厅关于印发石家庄市重点县（市）和重点企业节能减排目标考核实施方案的通知》规定，"三年未完成节能减排目标的，重点县（市）主要领导人责令引咎辞职，国有企业法人代表就地免职，民营企业依法责令停产整治"。目标责任制作为"一票否决"性指标，在节能问题上大大改变了原有的官员激励体系。

在 GDP 导向的政绩考核体系下，地方官员难免将工作重心放在招商引资上，甚至不惜引入高能耗行业以拉动当地经济发展。由于节能减排对经济效益的影响具有见效慢、投入大、周期长的 U 形特征，而 GDP 和财政收入的政绩效应则立竿见影式，在现有的任期制内，官员往往选择 GDP 与财政收入作为努力目标以规避任期制下的短期性与节能减排的滞后效应所导致的"前任栽树，后任吃果"的政绩代际转移效应。因此，各地竞相招商引资，不断降低本辖区的土地价格和环保标准，其降低意愿随着政府等级的延伸而越加强烈。以基层政府为例，由于其资源整合能力薄弱，不可能提供企业发展所需的金融、咨询、物流服务，导致大型企业难以落户，因此基层政府在招商引资中不得不引入一些高能耗、高污染的企业。节能目标责任制的引入，使节能考核成为地方政府官员升迁过程中的"一票否决"性指标，从而引起了各级地方政府的重视，并有效地约束了其能源扩张的行为。

目前针对地方政府节能目标考核结果的奖惩措施主要以精神奖惩为主。国家发改委制定的《单位 GDP 能耗考核体系实施方案》对此也有规定，如"对考核等级为完成和超额完成的省级人民政府，结合全国节能表彰活动进行表彰奖励。对考核等级为未完成的省级人民政府，领导干部不得参加年度评奖、授予荣誉称号等，国家暂停对该地区新建高耗能项目的核准和审批"。然而，即便是精神上的奖惩，也已经对地方领导起到了很大作用。课题组在地方政府调研时发现，节能管理部门的被访者普遍认为，地方政府领导高度重视上级的表彰和通报批评，如果在节能考核排名中处于后列，地方政府领导往往会找节能管理部门负责人谈话，要求其分析排名靠后的原因，并督促来年的节能工作（山东省节能办调研，2012；济南市节能办调研，2012）。

目标责任制的主要责任人是各级地方政府的一把手，而这些一把手在地方发展中拥有极其重要的权力。这种责任体系使地方政府在发展中必须对节能有足够的重视，同时政府一把手作为责任人，也具有实现节能目标的权力和能力。在我国经济发展的现阶段，对于大部分地方政府来说，节能与经济发展往往存在一些冲突，而节能目标责任制"一票否决"式的激励制度使大部分地方政府不愿承担较高的节能目标，同时又不得不完成上级政府规定的节能目标。正是由于目标责任制的这种"完成小奖，完不成惩罚"的官员激励机制，使地方政府加强了节能机构建设、增加了节能财政资金投入、创新了各类节能政策，为"十一五"及"十二五"节能目标的实现奠定了政策基础。

三 各级政府对企业的经济激励机制

企业是中国节能行动的主体，尽管各级政府均承担了一定的节能压力，但节能目标的实现更多依赖于企业。影响企业采取节能行动的原因包括市场和制度两个层面。市场层面的变化可以影响企业的经济效率，如果提高能源效率能带动经济效率的提高，企业就会具有采取节能行动的原始动机。制度层面主要指来自政府的各项规制，如能耗限额标准等，这些规制的变化也会影响企业的节能行动。节能目标责任制是一个复杂的系统，包含了市场和制度两个方面。图 6-2 显示了目标责任制对企业节能行动的两个影响路径。从政府与企业签订目标责任书的角度来看，目标责任制是通过规制性手段来发挥作用的。但目标责任制下的政府行为不仅包括对企业的目标责任制管理，还包括各项激励性、约束性以及信息引导类政策的落实和创新。从这一点上来看，目标责任制还包括各级政府对企业的经济激励机制。各级政府对企业的经济激励机制是目标责任制的重要组成部分，在节能目标实现过程中发挥了关键作用。

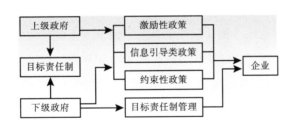

图 6-2 目标责任制对企业节能行动的影响路径

"十一五"期间，中央财政累计投入 1044 亿元，各级地方财政累计投入 529 亿元，有效带动了社会节能资金 6498 亿元的投入（见 B.7）。中央和地方财政投入占全社会能效投资总规模的 19.1%，成为企业节能投入的重要支撑。政府节能资金的投入，有效地提高了企业采取节能行动的投资回报率。企业采取各类节能行动，不仅改善了技术和管理水平，而且产生了一定的经济收益，政府的经济激励在其中发挥了不可替代的作用。

四 《节能法》所确立的法律机制

节能目标责任制得以顺利实施，不仅依托于国务院的一系列政策文件，还有赖于节能目标责任制的法律地位。2007 年修订的《中华人民共和国节约能源法》第六条规定，"国家实行节能目标责任制和节能考核评价制度，将节能目标完成情况作为对地方人民政府及其负责人考核评价的内容"，从法律层面明确了目标责任制在节能管理中的核心地位，保障了节能目标在政府间的层层分解。

目标责任制的考核不仅包括节能目标的完成情况，而且包括对具体的节能措施的要求。列入目标责任制考核的节能措施涵盖了节能管理、淘汰落后产能、节能资金投入、节能技术改造、执行能耗限额标准等各个方面。从内容上看，无论是上级政府对下级政府的目标责任考核，还是政府对企业的目标责任考核，节能措施中的大部分项目都是《节能法》中规定的内容，但是目标责任制中的规定更为具体。《节能法》为各级政府落实节能措施特别是一些约束性措施提供了法律依据。在淘汰落后产能方面，《节能法》第七十一条规定，"使用国家明令淘汰的用能设备或者生产工艺的，由管理节能工作的部门责令停止使用，没收国家明令淘汰的用能设备；情节严重的，可以由管理节能工作的部门提出意见，报请本级人民政府按照国务院规定的权限责令停业整顿或者关闭"。在执行能耗限额标准方面，《节能法》第七十二条规定，"生产单位超过单位产品能耗限额标准用能，情节严重，经限期治理逾期不治理或者没有达到治理要求的，可以由管理节能工作的部门提出意见，报请本级人民政府按照国务院规定的权限责令停业整顿或者关闭"。

在《节能法》的基本框架下，各省级政府出台了相应的《节约能源条例》或《实施〈中华人民共和国节约能源法〉办法》等具有法律效力的规章制度，这些规章制度比《节能法》中的规定更为具体。例如，在淘汰落后产能方面，《北京市实施〈中华人民共和国节约能源法〉办法》第六十五条规定，"依法没收的国家明令淘汰的用能设备，交由指定单位解体处理"。在执行能耗限额标准方面，《山西省节约能源条例》第五十一条规定，"工业企业超过单位产品能耗限额标准用能的，由节能主管部门会同物价、电监等部门，对超限额产品生产用电实施惩罚性电价并责令限期治理；逾期不治理或者未达到治理要求的，由节能主管部门提出意见，报请本级人民政府按照规定的权限责令停业整顿或者关闭"。此外，一些地方法对企业的节能管理也提出了具体的法律责任。如《上海市节约能源条例》第七十五条提出，"重点用能单位未设立能源管理岗位，聘任能源管理负责人，并报市相关行政管理部门备案的，由市相关行政管理部门责令改正；拒不改正的，处以一万元以上三万元以下罚款"。这些法律规章的存在，在法律层面保障了政府对企业的节能监管。

五　目标责任制难以形成自下而上的节能动力机制

节能目标责任制强化了中央决策，利用政治、法律、经济等多种手段，动员社会各界共同完成，是一种典型的自上而下的政策机制。"十一五"期间，节能目标责任制在节能方面表现出了高效力的特征，不仅扭转了"十五"时期能耗强度不降反升的趋势，而且提高了社会各界对于节能工作的重视程度。然而，这种自上而下的压力传递机制并没有真正内化为地方政府和企业开展节能工作的自发性力量。

从政府角度来看，节能目标的"一票否决"，难以从根本上解决地方政府"重视速度，而轻视质量"的发展取向。在节能目标分解过程中，上级政府的政治力量发挥了关键性作用，但这种力量在一定程度上破坏了下级政府按照法定程序完成的各项规划。"十一五"期间，国务院在 2006 年 9 月才发布了《国务院关于"十一五"期间各地区单位生产总值能源消耗降低指标计划的批复》，确定了各省级政府的节能目标。而在这之前，各省级政府均已完成了各自的"十一五"规划，并经当地的人民代表大会审议通过。在这些省级规划中，只有 4 个省市提出的节能目标高于国家目标，15 个省市提出的目标等于国家目标，而 12 个省市提出的目标低于国家目标。省级政府"十一五"规划中节能目标的保守与 GDP 增长目标的激进形成了鲜明的对比。在"十一五"规划中，大部分省市提出的 GDP 增长率都高于国家目标，最后发改委不得不发文要求各省市对 GDP 降温。在节能目标分解中，国家发改委的工作变成了和低于国家目标的各省市进行协调，确保国家目标达成。在各省份对其地市进行节能目标分解时，也遇到了这个问题。因此，许多省份在节能目标分解中的一个重要原则是"各地市目标总体不低于省节能目标"。由于缺乏节能的内在动力，地方政府在很大程度上将节能目标的完成当成一项重要负担，体现为对节能目标分解方法的抱怨，认为本地承担的节能目标太高等。根据国家电监会《2009 年度电价执行及电费结算监管报告》，一些省市自行出台优惠电价政策，助长了高耗能企业盲目发展；另有地区对应实行差别电价的企业名单更新缓慢，未按规定对一些限制类或淘汰类的高耗能企业实行差别电价。这些情况同样也反映出地方政府缺乏节能的内在动力，在一定程度上对高能耗企业的扩展起到了纵容和促进的作用。

目标责任制通过直接的行政管理，对企业的节能行为产生了显著影响，但政府对企业的目标责任制管理并非长久之计。《中华人民共和国节约能源法》确立了目标责任制的法律地位，但没有提出对企业或重点用能单位进行目标责任制管理。在当前市场化改革的背景下，减少政府对企业的直接干预是大势所趋。政府通过各种行政力量，为重点用能单位设置一个节能目标正是对企业发展的一种直接干预，无论是目标的设定，还是对节能量的考核，都很难做到科学合理，也无法达到鼓励先进的目的（见 B.5）。在目标责任制下，政府通过各项激励性的、约束性的、信息引导类的政策引导企业节能。这些政策帮助企业寻找实现节能的机会，同时降低企业的节能投入，产生了非常明显的效果。但这些政策并不足以调动企业开展节能工作的积极性。长效的节能机制应当充分运用各项市场化手段，消除影响企业节能的制度障碍，有效提高企业的节能投资回报率。

参考文献

1. Sinton, J., Levine, M., Wang, Q., 1998. "Energy Efficiency in China: Accomplishmentsand Challenges", *Energy Policy*, 1998, 26 (11): 813 – 829.
2. 《河北钢企变相扩产》，《21 世纪经济报道》，http://www.21cbh.com/HTML/2010 – 8 – 12/5NMDAwMDE5MTY5NA _ 2.htmlhttp://www.21cbh.com/HTML/2010 – 8 – 12/

5NMDAwMDE5MTY5NA_ 2. html，［2012 - 11 - 01］。

3. 安徽省节能监察中心，2012，《国家节能中心李仰哲主任谈节能监察机构队伍建设》，转引自《安徽节能监察动态》2012 年第 6 期（总第 10 期），http：// www. ahecs. gov. cn/show. asp? id = 6162，［2012 - 10 - 31］。

4. 安徽省人民政府，2007，《关于印发全省节能减排工作方案的通知》（皖政〔2007〕67 号），http：//www. hefei. gov. cn/n1105/n32739/n281325/n283406/1300259. html，［2012 - 11 - 01］。

5. 北京市发改委、北京市财政局，2012，《关于印发〈北京市用能单位能源审计推广实施方案（2012 ~ 2014 年）〉的通知》（京发改〔2012〕600 号），http：// www. bjedu. gov. cn/Portals/0/fujian/czj. doc，［2012 - 10 - 30］。

6. 北京市发改委，2012，《关于发布北京市能源审计咨询机构推荐名单的通知》（京发改〔2011〕1704 号），http：//www. bjpc. gov. cn/tztg/201109/t1603108. htm，［2012 - 10 - 30］。

7. 陈和平：《中国政府的节能政策》，《节能技术》1995 年第 5 期。

8. 陈甲斌：《我国现行节能政策述评》，《中国能源》2003 年第 3 期。

9. 陈向国：《中国能源管理师试点进行时》，《节能与环保》2011 年第 8 期。

10. 财政部，2010，《中央财政安排 20 亿元支持推行合同能源管理》，http：//www. mof. gov. cn/pub/mof/zhengwuxinxi/caizhengxinwen/201006/t20100608_ 321799. html，［2012 - 10 - 30］。

11. 财政部、国家发改委，2010，《关于印发〈合同能源管理项目财政奖励资金管理暂行办法〉的通知》（财建〔2010〕249 号），http：//www. sdpc. gov. cn/zcfb/zcfbqt/2010qt/t20100609_ 353606. htm，［2012 - 11 - 02］。

12. 财政部、国家税务总局，2010，《关于促进节能服务产业发展增值税营业税和企业所得税政策问题的通知（财税〔2010〕110 号）》，http：//www. chinatax. gov. cn/n8136506/n8136593/n8137537/n8138502/10638381. html，［2012 - 10 - 30］。

13. 戴彦德、朱跃中、熊华文：《"十一五"节能目标：挑战与对策》，《中国科技投资》2006 年第 9 期。

14. 甘肃省经济委员会，2008，《甘肃省能源审计暂行办法》，http：//www. sdpc. gov. cn/hjbh/hjjsjyxsh/t20071015_ 164788. htm，［2012 - 10 - 30］。

15. 工信部，2012，《关于进一步加强工业节能工作的意见》（工信部节〔2012〕339 号），http：//www. nea. gov. cn/2012 - 07/20/c_ 131727899. htm，［2012 - 11 - 01］。

16. 广东省人民政府，《广东省人民政府印发广东省节能减排综合性工作方案的通知》（粤府〔2007〕66 号），http：//www. lawtime. cn/info/hjf/dffg/2010110412582. html，［2012 - 11 - 01］。

17. 国家发改委、国家能源办、国家统计局、国家质检总局、国务院国资委，2006，《关于印发千家企业节能行动实施方案的通知》（发改环资〔2006〕571 号），http：//www. sdpc. gov. cn/hjbh/hjjsjyxsh/t20060413_ 66113. htm，［2012 - 11 - 02］。

18. 国家发改委，2008，《2007 年千家企业节能目标责任评价考核结果及有关情况公告》（第 58 号），http：//www. sndrc. gov. cn/view. jsp？ ID＝10806，［2012－10－30］。

19. 国家发改委、财政部、中国人民银行、国家税务总局，2010，《国务院办公厅转发发展改革委等部门关于加快推行合同能源管理促进节能服务产业发展意见的通知》（国办发〔2010〕25 号），http：//www. gov. cn/zwgk/2010－04/06/content＿1573706. htm，［2012－10－30］。

20. 国家发改委，2011，《千家企业超额完成"十一五"节能任务——"十一五"节能减排回顾之四》，http：//www. sdpc. gov. cn/xwfb/t20110930＿436609. htm，［2012－10－31］。

21. 国家发改委，2012，《国家发展改革委办公厅关于定期发布节能目标完成情况"晴雨表"的通知》（发改办环资〔2012〕676 号）。

22. 国务院，2006，《国务院关于"十一五"期间各地区单位生产总值能源消耗降低指标计划的批复》（国函〔2006〕94 号）。

23. 国务院，2007a，《国务院关于印发节能减排综合性工作方案的通知》，http：//www. gov. cn/jrzg/2007－06/03/content＿634545. htm，［2012－11－01］。

24. 国务院，2007b，《国务院批转节能减排统计监测及考核实施方案和办法的通知》（国发〔2007〕36 号），http：//www. gov. cn/zwgk/2007－11/23/content＿813617. htm，［2012－11－02］。

25. 国务院，2010，《国务院关于进一步加强淘汰落后产能工作的通知》（国发〔2010〕7 号），http：//www. gov. cn/zwgk/2010－04/06/content＿1573880. htm，［2012－11－01］。

26. 国务院，2011，《国务院关于印发"十二五"节能减排综合性工作方案的通知》（国发〔2011〕26 号）。

27. 《统计局：全国 31 个省市区 21 个已成立能源统计处》，国际能源网，http：//www. in-en. com/article/html/energy＿1008100848143031. html，［2012－10－31］。

28. 海南省人民政府，2007，《海南省人民政府关于印发海南省节能减排综合性工作方案的通知》（琼府〔2007〕48 号），http：//www. hainan. gov. cn/data/zfwj/2007/08/1156/，［2012－11－01］。

29. 江西省节能办，《关于印发〈江西省"十一五"期间百家重点耗能企业节能工作实施方案〉的通知》（赣节能办〔2007〕2 号），http：//xxgk. jxyanshan. gov. cn/index. php？ act＝new&code＝view&id＝8803，［2012－10－31］。

30. 李仰哲主编《地方节能监察法制建设》，中国人民大学出版社，2011。

31. 《青岛日报》，2007，《每两年一次能源审计青岛加强重点用能企业管控》，http：//unn. people. com. cn/GB/22220/69675/69677/5289545. html，［2012－10－30］。

32. 清华大学、中国石油集团公司，2007，《中国工业节能管理体系改革和创新研究报告》（项目结题报告），"中国可持续能源项目"。

33. 清华大学公共管理学院，2010，《中国"十一五"节能中的目标责任制绩效评估》

（项目负责人：齐晔；项目项目参与人员：李惠民，马丽，鲁成军，张焕波）。

34. 清华大学气候政策研究中心：《中国低碳发展报告（2011～2012）》，社会科学文献出版社，2011。

35. 全国节能信息交流与协作网秘书处：《全国省级节能监察机构人员编制情况汇总表》，http：//xmecc. xmsme. gov. cn/2010－8/2010818111825. htm，〔2012－11－02〕。

36. 《人民日报》，2006，《建设节约型社会山东淄博"节能警察"告别尴尬》，http：//www. gov. cn/jrzg/2006－09/09/content_ 383151. htm，〔2012－10－31〕。

37. 《人民日报》，2012，《"十二五"开局新举措：节能减排常抓不懈》，http：//finance. people. com. cn/GB/17224299. html，〔2012－10－30〕。

38. 上海市经济委员会、上海市财政局，2008，《关于印发〈上海市合同能源管理项目专项扶持实施办法〉的通知》（沪经节〔2008〕560号），http：//www. shanghai. gov. cn/shanghai/node2314/node2319/node12344/userobject26ai16226. html，〔2012－10－30〕。

39. 上海市徐汇区商务委员会、区发改委、区财政局，2011，《关于印发〈徐汇区合同能源管理融资工作试点方案〉的通知》，http：//www. xuhui. gov. cn/website2009/infoopen/InfoDocContent. aspx？in_ id＝3331，〔2012－10－30〕。

40. 山东省人民政府，2010，《2009年度节能目标责任考核资料》（内部资料）。

41. 山东省节能办，2012，《节能减排走出"山东模式"》，http：//www. sdeic. gov. cn/portal/jmxx/jxdt/gzdt/webinfo/2012/10/1349765283552981. htm，〔2012－10－30〕。

42. 山东省节能监察总队，2010，《我省启动国家能源管理师制度研究和试点工作》，http：//www. sdetn. gov. cn/jnjczd/gzdt/webinfo/2010/02/1265071770621115. htm，〔2012－10－31〕。

43. 山东省经济贸易委员会，2006，《山东省能源审计暂行办法》（鲁经贸资字〔2006〕361号），http：//www. yzjnb. com/show. asp？id＝451，〔2012－10－30〕。

44. 《山西日报》，2012，《山西省修订8项产品能耗限额标准严于国家标准》，http：//www. sxgzw. gov. cn/content. jsp？urltype＝news. NewsContentUrl&wbtreeid＝1033&wbnewsid＝2775，〔2012－10－30〕。

45. 山西省经信委，2012，《山西省千家企业节能目标考核结果通告》（2012年4号），http：//www. shanxieic. gov. cn/cszcjnc/56998. jhtml，〔2012－11－01〕。

46. 四川省经信委，2011，《四川省经济和信息化委员会关于印发〈四川省经济和信息化委员会战略性新兴产业发展指导目录（2011年）〉的通知》（川经信新兴〔2011〕196号）。

47. 四川省人民政府，2007，《四川省人民政府关于印发〈四川省节能减排综合性工作方案〉的通知》（川府发〔2007〕39号）。

48. 天津经信委，2012，《关于印发〈天津市用能单位能源审计管理办法〉的通知》，http：//www. tjec. gov. cn/Template/FMIS/T/DetailList. aspx？SiteID＝1&ContentID＝

33883，［2012－10－30］。

49. 王树茂：《合同能源管理在我国的发展和存在的问题》，《中国能源》2008 年第 30 卷第 2 期。

50. 厦门市节能监测技术服务中心，2006，《厦门市重点用能企业节能管理现状、问题与建议》，《能源与环境》2006 年第 3 期，http：//xmecc. xmsme. gov. cn/2007－7/200772784003. htm，［2012－10－31］。

51. 《新华日报》，2011，《江苏 41 个县市尚未建立节能监察机构》，http：//js. people. com. cn/html/2011/11/28/50757. html，［2012－10－31］。

52. 新华社，2010，《河北安平全县拉闸限电当地官员称系"权宜之计"》，http：//unn. people. com. cn/GB/14748/12653585. html，［2012－11－1］。

53. 新华网，2006，《发改委与 30 个省级人民政府签订节能目标责任书》，http：//news. xinhuanet. com/newscenter/2006－07/26/content_ 4881272. htm，［2012－11－02］。

54. 新疆维吾尔自治区发改委：《关于印发〈新疆维吾尔自治区合同能源管理项目及财政奖励资金实施办法（暂行)〉的通知》（新发改环资〔2011〕792 号），http：//www. xjdrc. gov. cn/content. jsp? urltype = news. NewsContentUrl&wbtreeid = 10466&wbnewsid = 203888，［2012－10－30］。

55. 榆林市发改委，2011，《关于下达 2011 年能源审计计划的通知》，http：//www. yldrc. gov. cn/E_ ReadNews. asp? NewsID = 1136，［2012－10－30］。

56. 赵晓丽、洪东悦：《中国节能政策演变与展望》，《软科学》2010 年第 4 期。

57. 中央企业节能减排网，2012，《黑龙江省成立节能监察局》，http：//news. emca. cn/n/20120222023821. html，［2012－10－31］。

58. 周黎安：《转型中的地方政府——官员激励与治理》，格致出版社，2008。

BⅢ 政策效应篇Ⅰ：
能效投融资

Effects of policy implementation part Ⅰ：
Energy efficiency finance

摘 要：

"十一五"期间，中国累计能效投资 8224 亿元，是同一时期世界上能效投资最多的国家。财政资金共投入 1573 亿元，占全社会能效投资总规模的 19.1%。其中，中央财政在能效领域共投入 1044 亿元（占 12.7%）；地方财政共投入 529 亿元（占 6.4%）。社会融资共计 6498 亿元，占全社会能效投资总规模的 79%。国际资金投入 153 亿元，占全社会能效投资总规模的 1.9%。

"十一五"期间，8224 亿元的能效投资共形成节能能力 4.1 亿 tce，为实现单位 GDP 能耗下降 19.1% 的贡献度达到 64%。能效投融资领域实践了多项创新的融资模式。例如，财政资金以"以奖代补"方式发放，提高了财政资金撬动社会资金的能力。通过"以奖代补"方式，1 元财政资金可以拉动 22.6 元社会资金；相对比，以项目投资补贴方式，1 元财政资金拉动 14.9 元社会资金。在能效贷款领域，CHUEE 项目创新地启动风险担保机制，实践了基于项目现金流和项目资本的项目贷款。融资租赁也被引入能效领域，与合同能源管理机制结合，解决了节能设备使用方面的问题。

　　"十二五"能效投资需求为 12358 亿元。能效投资需要在"十一五"的基础上增长 50%，才可能满足投资需求。12358 亿元的能效投资可在"十二五"期间形成节能能力 3.8 亿 tce，为实现单位 GDP 能耗下降 16% 目标的贡献度为 57%。"十二五"能效投资的需求大大提高，但通过能效可实现的节能量下降，"十二五"节能任务十分艰巨。

关键词：

　　能效　投资　融资

B.7
能效投融资概况及其效果

一 "十一五" 能效投融资概况

"十一五" 期间,中国累计能效投资 8224 亿元,是同一时期世界上能效投资最多的国家。中国已初步形成财政资金引导推动、社会资金响应跟进的良好投资格局。中国能在短时期内迅速筹集大规模资金得益于独特的制度优势与执行机制创新。中国经济发展和财税制度确保政府手中握有丰富的财政资源。同时,政府有能力利用有限的政府资源撬动大量社会资源。"十一五" 期间,以节能目标责任制为代表的执行机制,使目标责任人成为能效投资最主要的资金来源。

"十一五" 期间,能效投资呈现逐年递增的趋势。2006 年,全社会能效投资规模为 302 亿元。随着多项节能行动在 2007 年正式启动,2007 年全社会能效投资规模迅速增加到 1274 亿元。2008 年、2009 年,全社会能效投资规模分别为 1561 亿元和 1728 亿元。2010 年,全社会能效投资规模达到 3360 亿元,是 2006 年的 11 倍;按 2005 年不变价计算,是 2006 年的 9 倍 (见图 7 - 1)。

"十一五" 期间,能效投资占能源供应投资的百分比也恢复到 20 世纪 80 年代初期的最高水平。1981~2005 年,节能投资占能源供应投资的百分比最高达到 1983 年的 13.4%,最低为 2005 年的 3%。从 2006 年开始,能效投资占能源供应投资的百分比逐渐上升,2010 年该百分比达到历史最高的 15.5% (见图 7 - 1)。

"十一五" 期间,能效行动共实现了 4.1 亿 tce 的节能能力,对实现单位 GDP 能耗下降 19.1% 的直接贡献度达到 64%。能效投资用于支持工业、建筑、交通领域的节能行动,推进合同能源管理机制,推广高效节能

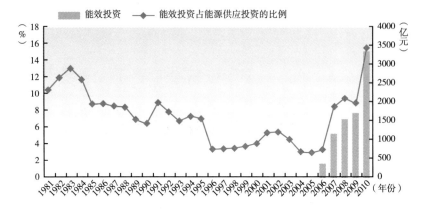

图7-1 "十一五"能效投资规模及占能源供应投资的百分比

资料来源：财政部，2007，2008，2009，2010，2011a；国家统计局，2012；林江，2005；Zhang，2010。

注：1981~1994年的节能投资包括与节能相关的基础设施投资；1994年以后的节能投资不包括基础设施投资。能效投资资金按照当年价计算。

产品，建设节能服务机构和研发关键节能技术。图7-2展现了"十一五"能效投资的全景，描述了能效投资资金来源、融资渠道、资金去向等具体情况。

能效投资目前没有统一的定义。本报告将能效投资定义为用于提高终端能源利用效率的增量投资。本报告的统计口径中不包括与能效相关的基础建设投资，例如企业为扩大产能进行的厂房建设、建造节能建筑产生的道路、社区建设。此外，本报告也不包含与节能设备生产相关的投资。

工业领域中有两类活动与提高能效密切相关。一类是通过改造现有技术或改变制作工艺提高能效，这类项目被称为"标准项目"；另一类是通过扩大产能提高能效，这类项目被称为"重组项目"（Taylor et al.，2008）。有学者认为，虽然重组项目有提高能效的协同效应，但重组项目的主要目的是通过扩张产能抢占市场份额，并重新定位企业在市场中的地位；这类项目涉及很多与能效无直接关系的投资，因此不应该被认定为能效项目（Taylor et al.，2008）。本报告认同以上观点。然而，在实际数据收集过程中，尤其在收集国家层面统计数据时，无法彻底区分标准投资和重组投资。

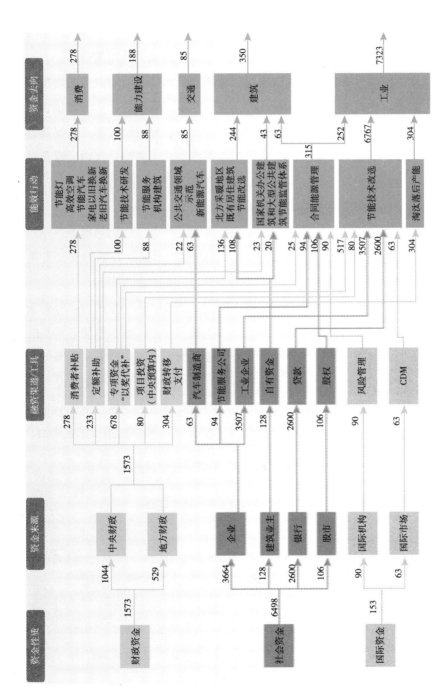

图7-2 "十一五"能效投资全景（单位：亿元）

注：图中数字单位为亿元。

因此，本报告的工业能效投资包含以上两种类型的项目投资。此外，淘汰落后产能是中国提高工业能效的重要手段。本报告计入了淘汰落后产能涉及的中央和省级财政资金，地级市及以下财政资金及企业支付的相关费用未列入。

建筑领域的能效投资包括实施既有居住建筑和公共建筑节能改造的增量投资。可再生能源与建筑结合利用的投入并未包含在本报告的统计中。本报告认为使用可再生能源替代化石能源可以减少化石能源的消耗，但并不必然提高终端能源的利用效率。此外，新建绿色建筑的增量投资也未被统计在内。绿色建筑的评判标准与能效建筑不同，绿色建筑投资中的很大部分涉及绿化、节水、材料循环利用，这些投资与能效无直接关系。

交通领域的能效投资包括示范和推广混合动力、纯电动和燃料电池汽车的增量成本。2010年5月，交通部启动了"车船路港"千家企业低碳交通专项行动。由于缺乏评估数据，该行动的相关投资未包括在本报告中。

消费领域的能效投资包括政府用于推广节能、高效产品安排的财政补贴资金。消费者用于购买节能产品的资金不包括在能效投资中；因为消费者购买的主要目的是消费，仅政府补贴部分被认定为能效的增量投资。政府采购节能产品的费用未计入本报告的统计，原因在于目前的政府采购统计将节能产品与环保产品合在一起，无法在统计数据中区分节能产品和环保产品各自的采购量。

与能效相关的能力建设投资包括建设节能服务机构和研发重大节能技术。表7-1是本报告关于能效投资资金计算口径的说明。

表7-1 "十一五"能效投资资金计算口径

领　域	统计口径包括部分	统计口径不包括部分
工　业	标准项目、重组项目、淘汰落后产能	地级市用于淘汰落后产能的财政资金和企业支付的相关费用、基础建设、节能设备生产
建　筑	既有居住建筑节能改造、国家机关及大型公共建筑节能改造	可再生能源建筑结合应用、新建绿色建筑、基础建设
交　通	混合动力、纯电动和燃料电池汽车示范	"车船路港"千家企业低碳交通专项行动
消　费	高效照明、高效节能空调、节能汽车、家电以旧换新、老旧汽车以旧换新	消费者购买资金、政府采购节能产品
能力建设	节能服务机构、节能技术研发	—

资料来源：清华大学气候政策研究中心整理。

本报告的数据来源为：①国家统计局统计资料、财政部财政预决算报告、省级政府工作报告、国家发改委及其他部委公布的相关数据、其他官方发布的资料；②研究报告、报纸、期刊、网站中公开可得的数据；③清华大学气候政策研究中心估算数据。

二　能效投资的领域

近90%的能效投资投向了工业领域。工业领域能效投资达到7323亿元，占全社会能效投资的89%。建筑领域的能效投资共计350亿元，占全社会能效投资的4.3%。交通领域的能效投资仅85亿元，占全社会能效投资的1%。用于终端用能领域的能效投资共计7758亿元，占全社会能效投资的94.3%。能效投资还用于推广高效节能产品。用于消费补贴的资金达到278亿元，占全社会能效投资的3.4%。能力建设投资为188亿元，占全社会能效投资的2.3%（见图7-3）。

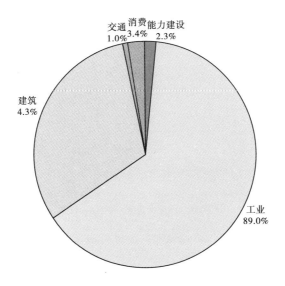

图7-3　能效投资的投入领域

资料来源：清华大学气候政策研究中心计算。

工业领域的能效投资主要用于支持节能技术改造。技术改造的资金投入达到6767亿元，占全社会能效投资的82.3%。淘汰落后产能的资金投入为304

亿元，占全社会能效投资的 3.7%。工业合同能源管理项目的投资为 252 亿元，占全社会能效投资的 3.1%（见表 7 -2）。

表 7 -2　能效投资使用方向

领　　域	节能活动	资金投入（亿元）	占比（%）
工　　业	技术改造	6767	82.3
	淘汰落后产能	304	3.7
	合同能源管理	252	3.1
	小计	7323	89.0
建　　筑	北方采暖地区既有建筑节能改造	244	3.0
	公共建筑节能监管体系建设	43	0.5
	合同能源管理	63	0.8
	小计	350	4.3
交　　通	公共交通领域示范新能源汽车	85	1.0
消　　费	低汞含量节能灯	16.2	0.2
	高效节能空调	115.4	1.4
	1.6 升及以下节能乘用车	30.4	0.4
	家用电器以旧换新	80	1.0
	老旧汽车以旧换新	36	0.4
	小计	278	3.4
能力建设	节能技术研发	100	1.2
	节能服务机构建设	88	1.1
	小计	188	2.3
合　　计		8224	100.0

资料来源：1. 技术改造——中央财政：国家发改委，2011a；技术改造——地方财政：附录 1、附录 2；技术改造——社会资金：附录 4。

2. 淘汰落后产能——中央财政：《中国财经报》，2010；淘汰落后产能——地方财政：附录 3。

3. 合同能源管理：国家发改委，2011b。

4. 北方采暖地区既有建筑节能改造：张少春，2011；住建部，2011。

5. 公共建筑节能监管体系建设：戴彦德等，2012。

6. 公共交通领域示范新能源汽车：《中国财经报》，2010。

7. 消费：国家发改委，2011c；戴彦德等，2012。

8. 节能服务机构建设：戴彦德等，2012；节能技术研发：新华网，2010a。

注：家用电器以旧换新为 2009 年 6 月至 2010 年 9 月统计；老旧汽车以旧换新为 2010 年 1 月至 2010 年 9 月统计。节能技术研发也包括减排技术和应对气候变化的科研投入经费。

建筑领域最主要的节能活动是北方采暖地区既有建筑节能改造，资金投入达到 244 亿元，占全社会能效投资的 3.0%。国家机关办公建筑和大型公共建筑节能监管体系建设资金为 43 亿元，占全社会能效投资的 0.5%。建筑合同能源管理项目的投资为 63 亿元，占全社会能效投资的 0.8%（见表 7－2）。

交通领域的新能源汽车示范投入为 85 亿元，占全社会能效投资的 1%（见表 7－2）。

消费领域的投资主要用于推广三类高效产品——高效照明、高效家电和节能汽车。低汞含量节能灯的消费补贴为 16.2 亿元；高效节能空调的补贴为 115.4 亿元；家电以旧换新为 2009 年 6 月至 2010 年 9 月的统计，共投入 80 亿元；1.6 升及以下节能乘用车的推广资金为 30.4 亿元；老旧汽车以旧换新为 2010 年 1 月至 2010 年 9 月统计的，补贴金额为 36 亿元（见表 7－2）。

此外，用于研发节能技术和建设节能服务机构的资金分别是 100 亿元和 88 亿元，占全社会能效投资的比重分别是 1.2% 和 1.1%（见表 7－2）。

三　能效投资的效果

"十一五"期间，节能活动共形成 4.1 亿 tce 的节能能力，占全社会总节能量 6.4 亿 tce 的 64%。工业领域共形成节能能力 3.9 亿 tce，其中实施技术改造、淘汰落后产能、合同能源管理分别形成节能能力 2.7 亿 tce、1.1 亿 tce 和 1045 万 tce。建筑领域形成节能能力 561 万 tce，其中北方采暖地区既有居住建筑节能改造、国家机关办公楼和公共建筑节能监管体系建设和合同能源管理分别形成节能能力 195 万 tce、116 万 tce 和 250 万 tce。交通领域形成了 2 万 tce 的节能能力。消费领域形成节能能力 819 万 tce（见表 7－3）。

表 7－3　节能活动的节能效果

领　　域	节能活动	节能能力（万 tce）
工　业	技术改造	27399
	淘汰落后产能	11000
	合同能源管理	1045
	小计	39444

续表

领 域	节能活动	节能能力（万 tce）
建 筑	北方采暖地区既有居住建筑节能改造	195
	公共建筑节能监管体系建设	116
	合同能源管理	250
	小计	561
交 通	公共交通领域示范新能源汽车	2
消 费	低汞含量节能灯	408
	高效节能空调	326
	1.6 升及以下节能乘用车	40
	家用电器以旧换新	35
	老旧汽车以旧换新	10
	小计	819
能力建设	节能技术研发	0
	节能服务机构建设	0
	小计	0
合 计		40826

资料来源：清华大学气候政策研究中心，2011；戴彦德等，2012。

四　节能活动的投资成本

本报告将节能活动的投资成本定义为 2010 年形成 1tce 的节能能力所投入的资金。"十一五"期间，全社会能效行动的平均投资成本为 2014 元/tce。如果考虑淘汰落后产能中使用的命令 – 控制类行政手段可能扭曲节能的真实成本，不将淘汰落后产能涉及的资金投入和节能能力计算在内，则全社会的平均投资成本为 2655 元/tce（见表 7 – 4）。

工业部门的投资成本是所有领域最低的。工业部门的平均投资成本为 1856 元/tce。如果不将淘汰落后产能计算在内，则工业的投资成本（即实施节能技改的成本）为 2468 元/tce。

消费领域的投资成本比工业部门稍高，为 3394 元/tce。消费领域整体投资成本较低的原因是节能灯的投资成本非常低。节能灯的投资成本仅 397 元/tce，是全社会平均投资成本 2655 元/tce 的 15%。消费领域的其他产品投资成

表7-4 节能活动的投资成本

领 域	节能活动	资金投入（亿元）	节能能力（万 tce）	投资成本（元/tce）
工业	技术改造	6767	27399	2470
	淘汰落后产能	304	11000	276
	合同能源管理	252	1045	2411
	小计1（包括淘汰落后产能）	7323	39444	1856
	小计2（不包括淘汰落后产能）	7019	28444	2468
建筑	北方采暖地区既有居住建筑节能改造	244	195	12513
	公共建筑节能监管体系建设	43	116	3707
	合同能源管理	63	250	2520
	小计	350	561	6239
交通	公共交通领域示范新能源汽车	85	2	425000
消费	低汞含量节能灯	16.2	408	397
	高效节能空调	115.4	326	3540
	1.6升及以下节能乘用车	30.4	40	7600
	家用电器以旧换新	80	35	22857
	老旧汽车以旧换新	36	10	36000
	小计	278	819	3394
能力建设	节能技术研发	100	—	—
	节能服务机构建设	88	—	—
	小计	188	—	—
合计1（包含淘汰落后产能）		8224	40826	2014
合计2（不包括淘汰落后产能）		7920	29826	2655

资料来源：清华大学气候政策研究中心计算。

注：如果不将淘汰落后产能的节能能力和资金投入计算在内，则工业的平均投资成本为2468元/tce，全社会平均投资成本为2655元/tce。

本都不低，例如高效节能空调的投资成本为3540元/tce、1.6升及以下节能乘用车的投资成本为7600元/tce。以旧换新家电和汽车的投资成本分别为22857元/tce和36000元/tce。

建筑部门的投资成本为6239元/tce。其中实施建筑合同能源管理成本稍低，为2520元/tce；北方采暖地区既有居住建筑节能改造的投资成本高达12513元/tce。交通部门的投资成本非常高，达到42.5万元/tce。对于交通部门来说，新能源汽车的推广成本非常高；"十二五"要实现交通部门的节能目标，需要寻求其他手段。

B.8
能效融资

一 资金来源概况

"十一五"全社会能效投资总规模的19.1%来自政府财政资金，79%来自社会融资，1.9%来自国际资金（见表8-1）。

表8-1 "十一五"能效投资资金来源

资金性质	资金来源		金额（亿元）	占比（%）
财政资金	中央财政		1044	12.7
	地方财政		529	6.4
	小计		1573	19.1
社会资金	企业自有资金	工业企业	3507	42.5
		节能服务公司	94	1.1
		汽车制造商	63	0.8
		小计	3664	44.4
	建筑业主自有资金		128	1.6
	银行		2600	31.7
	股市		106	1.3
	小计		6498	79.0
国际资金	国际机构		90	1.1
	CDM		63	0.8
	小计		153	1.9
合　计			8224	100.0

资料来源：清华大学气候政策研究中心计算。

在财政资金中，中央财政投入达到1044亿元，占全社会能效投资总规模的12.7%；地方财政投入529亿元，占全社会能效投资总规模的6.4%。中央财政与地方财政的资金投入比为2∶1。

社会融资主要来源于企业自有资金（包括工业企业、节能服务公司、汽车制造商）、建筑业主自有资金、银行和股市。其中，企业自有资金达到3664亿元，占全社会能效投资总规模的44.4%；建筑业主自有资金为128亿元，占全社会能效投资总规模的1.6%；银行贷款为2600亿元，占全社会能效投资总规模的31.7%；股市融资为106亿元，占全社会能效投资总规模的1.3%。

国际机构（如世界银行、亚洲发展银行、国际金融公司、法国开发署、欧洲投资银行）提供了90亿元，占全社会能效投资总规模的1.1%。能效项目还通过清洁发展机制获得了国际额外资金投入63亿元，占全社会能效投资总规模的0.8%。

二　财政资金

（一）财政资金投入情况

中央财政的资金投入有较可靠的数据来源。从2008年起，财政部公布的财政预决算报告对中央财政在能效领域的投入有独立统计。国家发改委、住建部等部委在公布各项能效行动实施进展时，通常也公开财政对于该项活动的投入。但是科技部没有公布节能技术研发的统计。本报告将科技部在"十一五"期间安排的节能减排和应对气候变化科研经费近似计算为节能技术研发投入。

中央财政的能效投入从2006年的49亿元增加到2010年的422亿元。5年中，中央财政对于能效的投入增长了8.6倍[①]。能效投入在中央公共财政支出中的比例从2006年的2.1‰增加到2010年的8.7‰（见图8-1）。

收集省级财政数据是一个极为困难的过程。目前缺乏机构对于省级财政的投入情况进行逐年、系统的追踪和分析。在公开可得的数据中，节能、减排、气候变化、资源综合利用等概念经常混为一谈，几乎无法在这些数据中分离出仅与能效相关的数据。不同省份也常由不同机构发布能效数据，例如省政府、

---

① 按2005年不变价计算，2010年中央财政的能效投入是2006年的7倍。

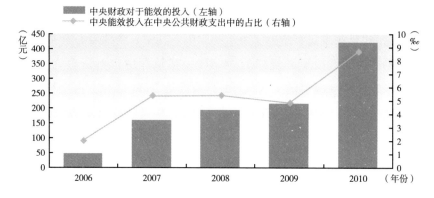

图 8 - 1 中央财政资金投入

资料来源：2008～2010 年中央财政能效投入数据来自财政部财政决算报告；2006 年、2007 年中央财政能效投入数据来自戴彦德等，2012；2006～2010 年中央公共财政支出数据来自财政部财政决算报告。能效投资按当年价计算。

省财政局、省发改委、省经信委、省科技厅、省统计局都有公布零星年份的数据。国家发改委、财政部有时也会公布一些省级数据。此外，不同机构公布的数据还存在彼此矛盾的情况。

为解决以上问题，本报告采取以下数据收集方法：①对于各省市未明确注明用于节能的资金不列入本报告的统计中；②分年份寻找各省市对于工业节能技改的省级财政投入，计算出各省份 5 年累计投入（见附录 1）；③分年份寻找各省市对于淘汰落后产能的省级财政投入，计算出省级财政 5 年累计的淘汰落后产能投入（见附录 3）；④采用住建部公布的省级建筑节能资金投入；⑤采用其他研究机构的交通省级资金投入、省级节能服务机构建设投入。"十一五"期间，省级财政共计投入 332 亿元。

地级市财政资金为推算数据。地级市财政投入仅包含：①地级市对于工业节能技改的投入；②地级市对于北方采暖地区既有居住建筑节能改造的投入。通过对山东、辽宁、上海等省市的案例分析，估计地级市财政对于工业节能技改的投入为省级财政投入对于工业节能技改投入的 0.8～1.3 倍，也即在 116 亿～188 亿元之间。取中间值，估计"十一五"地市级财政投入累计为 152 亿元（见附录 2）。地级市对于北方采暖地区既有居住建筑节能改造的投入约为 45 亿元（张少春，2011）。"十一五"期间，地级市财政共投入 197 亿元。省级和地级市两级财政投入合计为 529 亿元。"十一五"期间，中央财政的资金投入为 1044 亿元，地方财政的资金投入为 529 亿元（见表 8 - 2）。

表 8 - 2 "十一五"财政资金的能效投资

单位：亿元

领　域	节能活动	中央财政	地方财政
工　业	技术改造	300	297
	淘汰落后产能	219	85
	合同能源管理	16	4
	小计	535	386
建　筑	北方采暖地区既有居住建筑节能改造	46	90
	公共建筑节能监管体系建设	18	5
	合同能源管理	4	1
	小计	68	96
交　通	公共交通领域示范新能源汽车	22	0
消　费	低汞含量节能灯	16.2	0
	高效节能空调	115.4	0
	1.6 升及以下节能乘用车	30.4	0
	家用电器以旧换新	80	0
	老旧汽车以旧换新	36	0
	小计	278	0
能力建设	节能技术研发	100	0
	节能服务机构建设	41	47
	小计	141	47
合　计		1044	529

资料来源：清华大学气候政策研究中心计算。

（二）财政资金拨付方式

根据节能活动的性质，财政资金有不同的使用方式。例如，对于项目类行动，如在工业、建筑、交通等终端用能领域实施提高能效的工程项目，财政支持可以采取投资补贴、节能量奖励、贷款贴息、政府采购节能服务等多种方式。对于产品推广类的行动，财政支持通常采取补贴消费者或政府采购的方式。对于能力建设类的行动，财政支持通常采取定额补贴的方式。"十一五"期间，政府使用了以上各种财政支持方式。

1. 中央预算内投资

"十一五"之前，常规财政预算资金用于节能项目的投入称为国债项目；"十一五"期间，称为中央预算内投资项目。此类财政投入多数通过政策性银行使用，一般不负责部门事业费支出，只负责项目资金。"十一五"资金使用的标准是：东部地区，中央财政投入占项目总投资的6%；西部地区，中央财政投入占项目总投资的8%；补贴上限为1000万元。"十二五"东部地区中央财政投入占比提高到项目总投资的8%；西部地区提高到10%。

2. 专项资金"以奖代补"

专项资金是财政部下拨具有指定用途的资金。这种资金要求单独核算，专款专用。专项资金由于其投向的特定性、运营的封闭性和管理的特殊性，对支持节能意义重大。"十一五"期间的节能专项资金包括：激励企业实施节能技术改造的专项资金、支持北方采暖地区既有建筑供热计量和节能改造的专项资金、推广合同能源管理的专项资金。与项目投资相比，"以奖代补"最大的不同在于：奖励资金与节能量挂钩，且补贴额度没有上限。

《节能技术改造财政奖励资金管理办法》（财建〔2011〕367号）明确，奖励对象是节能量在5000tce及以上的节能改造项目。奖励标准为东部地区240元/tce，中西部地区300元/tce。

《北方采暖地区既有居住建筑供热计量及节能改造奖励资金管理暂行办法》（财建〔2007〕957号）确定奖励范围包括：建筑围护结构节能改造、室内供热系统计量及温度调控改造、热源及供热管网热平衡改造及相关支出。奖励标准为严寒地区55元/平方米、寒冷地区45元/平方米。在启动阶段，财政部会同建设部根据各地的改造任务量，按照6元/平方米的标准，将部分奖励资金预拨到省级财政部门，用于当地供热计量装置的安装补助。

《关于加快推行合同能源管理促进节能服务产业发展意见的通知》（国办发〔2010〕25号）确定，对于采用合同能源管理方式实施的工业、建筑、交通领域以及公共机构节能改造项目，给予财政奖励。申请条件是：节能服务公司投资70%以上，并在合同中约定节能效益分享方式，单个项目年节能量在100tce～10000tce，其中工业项目年节能量在500tce及以上。奖励资金由中央财政和省级财政共同负担，其中中央财政标准为240元/tce，省级财政标准不低于60元/tce。

"十一五"中央节能技术改造改造奖励资金共投入200亿元，支持了5100个项目，拉动地方财政投入297亿元和社会资金投入4978亿元。北方采暖地区既有建筑供热计量及节能改造奖励中央投入46亿元，拉动地方财政投入90亿元和社会投入108亿元。推广合同能源管理中央财政投入20亿元，拉动地方财政投入5亿元和社会投入290亿元。

3. 消费者补贴

除对投资进行的补贴（或奖励）外，财政投入还包括对节能高效产品的消费补贴。"十一五"中央财政累计补贴资金164.51亿元，用于照明、空调、电机等高效产品的推广。

（1）高效照明产品

2007年12月，财政部、国家发改委联合发布《高效照明产品推广财政补贴资金管理暂行办法》（财建〔2007〕1027号），明确了对大宗用户每只高效照明产品，中央财政按中标协议供货价格的30%给予补贴；城乡居民每只高效照明产品，中央财政按中标协议供货价格的50%给予补贴。

补贴资金采取间接补贴方式，由财政补贴给中标企业，再由中标企业按中标协议供货价格减去财政补贴资金后的价格销售给终端用户。高效照明产品推广企业及协议供货价格通过招标产生。中标企业提供的高效照明产品必须达到照明产品国家能效标准的节能评价值，其规格、型号必须通过国家产品认证。

"十一五"期间，高效照明产品中央财政补贴资金累计16.2亿元，共支持3.62亿只高效照明产品的推广，节能灯价格比推广前相比下降了40%。

（2）高效节能空调

《节能产品惠民工程高效节能房间空调器推广实施细则》（财建〔2009〕214号）规定，从2009年6月1日至2010年5月31日，对能效等级2级的空调给予300~650元/台补贴，能效等级1级的空调给予500~850元/台的补贴。从2010年6月1日至2011年5月31日，降低了补贴标准，对能效等级2级的空调给予150~200元/台补贴，能效等级1级的空调给予200~250元/台的补贴。

2012年，国家进一步调整了补贴标准。《节能产品惠民工程高效节能房间空调器推广实施细则》（财建〔2012〕260号）规定，从2012年6月1日至2013年5月31日，定速空调能效等级2级补贴180~250元/台，能效等级1

级补贴 240～330 元/台；转速可控性空调能效等级 2 级补贴 240～330 元/台，能效等级 1 级补贴 300～400 元/台。

推广企业按照不高于推广价格减去财政补贴后的价格销售高效节能空调。财政部根据推广企业月度推广情况，预拨补贴资金，并根据地方财政部门、节能主管部门审核结果和专项核查情况进行清算。"十一五"期间，中央财政累计安排 115.4 亿元，支持推广 3400 多万台高效节能空调

（3）1.6 升及以下节能乘用车

《关于印发"节能产品惠民工程"节能汽车（1.6 升及以下乘用车）推广实施细则的通知》（财建〔2010〕219 号）明确，消费者购买发动机排量为 1.6 升及以下的燃用汽油、柴油的乘用车（含混合动力汽车和双燃料汽车）补助 3000 元/辆。生产企业在销售时将补贴兑付给购买者。财政部根据节能汽车月度推广信息，预拨补贴资金。各级财政部门将补助资金拨付给推广企业，财政部根据清算报告和专项核查情况对补助资金清算。"十一五"期间，中央财政累计安排 30.4 亿元，支持推广 100 多万辆 1.6 升及以下节能乘用车。

（4）高效电机

2010 年 6 月，财政部、国家发改委启动推广高效电机，对高效节能的中小型三相异步电动机、高压三相异步电动机和稀土永磁三相同步电动机分别给予 15～40 元/千瓦、12 元/千瓦、40～60 元/千瓦的补贴。"十一五"期间，中央财政累计补贴 2.51 亿元。

4. 财政转移支付

为应对气候变化进行的调整产业布局、优化区位分布的措施会造成某些地区财政收入的流失。因此，中央财政要统筹安排转移支付，对在改革中财政受损的地区进行补贴。在淘汰落后产能行动中，考虑到经济欠发达地区的经济损失，安排中央财政和地方专项补偿资金对淘汰关闭过程中涉及的政府、投资方、职工等各方利益进行补偿。按照《国务院关于印发〈节能减排综合性工作方案〉的通知》（国发〔2007〕15 号）规定的电力、炼铁、炼钢、电解铝、铁合金、电石、焦炭、水泥、玻璃、造纸、酒精、味精、柠檬酸 13 个行业，从 2007 年 12 月起，根据各行业淘汰落后设备投资平均水平等相关因素确定奖励标准，并按一定比例逐年递减。"十一五"期间，中央财政累计安排资金

219.1 亿元用于淘汰落后产能，地方财政安排 85 亿元配套资金。

5. 定额补助

定额补助与常规预算内投入相似，与项目实施成效无直接关联。定额补助对于国家机关办公建筑和大型公共建筑建立节能监管体系支出给予补助，包括搭建建筑能耗监测平台（安装分项计量装置、数据联网等）、进行建筑能耗统计、建筑能源审计和建筑能效公示支出。地方节能服务机构能力建设按西部地区补贴 50%、中部地区补贴 30%、东部地区补贴 20% 的标准（每个项目总投资控制在 800 万 ~ 900 万元）给予补助。

6. 政府采购

将低碳产品和服务强制性纳入采购范围，促进低碳产品开拓市场。政府采购制度往往与节能产品认证制度和能效标识制度结合。从 2004 年起，财政部、国家发改委发布《节能产品政府采购实施意见》。根据节能产品技术及市场成熟度等情况，从国家认可的节能产品认证机构认证的节能产品中按类别确定实行政府采购的范围，并以"节能产品政府采购清单"的形式公布。至 2012 年，国家发改委共公布了 11 期节能产品政府采购清单。2011 年政府采购节能产品 910.6 亿元（《中国政府采购报》，2012）。

7. 财政贴息

财政给予能效投资项目的贷款利息补贴，利率一般比市场利率低得多。与投资补贴一样，贴息的目的是促进企业能效投资的积极性。青海省 2007 年支付贴息资金 780 万元，贴息支持 5 项节能技改项目（古晓芳，2007）。

贴息虽然有利于企业提高投资意愿，但贴息对企业获得银行贷款帮助并不大。原因在于：贴息只能在贷款批准和使用后申报，在申请贷款时贴息能否得到批准仍是未知数。此外，1 ~ 2 个百分点的贴息只占能效投资总额度的 1%，对贷方并无吸引力。

三　社会融资

"十一五"期间，企业、银行、股市共筹集资金 6498 亿元，占全社会能效投资总规模的 79%。社会融资是能效投资最重要的资金来源。

（一）企业和建筑业自有资金

本报告考虑三种类型企业的自有资金（工业企业、节能服务公司和汽车制造商），也考虑建筑业主实施建筑节能改造时投入的自有资金，但讨论的重点是工业企业。企业资金的来源有自有资金、银行贷款、财政奖励、股市和国际碳市场。本报告先讨论企业的资金投入（不包括企业获得的财政奖励），再将企业从银行、股市、国际碳市场获得的资金减去，得到自有资金部分。企业自有资金是中国能效投资最主要的资金来源。"十一五"期间，企业自有资金合计3664亿元，占全社会能效投资的44.4%；建筑业自有资金128亿元，占全社会能效投资的1.6%。

目前没有关于工业企业节能技术改造投入的统计。本报告采用估算方法，考虑工业企业实施"中央预算内投资项目"和"十大重点节能工程"的资金投入（见附录4）。"十一五"期间，工业企业投入6170亿元，节能服务公司投入290亿元，汽车制造商投入63亿元，企业投资共计6523亿元（见表8-3）。

表8-3 "十一五"企业能效投资

单位：亿元

企业类型				资金投入
工业企业	中央预算内投资项目投入	十大重点节能工程投入		6170
	1192	千家企业：2874	小计4978	
		非千家企业：2104		
节能服务公司				290
汽车制造商				63
合　　计				6523

资料来源：清华大学气候政策研究中心计算，附录4；国家发改委，2011b；张少春，2011；戴彦德等，2012。

山东157个中央预算内投资的能效项目案例[①]和35个合同能源管理案例分析显示，银行的贷款大约占项目投资的40%。此外，节能服务公司通过发

---

① 本报告意识到以山东一个省案例来估算全国有很大误差。此外，用中央预算内项目的资金结构归纳其他项目的资金结构也会造成误差。在数据可得的情况下，本报告将会对计算方法和结果进行更新。

行股票获得融资 106 亿元。能效项目通过 CDM 机制在国际碳市场获得 63 亿元国外额外资金。将企业投入的 6523 亿元减去以上渠道获得的资金，得到"十一五"期间企业自有资金投入为 3664 亿元。

（二）银行贷款

中国没有专门针对能效贷款的统计。本报告采用的数据收集方法是从主要银行各年份的社会责任报告中剥离关于节能的贷款，并将加和所得的贷款总数与中国银行业协会公布的数据核对。

2010 年，银行业的节能环保项目贷款余额为 11724 亿元，其中清洁能源和十大重点节能工程占 24%，约 2814 亿元（中国银行业协会，2012）。可再生能源每年投资规模为 500 亿美元，75% 以上的资金来自银行贷款（B Ⅳ篇）。以汇率 1∶6 计算，可再生能源每年的银行贷款大约为 2250 亿元。扣除可再生能源的银行贷款，每年的能效贷款规模接近 600 亿元。

2006 年，能效贷款规模有限，仅 200 亿元（世界银行独立评估局，2010）。考虑到"十一五"后四年平均每年的贷款规模为 600 亿元，得到"十一五"期间银行的能效贷款为 2600 亿元。

（三）股市

为获得"十一五"期间节能服务公司股票发行的情况，本报告分析了在国家发改委备案的 2339 家节能服务公司的上市数据。"十一五"期间，共有 6 家上市节能服务公司（江苏金灵合同能源管理有限公司、哈尔滨九洲电气股份有限公司、深圳达实智能股份有限公司、深圳市英威腾佳力能源管理有限公司、上海延华智能科技集团股份有限公司、武汉科林环保技术有限公司）通过发行股票获得资金 106 亿元，占全社会能效投资的 1.3%。

四　杠杆效应

本报告将财政资金与社会资金的比值定义为财政资金的杠杆比。杠杆比的含义是每增加一个单位的财政投入所引起的社会对于能效投入的增加量，它反

映了财政资金的乘数效应。

"十一五"期间，全国财政（中央和地方）对于能效的投入达到1573亿元，社会能效投资为6651元，全社会平均杠杆比为1∶4.23。财政资金在工业、建筑、交通领域的杠杆效应各不相同：工业领域的杠杆效应最显著（1∶6.95），建筑领域的杠杆效应最微弱（1∶1.13）（见表8-4）。

表8-4 财政资金与社会资金的比例

领　　域	财政资金(亿元)	社会资金(亿元)	财政资金与社会资金的比值
工　　业	921	6402	1∶6.95
建　　筑	164	186	1∶1.13
交　　通	22	63	1∶2.86
消　　费	278	0	—
能力建设	188	0	—
合　　计	1573	6651	1∶4.23

资料来源：清华大学气候政策研究中心计算。

"十一五"期间，工业部门的能效投资达到全社会能效投资的近90%；工业部门形成的节能能力达到所有节能活动节能能力总和的96.6%；工业部门的投资成本是建筑部门的1/3、交通部门的4‰、消费领域的55%；工业部门的杠杆效应是建筑部门的6.2倍、交通部门的2.4倍。可以说，"十一五"期间的能效投资投向了节能潜力最大、投资成本最低的领域，是高效力、高效率的投资。

五　能效融资模式创新

（一）"以奖代补"的财政补贴方式

"以奖代补"是一种创新的财政补贴方式。"以奖代补"不同于传统的项目投资补贴，其创新性体现在两个方面。首先，奖励资金与节能量挂钩，不仅要求资金主管部门对资金进行跟踪、报告和核实，也需要对项目的实施结果进行测量、报告和核实。这种做法有利于保证项目的实施进度和实现预期的节能目标。

其次，因为奖励资金与项目的投资额无直接关系，而且一部分奖励资金并不预先以补贴的形式下发，这就鼓励企业在项目初期自行融资。企业为了实现节能量，不仅需要进行项目投资，也需要进行能力建设投资。能力建设投资虽然无法量化成节能量，但对于项目实施至关重要。再者，"以奖代补"没有财政支持的上限，而投资补贴一般不超过1000万元。图8-2是"以奖代补"方式的实施流程。

图8-2 "以奖代补"机制实施流程

资料来源：《关于印发〈节能技术改造财政奖励资金管理办法〉的通知》（财建〔2011〕367号）。

与项目投资补贴相比，"以奖代补"方式实现了更高的杠杆效应。"十一五"期间，中央财政以项目投资补贴方式安排了80多亿元，拉动企业投入资金1192亿元，财政资金与社会资金的杠杆比为1:14.9。相比，中央财政以"以奖代补"的方式投入了220亿元支持"十大重点节能工程"，共拉动企业资金4978亿元，财政资金与社会资金的杠杆比为1:22.6。

（二）CHUEE项目的风险担保机制

CHUEE（China Utility-based Energy Efficiency Program）项目的贷款方式旨在改变中国银行的一些传统做法，并弥补能效项目自身在吸引贷款方面的劣势。国际金融公司于2006年开始在中国开展CHUEE项目，通过两个主要工具鼓励中国的能效贷款：与银行分担能效贷款本金损失的风险；为市场参与者（如公用事业单位、设备卖方、节能服务公司）提供技术援助。

传统上，中国银行根据公司资产做出贷款决策。在关于银行贷款的调查中，有69%的公司表示因为缺乏可接受的抵押资产而申请贷款失败，25%的公司表示因为抵押资产要求严格而未申请贷款（世界银行，2008）。这种传统

的贷款方式对能效项目尤其不利，因为绝大多数节能服务公司固定资产基础薄弱，没有可抵押的固定资产。此外，中国银行通常采取偿还期内只支付利息、大额本金在到期时偿还的还款方式。分期偿还在中国虽然存在但实践很少；尤其对小企业或银行认为信用风险高的公司，银行一般不允许分期偿还。另外，中国银行发放的能效贷款一般是 1~2 年的短期贷款，短于能效项目的平均投资回报期 3~4 年（人民银行南京分行课题组，2009）。

能效项目的一些特征也客观造成了贷款困难。首先，能效项目交易成本高。能效项目总投资额较小，但对技术评估的要求高。节能可行性咨询和项目评估的费用占总投资额比率高，交易成本比其他类型的项目高。对于大投资额的能效项目，交易费用可占到投资总额的 3%~8%；对于较小额的项目，这一比重要大得多（Sorrell et al.，2004）。其次，一个能效项目今后的能源费用信息通常是不完善的。一个能效项目自身可能有很好的经济效益，但在实际生产运营过程中由于其他原因，造成能效项目无法实现预期效益，项目实施的效果具有高不确定性。这种不确定性致使银行在决策能效贷款时倾向采取额外的风险规避手段，如提高贷款利息、提高资本金比例等，甚至拒绝发放贷款。最后，能效项目专业技术强，银行对于评估能效项目风险的专业知识又很缺乏，无法判断项目的履约能力。在缺乏第三方权威机构对节能效果评估的情况下，银行无法同意贷款请求。

CHUEE 项目在中国推广了以下几项创新的贷款做法。第一，实施基于项目现金流和项目资产发放的项目贷款。CHUEE 项目的贷款模式与传统意义上的项目贷款不尽相同。传统的项目贷款通常采用无追索权或有限追索权的贷款结构；在 CHUEE 项目中，贷款信审在某种程度上依然考虑项目发起人的资产和信用情况，但更强调项目现金流和项目资产的重要性。CHUEE 项目贷款允许企业以项目资产，如节能设备，而不是项目以外的固定资产做抵押。设备抵押的价值往往远低于固定资产抵押，这种做法帮助降低了贷款门槛。在实际操作过程中，银行只要求抵押物为贷款金额的 60%，其余的 40% 由风险分担机制承担。第二，提供 3~5 年的贷款期限，以配合能效项目的现金流。第三，允许企业对贷款进行分期还款，以降低贷款利息费用。第四，由国际金融公司帮助银行开展工程尽职调查和技术评估。

为了降低银行实施 CHUEE 贷款的风险，国际金融公司启动了风险分担机制，与银行共同分担贷款本金损失的风险。在实际操作中，由于国际金融公司不愿意参与第一损失份额的分担，中国政府拿出 1650 万美元的 GEF 赠款对第一损失中的份额按固定百分比与银行共同分担。在本金损失的第一个 10% 部分（第一损失），银行承担损失的 25%，GEF 赠款承担损失的 75%。对超出第一损失的份额（第二损失），银行承担损失的 60%，国际金融公司承担损失的 40%。图 8-3 是风险分担机制的具体操作比例。

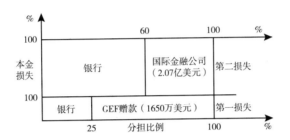

图 8-3　CHUEE 项目的风险分担机制

资料来源：清华大学气候政策研究中心整理。

对 CHUEE 项目的评估显示，CHUEE 项目使节能服务公司更容易获得贷款。近一半的 CHUEE 项目参与企业获得了贷款；相对比，仅 17% 的对比企业（非 CHUEE 参与企业）获得了贷款（世界银行独立评估局，2010）。然而，CHUEE 项目的贷款规模只约占中国能效贷款规模的 2%，对能效投资的影响力还非常小。

CHUEE 项目评估也显示，虽然项目设计的初衷是向中小企业倾斜，实际的投资组合仍以大额贷款为主，小额贷款（贷款规模为 50 万~200 万元）所占比例低于 10%，中小企业在获取贷款方面继续面临挑战（世界银行独立评估局，2010）。此外，建筑节能是能效贷款忽略的领域。对 26 家银行的调查显示，目前只有 1 家银行向建筑节能行业发放过能效贷款（世界银行独立评估局，2010）。

（三）融资租赁与合同能源管理结合的融资模式

融资租赁与合同能源管理结合是一种创新的能效融资模式。融资租赁在中国不是新鲜事物。中国自 1981 年成立首个融资租赁公司（中国租赁公司），至 2011

年8月共有260余家融资租赁公司。但将融资租赁与合同能源管理结合使用,把融资租赁机制引入节能服务领域,完善节能服务业的产业链,是一种创新机制。

融资租赁是由出租方融资,为承租方提供设备,承租方只需要按期缴纳一定的租金,并在合同期后可以灵活处理残值的现代投融资业务,是一种具有融资和融物双重功能的合作。融资租赁可以解决终端客户、设备制造商、节能服务公司在使用节能设备时面临的尴尬。终端客户想用节能设备但不想买、想用但不想管;节能服务公司愿意与终端客户分享节能效益,但常常因为自身信用不够无法贷款购买节能设备;节能设备制造商缺乏销售途径,且受销售占款的制约又无力进行规模生产。融资租赁公司的出现弥补了节能产业链上的缺口:由融资租赁公司出资投放节能设备,节能服务公司作为承租人将节能设备运用到终端客户的节能改造中,不仅可以解决节能合同能源管理的资金瓶颈,同时还拓宽了融资租赁公司的业务,更可以实现终端客户、节能服务公司、节能设备生产商、融资租赁公司四方在合同能源管理项目中的共赢。事实上,终端客户、节能服务公司、节能设备生产商的任何一方都可以是承租人。如果节能服务公司是承租人,融资模式如图8-4所示。

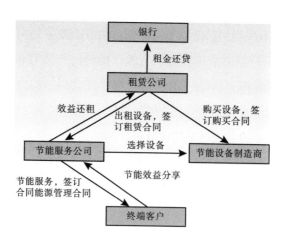

图8-4 融资租赁与合同能源管理结合的模式

资料来源:清华大学气候政策研究中心整理。

融资租赁贷款和合同能源管理贷款之间有以下区别。第一,融资主体不同。融资租赁的贷款主体是金融租赁公司,指经中国银行业监督管理委员会批准，以经营融资租赁业务为主的非银行金融机构。合同能源管理机制下的贷款主体是节能服务公司。第二，回收资金方式不同。融资租赁收取的资金为租金，包括租赁手续费、利息、违约金、赔偿金等，考虑货币时间价值因素，将分期支付的租金按一定的利息折算为现值，是一个确定的数额。相比，合同能源管理机制下，每次回收的资金与实现的节能量挂钩，只有达到或超过合同规定的节能量才能回收合同中的金额。因为节能的预测不确定，而且节能量与生产过程（如产能变化、市场需求变化）紧密相关，会影响回收的金额量。第三，投资性质不同。融资租赁性质是出租人对承租人的金融服务，是出租人对承租人的一种债券性质的投资。相比，合同能源管理是节能服务公司对终端客户未来行动的期权投资；节能服务公司通过向终端客户投资从而拥有一定未来获益的权利，在节能改造后通过分享客户的节能收益获得投资收益。两者在服务范围、合同期限、设备采购中扮演的角色和承担的义务、标的物及其所有权也各不相同。

目前缺乏统计数据评估融资租赁对能效投资的影响。可以预见，按照《国务院关于印发〈节能减排"十二五"规划〉的通知》中合同能源管理领域的发展目标，融资租赁将在"十二五"期间得到发展和推广。

B.9
"十二五" 能效投资展望

一 "十二五" 能效投资需求

"十二五"全社会能效投资需求总规模约为 12358 亿元，这些资金将帮助中国形成 3.83 亿 tce 的节能能力（见表 9-1）。"十二五"期间，通过提高能

表 9-1 "十二五" 能效行动和投资需求规模

能效行动		节能能力		投资成本		资金需求（亿元）
		单位	数值	单位	数值	
工业	技术改造	万 tce	17115	元/tce	3905	6684
	淘汰落后产能	万 tce	6640	—		300
	小计	万 tce	23755	元/tce	2940	6984
建筑	北方采暖地区既有建筑改造	亿 m²	4	元/m²	136	544
	公共建筑节能改造	万 m²	6000	元/m²	170	102
	小计	万 tce	600	元/tce	10767	646
交通	"车船路港"千家企业低碳交通运输	万 tce	100	元/tce	25587	256
节能产品惠民工程		万 tce	3050	元/tce	3570	1089
合同能源管理推广工程		万 tce	6000	元/tce	2908	1745
节能技术示范工程		万 tce	1500	元/tce	10333	1550
机构和基础体系建设		—		—		88
合　计		万 tce	38253	元/tce	3230	12358

注：1. 工业技术改造的投资包括扩大生产及现有技术改造的投资；淘汰落后产能的投资仅包含中央和省级财政资金对经济欠发达地区的奖励，地级市及以下财政和企业付出费用均未计算在内；建筑能效投资仅包含增量投资；交通能效投资无法从数据来源判断该投资是指增量投资还是总量投资；节能产品惠民工程仅包括政府对消费者的补贴，消费者的投入未计算在内；合同能源管理推广工程仅包含对现有技术改造和更换的增量投资；技术示范工程仅包含对节能技术的示范和推广；机构和基础体系建设仅包含节能服务机构的建设和能源管理体系的建设。按 2010 年价格计算。

2. 能效行动的节能能力来自《国务院关于印发〈节能减排"十二五"规划〉的通知》（国发〔2012〕40 号）。单位节能能力成本为清华大学气候政策研究中心估算，估算方法见附录 5~附录 7。

3. 工业技术改造的节能能力和资金需求见附录 5。

4. 工业淘汰落后产能的节能能力和资金需求见附录 6。

5. 建筑、交通领域资金需求计算见附录 7。

资料来源：清华大学气候政策研究中心计算。

效实现的节能量将占全社会总节能量 6.7 亿 tce①的 57.1%。

"十二五"期间，中国将继续支持工业、建筑、交通领域的能效行动。这三个领域的能效资金需求合计为 7886 亿元，占全社会能效投资需求总规模的 63.8%。其余资金将用于推广高效和节能产品、推进合同能源管理机制、产业化重大节能技术、建设节能服务机构和基础体系。

工业仍将是最主要的能效投资领域。"十二五"工业能效资金需求规模为 6984 亿元，占全社会能效投资需求总规模的 56.5%。工业领域将继续开展节能技术改造和淘汰落后产能行动。其中技术改造可以形成 1.71 亿 tce 的节能能力，需要能效投资 6684 亿元。淘汰落后产能可以形成 6640 万 tce 的节能能力，低于"十一五"期间所形成的 11000 万 tce 的节能能力。但考虑"十一五"已摘走"容易摘的果子"，"十二五"淘汰落后产能的边际成本上升。估计实现"十二五"淘汰目标所需求的资金规模不低于"十一五"的 300 亿元。

建筑领域将实施北方采暖地区既有建筑节能改造，改造目标为 4 亿平方米。"十一五"期间，改造的增量成本为 136 元/平方米②。考虑"十二五"的增量成本与"十一五"相比没有显著变化，完成 4 亿平方米的改造任务需要投入 865 亿元。建筑领域也将对公共建筑实施节能改造，改造面积为 6000 万平方米。由案例分析得出公共建筑改造的增量成本为 170 元/平方米，完成公共建筑改造任务需要资金投入 102 亿元（见附录 7）。以上两项能效行动将在"十二五"期间实现节能能力 600 万 tce。建筑领域的能效投资需求规模为 646 亿元，占全社会能效投资需求总规模的 5.2%。

交通运输领域将开展"车船路港"千家企业低碳交通专项行动。铁路运输实施内燃机车、电力机车和空调发电车节油节电、动态无功补偿以及谐波负序治理等技术改造。公路运输实施电子不停车收费技术改造。水运推广港口轮胎式集装箱门式起重机油改电、靠港船舶使用岸电、港区运输车辆和装卸机械

---

① 按五年间 GDP 年均增长 8.5% 计算，为实现"十二五"单位 GDP 能耗下降 16% 的目标，全社会需要实现的节能量为 6.7 亿 tce（按环比累计计算）。

② "十一五"共投入改造资金 244 亿元，累计完成改造 1.8 亿平方米，即单位面积改造成本为 136 元。

节能改造、油码头油气回收等。民航实施机场和地面服务设备节能改造，推广地面电源系统代替辅助动力装置等措施。"十二五"交通运输领域将形成100万tce的节能能力，需要投入资金256亿元，占全社会能效投资需求总规模的2.1%。

除在终端用能部门开展能效行动，中国仍将通过补贴消费者的方式，鼓励高效节能家电、节能汽车、高效电机的推广和应用。2011年，中央财政已安排363亿元支持节能产品惠民工程，节电323亿千瓦时（赵家荣，2012）。节能产品惠民工程的目标是"十二五"实现节电1000亿千瓦时。这意味着还需要投入相当于2011年3倍的资金，即1089亿元，占全社会能效投资需求总规模的8.8%。

中国还将扎实推进合同能源管理机制。合同能源管理推广工程的重点在于加强对合同能源管理项目的融资扶持，鼓励银行等金融机构为合同能源管理项目提供灵活多样的金融服务。鼓励大型重点用能单位利用自身技术优势和管理经验，组建专业化节能服务公司。公共机构实施节能改造优先采用合同能源管理方式。到2015年，节能服务公司发展到2000多家，龙头企业达到20家；节能服务产业总产值达到3000亿元，从业人员达到50万人。"十二五"时期推广合同能源管理机制可以形成节能能力6000万tce，需要投入资金1745亿元，占全社会能效投资需求总规模的14.1%。

"十二五"能效领域的另一项重要工程是产业化推广30项以上重大节能技术，并示范推广低品位余能利用、高效环保煤粉工业锅炉、稀土永磁电机等关键节能技术。推广重大节能技术可以在"十二五"期间形成1500万tce的节能能力，需要投入资金1550亿元，占全社会能效投资需求总规模的12.5%（戴彦德等，2012）。

在"十一五"的基础上，"十二五"将继续进行节能服务机构能力建设和节能监测体系建设。考虑"十二五"将延续"十一五"的工作并保持相同的资金投入规模，"十二五"能力建设的资金需求约为88亿元，占全社会能效投资需求总规模的0.7%。

二 "十二五"能效投资资金缺口

如果中国保持"十一五"的能效投资规模,"十二五"将面临4134亿元的资金缺口。这意味着"十二五"能效投资规模需要在"十一五"基础上增长50%,才能满足资金需求(见表9-2)。

表9-2 "十二五"能效投资资金缺口

单位:亿元

能效行动		"十二五"需求	"十一五"投资	资金缺口
工业	技术改造	6684	6767	-83
	淘汰落后产能	300	304	-4
	小计	6984	7071	-87
建筑	北方采暖地区既有居住建筑改造	544	244	300
	公共建筑节能改造	102	43	59
	小计	646	287	359
交通	"车船路港"千家企业低碳交通运输	256	85	171
节能产品惠民工程		1089	278	811
合同能源管理推广工程		1745	315	1430
节能技术示范工程		1550	100	1450
机构和基础体系建设		88	88	0
合　计		12358	8224	4134

资料来源:清华大学气候政策研究中心计算。

从三个终端用能部门来看,"十二五"期间建筑部门将面临最严峻的资金挑战,资金缺口达到359亿元。交通部门也需要大幅提高资金投入,资金缺口为171亿元。相比较,工业部门若保持"十一五"的投资规模,将不会面临严重的资金压力。三个终端用能部门的资金缺口合计为443亿元,占资金缺口总额的10.7%。

资金缺口主要来自合同能源管理推广工程、节能技术示范工程和节能产品惠民工程,缺口分别达到1430亿元、1450亿元和811亿元,占资金缺口总额的比重分别达到34.6%、35.1%和19.6%。

三 "十二五"能效投资资金来源

为满足"十二五"能效投资资金需求，需要中央财政投入2254亿元，地方财政投入1025亿元，社会资金9079亿元。"十一五"期间，中央财政、地方财政分别投入了1044亿元和529亿元，社会资金（6498亿元）和国际资金（153亿元）共投入6651亿元。"十二五"的资金缺口意味着中央财政需要增加1210亿元，比"十一五"期间增加116%；地方财政增加496亿元，比"十一五"期间增加94%；社会资金增加2428亿元，比"十一五"期间增加37%（见表9-3）。

表9-3 "十二五"能效投资资金来源

单位：亿元

能效行动		中央财政	地方财政	社会资金	合　计
工业	技术改造	300	300	6084	6684
	淘汰落后产能	220	80	0	300
	小计	520	380	6084	6984
建筑	北方采暖地区既有居住建筑改造	102	204	238	544
	公共建筑节能改造	0	0	102	102
	小计	102	204	340	646
交通	"车船路港"千家企业低碳交通运输	8	8	240	256
节能产品惠民工程		1089	0	0	1089
合同能源管理推广工程		144	36	1565	1745
节能技术示范工程		350	350	850	1550
机构和基础体系建设		41	47	0	88
合计		2254	1025	9079	12358
比"十一五"增加投入		1210	496	2428	4134

资料来源：清华大学气候政策研究中心计算。

工业部门如果保持"十一五"能效投资规模和格局，可以满足"十二五"资金需求。这要求中央财政投入520亿元，其中安排300亿元支持技术改造、220亿元实施淘汰落后产能。地方财政需要配套380亿元，其中安排300亿元支持技术改造、80亿元实施淘汰落后产能。工业企业投入6084亿元。

北方采暖地区既有居住建筑供热计量及节能改造奖励资金仍将是北方采暖

地区既有建筑节能改造的重要资金来源。"十一五"期间，中央财政累计安排专项资金46亿元，完成节能改造1.8亿平方米。如果"十二五"延续"十一五"的奖励标准，中央财政将至少安排102亿元以实现新增4亿平方米的改造目标。"十一五"期间，地方各级财政共支持90亿元，几乎是中央财政资金的2倍。"十二五"如果延续这一比例，即省、市两级财政按照中央补助1:1:1的比例安排配套资金，地方财政将贡献204亿元。"十一五"期间，136亿元财政资金共拉动社会投入108亿元，财政资金撬动社会资金比例不足1:1。"十二五"如果提高杠杆比例，使比例达到1:1，社会资金将至少投入300亿元，满足资金需求。

公共建筑节能改造资金需要改造单位自行筹集。国家机关办公建筑和大型公共建筑节能专项资金明确，中央财政采用贷款贴息补助的方式对节能改造项目予以支持。这意味着中央财政仅对贷款造成金融成本增加的部分予以支持，将不直接安排财政资金帮助资金的筹集。因此，国家机关办公建筑和大型公共建筑的业主需要筹措102亿元。

社会融资将是交通能效投资最主要的来源。2011年，中央财政投入2.5亿元支持了122个交通运输节能项目。这些项目共形成了31.5万tce的节能能力（周晓航，2012）。"十二五"若要实现100万tce的交通节能能力，中央财政至少需要投入3倍于2011年的投入，即相当于8亿元。考虑地方财政按照中央财政1:1的比例配套资金，地方财政将贡献8亿元。2011年2.5亿元的财政资金拉动了80.6亿元的社会投资，投资比例为1:32（周晓航，2012）。如果"十二五"后四年保持这个投资比例，社会资金投入将超过所需要的240亿元。

节能服务公司将是合同能源管理推广工程的主要资金来源。"十二五"如果延续"十一五"的奖励标准，即中央财政奖励240元/tce、地方财政配套资金不少于60元/tce，则中央财政需要安排144亿元、地方财政安排36亿元支持合同能源管理项目。剩余1565亿元将由节能服务公司筹集。

"十二五"首次实施节能技术示范工程，中央财政、地方财政和社会资金将共同负担资金需求。其中，中央财政与地方财政按照1:1的比例，将分别贡献350亿元；剩余850亿元由社会融资筹措（戴彦德等，2012）。节能产品惠民工程的全部资金将来自中央财政。机构建设和基础体系建设将保持"十一五"的投资格局。

"十二五"期间，各级政府需要继续加大财政对能效的支持力度。"十二五"期间，中央财政、地方财政和撬动的社会资金投入杠杆比将为2.2∶1∶8.9。与"十一五"中央财政、地方财政、社会资金的杠杆比1.95∶1∶12.6相比，"十二五"将基本保持中央财政对地方财政2∶1的比例，但财政资金在全社会总资金中的占比将提高。

四 "十二五"财政资金管理和监督

"十一五"期间，中央财政安排节能专项资金，采取"以奖代补"方式对十大重点节能工程给予支持和奖励。"十二五"中央财政继续安排专项资金，对企业实施节能技术改造予以奖励。对比"十一五"，"十二五"的资金管理办法有继承也有发展。表9-4对比了"十一五"和"十二五"资金管理方面的具体做法。

表9-4 "十一五"与"十二五"节能技改财政奖励资金管理办法对比

资金管理办法		"十一五"做法	"十二五"做法	比较
资金来源		中央财政安排专项资金	同"十一五"	相同
奖励原则		"以奖代补"，资金与节能量挂钩	同"十一五"	相同
奖励对象	技术	《"十一五"十大重点节能工程实施意见》（发改环资〔2006〕1457号）中确定的燃煤工业锅炉（窑炉）改造、余热余压利用、节约和替代石油、电机系统节能和能量系统优化等节能技术改造项目	对现有工业生产和设备实施技术改造的项目	拓宽技术选择的范围
	节能量	1万tce以上	5000tce（含）以上	较小型项目也符合奖励标准
	改造主体	无明确要求	符合国家产业政策，且运行3年以上	更强调奖励对象是改造项目
	年综合能耗量	项目单位改造前对年综合能耗量无明确要求	项目单位改造前年综合能耗2万tce以上	对项目单位确定有更明确的要求
	MRV	项目单位具有完善的能源计量、统计和管理体系	项目单位具有完善的能源计量、统计和管理体系，项目形成的节能量可监测、可核实	进一步强调节能量可监测、可核实

续表

资金管理办法		"十一五"做法	"十二五"做法	比较
奖励标准		东部：200 元/tce；西部：250 元/tce	东部：240 元/tce；西部：300 元/tce	奖励标准提高
资金申报和下达	申报原则	属地化原则	同"十一五"	相同
	申报初审	省级节能主管部门对企业申请报告初审、确定、汇总、上报国家发改委和财政部	省级节能主管部门对企业申请报告初审；省级节能主管部门委托第三方机构初次现场审核，由第三方机构对项目节能量、真实性出具审核报告；将企业申请报告和第三方审核报告汇总上报国家发改委和财政部	在审核阶段，引入第三方机构实施现场审核，并出具审核报告
	申报复审	国家发改委、财政部组织专家复审，国家发改委根据复审结果下达项目实施计划，财政部按照奖励金额的60%下达预算	同"十一五"	相同
	拨款方式	各级财政按照国库管理制度有关规定将资金拨付到项目单位	同"十一五"	相同
	清算方式	国家发改委、财政部委托第三方机构审核项目实际节能量，并出具审核报告。财政部根据第三方机构的审核报告与省级财政部门清算，由省级财政部门负责下达或扣回奖励资金	省级财政部门、节能主管部门委托第三方机构对项目进行最终现场审核，并出具审核报告。国家发改委、财政部委托第三方机构对实际节能效果进行抽查，根据各地资金清算和第三方机构抽查结果与省级财政部门进行清算，由省级财政部门负责下达或扣回奖励资金	最终审核的责任落在地方。由省级部门委托第三方机构进行最终现场审核。国家发改委、财政部委托第三方机构进行抽查
	第三方机构的审核费用支付	财政部支付	地方参考财政性投资审评费用及委托代理业务补助费付费管理等有关规定支付	费用支付的责任从中央转到地方
审核机构管理		除要求是国家发改委和财政部公布的名单外，没有其他要求	要求第三方机构及审核人员近三年内不得为项目单位提供过咨询服务；项目实施前后的节能量审核委托不同的第三方机构	回避原则

续表

资金管理办法	"十一五"做法	"十二五"做法	比较
监督管理	企业专款专用,对申请材料的真实性负责	地方节能主管部门和财政部门对项目的真实性负责。地方节能主管部门和财政部门负责监督项目进度。企业对于申请材料真实性负责。国家发改委和财政部对第三方机构监管	地方节能主管部门有更大的监管责任

资料来源:清华大学气候政策研究中心整理。

　　根据表9-4,"十二五"相对于"十一五"在财政奖励资金管理方面的不同做法在于:第一,奖励范围更大。这体现在以下两个方面:一方面,技术选择的范围更大。"十二五"只要企业对现有生产工艺和设备实施节能技改,并不规定具体技术。"十一五"奖励的范围仅针对十大重点节能工程中确定的技术。另一方面,放宽对节能量的要求,例如"十二五"节能量的阈值是5000(含)tce以上,而"十一五"是1万tce以上。这意味着"十二五"不如"十一五"有那么大的节能潜力,实现国家节能目标需要实施规模较小项目。第二,奖励力度更大。奖励标准东部从200元/tce提高到240元/tce,西部从250元/tce提高到300元/tce,东西部的奖励标准都提高了20%。这也从侧面反映"十二五"节能潜力小于"十一五",为挖掘节能潜力需要更大力度的国家政策推动。第三,强化第三方机构的作用。在项目实施前和实施后,皆要求第三方机构对项目的节能量和真实性进行现场审核。"十二五"对第三方机构的资质提出更明确要求。例如,要求第三方机构及审核人员近三年内不得为项目单位提供过咨询服务;要求优先选用实力强、审核项目多、经验丰富的第三方机构。第四,地方节能主管部门更高的参与度和更多的职责。地方参与体现在以下方面:①第三方机构的审核费用由地方财政负责。"十一五"期间这笔费用由财政部负责。②地方节能主管部门在项目实施前和实施后负责委托第三方机构对项目的节能量和真实性进行现场审核。"十一五"期间,项目实施后的节能量审核由国家发改委委托第三方机构执行。③地方节能主管部门对项目真实性负审查责任,对项目实施进度负监督检查责任。国家对于项目整体进度较慢或未实现预期节能效果的地区,给予通报批评。

五 政策启示

"十一五"期间,中国取得了宝贵的能效融资经验。"十一五"能效融资的多种模式创新为"十二五"扩大能效投资规模、提高资金使用效力提供了极高的参考价值。在"十一五"的基础上,本报告建议"十二五"深化以下的创新机制。

(一)使用部分节能专项资金作为能效贷款担保金

"十一五"期间,节能专项资金主要用于奖励企业实施节能技改项目,以投资补贴或节能量奖励的方式,成功撬动了企业资金的参与。然而,企业尤其是中小型节能服务公司持续面临贷款困境。"十二五"期间,节能主管部门可以考虑使用部分节能专项资金作为能效贷款的担保金,鼓励银行发放能效贷款,吸引更多资本资源的参与。

以财政资金作为贷款担保金的实质是建立一个政府主导的风险缓释平台。监管部门对银行越来越严格的监管约束,促使银行以提高担保要求等措施来防范风险。财政资金作为能效贷款的担保金,不仅可以增强银行开展能效业务的积极性,也可以弥补节能服务公司信用评级低且自身担保资源有限的缺陷。

此外,使用部分节能专项资金作为银行工程调查和技术评估的资金,帮助银行解决技术障碍。能效项目专业技术强,涵盖的领域广泛,银行通常缺乏判断项目赢利能力的专业知识。各地节能主管部门可以帮助当地银行在银行内部建立专门的能效贷款评估团队;或在产业协会层面上,由中国节能协会节能服务产业委员会与中国银行业合作建立能效贷款评估团队。从 CHUEE 项目的经验来看,在企业与银行之间,搭建能效信息交流平台并构建信用评价体系,是解决能效贷款困境至关重要的一步。

(二)深化企业增值税、所得税改革

从"十二五"资金需求分析来看,企业仍是能效投资最关键的资金来源。为鼓励企业保持"十一五"的能效投资规模,国家应深化增值税、所得税改革,使企业在实施能效项目后真正地享受到税收优惠。

"十一五"期间的增值税改革提高了能效项目的投资回报率。在 2008 年

增值税改革前，按照国家税法要求，企业需缴纳17%的增值税。增值税的应纳税额＝销项税额－进项税额。作为没有原料采购成本的能效项目来说，实施能效项目的企业需要多缴12%左右的增值税，大大影响了企业利润。

2008年，财政部、国家税务总局《关于资源综合利用及其他产品增值税政策的通知》（财税〔2008〕156号）调整和完善了部分资源综合利用产品的增值税政策。2011年，财政部、国家税务总局《关于调整完善资源综合利用产品及劳务增值税政策的通知》（财税〔2011〕115号）进一步规定，利用工业生产过程中产生的余热、余压生产的电力或热力，发电（热）原料中100%利用上述资源，则对销售该部分自产货物实行增值税即征即退100%的政策。

然而实际操作中，由于能效项目自身的特点和其他外在因素，企业很难实实在在地享受税收优惠。例如，水泥生产属于高电耗企业，余热发电工艺投入原料煤炭只有部分能量转化为电能，发电数量一般来说小于本企业生产用电总电量，单项计算时很难形成增值税应纳税额。另外，现行电力管理体制对余热发电生产的电力管理原则是并网不上网，所发电量全部自用，超发没收，倒送付费，所以超发部分仍然无法形成增值税应纳税额，反倒会带来意想不到的风险（超发部分被税务机关视为无偿赠送而征收增值税、调增所得税应纳税所得额）。

在所得税优惠方面，由于发电项目属于内设机构，不构成企业所得税纳税人；该部分虚拟收入既不符合会计收入确认条件，也不符合所得税收入确认条件。这两个因素导致余热发电项目难以被认可享受《企业所得税法》规定的资源综合利用减计收入的企业所得税优惠政策。总的来说，水泥窑余热发电实质上是符合国家产业政策导向的资源综合利用项目，理论上也确实应该享受增值税即征即退和所得税资源综合利用的优惠政策。但由于其存在先天不足，再加上现行电力管理体制的束缚，余热发电企业对国家制定的这些税收优惠政策可望而不可即。

"十二五"期间，税制改革应根据产业发展的最新需求调整税收优惠的范围、力度和方式，保证企业切实享受税收优惠，使税收改革真实有效地推动能效投资。

（三）完善企业债券的发行机制

企业债券作为一种重要的融资手段，在能效领域几乎不存在。"十二五"期间，中小企业私募债券可以成为能效融资的一个新渠道。中小企业私募债券信用风险相对小，收益优势明显。在发债过程中，除了要求企业有一定收入规模，没有要求企业必须赢利。从发债规模看，中小企业债不受企业净资产规模局限，即中小企业私募债可以突破债券发行规模必须控制在净资产40%以内的限制。此外，私募债发行周期灵活，在发行一年期以后，可以连续第二期、第三期发行，不受时间限制。这意味着企业在设计融资节奏和融资规模时，可以通过不同的发行量和发行时间点来控制资金成本。

目前已有第一家节能服务公司成功发行了首只能效中小企业私募债券。深圳市嘉力达实业有限公司是中国第一批引进合同能源管理机制专业从事建筑节能服务的公司。深圳市嘉力达实业有限公司于2012年6月8日在深交所启动发行5000万元、期限3年、利率9.99%的中小企业私募债券（《深圳特区报》，2012）。

"十二五"期间，具备发债条件的大型企业可以与融资租赁公司合作，发行节能设备融资租赁债券。其中，租赁公司可以作为负债平台，成为发债主体，定向开展经营租赁，不增加企业的负债。同时，借助于大型企业信用的增信、租赁设备和租金收益的支持、担保机构对余值支付的担保，节能设备融资租赁债券将有一个良好的筹资成本。

（四）引导风险投资者投资节能服务公司

国外节能服务公司一般靠私募基金获取资金支持，但必须满足拥有技术专利、创始人对公司控制、清晰可复制的商业模式等条件。中国的风险投资者对于节能服务产业投资谨慎，很多被风险投资关注过的公司最终未获得风险投资。这主要与两个因素有关。第一，中国节能服务公司尤其是中小型公司的自主研发能力仍然较弱，商业赢利模式不清晰。目前很少有节能服务公司能真正帮助用能企业开展从节能诊断，到节能设计、施工、融资、运行和维护，特别是结合工业生产工艺特点提供"一条龙"服务。第二，中国的风险投资市场仍处于发展初期，资金规模和监管等多方面存在不足，且风险投资者对于种子期项目的扶持力度也不够。

"十二五"期间，拓宽节能服务行业融资渠道的当务之急是从行业内部扶持一批有实力的龙头企业，整合行业的产品、技术、人才、服务等资源。此外，建立政府基金，鼓励和引导风险投资者向节能服务企业投资，使风险投资者不仅给节能服务企业带去资金，也带去企业管理的专业咨询和辅导。

六 本篇总结

"十一五"全社会能效投资总规模为8224亿元,"十二五"能效投资需求为12358亿元。"十二五"期间,能效投资需要在"十一五"的基础上增长50%,才可能满足投资需求。

"十一五"期间,财政资金共投入1573亿元,占全社会能效投资总规模的19.1%。中央财政在能效领域共投入1044亿元,占全社会能效投资总规模的12.7%。为满足"十二五"能效投资需求,中央财政需要投入2254亿元,比"十一五"增加116%。"十一五"期间,地方财政共投入529亿元,占全社会能效投资总规模的6.4%。"十二五"期间,地方财政需要投入1025亿元,比"十一五"增加94%。"十一五"期间,社会资金和国际资金共投入6651亿元,占全社会能效投资总规模的80.9%。"十二五"期间,社会资金需要投入9079亿元,比"十一五"增加37%。

"十一五"期间,8224亿元的能效投资共形成节能能力4.1亿tce,为实现单位GDP能耗下降19.1%的贡献度为64%。"十二五"期间,12358亿元的能效投资可形成节能能力3.8亿tce,为实现单位GDP能耗下降16%目标的贡献度为57%。"十二五"能效投资的需求大大提高,但通过能效可实现的节能量下降,"十二五"节能任务十分艰巨。

"十一五"期间,能效投融资领域实践了多项创新的融资模式。例如,财政资金以"以奖代补"方式发放,提高了财政资金撬动社会资金的能力。通过"以奖代补"方式,1元财政资金可以拉动22.6元社会资金;相对比,以项目投资补贴方式,1元财政资金拉动14.9元社会资金。在能效贷款领域,CHUEE项目创新地启动风险担保机制,实践了基于项目现金流和项目资本的项目贷款。融资租赁也被引入能效领域,与合同能源管理机制结合,解决了节能设备使用方面的问题。

"十二五"期间,中国应深化能效投融资的创新实践。为进一步提高财政资金的使用效率,节能主管部门可以考虑以节能专项资金作为能效贷款的担保金,以财政资金撬动金融资金的参与。为继续鼓励企业进行能效投资,增值税、所得税的改革应进一步深化，确保实施了能效项目的企业可以真正享受到税收优惠。此外，发行企业债券和吸引风险投资都是拓宽能效融资的重要渠道。

附录1　省级节能专项资金

省级节能专项资金仅统计用于节能技改和节能服务机构建设部分的资金，淘汰落后产能、建筑节能和交通节能的资金投入未包括在内。统计方法为：将各地区每年资金加总得到五年累计资金。数据来源为各地区财政决算表、地方财政厅、国家发改委、地方发改委、地方经信委、地方政府、主流媒体报道等。省级财政用于工业节能技改的五年累计资金为 144.64 亿元（见附表1）。

附表1　省级节能专项资金（五年累计）

单位：亿元

地　区	资金	地　区	资金	地　区	资金	地　区	资金
山　西	33.76	江　苏	14.93	福　建	10.40	上　海	8.81
山　东	8.31	北　京	7.51	湖　北	6.63	广　东	6.27
浙　江	5.90	内蒙古	3.93	云　南	3.21	四　川	2.99
天　津	2.80	河　北	2.68	宁　夏	2.68	陕　西	2.50
青　海	2.28	湖　南	2.20	辽　宁	2.17	广　西	2.15
甘　肃	1.92	新　疆	1.73	重　庆	1.60	江　西	1.52
安　徽	1.29	贵　州	1.08	海　南	1.04	河　南	0.90
黑龙江	0.75	吉　林	0.70	西　藏	0	总　计	144.64

资料来源：安徽省淘汰落后产能工作办公室，2011；北京市财政局，2009，2010；财政部，2011b，2011c；重庆市经信委，2010；《福建日报》，2009；福建省财政厅，2010；甘肃省财政厅，2011；广东省发改委，2010；《广西日报》，2008；广西壮族自治区发改委，2010；广西壮族自治区工信委，2009；国家发改委，2006a，2006b，2007，2008a，2008b，2008c，2009a，2010b，2010c，2010d；海南省科技厅，2008；《海南日报》，2010；河北省发改委，2010；河南省财政厅，2010；《黑龙江日报》，2009；湖北省财政厅，2008；吉林省发改委，2011；江苏省财政厅，2010；江苏省统计局，2011；昆明市政府，2010；辽宁省财政厅，2009，2010；内蒙古自治区财政厅，2010；宁夏回族自治区财政厅，2011；青海省统计信息网，2011；人民网，2010；《山西日报》，2009；上海市财政局，2011；四川省发改委，2011；天津市财政局，2009；天山网，2010；湘企网，2011；新华网，2007a，2007b，2008a，2008b，2008c，2008d，2010b；新疆维吾尔自治区人民政府，2008；新民网，2010a；云南省发改委，2008；云南省工信委，2009；浙江统计信息网，2011；中广网，2010；《中国工业报》，2011；中国工业可持续发展网，2010；《中国化工报》，2010a，2010b；《中国环境报》，2008；中国节能减排协会，2010；中国能源信息网，2011；中国新能源网，2006。

189

附录2　地市级财政投入

地市级财政投入通过案例分析得出估算值。以山东省为例，"十一五"山东省级节能专项资金共计 8.31 亿元，地市级财政投入共计 10.59 亿元，省级财政投入与地市级财政投入的比例为 1∶1.3（见附表2）。

附表2　地市级节能专项资金（五年累计）

年份	地市级财政投入	超过 2000 万元城市
2007	2.76 亿元	青岛 1.1 亿元、淄博 4644 万元、济宁 2370 万元、泰安 2258 万元、潍坊 2123 万元
2008	2.64 亿元	青岛 1.2 亿元、济宁 2715 万元、淄博 2360 万元、潍坊 2328 万元
2009	2.29 亿元	
2010	2.9 亿元	
总计	10.59 亿元	

资料来源：山东省人民政府，2008，2009，2010，2011。

2009 年，辽宁省继续加大对节能方面的投入，专项用于节能技术改造、技术升级等方面的财政资金达 31607 万元。其中：争取中央财政奖励资金 15764 万元，省本级安排 8600 万元，各市财政安排 7243 万元（国家发改委，2010）。由此可得，省级与市财政投入的比例为 1∶0.84。

上海市结合各领域工作需要，各部门先后出台了 21 项实施细则，涵盖了淘汰落后产能、节能技改、合同能源管理、建筑节能、交通节能、推广节能空调、推广绿色照明、淘汰老旧汽车、分布式供能、可再生能源和新能源、清洁生产、节能能力建设等主要方面，2008～2010 年共安排使用 32 亿元。同时，按照市政府相关部门加大配套投入的要求和本地区节能减排工作需要，各区县也相应加大了财政资金的投入，大部分区县都设立了节能减排专项资金，"十一五"累计投入超过 30 亿元（上海市发改委，2011）。市级投入与区县级投入的比例为 1∶1。

根据以上案例，估算地市级财政投入为省级财政投入的 0.8～1.3 倍，即在 116 亿～188 亿元之间。取中间值，估算"十一五"地市级财政投入累计 152 亿元。

附录3 淘汰落后产能的地方财政投入

2007～2009 年，中央财政安排 162 亿元奖励资金，带动地方财政投入 70 多亿元支持淘汰落后产能工作（工信部，2010）。根据不完全统计，福建、山东、山西、河北、上海、浙江、江苏、青海、内蒙古、辽宁、海南、云南、甘肃、江西、安徽在 2010 年投入 15.1 亿元。"十一五"期间，地方财政累计投入 85.1 亿元支持淘汰落后产能工作。[①] 因为统计口径不完全，实际地方财政对于淘汰落后产能的投入应大于 85.1 亿元。

附录4 社会资本的节能技改投资

这部分资金分两部分讨论。第一，企业对于中央预算内投资项目的资金投入；第二，企业对于"十大重点节能工程"项目的资金投入。分两部分讨论的原因在于：这两类项目补贴方式和标准不同，即企业资金在项目总投资中的比例不同。

中央预算内投资项目主管部门为国家发改委，国家发改委设有基本建设投资资金，每年 40 亿～50 亿元规模。中央预算内投资项目根据项目总投资额进行补贴。"十一五"期间的补贴标准是：东部地区补贴项目投资总额的 6%，西部地区补贴项目投资总额的 8%。单个项目的补贴原则为不超过 1000 万元，极少数项目突破此上限。

"十一五"中央预算内投资安排 80 多亿元支持节能技改。"十一五"东部实现的节能量是西部的 1.8 倍（清华大学气候政策研究中心，2011），推论东部实施的技改项目多于西部，得到的补贴资金多于西部。假设资金投入与节能

① 资料来源：福建省人民政府，2011；工信部，2012；《青海日报》，2010；山东省财政厅，2010；孙学，2011；网易新闻中心，2010；新华网，2010c；新浪新闻，2010；新民网，2010b；雅虎财经，2010；《中国环境报》，2010，2011；中国煤炭资源网，2011。

量成正比，通过东、西部实现的节能量，得出东、西部的补贴数。根据东部实现的节能量是西部的1.8倍，计算出东部得到的补贴额为46亿元，西部为34亿元。根据东、西部各自补贴标准，估算出中央预算内投资拉动东部社会资金767亿元、西部社会资金425亿元，共计1192亿元。

"十大重点节能工程"是由财政部和国家发改委共同主管的，从节能专项资金中拨款支持技术改造。"十大重点节能工程"以奖代补，奖励资金与实现的节能量直接关联。节能量委托第三方审核，按实现的节能量计算奖励金额；若项目中止实施，财政部收回预拨款。"十一五"期间，申请奖励的条件为项目年节能量在万吨以上；奖励标准为东部200元/tce，西部250元/tce。只要项目满足条件，奖励上不封顶。

根据企业性质，可将企业分为"千家企业"和"非千家企业"讨论。分别讨论的好处在于：对于千家企业有其他统计口径，不仅包含"十大重点节能工程"的资金投入，还有其他方面的资金投入；而"非千家企业"缺乏类似数据，仅能根据"十大重点节能工程"的资金投入估算企业的资金投入。

"千家企业"的计算方法如下。2007年，"千家企业"投资500亿元，当年节能量3817万tce（国家发改委，2008d），减碳量9886万tCO$_2$；2008年，"千家企业"投资900亿元，当年节能量3572万tce（国家发改委，2009b），减碳量9251万tCO$_2$。由此估算成本为740元/tCO$_2$。"十一五""千家企业"共节能1.5亿tce，减碳3.88亿tCO$_2$（清华大学气候政策研究中心，2011）。因此，"千家企业"五年的投资为2874亿元。

"非千家企业"的计算方法如下。"十大重点节能工程"中"非千家企业"实现节能量14521万tce，减碳量38627万tCO$_2$（清华大学气候政策研究中心，2011）。工业项目平均投入成本为545元/tCO$_2$（清华大学气候政策研究中心，2011），得"非千家企业"投资为2104亿元。这里使用的平均投入成本较案例小的原因在于：这里仅考虑直接转换成节能量和减碳量的资金投入，没有包括无法直接转换成节能量的那部分投资。

综上所述，社会资本的节能技改投资总量为6170亿元。

必须指出，这里估算的企业资金仅计算了企业通过实施节能技改项目并实现节能量的那部分资金投入，小于企业的实际投入。企业用于购买先进设备、建立能源管理体系、强化能力建设等方面的投资，并未直接转换成节能量，未被包括在内。此外，相当一部分节能技改项目实现的节能量较小，不符合申请国家或地方节能技改奖励的标准（例如"十大重大节能工程"奖励标准是项目的节能量超过 1 万 tce）。考虑到这些因素，"十一五"期间企业的实际投资额远高于 6170 亿元。

附录5 "十二五"期间工业技术改造实现的
节能能力和能效投资需求规模

工业部门技术改造的节能能力分两步计算。第一步，计算 10 种高耗能产品的节能能力。根据《国务院关于印发〈节能减排"十二五"规划〉的通知》（国发〔2012〕40 号）确定的 10 种高耗能产品 2015 年能效目标和工信部制定的工业"十二五"发展规划中预测的产品产量进行计算。某产品在"十二五"期间形成的节能能力 =（2010 年能效指标 – 2015 年能效指标）×2015 年产量。第二步，根据 10 种高耗能产品能耗占工业能耗的比重，计算工业部门的节能能力。2010 年，10 种产品的能耗占工业部门总能耗的 40%。考虑"十二五"工业内部结构得到优化，估计到 2015 年 10 种产品的能耗占工业部门总能耗的比重为 35%。根据能耗占比并结合从第一步中得出的结果，计算出工业部门"十二五"的节能能力。

工业部门的资金需求计算也分成两步。第一步，计算投资成本。投资成本定义为形成 1tce 节能能力的投入成本。投资成本根据《中国能效投资进展报告 2010》（戴彦德等，2012）提供的各行业"十一五"投资成本进行估算，并做了以下三个修正。①由于《中国能效投资进展报告 2010》仅给出各行业的平均投资成本，对于多产品的行业（例如建材、石油和化学化工）必须得到各产品的投资成本。根据《关于印发〈"十一五"十大重点节能工程实施意见〉的通知》（发改环资〔2006〕1457 号），首先确定"十一五"期间某产品主要实施的十大重点节能工程，并用这几项十大重点节能工程的平均单位节能量投资确定为该产品的投资成本。②考虑"十一五"已摘走"容易摘的果子"，"十二五"节能难度上升。将某产品"十一五"投资成本提高 20% 确定为该产品的"十二五"投资成本。③将工业"十一五"平均投资成本提高20%确定为纸和纸板以及其他工业的"十二五"投资成本。计算结果见附表3。

附表3　工业技术改造实现的节能能力和能效投资需求规模

能效指标				产量/总量		节能能力（万 tce）	投资成本（元/tce）	投资需求（亿元）
指标	单位	2010 年	2015 年	单位	2015 年			
火电供电煤耗	gce/kWh	333	325	—	—	3248	2730	887
火电发电煤耗	gce/kWh	312	305	亿 kWh	46400			
吨钢综合能耗	kgce/t	605	580	亿 t	7.5	1875	3700	694
铝锭综合交流电耗	kWh/t	14013	13300	亿 t	2400	522	4110	215
铜冶炼综合能耗	kgce/t	350	300	万 t	650	33	4110	13
原油加工综合能耗	kgce/t	99	86	亿 t	6.5	845	3210	271
乙烯综合能耗	kgce/t	886	857	万 t	2070	60	3034	18
合成氨综合能耗	kgce/t	1402	1350	万 t	6000	312	2924	91
烧碱（离子膜）综合能耗	kgce/t	351	330	万 t	2240	47	2624	12
水泥熟料综合能耗	kgce/t	115	112	亿 t	13.6	407	3653	148
平板玻璃综合能耗	kgce/重量箱	17	15	亿重量箱	7.5	150	3841	58
纸及纸板综合能耗	kgce/t	680	530	万 t	11600	1740	3324	578
其他工业						10762	3324	3577
合　　计						17115	3905	6684

注：火电供电煤耗来自《国务院关于印发〈节能减排"十二五"规划〉的通知》（国发〔2012〕40 号）。由于火电发电煤耗的变化趋势与供电煤耗的变化趋势相同，且始终低于供电煤耗约20gce/kWh（清华大学气候政策研究中心，2011），估计2015 年火电发电煤耗为305 gce/kWh。2015 年火电发电量计算如下：根据2015 年煤电装机容量预测为9.28 亿千瓦（中国电力企业联合会，2012）；2015 年火电利用数为5000 小时，得出2015 年火电发电量为46400 亿千瓦时。

资料来源：碧海舟石油化工设备有限公司，2012；工信部，2011a，2011b，2011c，2011d；《炼化周刊》，2010；神农网，2010；中国电力企业联合会，2012；中钢协，2012。

附录6 "十二五"期间淘汰落后产能实现的节能能力

淘汰落后产能节能能力计算公式为:某行业节能能力 =(落后产能的能效 – 替代产能的能效)×淘汰量。"十二五"淘汰落后产能可以形成节能能力6604万tce(见附表4)。

附表4 淘汰落后产能形成的节能能力

行　业	能效指标			淘汰量		节能能力
	单位	落后产能	替代产能	单位	淘汰量	(万tce)
水　泥	kgce/t	160	106	亿t	3.7	1998
炼　铁	kgce/t	531	370	万t	4800	772.8
炼　钢	kgce/t	890	680	万t	4800	1008
火力发电	gce/kWh	418	289	亿kWh	1000	1290
电　石	kgce/t	2200	1950	万t	380	95
焦　炭	生产1吨机焦比土焦和改良焦节省炼煤焦0.17吨			万t	4200	694
平板玻璃	kgce/重量箱	31	15	万重量箱	9000	144
造纸(制浆)	kgce/t	1380	1000	万t	1500	570
电解铝	kWh/t	14500	13300	万t	90	32.94
合　计						6604

附录7 公共建筑改造成本计算和交通领域资金需求计算

通过以下案例分析,得出公共建筑节能改造的单位面积增量成本。某研究院科研楼,建于1976年,共六层。建筑面积5400平方米,占地面积900平方米。(框架结构)建筑体系系数为0.29。对该建筑进行节能改造,增量成本计算如附表5所示。考虑外墙、窗户、外遮阳的面积和单价,采用加权平均方法,计算出公共建筑节能改造的增量成本为170元/m²。

附表5 节能改造增量成本计算

改造内容(m²)		方　式	单价(元/m²)	预算总价(万元)	增量成本(万元)
外　墙	2500	保温装饰一体化改造	250	62.5	22.5
		节能增量造价	90	22.5	
窗　户	1020	节能改造	150	15.3	15.3
外遮阳	510	节能改造	600	30.6	30.6
分项计量装置		造价	—	1.08	1.08
合　计				131.98	69.48

资料来源：蔡旻，2012。

"车船路港"千家企业低碳交通运输行动的投资成本计算如下：2011年对122个项目给予资金支持，补助总额2.5亿元，拉动投资达到80.6亿元，形成节能能力31.5万tce（周晓航，2012）。由此，计算出成本为25587元/tce。在这些项目中，公路基础设施建设与运营领域项目25个，公路运输装备领域项目34个，港航领域项目20个，交通运输管理与服务能力建设领域项目32个，低碳试点城市和财政综合示范城市的其他项目11个。以节能量或燃料替代量核定补助的项目86个，以设备购置费或建筑安装费核定补助的项目36个。

参考文献

1. Sorrell, S., O'Malley, E., Schleich, J., Scott, S., 2004, *The economics of energy efficiency*. UK：Edward Elgar Publishing Limited.

2. Taylor, R., Govindarajalu, C., Levin, J., Meyer, A., Ward, W., 2008, *Financing energy efficiency*：*Lessons from Brazil*, China, India, and beyond, Washington, DC：The World Bank.

3. Zhang, 2010, "Is it fair to treat China as a Christmas tree to hang everybody's complaint? Putting its own energy saving perspective", *Energy Economics* 32：S47 – S56.

4. 安徽省淘汰落后产能工作办公室，2011，《关于2010年度安徽省淘汰落后产能工作情况的汇报》，http：//aheic. ahbz. gov. cn/INDUSTRY/upload/images/accessories2_ f/1332479902849. doc［2012 – 11 – 01］。

5. 北京市财政局，2009，《北京市2008年市级政府决算报表》，http：//www. bjcz. gov. cn/zwxx/czyjsxx/P020111217444514261840. xls［2009 – 08 – 02］。

6. 北京市财政局，2010，《北京市 2009 年市级财政一般预算收支决算》，http：//www.bjcz.gov.cn/zwxx/czyjsxx/t20100914_364051.htm［2010－09－14］。

7. 碧海舟石油化工设备有限公司，2012，《"十二五"石油和化工重点行业发展方向》，http：//www.bss-global.com/details.asp?id=468［2012－11－01］。

8. 蔡旻：《建筑能源审计在公共建筑节能改造中的作用》，2012，http：//www.ishvac.com/Article/ShowArticle.asp?ArticleID=2279［2012－06－05］。

9. 财政部：《2006 年全国财政决算》，2007，http：//www.mof.gov.cn/mofhome/gp/yusuansi/200806/t20080624_49433.html［2012－11－01］。

10. 财政部：《2007 年全国财政决算》，2008，http：//yss.mof.gov.cn/zhengwuxinxi/caizhengshuju/200809/P020080902561009672035.xls［2012－11－01］。

11. 财政部：《2008 年全国财政决算》，2009，http：//yss.mof.gov.cn/zhengwuxinxi/caizhengshuju/200907/t20090707_176723.html［2012－11－01］。

12. 财政部：《2009 年全国财政决算》，2010，http：//yss.mof.gov.cn/2009nianquanguojuesuan/index.html［2012－11－01］。

13. 财政部：《2010 年全国财政决算》，2011a，http：//yss.mof.gov.cn/2010juesuan/index.html［2012－11－01］。

14. 财政部：《财政组合拳力促江西工业经济转型》，2011b，http：//czzz.mof.gov.cn/zhongguocaizhengzazhishe_daohanglanmu/zhongguocaizhengzazhishe_kanwudaodu/zhongguocaizhengzazhishe_zhongguocaizheng/33455/3345/799/201110/t20111026_602074.html［2011－10－26］。

15. 财政部：《关于北京市 2010 年预算执行情况和 2011 年预算草案的报告》，2011c，http：//www.mof.gov.cn/zhuantihuigu/2011yusuan/shengshiyusuan11/201103/t20110306_476123.html［2011－01－16］。

16. 重庆市经信委，2010，《关于印发〈重庆市 2010 年节能减排工作要点〉的通知》（渝经信环资〔2010〕13 号），http：//wjj.cq.gov.cn/xxgk%5Cxzgw/28398.htm［2010－03－22］。

17. 戴彦德、熊华文、焦健：《中国能效投资进展报告 2010》，中国科学技术出版社，2012。

18. 《福建日报》，2009，《福建财政投入拨动结构调整转盘》，http：//www.fujian.gov.cn/wsbs/jg/jjdt/200907/t20090703_140014.htm［2009－07－03］。

19. 福建省财政厅：《我省财政采取措施支持重点节能工程》，2010，http：//www.fjcz.gov.cn/article.cfm?f_cd=2&s_cd=11&id=C9A47C30-D605-5850-CD2E62D10E6D8677［2010－06－30］。

20. 福建省人民政府，2011，《关于 2010 年淘汰落后产能目标任务完成情况的报告》（闽经贸投资〔2011〕134 号），http：//www.fujian.gov.cn/zwgk/zxwj/bmwj/201103/t20110318_345639.htm［2011－03－17］。

21. 甘肃省财政厅：《甘肃省省本级 2010 年决算》，2011，http：//www.czxx.gansu.

gov. cn/pub/dataarea/caizhengshuju/juesuanziliao/2011/09/07/1315366923171. html #〔2011 - 09 - 07〕。

22. 工信部：《有色金属工业"十二五"发展规划》，2011a，http：//www. miit. gov. cn/n11293472/n11293832/n11293907/n11368223/n14447635. files/n14447354. doc〔2012 - 11 - 01〕。

23. 工信部：《石化和化学工业"十二五"发展规划》，2011b，http：//www. miit. gov. cn/n11293472/n11293832/n11293907/n11368223/n14450266. files/n14450225. pdf〔2012 - 11 - 01〕。

24. 工信部：《建材工业"十二五"发展规划》，2011c，http：//www. miit. gov. cn/n11293472/n11293832/n11293907/n11368223/n14335483. files/n14335391. pdf〔2012 - 11 - 01〕。

25. 工信部：《造纸工业发展"十二五"规划》，2011d，http：//baike. baidu. com/view/7338969. htm〔2012 - 11 - 01〕。

26. 工信部：《以市场竞争淘汰落后产能》，2012，http：//sn. baidajob. com/zixun/dongtai/84659_ 8212098745. html〔2012 - 11 - 01〕。

27. 古晓芳：《青海实施节能技该投入专项资金1200万元》，2007，http：//news. sina. com. cn/c/2007 - 12 - 03/080514437491. shtml〔2007 - 12 - 03〕。

28. 广东省发改委：《广东省国民经济和社会发展报告（2009）第七部分专题报告节能减排工作取得新进展》，2010，http：//www. gddpc. gov. cn/csdh/zhc/gdgmjj/387/201004/t20100412_ 37184. htm〔2010 - 04 - 12〕。

29. 广西壮族自治区发改委，2010，《广西壮族自治区人民政府关于印发坚决完成"十一五"节能减排工作目标实施方案的通知》（桂政发〔2010〕21号），http：//www. gxdrc. gov. cn/zt/gglm_ zt_ jnjp/jnjp_ wjgg/201007/t20100713_ 198002. htm〔2010 - 07 - 13〕。

30. 广西壮族自治区工信委：《关于下达2009年自治区节能技术改造财政奖励资金项目计划的通知》（桂经资源〔2009〕189号），2009，http：//www. gxgxw. gov. cn/shtml/2010 - 03 - 07/ac038c15 - fcd6 - 46bf - 8873 - 3f5bfafa4d79. shtml〔2009 - 03 - 31〕。

31. 《广西日报》，2008，《广西计划投入4465万元奖励节能技改项目承担企业》，http：//news. hexun. com/2008 - 08 - 08/107986899. html〔2008 - 08 - 08〕。

32. 国家发改委：《内蒙古自治区2006年上半年节能降耗和循环经济工作情况》，2006b，http：//www. sdpc. gov. cn/hjbh/hjjsjyxsh/t20060822_ 80956. htm〔2006 - 08 - 22〕。

33. 国家发改委：《湖北省发展改革委做好建设节约型社会工作的情况》，2006b，http：//hzs. ndrc. gov. cn/newhjyzyjb/t20060105_ 56004. htm〔2006 - 01 - 04〕。

34. 国家发改委：《上海市"十大重点节能工程"推进工作初见成效》，2007，http：//xwzx. ndrc. gov. cn/rdzt/nyjy/t20071228_ 182382. htm〔2007 - 12 - 26〕。

35. 国家发改委：《福建财政创新投入机制推动企业节能降耗》，2008a，http：//www. sdpc. gov. cn/dqjj/qyzc/t20081030_ 243464. htm［2008 – 10 – 30］。

36. 国家发改委：《山西省政府将每年拿出 5 亿元推进重点节能工程》，2008b，http：//xwzx. ndrc. gov. cn/rdzt/nyjy/t20080228_ 194369. htm［2008 – 02 – 27］。

37. 国家发改委：《2007 年贵州省加大节能技术改造投资力度》，2008c，http：//xwzx. ndrc. gov. cn/rdzt/nyjy/t20080303_ 195492. htm［2008 – 02 – 03］。

38. 国家发改委：《国家发改委公告》（2008 年第 58 号），2008d，http：//www. cicpa. org. cn/Column/Information_ regulations/Investment/200812/t20081230_ 14904. htm［2012 – 11 – 01］。

39. 国家发改委：《上海市召开 2009 年度节能技改工作会议》，2009a，http：//xwzx. ndrc. gov. cn/rdzt/nyjy/t20090409_ 271435. htm［2009 – 03 – 26］。

40. 国家发改委：《国家发改委公告》（2009 年第 18 号），2009b，http：//www. law-lib. com/law/law_ view. asp？id＝301728［2012 – 11 – 01］。

41. 国家发改委：《辽宁省财政支持节能力度进一步加大》，2010a，http：//xwzx. ndrc. gov. cn/rdzt/nyjy/t20100201_ 328149. htm［2010 – 01 – 21］。

42. 国家发改委：《海南节能减排"硬仗"怎么打》，2010b，http：//xwzx. ndrc. gov. cn/rdzt/nyjy/t20100730_ 364149. htm［2010 – 07 – 21］。

43. 国家发改委：《陕西省高度重视、及时落实国家节能考核组的建议、进一步加大节能工作力度》，2010c，http：//xwzx. ndrc. gov. cn/rdzt/nyjy/t20100506_ 345454. htm［2010 – 04 – 28］。

44. 国家发改委：《辽宁省财政支持节能力度进一步加大》，2010d，http：//xwzx. ndrc. gov. cn/rdzt/nyjy/t20100201_ 328149. htm［2010 – 01 – 21］。

45. 国家发改委：《十大重点节能工程取得积极进展》，2011a，http：//www. sdpc. gov. cn/xwfb/t20110311_ 399214. htm［2011 – 03 – 11］。

46. 国家发改委：《节能服务产业快速发展》，2011b，http：//www. sdpc. gov. cn/xwfb/t20110311_ 399215. htm［2011 – 03 – 10］。

47. 国家发改委：《"节能产品惠民工程"取得明显成效》，2011c，http：//www. sdpc. gov. cn/xwfb/t20110314_ 399362. htm［2011 – 03 – 14］。

48. 国家统计局：《中国能源统计年鉴 2011》，中国统计出版社，2012。

49. 海南科技厅：《海南省首设 1000 万元节能专项资金》，2008，http：//www. most. gov. cn/dfkjgznew/200812/t20081217_ 66247. htm［2008 – 12 – 18］。

50. 《海南日报》，2010，《海南节能专项资金投入大幅增加》，http：//www. cnstock. com/index/gdbb/201004/471910. htm［2010 – 04 – 12］。

51. 河北省发改委：《加产业结构调整和项目实施力度、确保完成"十一五"节能目标任务》，2010，http：//www. hbdrc. gov. cn/article. jsp？code ＝ 41/2010 – 01583［2010 – 05 – 07］。

52. 河南省财政厅：《河南省财政厅完善财税政策推进经济发展方式转变》，2010，

http：//www. hncz. gov. cn/sitegroup/root/html/ff8080812c953c63012c9c8327541809/20101130201858683. html ［2012－11－01］。

53. 《黑龙江日报》，2009，《黑龙江省投入节能专项资金 2000 万元、重点领域有突破》，http：//heilongjiang. dbw. cn/system/2009/04/07/051847847. shtml ［2009－04－07］。

54. 湖北省财政厅：《洪流同志在全省财政经济建设暨节能减排工作会议上的讲话》，2008，http：//www. ecz. gov. cn/structure/zwdt/ldhdzw_ 1261_ 1. htm ［2008－09－02］。

55. 吉林省发改委：《加强五大体系建设、工业节能成效显著》，2011，http：//www. sdfgw. gov. cn/art/2011/6/15/art_ 401_ 36952. html ［2011－06－15］。

56. 江苏省财政厅：《2008 年鉴财经统计资料》，2010，http：//www. jscz. gov. cn/pub/jscz/cznj/cjtjzl/201012/t20101213_ 19500. html ［2010－12－13］。

57. 江苏省统计局：《能源高效利用、节能成效显著》，2011，http：//www. jssb. gov. cn/tjxxgk/tjfx/sjfx/201104/t20110418_ 16912. html ［2011－04－18］。

58. 昆明市政府：《云南 2010 年 100 个节能示范项目已完成 40%》，2010，http：//www. km. gov. cn/structure/xtzkm/zdcynr_ 134345_ 1. htm ［2010－09－01］。

59. 《炼化周刊》，2010，《今年国产乙烯生产跑赢消费》，http：//enews. sinopecnews. com. cn/shb/html/2010－12/14/content_ 127504. htm ［2012－11－01］。

60. 辽宁省财政厅：《2009 年省节能专项资金使用效果明显》，2009，http：//www. fd. ln. gov. cn/web/detail. jsp？ id＝2c90e5222528eb67012552cf0c60047f ［2009－12－03］。

61. 辽宁省财政厅：《2010 年省本级一般预算收支情况表》，2010，http：//www. fd. ln. gov. cn/web/detail. jsp？ id＝8a98819929f7ae51012aabca2cb30418 ［2010－08－26］。

62. 林江：《中国与美国能源效率投资趋势》，能源基金会，2005。

63. 内蒙古自治区财政厅：《2009 年自治区本级地方财政决算表》，2010，http：//www. nmgcz. gov. cn/admin/eWebEditor/UploadFile/201062910440595. xls ［2010－06－29］。

64. 宁夏回族自治区财政厅：《关于 2010 年全区及区本级预算执行情况和 2011 年全区及区本级预算草案的报告》，2011，http：//www. nxcz. gov. cn/WebSiteOut/010000/CZSJ//content/9331. html ［2012－11－01］。

65. 青海统计信息网：《青海省"十一五"工业节能顺利收官》，2011，http：//www. qhtjj. gov. cn/rdzt/syw/201106/t20110601_ 41505. asp ［2011－05－06］。

66. 《青海日报》，2010，《青海财政落实中央资金近 7000 万元支持淘汰落后产能》，http：//www. news. cn/chinanews/2010－08/25/content_ 20711381. htm ［2010－08－25］。

67. 清华大学气候政策研究中心：《中国低碳发展报告 2011～2012》，社会科学文献出版社，2011。

68. 人民网，2010，《节能减排开增收之路、循环经济推动产业转型》，http：//
gs. people. com. cn/GB/183362/183370/184768/11453124. html ［2010 – 04 – 26］。

69. 人民银行南京分行课题组，2009，《江苏省金融支持企业节能减排研究——从信贷
支持角度分析》，《金融纵横》2009 年第 11 期。

70. 山东省财政厅：《山东省全面完成 2010 年淘汰落后产能任务》，2010，http：//
www. sdcz. gov. cn： 8090/sdczww/sitesman/sdczww/channels/caijingzixunheredianzhuanlan/
caijingzixun/dwdocumentsfs. 2010 – 12 – 31. 9087968569/？ searchterm = 淘汰落后 ［2010 –
12 –31］。

71. 山东省人民政府：《山东省人民政府关于 2007 年度各市节能目标责任考核情况的
通报》（鲁政字〔2008〕139 号），2008，http：//www. shandong. gov. cn/art/2008/
6/24/art_ 956_ 1344. html ［2012 – 11 – 01］。

72. 山东省人民政府：《山东省人民政府关于 2008 年度各市节能目标责任考核情况的通
报》（鲁政字〔2009〕152 号），2009，http：//www. sdhekou. gov. cn/html/2009 – 09/
09091211194598720. html ［2012 – 11 – 01］。

73. 山东省人民政府：《山东省人民政府关于 2009 年度各市和省有关部门节能目标责
任考核情况的通报》（鲁政字〔2010〕171 号），2010，http：//govinfo. nlc. gov. cn/
sdsfz/xxgk/sdsrmzfbgt/201201/t20120110_ 1292828. htm？ classid = 373 ［2012 – 11 –
01］。

74. 山东省人民政府：《山东省人民政府关于"十一五"和 2010 年度各市及省有关部
门节能目标责任考核情况的通报》（鲁政字〔2011〕98 号），2011，http：//
gov. sdnews. com. cn/2011/5/4/1063429. html ［2012 – 11 – 01］。

75. 《山西日报》，2009，《经济危机下山西省节能降耗力度不减》，http：//www. sx.
xinhuanet. com/newscenter/2009 – 05/05/content_ 16428853. htm ［2009 – 05 – 05］。

76. 上海市财政局：《上海市 2010 年本级财政支出决算情况表》，2011，http：//www. czj.
sh. gov. cn/zwgk/czsj/czyjsqk/czyjsb/201109/t20110901_ 128700. html ［2011 – 09 – 01］。

77. 上海市发改委：《上海市节能和应对气候变化工作报告》，2011，http：//
www. shdrc. gov. cn/searchresult_ detail. jsp？ main_ artid = 18420&keyword = 应对气
候变化 ［2012 – 10 – 29］。

78. 神农网，2010，《我国合成氨产能将持续过剩》，http：//www. sn110. com/news/
yuce/fertilizer/show_ 20101110_ 92967. html ［2012 – 11 – 01］。

79. 《深圳特区报》，2012，《深交所首只私募债券发行》，http：//sztqb. sznews. com/
html/2012 – 06/11/content_ 2079867. htm ［2012 – 06 – 11］。

80. 世界银行：《为所有企业提供融资？——扩大融资的政策和缺陷》，华盛顿特区：
世界银行。

81. 世界银行独立评估局：《国际金融公司中国节能减排融资项目影响评估：能效融
资》，2010，华盛顿特区：世界银行独立评估局。

82. 四川省发改委：《四川省人民政府关于印发〈四川省"十一五"节能工作总结和

"十二五"节能工作安排〉的通知》（川府函〔2011〕139 号），2011，http：//www. scdrc. gov. cn/dir45/87325. htm［2011 – 07 – 08］。

83. 孙学：《财政组合拳力促江西工业经济转型升级》，《中国财政》2011 年第 15 期。

84. 天津市财政局：《天津财政年鉴 2009》，中国财政经济出版社，2009。

85. 天山网，2010，《2010 年新疆节能减排专项资金达 8000 万元》，http：//news. xinmin. cn/domestic/gnkb/2010/11/03/7502587. html［2010 – 11 – 03］。

86. 网易新闻中心：《我省落后产能如期淘汰》，2010，http：//news. 163. com/10/1001/06/6HT0LGSD00014AEE. html［2010 – 10 – 01］。

87. 湘企网，2011，《"十一五"湖南节能减排成绩显著》，http：//www. xqw. gov. cn/html/2011 – 06/248681. html［2011 – 06 – 10］。

88. 新华网，2007a，《天津每年至少拨款 3000 万作为节能专项资金》，http：//www. tj. xinhuanet. com/news/2007 – 03/12/content_ 9483132. htm［2007 – 03 – 12］。

89. 新华网，2007b，《河北：节能减排专项资金向重点县和重点企业倾斜》，http：//news. xinhuanet. com/newscenter/2007 – 12/12/content_ 7233020. htm［2007 – 12 – 12］。

90. 新华网，2008a，《重庆 2008 年将安排 3000 万节能专项资金促进节能减排》，http：//jcz. cq. gov. cn/news_ detail. aspx？id＝2926［2008 – 01 – 14］。

91. 新华网，2008b，《云南加强节能减排科技支撑》，http：//news. xinhuanet. com/newscenter/2008 – 09 – 05/content_ 9802439. htm［2008 – 09 – 05］。

92. 新华网，2008c，《内蒙古出台措施强化节能减排财政支持力度》，http：//www. chinaacc. com/new/403/425/2008/1/qi77927627181180022800 – 0. htm［2008 – 01 – 18］。

93. 新华网，2008d，《宁夏 4470 万元撑起 50 多个重点节能项目》，http：//news. qq. com/a/20080426/001431. htm［2008 – 04 – 26］。

94. 新华网，2010a，《我国将继续大力支持节能减排和低碳技术研发》，http：//www. ce. cn/xwzx/gnsz/gdxw/201003/04/t20100304_ 21055023. shtml［2010 – 03 – 04］

95. 新华网，2010b，《甘肃近四年累计节能近 190 万吨标准煤、能耗下降 15. 57%》，http：//news. 163. com/10/0323/09/62ET3P6I000146BC. html［2010 – 03 – 23］。

96. 新华网，2010c，《辽宁财政 2009 年投入 1. 9 亿元淘汰落后产能》，http：//news. xinhuanet. com/politics/2010 – 01/18/content_ 12831883. htm［2010 – 01 – 18］。

97. 新浪新闻，2010，《海南打响淘汰落后产能攻坚战、力度为历年之最》，http：//news. sina. com. cn/o/2010 – 08 – 26/062218022613s. shtml［2010 – 08 – 26］。

98. 新疆维吾尔自治区人民政府：《关于 2007 年自治区财政预算执行情况和 2008 年自治区财政预算草案的报告》，2008，http：//www. xinjiang. gov. cn/xxgk/gzbg/czyjsbg/2011/200824_ 1. htm［2012 – 11 – 01］。

99. 新民网，2010a，《河北利用"财政杠杆"推动节能减排加大资金投入》，http：//news. xinmin. cn/domestic/gnkb/2010/10/15/7235927. html［2010 – 10 – 15］。

100. 新民网, 2010b, 《浙江: 措施到位淘汰落后产能》, http: //news. xinmin. cn/ rollnews/2010/08/09/6196356. html〔2010 – 08 – 09〕

101. 雅虎财经, 2010, 《淘汰落后产能乱象: "注水"名单的由来》, http: //biz. cn. yahoo. com/ypen/20100919/27692_ 2. html〔2010 – 09 – 19〕。

102. 云南省发改委: 《国家发改委召开全国上半年节能减排形势分析座谈会》, 2008, http: //www. ynetc. gov. cn/Item/2836. aspx〔2008 – 07 – 15〕。

103. 云南省工信委: 《云南省节能降耗工作经验介绍》, 2009, http: //www. ynetc. gov. cn/Item/2875. aspx〔2009 – 11 – 06〕。

104. 张少春: 《加大财政投入, 完善工作机制, 深入推进北方既有居住建筑节能改造工作》, 2011, http: //jjs. mof. gov. cn/zhengwuxinxi/lingdaojianghua/201107/t20110714_ 576304. html〔2012 – 10 – 30〕。

105. 赵家荣: 《节能产品新政拉动 4500 亿元消费需求》, 2012, http: //news. xinhuanet. com/fortune/2012 – 05/18/c_ 123151239. htm〔2012 – 05 – 18〕。

106. 浙江统计信息网, 2011, 《"十一五"期间浙江省能源利用状况》, http: // www. zj. stats. gov. cn/art/2011/2/16/art_ 281_ 44260. html〔2011 – 02 – 16〕。

107. 中广网, 2010, 《发展循环经济重点领域节能等 5 举措促贵州节能降耗》, http: //gz. cnr. cn/xw/gzxw/201004/t20100414_ 506281804. html〔2010 – 04 – 14〕。

108. 中钢协, 2012, 《未来 5 年粗钢产量年均增速将降一半左右》, http: // www. zgkjmh. com/news/10710342. html〔2012 – 10 – 24〕。

109. 《中国财经报》, 2010, 《为经济又好又快发展"保驾护航"——"十一五"财政促进加快转变经济发展方式概述》, http: //www. mof. gov. cn/zhengwuxinxi/ caizhengxinwen/201012/t20101207_ 365622. html〔2010 – 12 – 07〕。

110. 中国电力企业联合会, 2012, 《电力工业"十二五"规划滚动研究综述报告》, http: //www. cec. org. cn/yaowenkuaidi/2012 – 03 – 09/81451. html〔2012 – 11 – 01〕。

111. 《中国工业报》, 2011a, 《福建省把节能降耗作为转变方式的突破口》, http: // www. nmgjxw. gov. cn/cms/gdfjyjl/20110607/5209. html〔2011 – 06 – 07〕。

112. 《中国工业报》, 2011b, 《扶限并举、山东节能注重工业能耗下降》, http: // www. cnelc. com/news/ShowArticle/100117907/1/〔2011 – 09 – 07〕。

113. 中国工业可持续发展网, 2010, 《陕西省万元 GDP 能耗连续 4 年保持下降》, http: //feature. mei. gov. cn/taotai/news/20100607/309079. htm〔2010 – 06 – 07〕。

114. 《中国化工报》, 2010, 《辽宁: 淘汰标准从严、能效门槛抬高》, http: //www. pmec. net/bencandy – 83 – 55168 – 1. htm〔2010 – 09 – 26〕。

115. 《中国环境报》, 2008, 《河北追加两千万支持节能减排》, http: //www. cenews. com. cn/xwzx/zhxw/qt/200809/t20080918_ 589859. html〔2008 – 09 – 17〕。

116. 《中国环境报》, 2010, 《江苏省淘汰落后产能任务敲定》, http: //www. 7hcn. com/ article/43123 – 1. html〔2010 – 06 – 30〕。

117. 《中国环境报》，2011，《河北 2010 补贴 9000 万淘汰造纸等落后产能》，http：//www. keyin. cn/news/sczc/201102/11 – 468313. shtml［2011 – 02 – 11］

118. 中国煤炭资源网，2011，《内蒙古：减排有重点多节能多奖励》，http：//www. sxcoal. com/jnjp/1385701/articlenew. html［2011 – 01 – 13］。

119. 中国能源信息网，2011，《内蒙古：减排有重点多节能多奖励》，http：//www. sxcoal. com/jnjp/1385701/articlenew. html［2011 – 01 – 13］。

120. 中国节能减排协会，2010，《宁夏安排专项资金 6000 万元确保节能减排任务圆满完成》，http：//www. jnjp. org/Article/ShowArticle. asp？ArticleID = 15918［2010 – 02 – 03］。

121. 中国新能源网，2006，《福建省节能项目资金使用办法》，http：//www. newenergy. org. cn/html/0063/200633_ 7726. html［2006 – 03 – 03］。

122. 中国银行业协会，2012，《2011 年度中国银行业社会责任报告》，http：//www. china-cba. net/upload_ files/dianzi/2011/2011. html［2012 – 11 – 01］。

123. 《中国政府采购报》，2012，《2011 年政府采购节能环保产品逾 1600 亿元》，http：//finance. jrj. com. cn/2012/07/12211713778498. shtml。

124. 周晓航，2011，《周晓航主任交通运输节能减排专项资金管理工作介绍》，http：//jnzx. mot. gov. cn/zaixianft/201112/t20111230_ 1179730. html［2011 – 12 – 30］。

125. 住建部，2011，《关于印发 2010 年全国住房城乡建设领域节能减排专项监督检查建筑节能情况通报的通知》，http：//www. mohurd. gov. cn/zcfg/jswj/jskj/201104/t20110421_ 203196. htm［2011 – 04 – 21］。

B IV 政策效应篇 II ：
可再生能源投融资

Effects of policy implementation part II :
Renewable Energy Finance

摘 要：

　　本报告通过研究风力发电和光伏发电项目来分析中国的可再生能源投融资情况。风力发电和光伏发电的主要特点有：①大型国有企业是主要的开发商。②可再生能源发电的融资渠道主要有银行、股权市场和债券市场，其中银行是主要的融资渠道。③风电和光伏发电的融资方式包括公司融资、项目融资和融资租赁，融资方式正在呈现多元化发展的趋势。从项目资金构成来看，2011 年风力发电和光伏发电项目的总投资中，开发商的资本金占比为22.48%，银行贷款为76.04%，而政府补贴为1.47%。

　　风电融资是典型的政府引导融资模式，这种融资模式的主要特点有：①中央政府在风电融资中发挥了重要的引导作用；②以具有国资背景的主体为主要参与者，具有国资背景的开发商和银行构成了风电开发的投资主体。光伏发电融资是典型的由制造商推动的融资模式，其主要特点有：①制造商和地方政府在促进国内光伏应用中起到了主要的推动作用；②中央政府是被动的主导者，由于被制造商和地方政府推动而采取了一系列措施启动和扩大国内应用市场，从而带动了光伏发电融资。"十二五"期间可再生能源应用投资需求估算总计约 1.8 万亿元，将比"十一五"时期增加37.5%，这将为下一阶段的融资带来挑战。

关键词：

　　可再生能源投融资　政府引导的融资模式　制造商推动的融资模式

B.10
中国风电和光伏发电投融资特点

2011 年全球金融市场动荡不安，欧洲和美国的未来可再生能源政策走向充满了不确定性。在这种情况下，全球可再生能源领域投资①仍达到 2570 亿美元，比 2010 年增加 17%。2011 年，中国可再生能源领域投资为 510 亿美元，占全球总投资的 19.8%，已经连续第三年引领全球该领域投资。在过去的"十一五"期间，中国可再生能源投资为 1244 亿美元，平均每年投资 249 亿美元（UNEP，2012）。

从装机容量来看，2011 年，全球新增发电装机容量为 208GW，可再生能源发电装机容量接近一半。2011 年，中国新增 90GW 发电装机容量中，可再生能源装机占 1/3，其中非水电可再生能源装机占 1/5。2011 年，全球风电新增装机 40.6GW，累计装机容量达到 238GW；当年中国新增风电装机接近 17GW，并网装机容量累计达到 45.05GW，累计吊装容量达到 62.4GW（李俊峰等，2012）。2011 年，全球新增太阳能发电装机约 28GW，累计装机容量为 69GW；当年中国新增太阳能发电装机 2.2GW，占全球太阳能新增发电装机的 7% 左右，累计装机容量约为 3GW（REN21，2012）。

在大规模投资和应用背后，中国可再生能源制造业迅速发展，目前中国已经建立了完整的风电制造业和光伏制造业。风电装备制造能力快速提高，已具备 1.5MW 以上各种技术类型、多种规格机组和主要零部件的制造能力，2011

---

① 本文的可再生能源投资沿用 2012 年 UNEP 报告 "*Global Trends in Renewable Energy Investment 2012*" 的定义，指由于可再生能源发电和燃料项目导致的投资，包括为生产国内市场使用的设备而对制造业进行的投资。对中国来说，不包括用于出口和过剩产能的制造业投资。可再生能源应用项目包括生物质能和垃圾发电，规模超过 1MW 的地热和风电项目，规模大于 1MW 且小于 50MW 的水电项目，波浪和潮汐能发电，产能超过每年 100 万升的生物燃料项目，所有的太阳能项目（包括规模小于 1MW 的分布式太阳能项目）。该投资定义指的是由于实际应用而发生的可再生能源投资。

年全球排名前十位的风机制造商中有四家是中国制造商。在中国风电经历了高速增长之后，电网瓶颈显现，风机质量和安全事故频发，制造业产能过剩、风电盲目扩张的问题已日趋严重。从 2011 年开始，中国风电进入调整期，更加注重引导行业的理性化和规范化发展。

依托欧洲市场的拉动，中国的光伏制造业在 2004 年之后快速成长。2007 年中国已成为世界最大的太阳能电池生产国，2011 年太阳能电池出口量已占全球市场的 60% 以上。根据工信部光伏产业联盟对下属 160 多家企业的统计，总产能已达到 35GW（《经济观察报》，2012 - 09 - 08）。2011 年欧洲各国大幅调整光伏产业政策，削减光伏发电补贴；2012 年美国和欧洲对中国光伏企业发动"反倾销，反补贴"调查，美国已做出对来自中国电池片课以高额惩罚性关税的裁决。伴随着欧美市场大门的关闭，中国光伏制造业的生死存亡成为多方关注的焦点。

可再生能源制造业与发电应用互为依存：先进制造业是强国之本，是实现可再生能源大规模应用的基础；发电应用是支撑制造业的国内市场。发展本土可再生能源制造业、推进终端应用对中国来说意义重大，这是发展中国家借助后发优势实现产业赶超的重要契机，是排放大国改善能源结构的战略选择。在此背景下，研究中国的可再生能源融资模式和机制就显得意义重大。作为发展中国家，中国的可再生能源投资是怎样达到如此大的规模呢？主要的融资渠道有哪些？发电项目的投资构成是怎样的？中国政府用怎样的机制推动了风电和光伏发电融资？中国的可再生能源融资具有怎样的特点？现阶段的融资机制是否能适应未来大规模的可再生能源应用发展？这些都是本报告试图研究和回答的问题。

一 中国可再生能源投资情况

2011 年，中国电源装机总容量为 1060GW，其中火电装机占 72.2%，水电装机占 21.7%，核电装机占 1.2%，风电装机占 4.3%，太阳能光伏发电装机占 0.2%，其余生物质能、地热和海洋能装机占 0.4%（见图 10 - 1a）。2011 年，总发电量为 4740TWh，其中火电占 82.2%，水电占 14%，核电占

1.8%，风电占 1.5%，太阳能发电占 0.02%，其余生物质能、地热和海洋能发电占 0.4%（见图 10 – 1b）。总的来看，火电是发电量最主要的来源，包含水电在内的可再生能源的发电量占 2011 年总发电量的 15.9%，不包含水电在内的可再生能源的发电量占 2011 年总发电量的 2%。同年可再生能源装机容量占世界总装机容量的 25%，发电量占世界电力供应的 20.3%（REN21，2012）。中国可再生能源装机容量占比（26.6%）略高于世界平均水平，但可再生能源发电量占比仍低于世界平均水平。

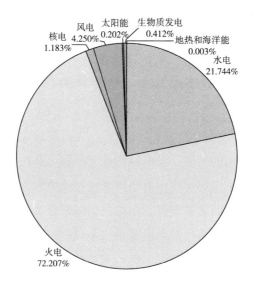

图 10 – 1a 2011 年中国电源装机构成

资料来源：（1）火电、水电、核电数据：中国电力企业联合会，《2011 年全国电力工业统计快报》，2012，http：//tj. cec. org. cn/tongji/niandushuju/2012 – 01 – 13/78769. html，［2012 – 01 – 13］。

（2）风电、太阳能、生物质发电、地热和海洋能数据：中国电力企业联合会，2012，《中电联发布中国新能源发电发展研究报告》，http：//www. cec. org. cn/zhuanti/2012zhongguoqingjiedianlifenghui/yaowen/2012 – 03 – 30/82485. html，［2012 – 03 – 15］。

从 2008～2011 年中国电源投资变化趋势来看，2008 年以来总投资一直在增长，2011 年略有下降。除火电投资以年均 13.9% 的速度下降外，水电、核电、风电及其他可再生能源投资都呈现增长趋势（见图 10 – 2）。从投资构成来看，2011 年全国电源工程建设投资的 3712 亿元中，火电投资 1054 亿元

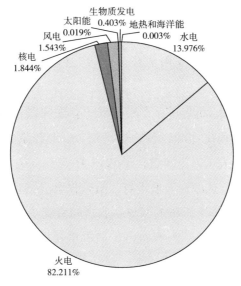

图 10 - 1b　2011 年中国发电量构成

资料来源：（1）火电、水电、核电数据：中国电力企业联合会，《2011 年全国电力工业统计快报》，2012，http：//tj. cec. org. cn/tongji/niandushuju/2012 - 01 - 13/78769. html，［2012 - 01 - 13］。

（2）风电、太阳能、生物质发电、地热和海洋能数据：中国电力企业联合会，2012，《中电联发布中国新能源发电发展研究报告》，http：//www. cec. org. cn/zhuanti/2012zhongguoqingjiedianlifenghui/yaowen/2012 - 03 - 30/82485. html，［2012 - 03 - 15］。

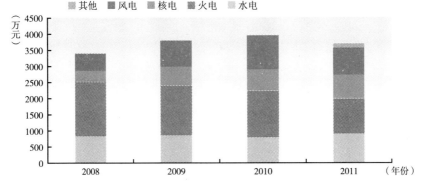

图 10 - 2　2008 ~ 2011 年中国电源投资构成

注：（1）电源投资指用于电源建设的投资，不包括制造业的投资。（2）图中的"其他"包括太阳能、生物质能、地热和海洋能发电。

资料来源：（1）中国电力企业联合会，2011，《电力工业统计资料提要》。

（2）中国电力企业联合会，2010，《电力工业统计资料提要》。

209

（其中煤电 903 亿元），水电投资 940 亿元，核电 740 亿元，风电 829 亿元，包含水电在内的可再生能源投资占总电源工程投资的 51.7%，不包含水电在内的可再生能源投资占总电源构成投资的 26.3%（中国电力企业联合会，2012a）。

图 10-3 显示了从 2005 年以来中国的可再生能源投融资①情况。"十一五"期间，中国的可再生能源投资额稳步增长，总投资额达到 1244 亿美元，年均投资额为 249 亿美元，年均增长率达到 97.5%，2011 年中国可再生能源投资达到 510 亿美元。从融资渠道来看，风险投资/私募股权（以下简称"风投/私募"）融资在 2008 年后迅速减少，股市融资在 2007 年、2009 年和 2010 年规模较大，资产融资②的规模和所占份额都迅速增加。从 2011 年的投资构成来看，资产融资占总投资的 97.5%，股市融资占 2%，风投/私募占 0.5%。

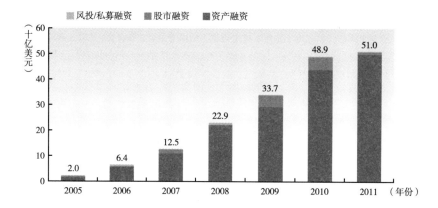

图 10-3 中国可再生能源融资情况

注：本图的可再生能源投资沿用 2012 年 UNEP 报告 "*Global Trends in Renewable Energy Investment 2012*" 的定义，指由于可再生能源发电和燃料项目导致的投资，包括为生产国内市场使用的设备而对制造业进行的投资。对中国来说，不包括用于出口和过剩产能的制造业投资。

资料来源：Frankfurt School UNEP Center Collaborating Center, Bloomberg New Energy Finance, 2012, Global trends in sustainable energy investment 2006 - 2012, Frankfurt。

---

① 此处投融资与 203 页注①的定义相同，指由于可再生能源发电和燃料项目导致的投资，包括为生产国内市场使用的设备而对制造业进行的投资。对中国来说，不包括用于出口和过剩产能的制造业投资。

② 指用于可再生能源电站和发电系统的投资。

从可再生能源投资的资金流向来看，风能和光伏是可再生能源总投资的主要部分（见图10-4）。在2011年的510亿美元投资中，风能和光伏投资共占总投资的87.7%，其中风能投资占61.6%，光伏投资占26.1%。此外，资产融资（即风电和光伏发电）是风能和光伏投资的主要部分，分别占风能和光伏投资的89.8%和85.7%。因此，在本报告中将通过研究风电和光伏发电的融资来探讨中国可再生能源融资的特点。

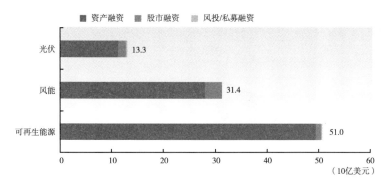

图10-4 2011年中国可再生能源投资构成

注：本图的可再生能源投资沿用2012年UNEP报告"*Global Trends in Renewable Energy Investment 2012*"的定义，指由于可再生能源发电和燃料项目导致的投资，包括为生产国内市场使用的设备而对制造业进行的投资。对中国来说，不包括用于出口和过剩产能的制造业投资。

资料来源：Frankfurt School UNEP Center Collaborating Center，Bloomberg New Energy Finance，2012，Global trends in sustainable energy investment 2012，Frankfurt。

二 开发商

国有企业（包括五大电力公司及其子公司、其他央企、省市级国有企业[①]）是风电市场的开发主体，分别占风电累计装机容量和2011年装机容量的80%

---

① 各类企业的划分标准：（1）国有企业指国家或省市政府所有及控股的能源企业或大型集团；（2）联合开发体指项目由两个企业或更多企业联合开发，多为制造商和开发商、外资和内资企业的组合；（3）私营企业指能源或相关的私营企业及大型集团；（4）非可再生能源行业企业指其原来业务不是可再生能源行业的企业；（5）外资企业指外资开发商，包括在中国香港、台湾注册的公司；（6）可再生能源设备制造商指可再生能源设备制造商或该类公司为开发项目设立的子公司；（7）中外合资企业指的是中外合资的开发商。

和 84.3%，其装机份额在 2011 年继续扩大（见图 10-5a 和图 10-5b）。在国有企业中，五大电力公司及其子公司①占据了绝对优势。至 2011 年年底，全国共有 60 余家国有企业（不包括子公司）参与了风电投资建设（李俊峰等，2012）。联合开发体占据了 2011 年新增装机容量的 6.7%。私营企业、外资企业和中外合资企业则分别占 2011 年国内市场的 3.2%、1.8% 和 0.2%。此外，风能设备制造商也占据了 2.5% 的市场份额。

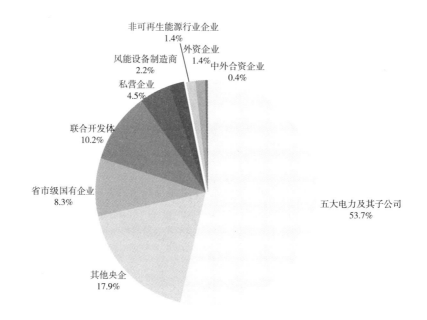

图 10-5a　中国风电累计装机容量各类开发商占比

注：数据截止日期为 2012 年 6 月 11 日。

资料来源：Bloomberg New Energy Finance database。

与风力发电市场相比，光伏发电市场的开发商占比较为分散（见图 10-6a 和图 10-6b）。光伏发电累计装机容量和 2011 年新增装机容量的市场份额分

① 五大电力集团公司是中央直属的五家能源企业，中国华能集团公司、中国大唐集团公司、中国华电集团公司、中国国电集团公司和中国电力投资集团公司，2010 年五大集团公司的装机容量占全国总装机容量的 49%。

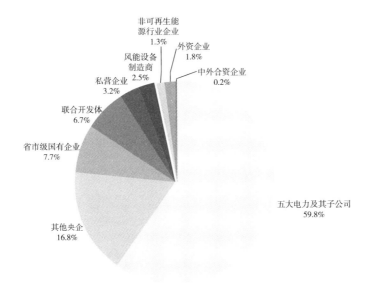

图 10-5b 中国风电 2011 年装机容量各类开发商占比

注：数据截止日期为 2012 年 6 月 11 日。

资料来源：Bloomberg New Energy Finance database。

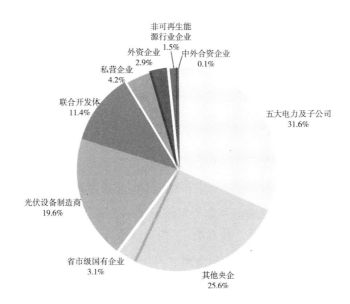

图 10-6a 中国光伏发电累计装机容量各类开发商占比

注：数据截止日期为 2012 年 6 月 11 日。

数据来源：Bloomberg New Energy Finance database。

213

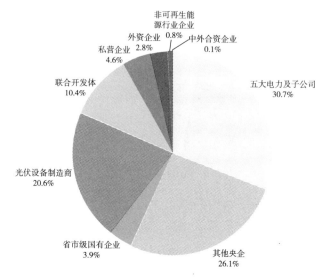

图 10 - 6b　中国光伏发电 2011 年装机容量各类开发商占比

注：数据截止日期为 2012 年 6 月 11 日。

资料来源：Bloomberg New Energy Finance database。

布很接近[①]。国有企业（包括五大电力及其子公司、其他央企、省市级国有企业）占光伏发电累计装机容量和 2011 年新增装机容量的比例分别为 60.3% 和 60.7%。在国有能源企业中，五大电力及其子公司占据的市场份额略大，但其他央企所占市场份额也与五大电力较为接近，省市级国有企业所占市场份额很小。2011 年新增装机容量中光伏设备制造商的市场份额达 20.6%，联合开发体的市场份额为 10.4%，私营企业和外资企业分别占 2011 年市场份额的 4.6% 和 2.8%。

从累计装机容量来看，风电市场中排名前 10 位的开发商占据了 78.2% 的市场份额。在前 10 位开发商中，北京能源投资集团为北京市属国企，排名第 8 位的中国电力建设集团为电网企业，其余 7 位都是中央直属能源企业（见图 10 - 7a）。五大电力集团占据了市场前 3 位和第 6、第 7 的位置，其中风电开发排名前 3 位的国电集团（占比 20.9%）、大唐集团（占比 12.8%）、华能集团（12.6%）所占市场份额远远高于其他企业，仅此三家集团已占到总市场份额的 46.3%。

---

① 由于 2011 年才出台光伏上网电价，此前光伏发电的市场非常小，至 2010 年累计装机容量仅为 0.9GW，而 2011 年一年的新增装机容量达到 2.3GW，因此，累计装机容量和 2011 年新增装机容量的开发商市场份额比较接近。

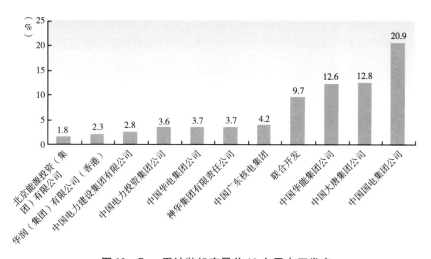

图 10 - 7a　累计装机容量前 10 名风电开发商

注：数据截止日期为 2012 年 6 月 11 日。

资料来源：Bloomberg New Energy Finance database。

从累计装机容量来看，光伏发电市场中排名前 10 位的开发商所占市场份额为 64.6%。在前 10 位开发商中，排名第 8 位的宁夏发电集团是省属国企，排名第 9 位的力诺集团是私营企业，其余均为中央直属企业（见图 10 - 7b）。五大电力集团中有四家占据了市场第 1 位、第 3 位、第 6 位和第 10 位，这四家共占总市场份额的 30.5%。另外需要指出的是，在光伏发电市场中，排名

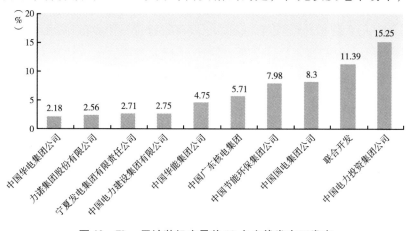

图 10 - 7b　累计装机容量前 10 名光伏发电开发商

注：数据截止日期为 2012 年 6 月 11 日。

资料来源：Bloomberg New Energy Finance database。

在第 3 位的中国节能环保集团，虽然是央企，但并不是能源企业，并没有可再生能源发电配额的压力。在光伏发电市场中，尽管仍呈现国有企业占据主导地位的局面，但是市场向国有企业集中的程度并没有风电市场高。

三　融资方式

通过案例分析与调研发现，风电和光伏发电的融资方式包括公司融资、项目融资和融资租赁，融资方式正在呈现多元化发展的趋势。与发达国家相比，中国的融资方式仍较落后，还未出现以项目的名义进行上市和发行债券的融资活动，也缺乏提供专业融资服务的第三方金融服务商。

（一）公司融资

公司融资也称为表内融资（On-balance-sheet finance），指以公司的资产和信用作为依托进行融资和项目开发的融资方式，具有融资成本低、速度快的特点。公司融资是世界可再生能源融资的主要融资方式，2011 年公司融资占可再生能源融资总额的 56.3%（UNEP，2012）。公司融资是国内大型企业尤其是国有企业偏好的一种融资方式。例如龙源电力集团以公司名义进行的上市和发行债券的融资活动。2009 年 12 月龙源电力在香港上市进行融资，所募集到的 177 亿元人民币中约 50% 将用于风电项目投资，约 20% 将用于偿还银行贷款，约 10% 用于购买外资风电设备，约 10% 将投资旗下香港雄亚公司，另外 10% 则将作为一般营运资金。另外，2010 年后龙源电力多次以公司名义发行债券进行融资，2011 年债券发行量为 59.5 亿元[①]。

（二）项目融资

目前项目融资[②]已成为国际上可再生能源融资的重要方式，2011 年项目融

---

① 资料来源为龙源电力集团 2009～2011 年的年报和募股说明书。

② 项目融资是 20 世纪 70 年代兴起的用于基础设施、能源、公用设施、石油和矿产开采等大中型项目的一种重要筹资手段。项目融资以项目本身良好的经营状况和项目建成、投入使用后的现金流量作为偿还债务的资金来源。它将项目的资产而不是业主的其他资产作为借入资金的抵押（李凤英，2011）。项目融资具有能够扩大项目主建人的借债能力、转移特定的风险给放贷方，极小化项目发起人的财务风险等多重优点。

资占世界可再生能源融资总量的41%（UNEP，2012）。与此同时，项目融资正在成为国有企业如龙源电力的重要融资方式，其贷款带有明显的项目融资特征：借款是以单个的项目建设的名义进行的，借款人为项目公司，抵押物为项目设备和经营收益（未来售电收益）。对于中国风电集团这样的外资企业来说，项目融资是其主要的融资方式（见案例10-1）。

案例10-1：辽宁省彰武县马鬃山49.5MW风电项目融资

为开发辽宁省彰武县马鬃山风电场，中国风电集团（简称"中国风电"）与上海申华控股股份有限公司（简称"上海申华"）共同注册成立阜新联合风力发电有限公司（简称"阜新风电"）作为项目公司，注册资本金为1.755亿元，其中上海申华持有51%股权。该项目筹建期需要向银行贷款3.8亿元左右，由上海申华提供担保，中国风电以其持有的49%的阜新风电股权抵押给上海申华提供反担保。项目建成后，由阜新风电用自身的设备和电费收益权向银行提供抵押，同时解除原有担保和反担保，至此完成项目的融资。

资料来源：田文会，2008，《中国风电集团资本撬动术》，财时网——《财经时报》，http：//finance. sina. com. cn/chanjing/b/20080515/23464874487. shtml，[2008 - 05 - 15]。

另一种常见的项目融资方式是BOT（建设 - 经营 - 转让）[1]，这是风机制造商如金风、华仪、湘电风能所使用的一种商业模式。以金风为例，金风在2007年成立北京天润新能源投资有限公司，该公司后来成为金风科技实现BOT战略的操作平台。具体模式为：由北京天润设立项目公司投资开发、建设风电场，项目建设采用金风科技的风电机组，待风电场建成后再销售项目股权获得溢价收益。2011年，北京天润风电场销售投资收益为3.868亿元[2]。

---

[1] BOT（build-operate-transfer）即建设 - 经营 - 转让。在国际融资领域，BOT不仅仅包含了建设、运营和移交的过程，更主要的它是项目融资的一种方式。从风力发电来看，整机制造企业涉足风电开发业务，以此拉长自身产业链，国际上已有先例，印度的苏司兰公司便是如此。

[2] 资料来源为金风科技集团2011年的年报。

（三）融资租赁

风电设备制造商的固定资产投入大，市场竞争激烈，企业除靠自身滚动发展积累资金、增资扩股吸收新的投资和信贷等办法融资外，融资租赁也是重要的融资方式。以明阳风电为例，2009年明阳风电建立金融租赁公司，开创了新的商业模式。明阳风电已经与全国十家银行系金融租赁公司中的三家达成战略合作协议，分别是国银租赁、工银租赁和建信租赁。2009年，工商银行广东分行、工银国际、工银租赁向明阳提供50亿元人民币融资额度，开展密切金融租赁合作。2011年，明阳获得国家开发银行50亿美元金融授信，同时借助国银租赁的平台优势开展融资租赁业务。2011年，明阳风电的融资租赁规模就达到25亿元，占全年总投入的30%。

四　项目的资金构成

风电项目和光伏发电项目的资金来源主要有三个方面：企业投入的资本金①、银行贷款和中央政府的投资侧补贴。根据《国务院关于调整固定资产投资项目资本金比例的通知》（国发〔2009〕27号），电力行业的最低资本金比例为20%。风电和光伏发电项目属于电力项目，可以享受高达80%的债务融资。本报告选取了具有代表性的9家风电和光伏发电开发商②，对其项目资金构成进行了分析。发现对于风力发电项目，项目资金的构成一般为20%资本金、80%银行贷款③。

---

① 此处项目资本金指项目投资中企业的自有资金部分，此部分资金由企业筹集，其来源可能为企业的利润，或企业从股市、债券市场等渠道筹集到的资金。
② 这9家开发商分别是龙源电力（央企）、华能新能源（央企）、中节能太阳能科技（央企）、山西国际电力（省级国企）、明阳风电（制造商）、北京天润（制造商——金风集团）、浙江正泰集团（制造商）、振发新能源（私企）、中国风电集团（外企）。
③ 开发商由三家以上构成时资本金比例会稍高，但是Bloomberg的数据库中2011年风电项目没有三家或以上开发商联合开发的项目。另外，中国风电集团（外企）开发的大多数项目资本金占比为33%，考虑到2011年风电市场中外资企业占比仅为2.78%，在计算中忽略了外企开发项目的资本金比例的特殊性。

光伏发电项目分为集中式和分布式①两类。集中式光伏发电项目的资金构成与开发商的属性有关。若开发商是国有企业，则项目资金构成一般为20%资本金、80%银行贷款。若开发商是光伏制造商，2011年所投资的项目资金构成为100%资本金，没有银行贷款②。分布式光伏发电系统目前受两个光伏补贴政策的支持。从2009年开始，中央政府先后设立了"光电建筑应用一体化"和"金太阳"项目，支持分布式光伏发电应用。从项目资金构成来看，分布式光伏发电项目的资金构成是30%资本金、20%银行贷款、50%政府补贴。出于相同的原因，2011年由光伏制造商单独开发的光伏项目的资本金比例为50%，其余50%是政府补贴。

表10-1是根据以上所述对2011年风力发电和光伏发电项目的投资构成所做的分析计算。综合来看，在风力发电和光伏发电项目的总投资396亿美元中，开发商的资本金投入占22.48%，银行贷款占76.04%，而政府补贴占1.47%，银行贷款是此类项目的最重要的资金来源。

表10-1　2011年风力发电和光伏发电项目的投资构成

项目	2011年装机容量	总投资	资本金		银行贷款		光伏发电项目中央政府补贴	
	GW	（十亿美元）	（十亿美元）	占比（%）	（十亿美元）	占比（%）	（十亿美元）	占比（%）
风力发电	17.6	28.2	5.64	20	22.56	80	0	0
光伏发电	2.331	11.4						
集 中 式	1.909	10.23	2.79	27.2	7.45	72.8		
分 布 式	0.422	1.17	0.48	40.7	0.11	9.2		50
总　　计		39.6	8.90	22.48	30.11	76.04	0.58	1.47

注：1. 总投资数据来自 Frankfurt School UNEP Center Collaborating Center，Bloomberg New Energy Finance，2012，Global trends in sustainable energy investment 2012，Frankfurt；UNEP，SEFI，Bloomberg New Energy Finance，Global trends in sustainable energy investment 2012。

2. 光伏发电装机容量是根据 Bloomberg New Energy Finance 数据库中的项目统计得出的。

3. 2011年人民币对美元平均汇率为6.4588（中国人民银行授权中国外汇交易中心发布）。

---

① 此处集中式和分布式的分类标准是根据电站的安装方式和接网方式确定的，集中式发电项目安装在地面，向电网售电；分布式发电项目安装在屋顶、幕墙上，根据目前的政策，原则上所产生的电量自发自用，多余电量可以卖给电网。

② 2012年年初，国家开发银行、农业银行、广发银行等发布文件，限制在光伏设备制造、风电等产能过剩行业的信贷审批。事实上，根据研究组调研，2011年光伏制造业已出现融资困难，已不能得到银行贷款。此外，由于中央和地方上网电价中都没有明确享受所申请电价的时间，商业银行认为此类贷款存在很大的政策风险，目前尚不接受以单个项目进行融资的模式，因此光伏制造商也无法以项目融资方式来筹集发电项目所需资金。

五 融资渠道

在风电和光伏发电发展的初期，外国政府为大多数项目提供了贷款支持，这类贷款利息较低，但条件是必须购买该国的设备，昂贵的设备价格抵消了低息贷款的优势。这种情况自国内设备制造能力提升后出现了根本性的改变。目前，风电和光伏发电开发商的主要融资渠道有银行、股市、债券等。银行是最主要的融资渠道，据估算，至 2011 年年底，各银行累计发放的可再生能源发电贷款规模约为 3000 亿元。2009 年以来，股市融资成为开发商所青睐的融资渠道，至 2012 年 6 月 28 日，共有 5 家企业上市，共募集资金 327.7 亿元。2010 年后债券发行成为重要的融资渠道，2010～2011 年，可再生能源开发商中主要是龙源电力集团和中国风电集团通过发行债券募集 176.3 亿元。

（一）银行

政策性银行和大型国有商业银行是主要的借款方，此外境外机构贷款、信托贷款、机构委托贷款等多种银行外资金也在逐渐进入风电和光伏发电领域。作为政策性银行，国家开发银行（以下简称"国开行"）负有为可再生能源发电提供资金支持的政治任务。2005 年，国开行选取福建平潭等 7 个风电项目做试点，采取了企业统一融资与外部担保相结合的模式，突破了风电项目的融资瓶颈（周萃，2009）。继国开行之后，大型国有商业银行纷纷开放了对可再生能源发电项目的贷款。

（1）贷款总规模：据估算至 2011 年年底，累计贷款发放规模约为 3000 亿元。国开行所占份额最大，累计发放风电、太阳能发电、生物质能发电贷款 1149 亿元，支持项目装机容量超过 15GW，占总装机容量的 1/3 以上（国家开发银行，2012）。

（2）贷款期限：风电和光伏发电开发商的借款方式以长期贷款①为主，贷款期限一般为 10～15 年，建设期为 1 年。以华能新能源为例，2008 年、2009 年、

---

① 长期贷款指期限在 1 年以上的贷款，短期贷款为 1 年以下（含 1 年）的贷款。

2010 年长期贷款与短期贷款的比例分别为：1.9:1、4:1、3.5:1。

（3）贷款占比：集中式风电和光伏发电项目的贷款比例一般为项目总投资的 80%。常见的风电项目规模一般为 49.5MW，贷款资金为 3.5 亿元左右。集中式光伏发电项目规模以 10MW 最多，贷款资金为 1.7 亿元左右。

（4）贷款类型：国有开发商的无抵押贷款（信用贷款）占了很高的比重。以龙源电力为例，2011 年无抵押贷款和借款占到总借款的 69.1%，其中银行贷款中无抵押贷款占 73.5%。

（5）母公司担保：大型国有企业的子公司向银行借款时，其母公司会为一部分贷款提供担保。例如龙源电力的银行贷款，其母公司国电集团担保的比例在 2008 ~ 2011 年分别为 31.3%、1.8%、22% 和 35.2%。

（6）贷款利率：根据 1996 年发布的《中国人民银行关于降低金融机构存、贷款利率的通知》，"对国家产业政策优先支持发展的行业、企业和产品，对企业信用等级较高……的企业等，各金融机构应在贷款利率上实行下浮、不浮或少浮"。可再生能源发电属于国家产业政策优先支持的行业，原则上可以享受基准利率下浮 10% 的优惠；从 2012 年 6 月起，可以享受基准利率下浮 20% 的优惠。

（二）股市

可再生能源开发商负债率普遍偏高，股市融资成为常用的改善负债情况的融资方式。从 2009 年开始，股市融资成为开发商的重要融资渠道，至 2012 年 6 月 28 日，共有 5 家企业上市，共募集资金 327.7 亿元（见表 10 - 2）。龙源电力集团于 2009 年年底在香港上市，成为当年全球集资额排行第八大 IPO。然而从 2010 年后，整体股市对新能源并不看好，股市融资已很难筹募到大笔的资金。从上市策略上看，2010 年大唐新能源选择了低价上市，而华能新能源也主动降低发行价并大幅增加基石投资者的数量。

表 10 - 2 风电和光伏发电开发商上市融资情况

企　业	交易所	融资时间	募资金额（亿元）
龙源电力	HKEx［中国香港］	2009 - 12 - 10	177.1
新天绿色能源	HKEx［中国香港］	2010 - 10 - 13	28.3

续表

企　业	交易所	融资时间	募资金额(亿元)
大唐新能源	HKEx[中国香港]	2010 – 12 – 17	45.4
华能新能源	HKEx[中国香港]	2011 – 06 – 10	55.1
华电福新	HKEx[中国香港]	2012 – 06 – 28	21.8

资料来源：Bloomberg New Energy Finance 数据库，访问时间：2012 – 08 – 16。

（三）债券

从 2010 年起，金融危机导致持续的股市低迷，债券逐渐成为开发商的重要融资渠道。2011 年，能源类公司在中国发行了 1000 亿元人民币的债券，期限为 2 ~ 10 年，根据到期日不同，息票利率为 4% ~ 6% 不等，但此融资方式只对大型国企开放。2011 年，香港"点心债权"市场总发行量为 630 亿元人民币，息票利率为 4.5% ~ 6.4%，其中只有 6% 用于风能和太阳能产业发展（中国绿色科技，2012）。在可再生能源开发商中，龙源电力和中国风电发行了债券。2010 年龙源电力共发行 61.6 亿元债券；2011 年共发行 114.74 亿元债券，该年度债券融资占该集团融资额度的比例为 19.4%。2011 年，中国风电集团发行了票面利率为 6.375% 的 7.5 亿元人民币离岸债券。

B.11

风电融资

一 风电产业发展

（一）中国的风能资源和开发情况

中国属于风能资源较丰富的国家。根据国家气象局的计算，排除掉制约风电开发的因素后，陆上离地面 50 米高度达到 3 级以上风能资源的潜在开发量约 2380GW；中国 5～25 米水深线以内近海区域、海平面以上 50 米高度可装机容量约 200GW（李俊峰等，2011）。风能资源丰富区主要集中在两大风带：一是"三北"地区（西北、东北和华北北部）；二是东部沿海陆地、岛屿及近岸海域（中国价格协会能源供水价格专业委员会课题组，2010）。此外，内陆地区风能资源分布也很广泛，可满足风电大规模发展需要。与其他国家相比，中国的风能资源与美国接近，远远高于印度、德国、西班牙等国。

中国风能资源的分布特点有：①中国风能资源春季、秋季和冬季丰富，夏季贫乏。②风能资源地理分布与电力负荷不匹配。中国风能资源最丰富区分布在西部和北部，而这些地区当地的消纳能力有限；东部和中部地区电力负荷大，但风能资源丰富的地区少（李俊峰等，2011）。

至 2011 年年底，中国风电累计装机容量达到 62.4GW，有 30 个省、直辖市、自治区（不含港、澳、台）有了自己的风电场，风电累计装机超过 1GW 的省份超过 10 个；海上风电共完成吊装容量 242.5MW（李俊峰等，2012）（见图 11－1）。陆上风资源丰富，一、二类风力资源区已经基本被开发完毕，低风速、高海拔地区成为新的开发热点。进入"十二五"以来，国家能源局提出了集中式和分散式开发并重的思路，至 2015 年并网风电装机将达到 100GW。

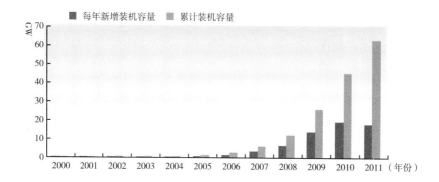

图 11 - 1　2000～2011 年中国风电装机情况

资料来源：《中国风电产业发展报告 2007～2011》；中国可再生能源学会风能专业委员会，《2011 年中国风电装机容量统计》，2012。

（二）政府引导的风电市场和制造业发展

中国的风电市场和制造业是在中央政府的引导下发展起来的。中国的并网风电从 20 世纪 80 年代开始起步，1989 年底累计装机容量为 4.2GW，至 2011 年，累计装机容量已达 62.4GW（并网装机容量 45GW），居世界第一位。总体看来，中国风电的发展经历了四个阶段，即初期示范阶段（1986～1993 年）、产业化建立阶段（1994～2003 年）、规模化发展阶段（2004～2010 年）和调整阶段（2011 年至今）。

1986～1993 年是中国并网型风电的初期示范阶段。1986 年 5 月，第一个风电场在山东荣成马兰湾建成，其安装的 Vestas V15 - 55/11 风电机组，是由山东省政府和原航空工业部共同拨付外汇引进的。总体来说，此阶段风电发展的特点是利用国外赠款及贷款建设小型示范风电场，风电机组购买的是国外产品，风电电价水平基本与燃煤电厂持平。政府的扶持主要是在资金方面，如投资风电场项目及风力发电机组的研制（李俊峰等，2007）。

1994～2003 年是中国风电产业化建立阶段。在第一阶段取得成果的基础上，中国各级政府相继出台了各种优惠的鼓励政策。原国家经贸委、国家计委分别通过"双加工程"①、乘风计划②、国家科技攻关计划等项目进行产业扶持，支持建立了首批 6 家风电装机企业，进行技术引进和消化吸收（李俊峰等，2008）。这一时期国产风机制造业逐渐建立，以新疆金风为首的一批企业逐渐形成了一定的生产能力。

2004～2010 年是风电的规模化发展阶段，这一时期的发展目标是利用国内市场的不断扩大带动中国风电技术水平和装备制造能力。2003～2009 年，国家共组织了 6 期特许权招标，确定了 74 个风电场工程项目，总设计装机容量达到 14.05GW。2005 年开始开展百万千瓦级风电基地规划，2008 年开始开展千万千瓦级风电基地的规划和建设工作。2009 年 7 月底，国家发展和改革委员会发布了《关于完善风力发电上网电价政策的通知》（发改价格〔2009〕1906 号），出台了按资源分区的四类风电上网电价，至此风电发展的市场机制正式建立，而 2009 年和 2010 年的新增装机容量也相应达到 13.8GW 和 18.9GW。总的来看，这一时期的风电发展仍是粗放型增长。

政府引导着国内风电市场不断扩大规模，为风电装备制造业提供了有力的支撑。2000 年以前，国产品牌在国内市场的认知程度很低，市场份额不到 10%。2005 年中国风机制造企业包括整机制造企业和零部件制造企业迅速发展，国产兆瓦级风电机组陆续投入运行。2006 年，内资企业整机产品市场投放量约 540GW，市场份额占 41.3%，比前一年提高 11%。至 2009 年，中国已有 43 家风电整机制造企业能够生产风电机组；在零部件制造方面，有叶片、齿轮箱、发电机、控制系统、变流器、主轴、轮毂、轴承等生产企业近 200 家，占据了 87% 的新增市场份额（李俊峰等，2010）。从 2009 年开始，中国的风电装备制造能力开始领先世界，并具备了支撑年均发展千万千瓦级的能力。

从 2011 年起，风电发展进入调整期，长期粗放型发展所积累的问题凸显。

---

① "双加工程"：原国家经贸委 1994～1996 年实施的在技术改造方面"加大投资力度，加快改造步伐"工程的简称。"双加工程"以国家产业政策为导向，以提质降耗、扩大出口、增加有效供给为重点，选择了一批条件较好的企业，抓了一批水平高的技术改造项目加以重点扶持。

② "乘风计划"：这是由原国家计委于 1996 年 3 月推出的推动大型风力发电机组国产化和风电场建设规模化发展的计划。主要内容包括：①以合资合作方式引进先进技术；②由国家计委组织科技攻关项目的研究，掌握大型机组的开发技术；③国家给予专项补贴用于国产化风机示范场建设及质量检测体系建设。

第一是并网问题。2011 年，风电累计装机容量为 62.4GW，但并网容量仅为 45.05GW，并网率为 72.2%，未并网的装机容量达到 17.35GW（与 2011 年新增装机容量相当）。以风电场建设每千瓦投资为 7900 元计算，投资浪费达 1370.65 亿元。第二是并网风电场的弃风问题，2011 年并网风电的弃风量达到 100 亿 kWh，弃风比例超过 12%，由于弃风而导致风电企业损失（不包括碳交易收入）达 50 亿元以上，约占风电行业赢利水平的 50%（李俊峰等，2012）。在这种情况下，调整风电的发展成为风电政策的重点。中央政府在 2011 年将风电项目的核准权收回中央统一管理，并推出了一系列风电并网标准。风电行业正逐步从追求发展速度向追求质量、从追求装机容量向追求发电量转变，风电项目开发纳入国家统一规划，项目审批建设进入统筹发展时期。

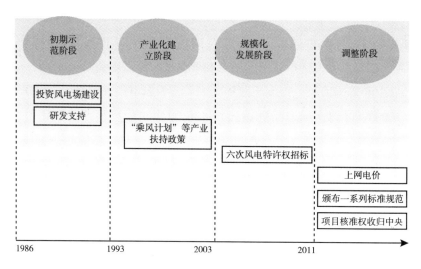

图 11 - 2 风电发展不同阶段政府的引导机制

二 政府引导的风电融资模式

风电融资是典型的政府引导融资模式（见图 11 - 3）。在风电融资过程中，涉及的主要利益相关者有中央政府、开发商（以国有能源企业为主）、风机制造商、地方政府、银行和资本市场。中央政府是风电融资的引导者，通过一系列的政策措施引导各利益相关方参与风电应用。对于开发商，中央政府一方面通过可再生能源装机配额强制国有能源企业进入风电开发领域；另一方面明确上网电价，给予国有能源企业经济激励。对于风机制造业，中央政府一方面通过不断扩大应用市场的规模带动制造业的发展；另一方面以研发支持、设立专项资金进行补贴（后取消该政策）的方式支持产业发展。对于银行和资本市场，中央政府通过《可再生能源法》《可再生能源中长期发展规划》等政策清晰传递中国政府将长期支持可再生能源发展的政策信号。

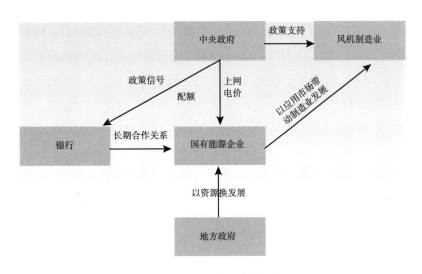

图 11-3　风电融资模型

（一）引导者——中央政府

中国政府很早就认识到发展可再生能源的重要性，将其列为实现可持续发展的重要战略之一。在 2001 年发布的《新能源和可再生能源产业发展"十五"规划》中，已明确提出"大力开发利用新能源和可再生能源，是优化能源结构、改善环境、促进经济社会可持续发展的重要战略措施之一"。2005 年发布的《可再生能源法》更是将可再生能源发展提高到国家战略层面。在2010 年发布的《国务院关于加快培育和发展战略性新兴产业的决定》中将新能源产业列为七大新兴战略产业之一而重点扶持。国家发改委能源研究所和国际能源署（IEA）2011 年发布《中国风电发展路线图2050》，指出"十二五"

期间风电是中国重点鼓励和支持的领域，风电对确保"十二五"非化石能源比重达到11.4%至关重要。中国风电中长期的发展战略目标为：2011～2020年，风电发展以陆上风电为主、近海（潮间带）风电示范为辅，每年风电新增装机达到1500万千瓦，累计装机达到2亿千瓦，风电占电力总装机的10%，风电电量满足5%的电力需求。

1. 引导建立市场机制

从1994年起，中国开始探索风电场建设的商业化模式。1994年，国家主管部门规定，电网管理部门应允许风电场就近上网，并收购全部上网电量，上网电价按发电成本加还本付息、加合理利润的原则确定，高出电网平均电价部分的差价由电网公司负担，发电量由电网公司统一收购。从2002年开始，中央政府要求原国家电力公司在售电价格上涨的部分中拿出一定份额，补贴可再生能源发电（即高出煤电电价的部分）。如图11-4所示，2002年后风电高出燃煤脱硫上网电价部分由原国家电力公司进行补贴，补贴力度逐年加大，由2002年的1.38亿元上升到2008年的23.77亿元。此外，2007～2011年，中央财政累计安排2.9亿元，用于支持开展风能资源详查和评价；累计安排3亿多元，支持企业自主研发大功率风电机组（王劲松，2012）。

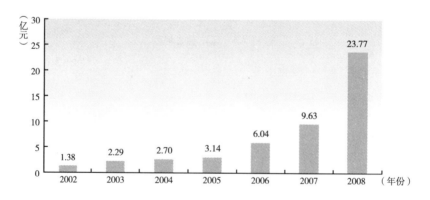

图11-4　2002～2008年中国政府对风电电费补贴额的变化

资料来源：中国-丹麦风能发展项目办公室，中国可再生能源专业委员会，2009，《中国风电及电价发展研究报告》。

至2005年《可再生能源法》出台，规定电网公司必须全额保障性收购可再生能源电力，进一步明确了可再生能源电力的买主。在2007出台的《可再生能源中长期发展规划》中，明确了非水电可再生能源发电强制性市场份额目标（配额）①，使电网企业和大型能源企业有义务开发可再生能源发电，因而出现了国有能源企业背景的可再生能源发电商。在《可再生能源发电价格和费用分摊管理试行办法》中确定了可再生能源电费的资金来源由全体电力终端用户分摊的机制，明确了全体终端用户"埋单"的长期稳定补贴资金来源。中央政府在2009年推出了上网电价，使风电开发的收益透明化，给了相关各方清晰的价格信号。

如图11-5所示，中央政府通过一系列的政策建立了可再生能源电力市场，明确了市场中的买主、开发商、电费补贴资金来源和电价。可再生能源电力的买主一直是电网公司；最初的开发商是由政府组织的各类企业，后来明确了电网及大型国有能源企业有开发可再生能源的市场份额；可再生能源电费补贴的资金最初由原国家电力公司承担，后来明确为由全体电力终端用户通过缴纳可再生能源附加解决；电价最初由审批电价逐渐演变为参考招标电价定价，进而在2009年推出全国的风电上网电价。至此，中央政府通过政策创造了风电市场的各个要素，为风电融资市场化发展奠定了基础。

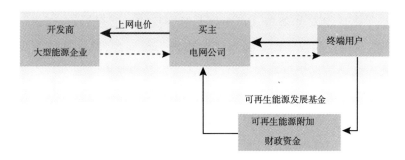

图11-5 可再生能源电力市场的建立

2. 引导利益相关方参与

在积极建立可再生能源电力市场的同时，中央政府也在探索引领可再生能

---

① 《可再生能源中长期发展规划》明确指出，到2010年和2020年，大电网覆盖地区非水电可再生能源发电在电网总发电量中的比例分别达到1%和3%以上；权益发电装机总容量超过500万千瓦的投资者，2010年和2020年所拥有的非水电可再生能源发电权益装机总容量应分别达到其权益发电装机总容量的3%和8%以上。

源发电各利益相关方的参与。在风电融资中，开发商、政府和银行作为最主要的参与者，每个参与者都有动力，同时每个参与方也都掌握大量的资源，使得他们可以参与和掌控风能资源的开发。在三方面的共同参与下，形成了巨大的合力，共同推动了风电融资（见图 11 - 6）。

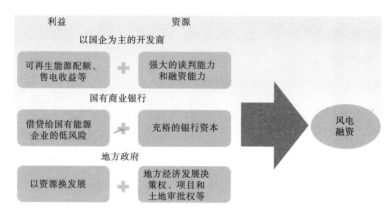

图 11 - 6　风电融资主要参与方的动力与资源

在风电融资模型中，国有能源企业是风电开发的主体，是重要的参与者。中央政府于 2007 年颁布《可再生能源中长期发展规划》，明确了针对电网企业和能源企业的强制性可再生能源市场份额（配额），另外中央政府在 2009 年颁布风电上网电价明确风电开发收益，使得国有能源企业有动力和经济激励参与风电融资。国有能源企业能够抢占市场份额凭借的是其强大的谈判和融资能力：国有能源企业既是地方政府争相引进的优质企业，也是银行愿意放贷的高信用级别客户。这使得在风电市场竞争中，国有企业具有无可比拟的优势。

国有商业银行是风电融资中的投资主体，是政策信号的接收者。中央政府通过《可再生能源法》及多个规划传递将长期支持可再生能源发展的信号，而银行根据风险选择支持客户。国有能源企业是国有商业银行的优质客户：一方面国有能源企业具有强大的担保能力和高信用额度，以及隐形的国家担保，满足了银行对低风险长期贷款的偏好；另一方面国有能源企业和国有商业银行有着长期的合作关系。从银行所有的资源来看，"十一五"期间国有商业银行充裕的资本也为其支持风电等可再生能源发展提供了支撑。

地方政府是风电市场的积极参与者和推动者。在洽谈风电开发意向时，地方政府更多考虑的是"以资源换发展"，以风电应用带动当地制造业的发展，或带动当地经济的发展。从地方政府掌握的资源来看，地方政府拥有对一个地方发展的决策权，对土地、重点项目具有核准权，具有搭建地方性融资平台的能力。因而，地方政府也具有积极参与风电发展的动力和资源。

在风电融资模型中，中央政府成功地引导了利益相关各方的参与。对于国有能源企业，既给予压力，也给予经济激励，而国有能源企业也迅速认识到新兴的市场中所蕴藏的巨大的商业机会。对于银行和资本市场，其商业活动不受政策干预，因此中央政府是通过传递清晰的政策信号而引导其商业行为的。上述政府、企业、银行所形成的巨大合力促成了"十一五"期间风电的高速发展。

（二）积极参与者——风电开发商

风电开发商的收益主要有售电收入、CDM 收益、土地等其他附加收益。此外，风电和太阳能发电项目享受税收减免。2008 年，中央政府宣布风能和太阳能运行项目企业所得税前三年全免，之后三年免除50%；同时，风电和太阳能发电还享受50%增值税退税政策（中国绿色科技，2012）。此外，一些地方政府还提供优惠的土地使用政策。

1. 售电收入和 CDM 收益

2009 年，中国政府颁布了风电上网电价，按照风能资源状况和工程建设条件，将全国分为四类风能资源区，相应制订风电标杆上网电价。资源最好的一类资源区电价为 0.51 元/kWh，资源最差的四类资源区电价为 0.61 元/kWh。2009 年，风电项目的发电成本大多在 0.4~0.5 元/kWh 之间。就地域分布来看，东北、沿海项目成本相对较高，新疆、内蒙古和河北等地成本相对低一些。根据国家发改委的统计数据（见表11-1），2009 年，全国风电项目全投资内部收益率平均在 7% 左右，东北和华北地区略高；西北地区尽管风资源最好，但由于输送能力有限、经常限电导致收益率并不高。

CDM 补贴收入是风电开发商收入的重要来源。例如 2011 年龙源电力的 CDM 收入为 7.27 亿元，占该集团当年总收入的 4.5%；2011 年华能新能源的

CDM 收入为 4.84 亿元，占该集团当年总收入①的 12.5%。近年来受到国际碳市场长期下行的影响，CDM 收益变得越来越不确定，同时联合国 EB（清洁发展机制执行理事会）机构也提高了注册、签发风电的 CDM 门槛。2008 年中国共在联合国 EB 注册 36 个项目，当年签发 29 个项目；2010 年注册项目达到 183 个，而签发项目只有 42 个②。另外，CDM 的碳交易价格也一直下跌，2012 年 10 月 30 日 CDM 项目的碳价只有 1.01 欧元/tCO$_2$③。这导致很多之前成功签署 CDM 合同的风电场，因为交易现价过低而无法正常履行。

表 11 - 1   2009 年各区域风电场内部收益率统计

单位：%

地区	全投资 IRR（无 CDM）	资本金 IRR（无 CDM）	全投资 IRR（有 CDM）	资本金 IRR（有 CDM）
东北	6.4 ~ 6.9	8 ~ 9	8.1 ~ 8.2	9 ~ 10.3
华北	6.2 ~ 7.0	8 ~ 9	8 ~ 8.2	8.8 ~ 9.8
华南	6.0 ~ 6.6	7.8 ~ 8.8	8 ~ 8.4	8.5 ~ 9.5
西北	6.2 ~ 8	8 ~ 10	8.3 ~ 9.6	8.8 ~ 10.5

资料来源：中国价格协会能源供水价格专业委员会课题组，2010。

2. 土地等其他收益

根据《风电场工程建设用地和环境保护管理暂行办法》（发改能源〔2005〕1511 号），风电场工程建设用地应本着节约和集约利用土地的原则，尽量使用未利用土地，少占或不占耕地；风电场工程建设用地按实际占用土地面积计算和征地。中国西北地区有大量的沙漠、戈壁等经济利用价值低的荒地，因此土地开发成本很低。例如新疆塔城额敏玛依塔斯二期风电场的规模为 49.5MW，项目建设用地 2.3 平方公里，土地使用年限为 50 年，转让价格为 198 万元（国土资源部，2010）。此外，像宁夏之类的省份还免除了可再生能

---

① 根据 2011 年华能新能源年报中数据计算，该年度总收入包括收入（电力销售、提供维修及维护服务等）31.96 亿元，以及其他收入 6.83 亿元。

② 根据 CDM pipeline 公司整理的 CDM 数据统计，该公司网址：http：//www.cdm-pipeline.com/。

③ Point Carbon 公司网站 2012 年 10 月 30 日的碳交易价格，该公司网址：http：//www.pointcarbon.com/。

源项目的土地转让费、建筑费及土地管理费（中国绿色科技，2012）。风电场中风机占地面积很少，其余土地仍可作为其他用途（例如牧场、农田等）。目前土地集约利用已经成为风电场开发和集中式光伏电站开发的热点之一，在东部沿海地区已经出现利用风机下土地建设鱼塘的综合开发利用模式。

风电开发商在与地方政府洽谈风电开发项目时，如果有在当地投资其他行业（如设备制造厂）的计划，往往能得到当地政府提供的土地、基础设施、税费等优惠，这种将投资项目打捆的方式更加受到当地政府的欢迎，风电开发商也能得到更多的优惠。例如华锐风电在江苏省射阳县投资建设了风机装备组装厂，并建设了20MW实验风电场，当地政府除提供土地等优惠外，还为该厂建设了专用码头。这些优惠政策大大降低了华锐风电的投资成本。

（三）政策信号接收者——银行和资本市场

银行和资本市场是政策信号的接收者。中央政府在"十一五"期间把可再生能源作为新兴战略产业发展而推出了中长期规划及各类支持政策，这些都给了资本市场明确的政策信号；而风电上网电价的推出，使风电项目的收益得到了政策保障，加强了银行和资本市场对风电开发商的信心。

1. 银行

中国政府鼓励国有商业银行向从事可再生能源发电业务的公司提供具有优惠条件的低息债务融资贷款。根据1996年发布的《中国人民银行关于降低金融机构存、贷款利率的通知》，"对国家产业政策优先支持发展的行业、企业和产品，对企业信用等级较高……的企业等，各金融机构应在贷款利率上实行下浮、不浮或少浮"。可再生能源发电属于国家产业政策优先支持的行业，原则上可以享受基准利率下浮10%的优惠；从2012年6月起，可以享受基准利率下浮20%的优惠。专栏11-1是银行业对甘肃风电产业发展的支持情况。

专栏11-1　银行业对甘肃风电产业发展的支持

自2007年以来，甘肃省风电项目建设所需资金来源除了自筹资金和很少一部分财务公司贷款外，基本上全是金融机构贷款。2009年，金融机构对酒泉累计投放风电贷款 20.58 亿元，较 2008 年增加 10.18 亿元，增长 97.88%；2010 年，金融机构对酒泉累计投放风电贷款进一步增加到 69.68 亿元，是 2009 年的 3.4 倍。至 2010 年年底，金融机构累计为酒泉各大型风电场以及各风电装备制造业项目发放贷款 100.66 亿元，风电贷款余额达到 85.75 亿元，有效解决了风电企业信贷资金需求。截至目前，银行业金融机构对酒泉风电企业发放的贷款利率全部执行的是人民银行贷款基准利率水平下浮 10%。

杨明基：《金融支持甘肃风电产业发展探析》，《中国金融》2011 年第 8 期，第 70 ~ 71 页。

另一方面，国有商业银行同国有能源企业和具有国资背景的风机制造商有着长期的密切合作关系。在传统的计划经济体制下，国企的资金来源主要通过财政渠道划拨，改革开放以后，国企的外部资金来源从依靠财政划拨转变为银行贷款。20 世纪 80 年代中期，财政已基本不向企业增资，银行贷款成为国企唯一的融资渠道。从 90 年代开始，国企开始了"产权清晰、权责明确、政企分开、管理科学"的改革，但国企与银行长期的合作关系仍然延续下来。这种国企和银行间密切的关系不仅仅体现在贷款规模上，还包括授信规模和利率优惠。

在强大的担保实力和信用额度下，国企风电开发商很容易得到银行的贷款。例如龙源电力、华能新能源和大唐新能源 2011 年的银行贷款规模分别为 277.95 亿元、135.36 亿元、78.77 亿元，分别占外源融资总额的 47%、71.5%、51.2%。截至 2010 年 12 月 31 日，龙源电力拥有的金融机构可用授信额度超过 1000 亿元；华能新能源未使用的信用额度达 200 亿元；大唐新能源未动用的银行授信约 435.3 亿元。利率上的优惠也体现了大型国有电力企业与国有商业银行间的密切关系。2010 年，龙源电力加权平均融资成本低于同期银行借款基准利率 15% 以上[①]。

2. 股市

在风电发展方面，股市也收到了清晰的政策信号。2004 ~ 2007 年中国风

———————————

① 以上数字来自国电龙源、华能新能源、大唐新能源公司的年报。

电新增装机容量年均增速均超过 100%，"十一五"期间中央政府把新能源作为重点产业加以发展，尤其是风能、太阳能、生物质能等可再生能源，这些都给了股市明确的政策信息；另一方面，国际原油价格持续高涨，风电技术逐渐成熟，也加强了股市投资者对于迅速发展的风电装备制造业的信心。2007 年 12 月风机制造商金风科技上市首日大涨 263.9%，受到投资者的疯狂追捧。从这一事件可以看出不少投资者已经意识到风能行业在我国的发展潜力之巨大（新浪财经，2008）。从 2006 年至今，共有 15 家风电制造企业上市，共募集资金 47.2 亿美元①。

2009 年，中央政府颁布了风电上网电价，这一政策为风电开发商上市融资扫平了道路。从 2009 年开始，龙源电力、新天绿色能源、大唐新能源、华能新能源陆续上市，共募集资金 45.5 亿美元。龙源电力于 2009 年年底在香港上市，其 IPO 吸引了中投公司、美国富商 Wilbur Ross 及中国人寿集团等的兴趣。最终以 8.16 港元招股价区间最高端定价，集资 171.36 亿港元（22 亿美元），成为 2009 年全球集资额排行第八大 IPO（新浪财经，2009）。

（四）以资源换发展——地方政府

地方政府是风电开发中的积极参与者。风电发展是地方政府增加投资、发展特色产业、增加税收、拉动就业的重要手段。由风电场建设和风机制造业创造的税收收入也是地方政府财政收入的重要来源之一。中西部地区是我国经济较不发达地区，也是风能资源丰富区域，当地政府努力寻求经济增长点、发展特色产业的行为对这些地区风电的快速发展起到了积极的推动作用，在七大千万千瓦级风电基地中，有五个位于中西部地区。

风电投资规模大，仅此一项就能拉动地方的投资额度，但是风电投资对地方税收的贡献较低，一个 100MW 的风电场，一年对地方税收的贡献约为 1000 万元②。地方政府意识到资源的出让都是一次性的，所以在与企业洽谈风资源开发时，在开发协议中一般都有附加条件，以资源换发展，例如使用本地产

---

① 数据来源：投中集团网站 CVSource 公开数据库访问时间：2012 - 08 - 16；BNEF 数据库访问时间：2012 - 08 - 16。

② 清华大学气候政策研究中心产业调研数据。

品，希望以此带动地方经济的发展。各大企业在资源优势地区圈地的过程中，与地方政府是双向选择关系，地方政府在资源出让时，通常会选择提供附加条件最好的企业。在当前的制度安排下，地方政府主要围绕实现地方经济增长组织资源和管理资源，并不是围绕战略性新兴产业的国际国内市场需求组织和管理资源。

从各地政府出台的政策文件中，可以看到地方政府以风电应用带动制造业发展的意图。例如山东省《关于促进新能源产业加快发展的若干政策》中指出，要加快发展沿海风电产业和高端风电装备制造业，2010～2012年风电上网电价原则上按照每千瓦时0.7元的标准执行。《江苏省新能源产业调整和振兴规划纲要》提出，发挥现有产业优势，以风电场的规模化建设带动风电装备产业化发展，推动产业标准化、系列化，建设风力发电和风电装备制造基地，2011年风电装备实现销售收入800亿元，形成4GW整机制造能力。

在大规模风电基地部署制造企业也能有效降低风电开发商的成本。以甘肃酒泉千万千瓦风电基地为例，一期和二期共计划安装风机8800MW，按照每千瓦装机造价7000～9000元计算，仅风机购买一项投资约为600亿～800亿元。根据酒泉市能源局提供的数据，截至2010年年底，酒泉风电累计完成投资524亿元。本着"以资源换发展"的思路，酒泉市政府建设了专门用于制造风电装备的产业园，已有国内众多知名风机生产厂商落户，如华锐风电、金风科技等，2010年酒泉风电装备制造业完成销售收入223亿元。2009年和2010年，风电产业所带来的GDP占酒泉全市GDP的1/3（房田甜，2011）。

三　风电融资特点

（一）风电融资是典型的政府引导融资

风电融资是政府引导的融资，这种融资方式的主要特点有：①中央政府在风电融资中发挥了重要的引导作用；②具有国资背景的主体为主要参与者，具有国资背景的开发商和银行构成了风电开发的投资主体。这种以具有国资背景的主体为主要参与者、投资者，以政府为引导者、推动者和调控者的融资模式是典型的政府引导的融资。

1986年至今，中央政府始终在风电融资中发挥着引导作用。从最初的小型示范风电场建设和研发支持，到出台各种产业政策扶持本土制造业发展，然后采用特许权招标方式不断扩大风电市场规模并以此带动制造业发展，至2009年出台上网电价，在2011年又开始调整产业发展，中央政府的引导影响了风电发展的每一阶段。在风电融资模式中，中央政府通过政策和市场手段，成功地引导了各利益相关方的参与。从这方面来看，风电融资可以说是成功的政府引导模式的典范。

中国风电融资的主要参与者包括政府、开发商、电网企业和银行，这些主要参与者都具有国资背景。西方发达国家，如德国、美国等是由市场主导的可再生能源融资，其发电商和输配电商的性质以私营为主，可再生能源发电以小型分布式应用为主，有专业的金融服务商负责可再生能源融资，其融资模式和融资渠道呈多元化特征。中国的情况则完全不同，中国不具备成熟的金融市场，也远不具备出现专业的金融服务商的条件，缺乏市场化融资的基础。在这种情况下，中国政府依据本国实际情况，根据资源分布特点，首先发展集中式大规模电站，调动国有资本作为主要参与者和投资者，以市场的规模化发展吸引投资者，在短期内实现了风电规模的快速增长和设备制造能力的本质提升。

具有国资背景的开发商和银行是风电项目最重要的投资方。从开发商的构成来看，2011年，风电市场国企开发商占84.3%；从2011年风电项目的投资构成来看，开发商的资本金投入为20%，银行贷款占80%。国有商业银行是风电项目的投资主体，据估算至2011年年底，累计发放可再生能源发电贷款约为3000亿元，其中国家开发银行、中国银行、中国建设银行、中国工商银行、中国农业银行是主要的借款方。

现阶段政府主导的风电融资所面临的主要问题有：①民营资本所占市场份额偏小，作为未来分散式风电开发的主体，民营资本难以进入风电市场。②从融资渠道来看，以银行为主的间接融资占比偏高，来自资本市场的股权融资、风投/私募、信托等融资占比偏低。③融资模式较为简单，缺乏金融创新工具的支持。尽管已出现项目融资、金融租赁等新兴融资方式，但仍处于较为简单初级的阶段。④融资问题没有受到足够重视。在风电发展过程中，融资问题从未受到过足够的重视，因此相关部门也缺乏风电发展和金融市场改革的协调考虑。

（二）政府引导的风电融资取得了巨大成就

政府引导的风电融资模式在短期内取得了巨大成就。如图 11－7 所示，2000 年，中国新增装机容量仅为 0.077GW，累计风电装机容量仅为 0.34GW，内资产品市场份额不到 10%。在 2003～2009 年特许权招标时期，风电装机容量和内资产品市场份额都迅速增长。从 2003 年开始，风电装机以年均 195% 的速度增长。2009 年，中国风电新增风电装机容量 13.8GW，累计装机容量已达 25.8GW，内资产品市场份额为 87%，当年风电融资规模达到 272 亿美元。2009 年上网电价出台后刺激了风电装机的增长，至 2011 年，风电累计装机容量已达 62.4GW，可再生能源融资规模已达 510 亿美元，其中 62% 为风电融资，内资产品市场份额已达 91.3%。

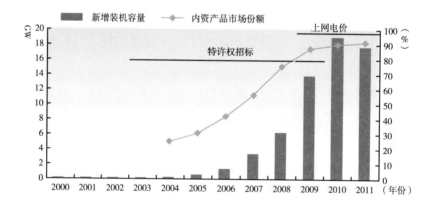

图 11－7　2000～2011 年新增装机容量与内资产品所占市场份额

资料来源：《中国风电产业发展报告 2007～2011》；中国可再生能源学会风能专业委员会，《2011 年中国风电装机容量统计》，2012。

需要指出的是，在中国的风电高速发展过程中也涌现了很多问题，这是难以避免的。尽管中国政府对于风电的战略地位有着清晰的认识，但是风电的发展需要结合本国的资源特点和国情特点，同时也是政策创新和制度创新的探索式发展过程，需要根据出现的问题不断进行调整。在将近 10 年的风电高速发展过程中，有效地降低了风电成本①，建立了庞大的国产风机制造能力，这是了不起的成就。在接下来的发展中，中国政府将发展目标调整为提高风电发展的质量，由追求速度转向追求质量，由单一的"集中式电站"发展模式转向"集中式电站和分散式入网"并重，这是符合事物发展的一般规律的。

---

① 2011 年，中国陆地风电场建设静态平均投资成本已经下降到 7000～8000 元/kW（李俊峰等，2012），已接近于大中型水电的投资成本。

$\mathbb{B}.12$
光伏发电融资

一 光伏制造业发展

（一）中国的太阳能资源分布和开发情况

中国太阳能资源非常丰富。从全国来看，绝大多数地区年平均日辐射量在 $4kWh/m^2$ 以上，西藏最高达 $7kWh/m^2$。与同纬度的其他国家相比，和美国类似，比欧洲、日本优越得多（李俊峰等，2007）。太阳能资源最丰富区在西藏西南部、内蒙古西部、青海中部等西北地区，是中国人口稀疏、居住分散、交通不便的西北地区。

另外，太阳能资源的利用与所用的技术、方式和面积有关。目前，中国已有的建筑屋顶面积总计接近 400 亿 m^2，若用其中 20% 的面积可安装约 20 亿 m^2（即 0.2 万 km^2）太阳能光伏系统。另外，可使用 2% 的戈壁和荒漠面积（即 2 万 km^2）来安装太阳能光伏发电系统，总计在 2.2 万 km^2 的面积上，可安装太阳能光伏发电容量约 22 亿 kW，年发电量可以达到 2.9 万亿 kWh（李俊峰等，2011）。按照上述屋顶、戈壁和荒滩的安装面积计算的光伏发电量，相当于 2011 年中国用电量的 61.8%（根据中国电力企业联合会统计，2011 年全社会用电量为 4.69 万亿 kWh）。

目前中国的大规模光伏电站主要分布在西藏、青海、新疆、甘肃、宁夏、内蒙古等西部地区，这些地区地广人稀、土地资源丰富，适合开发大规模光伏电站。但是同风电一样，光伏发电也存在当地无法消纳、需要长距离输电的问题。此外在东部沿海地区也建有一些大规模的光伏电站。总的来说，东部和中部地区建设的分布式光伏系统较多，基本上是"光伏建筑一体化"和"金太阳"示范项目。中国政府于 2009 年开始通过特许权招标方式启动国内光伏市场，当年新增装机容量达到 228MW；2011 年颁布光伏发电上网电价，当年新增装机容量达到 2.2GW，累计装机容量达到 3GW。根据《太阳能发电发展"十二五"规划》，至 2015 年，光伏发电将达到 20GW 以上，其中约有 10GW 为分布式光伏发电。

（二）光伏制造业的发展

至 2012 年，中国研究光伏电池的历史已达 54 年，然而在之前的 44 年中，光伏制造业处于雏形阶段，太阳能电池的价格也很昂贵，至 2000 年光伏电池产量仅为 2.8MW，当年装机容量为零。从 2000 年开始，中国政府开始利用光伏发电解决边远地区居民的用电问题，先后启动了"光明工程先导项目"（2000 年）、"送电到乡工程"（2002 ~ 2003 年）等项目。这些项目带动了国内光伏制造业的发展，截至 2003 年年底，中国太阳能电池的累计装机已经达到 55MWp，光伏电池年产量达到 8MW（李俊峰等，2007）。

1997 年通过的《京都议定书》建立了全球性的温室气体减排机制，光伏发电也成为一些欧洲国家的减排技术选择。2000 年德国通过《可再生能源法》，带动了光伏发电装机的迅速增长。2004 年后中国光伏制造业依托欧洲市场的拉动高速发展，2007 年中国成为世界最大的光伏电池生产国，当年的产量达到 1088MW（见图 12 - 1）。在 2003 ~ 2008 年的高速发展中出现了诸如无锡尚德、江西赛维 LDK 这样的财富神话，共有 13 家光伏制造企业海外上市。

从 2009 下半年至 2010 下半年，由于世界各国实施经济刺激计划或能源新政，都把光伏发电作为一个重要领域，国际光伏市场需求激增。中国光伏制造业迎来了第二个高速扩张期，这也是产能扩张最快的时期。供不应求的国际市场掩盖了金融危机的风险，光伏企业忙于扩大产能、批量生产、抢占市场，整个行业的技术提升陷于停顿。2010 年年底，在光伏产业链中，实际产能的多晶硅生产商总数有 20 ~ 30 家，60 多家硅片企业，60 多家电池企业，330 多家组件企业，国内外上市的光伏公司有 30 家左右（李俊峰等，2011）。至 2011 年年底，全国总产能约 40GW，而当年全球光伏市场安装容量仅为 28GW 左右。全国光伏产能一半以上闲置（范必，2012）。

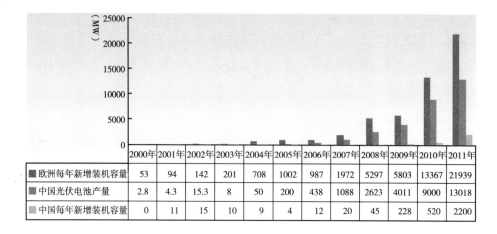

	2000年	2001年	2002年	2003年	2004年	2005年	2006年	2007年	2008年	2009年	2010年	2011年
■欧洲每年新增装机容量	53	94	142	201	708	1002	987	1972	5297	5803	13367	21939
■中国光伏电池产量	2.8	4.3	15.3	8	50	200	438	1088	2623	4011	9000	13018
▨中国每年新增装机容量	0	11	15	10	9	4	12	20	45	228	520	2200

图 12 - 1　2000~2011 年中国光伏电池产量、新增装机容量和欧洲每年新增装机容量

资料来源：1. 2000~2003 年产量数据：王斯成、王文静、赵玉文，2004，《中国光伏产业发展报告 2004》。

2. 2004~2009 年产量数据：中国可再生能源学会，2010，《中国新能源和可再生能源年鉴 2010》。

3. 2010 年产量数据：SEMI，PVGroup，CPIA，《中国光伏发展报告 2011》。

4. 2011 年产量数据：Photon Internatiional 2011 年第三期世界太阳能光伏产业的统计。

5. 2000~2011 年中国和欧洲新增装机容量数据：EPIA（European Photovoltaic Industry Association），2012，Global market outlook for photovoltaic until 2016。

　　与迅速增长的光伏制造能力形成鲜明对比的是中国的光伏应用市场。2003 年"送电到乡"工程结束后，政府内部对于是否应该继续推广昂贵的光伏应用产生了很大的分歧，最终中国政府选择了优先支持技术更为成熟的风能发电。因此，在 2002~2008 年，中国的光伏应用只限于少数示范工程。2009 年金融危机爆发，光伏制造业的出口受到打击，在此情况下中国政府启动了第一个光伏特许权招标项目，2010 年启动了第二批共 280MW 的特许权项目，希望通过之后多次特许权招标引导光伏发电成本的降低。然而随着中国光伏制造业产能的迅速扩张，进展缓慢的特许权招标已不能满足制造业希望快速启动国内市场的需要。在光伏制造商和地方政府的推动下，2011 年中央政府出台了光伏上网电价，当年新增光伏装机容量达到 2.2GW（见图 12 - 1）。2011 年，中国光伏产业实现销售收入 280 亿元左右，其中出口额约 258 亿美元，对外依存度维持在 90% 左右（范必，2012）。

2011 年，欧洲各国大幅调整光伏产业政策，削减光伏补贴。2012 年 5 月，美国做出对来自中国的电池片"反倾销，反补贴"的裁决，宣布对其课以高额惩罚性关税的裁决；9 月，欧盟启动对中国光伏产品发动"反倾销，反补贴"调查，这些措施对原本已严重过剩的光伏制造业造成了严重打击。与此同时，中国政府正在酝酿一系列措施扩大国内光伏发电分布式应用市场。2012 年 5 月 23 日，国务院常务会议决定支持自给式太阳能进入公共设施和家庭（新华网，2012b）。2012 年 9 月 14 日，国家能源局发布《关于申报分布式光伏发电规模化应用示范区的通知》，宣布将以上网电价的方式支持分布式光伏发电示范区建设；10 月 26 日，国家电网公司公布《关于做好分布式光伏发电并网服务工作的意见》，承诺免费提供分布式发电系统计入系统方案制定、并网检测等服务①。中国国内分布式光伏发电应用市场启动指日可待。

1. 外部市场的贸易战

中国光伏制造业是依托国际市场发展起来的，市场布局以欧洲为主。2011 年，中国光伏企业出口了价值 358 亿美元的产品，其中超过 60% 的产品销往欧洲，覆盖过半的欧盟市场（马凌等，2012）。中国光伏制造业市场在外的特点决定了外部市场的政策及贸易条件的变化都将对其产生严重影响。2011 年，德国、英国等欧洲国家纷纷下调光伏补贴额度，中国光伏制造受到巨大冲击。

中国光伏制造业的快速扩张也引发了国际光伏贸易战。2011 年 10 月 19 日，德国光伏制造商 SolarWorld 公司向美国商务部对中国光伏企业提出"反倾销、反补贴"（简称"双反"）诉讼。2012 年 3 月 20 日，美国商务部做出裁决，对中国光伏企业征收 2.9% ~ 4.73% 的临时性反补贴税。2012 年 5 月 18 日，美国商务部进一步对中国光伏企业的反倾销行为做出判罚，对中国太阳能电池征收 31% ~ 250% 的反倾销税。贸易保护主义使中国光伏企业彻底失去了美国市场。

贸易战从美国蔓延到欧洲。2012 年 7 月 24 日，SolarWorld 向欧盟提请诉

---

① 《关于做好分布式光伏发电并网服务工作的意见》的主要内容包括：从 2012 年 11 月 1 日开始，电网企业将为不超过 6 兆瓦的分布式光伏发电项目提供接入系统方案制订、并网检测、调试等全过程服务，不收取费用。支持分布式光伏发电分散接入低压配电网，允许富余电力上网，电网企业按国家政策全额收购富余电力。

讼，称中国光伏企业接受非法补贴和从事倾销。中国与欧盟的光伏产品贸易额高达 200 亿美元，迄今为止最大的中欧贸易纠纷就此拉开序幕。2012 年 9 月 6 日，欧盟正式宣布对中国光伏产品立案调查，中国光伏制造业面临着失去 60% 以上市场的危险。美国投资机构 MaximGroup 最新统计数据显示，截至 2012 年第二季度，中国最大的 10 家光伏企业债务累计已高达 175 亿美元，约合人民币 1110 亿元，整个光伏制造业已接近破产边缘（证券时报网，2012）。

李克强副总理在 2009 年 4 月 19 日出席浙江三门核电一期工程开工仪式时说，新能源产业正孕育着新的经济增长点，也是新一轮国际竞争的战略制高点（新华网，2009）。以光伏和风机制造为代表的中国新能源产业近年来快速发展，并在国际市场觅得先机。光伏作为世界上许多国家能源发展的战略方向，其市场应用前景巨大，任何一个国家都不会轻易放弃，欧盟和美国更不会容忍中国企业在该行业独占鳌头。"双反"从表面上看是一场国际贸易纠纷，从深层次看则是在新能源产业争夺先机的一场战争。

2. 行业产能过剩及过度竞争

中国光伏制造业的发展是靠投资不断扩大生产规模的复制模式，那么中国光伏制造业是否真的是"无技术、无品牌、无定价权"呢？在光伏制造业发展初期，生产厂家购买生产设备，进口电池片然后封装为组件销售，属于简单的加工贸易模式。在完成最初的财富积累之后，光伏制造业中规模较大的企业纷纷投入研发，建立企业研发中心，致力于改进电池转换效率，研发替代进口设备。2008 年以后，中国光伏制造商不断突破当时的商业化电池转换效率。以英利为例，2007 年其设备国产化率仅为 11%，2010 年其设备国产化率已达 76%；其生产的光伏组件效率也从 2004 年的 13.8% 提高到 2010 年的 16.8%，而电池转换效率每提高一个百分点将使生产成本下降 7% 左右[①]（见表 12 - 1）。可以说，中国光伏制造业为世界光伏发电成本的降低和技术进步做出了杰出的贡献。

---

① 2011 年清华大学气候政策研究中心产业调研。

表 12 - 1　2004～2010 年英利主要技术参数变化情况

年份	2004	2005	2006	2007	2008	2009	2010
设备国产化率(%)				11	56	18	76
组件效率(%)	13.8	14	14.5	15.2	15.6	16.2	16.8
硅片厚度(μm)	280～325	240～280	210～240	200	180	180	180
耗硅量(g/W)	14	11	8.5	7.5	6.8	6.3	5.8
硅片尺寸(mm×mm)	125×125	125×125	125×125 156×156	156×156 125×125	156×156	156×156	156×156
残品率(%)	17	17	16	15	13	8	7.5

资料来源：2011 年清华大学气候政策中心产业调研。

　　与此同时，中国光伏设备制造业也迅速发展，至 2011 年，世界光伏设备市场中，中国光伏设备制造商已占有 14% 的份额（Solarbuzz，2012）。在世界排名前 12 位的光伏设备制造商中，有 4 位是中国制造商（见图 12 - 2）。可以说，在短短的 10 年间，中国光伏产业已经从简单的加工贸易扩张到设备制造业，已经从单纯的技术引进和模仿，走向合作研发和自主研发的模式。

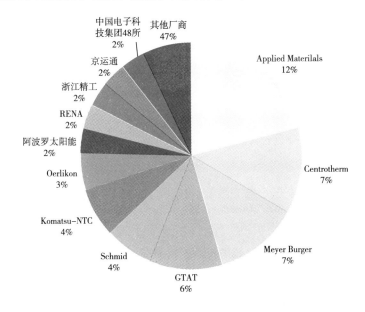

图 12 - 2　2011 年光伏设备制造商市场份额

资料来源：NPD Solarbuzz PV Equipment Quarterly；German Solar Industry Association。

与德国的光伏产业发展做比较，德国的光伏制造业起步比中国早了 10 年。德国政府从 1991 年启动"千屋顶计划"，通过扩大国内市场规模带动制造业发展，至 2004 年，德国已建立起强大的光伏制造业（i 美股，2010）。光伏制造业的发展又带动了生产原料（多晶硅材料）、辅料（如银浆）和光伏制造设备等高附加值行业的发展（见图 12 – 3）。至 2011 年，德国光伏制造商纷纷破产倒闭，而与此同时，德国的辅料生产和设备制造业却保持着全球领先的行业地位。2011 年，中国从德国购买了 7.64 亿美元的多晶硅材料和 3.6 亿美元的银浆原料。在中国累计从海外采购的约 400 亿美元的光伏电池生产设备中，德国和瑞士等欧洲国家产品占近五成（新华网，2012c）。

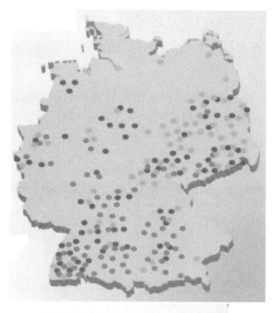

● 光伏设备制造商
● 光伏产品制造商
● 光伏研究机构

图 12 – 3 德国光伏设备、产品制造商分布

资料来源：NPD Solarbuzz PV Equipment Quarterly；German Solar Industry Association。

然而在高额利润的诱惑下，2010 年大量资金进入光伏制造业，几大电池厂商也以翻倍的规模增加产能。在整个太阳能光伏电池产业链中，组件封装环节由于投资较少、建设周期短、技术和资金门槛低、最接近市场等特点吸引了大批生产企业。以浙江省为例，截至 2011 年 3 月，浙江省共有 176 家太阳能光伏企业，其中 2010 年 9 月后成立的企业多达 78 家，上规模的不到 30 家。由此导致的产能过剩使得光伏行业竞争加剧，低端产能过剩，陷入混乱的低价竞争局面。

从光伏生产全产业链的国际分工来看，中国光伏产业又一次处在产业链中技术和附加价值较低的中下游；但同时也要看到，中国光伏产业存在着向上游发展的趋势，并已有一定的技术和成本优势。然而长期以来依赖国外市场和严重的业内竞争，使中国的光伏制造业丧失了定价权和话语权。光伏贸易战给中国光伏制造业敲响了警钟，伴随着二流、三流组件加工厂家的破产倒闭，该产业的转型升级才刚刚开始。

二 制造商驱动的光伏发电融资模式

根据融资特点的不同可以将光伏的发展分为三个阶段（见图 12-4）。1998~2004 年为产业建立的第一阶段，地方政府发挥了至关重要的作用，帮助刚刚建立的企业融资。2005~2011 年为产业发展壮大的第二阶段，受光伏制造业高额利润的吸引，资本从各个渠道涌入该行业，导致该行业在较短的时间内聚集了大量的资本。2012 年后为扩大国内光伏发电应用市场的阶段，受欧洲各国光伏发电补贴下调和贸易战的影响，中国光伏制造业失去了市场。在这种情况下，光伏制造业和地方政府一起，推动了中央政府扩大国内市场的各种措施和政策的出台。

在第一阶段，光伏制造业的融资是由地方政府主导的融资。地方政府为刚刚起步的光伏制造业提供了土地、税收以及融资等多方面的支持。例如，1998 年英利公司刚刚创建时，保定高新区政府帮助其获得了原国家计委的"3MW 光伏发电高新技术示范项目"的 2000 万元资金；2001 年又引入天威集团（保定市属国有企业）作为英利的大股东为英利注资[①]。同样，无锡市政府也为起步期的尚德电力提供了至关重要的支持。2002 年，无锡市政府引入无锡小天

---

① 根据清华大学气候政策研究中心 2012 年访谈整理。

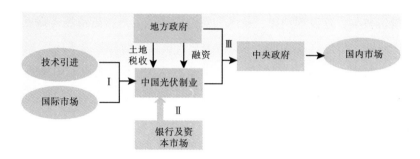

图 12 - 4 光伏发电融资的政策模型

鹅等 8 家国有企业为刚成立的尚德公司融资，这 8 家企业共注资 600 万美元，占当时尚德公司 75% 的股份（徐山瀑等，2009）。此外，各地政府为支持光伏制造业的发展，还纷纷搭建融资平台，为银行和企业牵线搭桥。有地方政府的隐形担保，光伏制造业在创业时期顺利地解决了融资问题。

在第二阶段，光伏制造业的融资主要是由市场驱动的融资，逐利资本在这一时期大量涌入该行业。2005 年尚德成为第一家在美国上市的光伏制造企业，至 2011 年，共有 24 家光伏制造商在海内外上市，共募集资金 39.68 亿美元。2005 ~ 2011 年，光伏制造业共得到风投/私募投资 21.21 亿美元，累计有 76 起融资案例（李玲，2012）。此外，2007 ~ 2011 年，光伏制造商共发行债券 11 次，累计募集资金 15.5 亿美元[①]。银行仍是光伏制造业的主要融资渠道，仅 2010 年英利、尚德等 10 家大型制造商就获得银行融资 325 亿美元。

在第三阶段，光伏发电市场融资是由光伏制造商和地方政府一起推动的融资模式。在失去占总市场份额超过 70% 以上的欧美市场后，各路资本纷纷逃离光伏制造业，该行业普遍面临着资金链断裂、破产和倒闭的危险。在此情况下，光伏制造业和地方政府一起，多方奔走推动中央政府扩大国内应用市场。2012 年 9 月份以后，中央政府密集出台了多项措施，扩大国内光伏市场应用，消化光伏行业产能。根据媒体报道，中央政府的投资将达到 700 亿元（赵普，2012）。与此同时，地方政府则致力于解决光伏企业迫在眉睫的融资问题，帮助光伏企业度过这一困难时期。

---

① 根据 Bloomberg New Energy Finance 数据库中数据整理。

（一）主要推动者——制造商和地方政府

1. 制造商

光伏制造商一直是国内市场的积极开拓者，2011年，国内新增光伏市场中光伏制造业占了21%的份额。中国的光伏制造业是从民营企业发展起来的，从2000年左右开始了中国光伏产业的艰难起步。长期以来光伏制造业的市场主要在海外，然而制造商也一直致力于开拓国内市场，积极参与各级政府的示范工程项目。2009年金融危机严重影响海外市场的时候，光伏制造业向各级政府游说，希望能够启动国内市场，导致多个地方政府出台了支持政策，而中央政府也启动了"金太阳工程""光电建筑一体化应用示范"和第一次特许权招标等支持措施。

2012年7月24日，德国光伏企业Solar World向欧盟正式提交了对中国光伏产品反倾销立案调查的申请，中国光伏制造业立刻认识到这一事件已超出企业或产业能够解决的范围，必须请求政府的支持。8月初，商务部紧急召见英利、尚德、天合等光伏企业负责人商议对策，这些光伏企业提交了《关于欧盟对华光伏产品实施反倾销调查将重创我国产业的紧急报告》（新华网，2012a）。这些光伏企业负责人还向可再生能源协会求助，推动可再生能源协会与欧洲光伏产业协会对口协商（工控网，2012）。9月初，温家宝总理与来访的德国总理默克尔就"光伏双反"问题达成一致意见，认为应通过协商解决光伏产业有关问题（李永强，2012）。

在多位光伏企业负责人的多方奔走下，作为新兴战略产业的光伏产业所面临的危机受到中国高层领导人的关注。9月份以来，温家宝总理和李克强副总理先后多次批示，要解决中国光伏产业危机（史燕君，2012）。在这种情况下，国家能源局、国家电网公司、国家开发银行、财政部、科技部、国家发展和改革委员会等部委在2012年9月后密集出台了有关政策，开启国内光伏分布式发电应用市场，保证重点扶持企业的信贷（见表12-2）。

2. 地方政府

地方政府是中国光伏制造业和光伏应用的主要推动者之一。一方面，地方政府积极扶持本地光伏制造业的发展，其优惠政策包括土地、税收、研发支持

表 12 − 2　2012 年 9 月以来颁布的扩大国内光伏应用市场的有关政策

政策或文件名称	颁布时间	颁布部门
《关于申报分布式光伏发电规模化应用示范区的通知》	2012 − 09 − 14	国家能源局
《关于进一步加强金融信贷扶持光伏产业健康发展建议》	2012 − 09 − 25	国家开发银行
《关于做好分布式光伏发电并网服务工作的意见》	2012 − 10 − 26	国家电网公司
《关于组织申报金太阳和光电建筑应用示范项目的通知》——启动 2012 年第二批约 1GW 示范项目	2012 − 11 − 07	科技部、财政部、国家能源局

等，主要目的在于提供良好的融资、产业环境；而光伏制造业则为当地政府贡献了可观的税收和大量的就业机会。在扶持产业发展过程中，地方政府和当地光伏制造企业结下了类似战略合作伙伴的关系。另一方面，为带动本地制造业的发展和产品应用，地方政府也积极推出促进光伏发电应用的政策。

（1）地方政府推动开启国内光伏市场的举措

2000 年以后，以无锡市和保定市为代表的地方政府为了支持本地的产业结构调整和新兴产业发展，对处于萌芽期的光伏产业给予支持，提供了良好的成长环境。光伏制造业属于资本、劳动密集型产业，能够迅速拉动当地的经济增长和就业。在对光伏制造业的扶持中，光伏制造业与地方政府结下了类似于战略合作伙伴的关系。当光伏制造业的出口受到打击时，地方政府便会游说中央政府，推出地方性支持政策，或推动全国性的政策制定与颁布。

2009 年亚洲金融危爆发，光伏企业出口受到影响。为保护地方光伏产业，地方政府纷纷向中央政府游说，出台地方上网电价政策带动光伏发电应用，以此拉动地方光伏企业的生产。在此情况下，2009 年江苏、山东等省均出台了地方光伏上网电价（见表 12 − 3）。然而由于世界各国密集出台的经济振兴计划，2009 年下半年国际市场有所恢复，与国际市场的高利润相比，光伏制造业没有兴趣参与光伏发电系统建设，各地出台的光伏上网电价事实上并没有惠及光伏制造业。

地方政府一方面为本地光伏制造业提供了良好的环境，另一方面则对中央政府起到了积极的推动作用。2011 年 5 月，青海省宣布将以 1.15 元/千瓦时的价格补贴在 9 月 30 日前建成的光伏电站，并通过此政策成功地推动中央政府出台了全国统一的光伏上网电价政策（见专栏 12 − 1）。

表12-3　江苏省、山东省出台的光伏上网电价

单位：元/kWh

年份	2009	2010	2011	2012	2013	2014	2015
江苏省							
地面	2.15	1.7	1.4	1.3	1.25	1.2	1.15
屋顶	3.7	3	2.4	1.3	1.25	1.2	1.15
建筑一体化	4.3	3.5	2.9	1.3	1.25	1.2	1.15
山东省							
地面		1.7	1.4	1.2			

资料来源：《江苏省光伏发电推进意见》；《山东省关于扶持光伏产业加快发展的意见》。

专栏12-1　青海省"9·30"行动

青海省委在2009年7月的十一届六次会议上提出：要闯出一条欠发达地区实践科学发展观的成功之路。充分利用青海地区的自然条件促进经济进步，全力打造光伏应用市场，以光伏产业的终端市场为龙头，带动中上游产业链及储能、并网等相关环境的逐步完善、壮大（红炜，2012a）。自2008年以来，仅青海省格尔木市就与25家企业签约28个光伏发电项目，但由于国家一直没有出台光伏上网电价，签约的大多数光伏发电项目陷于停滞。

2010年4月，在全国都缺乏统一电价制度的情况下，宁夏的4个光伏发电项目获得了国家发改委特批的临时上网电价1.15元/千瓦时。这被业界解读为宁夏回族自治区成功向国家发改委游说申请的结果。

2011年5月4日，青海省委书记和省长专程前往北京，与国家发改委主任会谈光伏上网电价一事，结果令人振奋。据5月27日下发的《格尔木市人民政府（光伏发电项目建设专题会）会议纪要》，会谈中，国家发改委同意就上网电价给予青海省特殊政策支持，即在2011年9月30日前建成并网的电站项目执行1.15元/千瓦时电价（简称"9·30"通知）。

青海省并没有对总量设置天花板，而参与企业均认为该数据可达800MW，市场分割下来，条件最佳的格尔木市将至少建成300MW的光伏电站。该会议迅速引发了青海省光伏电站建设的狂潮，与此同时，800MW光伏电站每年约10亿元的上网电价补贴的来源也成为最严峻的问题①。

---

① 上网电价补贴的计算方法：青海省燃煤脱硫标杆上网电价为0.294元/kWh，太阳能电站年发电小时数约1500小时，年光伏发电电价补贴＝（1.15~0.294）元/千瓦时×800×10⁴千瓦×1500小时＝10.27亿元。

2011 年 7 月 24 日，《国家发展改革委关于完善太阳能光伏发电上网电价政策的通知》正式颁布："2011 年 7 月 1 日以前核准建设、年底前建成投产，但尚未核定价格的太阳能光伏发电项目，上网电价统一核定为每千瓦时 1.15 元（含税）。7 月 1 日及以后核准的太阳能光伏发电项目，以及 7 月 1 日之前核准但截至 2011 年年底前仍未建成投产的太阳能光伏发电项目，除西藏仍执行每千瓦时 1.15 元的上网电价外，其余各地上网电价均按每千瓦时 1 元执行。"至此，光伏产业界呼唤已久的全国统一光伏上网电价终于尘埃落定。

"青海的游说是上网电价出台的导火索。"国家发改委能源研究所副所长李俊峰对《南方周末》记者如是说（谢丹，2011）。

2012 年伴随着欧洲国家光伏补贴大幅下调和美欧"双反"，中国光伏制造商纷纷面临破产和倒闭。在这种情况下，部分地区地方政府与光伏制造业的合作关系进一步扭曲，出现了地方政府为企业注入大量资金"输血"的行为。光伏制造商尤其是大型光伏制造商往往对所在地区的税收贡献很大，且创造了上万个就业机会。考虑到社会稳定、当地经济发展等诸多因素，地方政府挽救光伏企业的动机是可以理解的，然而动用公共财政替企业还债的做法却不可取（见专栏 12 -2）。在全行业濒临倒闭和破产的情况下，地方政府面临着前所未有的压力，而这种压力也被传递到中央政府，促进了中央政府一系列扩大国内光伏市场应用政策的出台。

专栏 12 -2 新余市政府挽救赛维 LDK 的措施

赛维 LDK 公司成立于 2005 年，公司总部位于江西省新余市，2007 年在美国纽交所上市，是江西省企业有史以来第一家在美国上市的企业，同时是中国新能源领域最大的一次 IPO。截至 2011 年年末，赛维负债总额高达 302.30 亿元，较上年末增加 88.49 亿元；其中，短期借款、应付票据、应付短期债券等刚性债务达到 196.71 亿元，较上年末增加 63.73 亿元，占负债总额的 65.07%，短期偿债压力巨大。

2012 年 5 月 2 日，江西省政府拨款 20 亿人民币以支持赛维 LDK 渡过难关，相当于每个江西人为赛维出资 50 元。2012 年 7 月 12 日，新余市八届人大常委会第七次会议，审议通过了市人民政府关于将江西赛维 LDK 公司向华融国际信托有限责任公司偿还信托贷款的缺口资金纳入同期年度财政预算的议案（借款余额 7.55 亿元），新余市政府将用市财政 7.55 亿元为赛维还债，而 2012 年年初新余市还为赛维提供过一笔 2 亿元的支持资金（蒋卓颖，2012）。2012 年 10 月 19 日，江西新余政府参股公司与赛维 LDK 签订股权收购协议，该公司将以每股 0.86 美元的价格收购赛维近期发行的普通股，相当于赛维 LDK 此次增发前全部发行及流通股本的 19.9%（郭力方，2012）。

（2）地方政府的动力和资源

改革开放以来，中国选择的是"地区竞争"发展模式，政府间财政关系安排的核心目的，是围绕经济增长目标，充分调动各级政府发展本地经济的积极性。中央与次一级的省政府提供关于土地及其他经济政策的指导，有权更改地区的划分界限，有权调动地区的干部或把他们革职，也可以把不同地区的税收再分配。然而，主要的经济权力——决定使用土地的权力落在县级政府之手（张五常，2009）。

在这种制度安排下，县级政府成为发展地方经济的责任主体，县级政府拥有对一个地方发展的决策权，对土地、规划、重点工程具有核准权，而相应的官员考核等一系列体制安排，更进一步强化了各地区之间竞争的激励和动力。在"地区竞争"模式下，县级政府必然将发展本地经济作为第一要务，县级官员的主要精力都放在如何引进大项目、快速拉高地方 GDP 上；各个地方政府都热衷于上项目、给优惠，人为压低地价、水价、电价等多种要素价格，使得整个经济运行、社会利益分配都有利于生产者方面。在生产和供给方面，直接导致重复建设、产能过剩、供大于求的局面（宣晓伟，2012）。

目前地方政府招商引资是以县为单位进行的，竞争非常激烈。除了定期开展招商洽谈会等，不少地方到北京、上海、广州以县为主体进行招商。县级政府招商主要围绕产业招商，围绕大企业招商、国有企业招商、产业链招商，主要注重国家大型企业和国内知名企业。各地政府在进行招商引资时竞相推出优惠政策。这种以县为单位的招商引资方式和激烈的竞争，造成信息的完全不透明和引进项目的盲目性，极容易导致行业的无序发展、低端产能严重过剩和各县经济结构的同质化。

光伏制造业属于资金和劳动密集型产业,产业链下游的组件封装环节技术门槛低,既能在短期内创造高额 GDP 拉动就业,又具有环保节能的概念,符合"经济发展方式转型"的宏观政策要求,因此而成为地方政府的重点招商对象。据统计,到 2012 年止,全国 31 个省份均把光伏产业列为优先扶持发展的新兴产业:600 个城市中,有 300 个发展光伏太阳能产业,100 多个建设了光伏产业基地。因为优先扶持发展,所以光伏产业也就有了各项优惠政策,在建设用地、银行信贷等方面得到了支持。这样做的直接后果就是吸引了过多的资本投入这个行业,原本供不应求的市场因为在短时间内大量增加的企业而迅速出现了产能过剩(傅蔚岗,2012)。

相比之下,光伏电站对地方税收和就业的贡献非常有限,一个 20MW 的光伏电站,员工人数为 8 人左右,年缴纳税款仅为 200 万元左右①。单靠光伏电站的发展并不能有力拉动地方经济,所以地方政府对光伏电站采取了"以资源换发展"的模式,在与开发商谈条件时,会用有限的资源换取对方在当地建制造业或其他产业;或者直接要求开发商使用当地的设备。尽管地方政府有着发展光伏发电的动机,但若没有附加的其他收益(通常是产业),地方政府的积极性就会打折。

中国太阳能资源丰富的西北地区经济发展相对落后,地方政府把发展光伏发电应用作为促进经济发展的重要手段。部分地区无视发展节奏,缺乏科学统筹,无视电网的消纳和输送能力,提出了过高、过快的发展目标,提前透支了本地的发展潜力,造成巨大的投资浪费,也加剧了可再生能源发电并网和消纳困难的局面。在现有体制下,地方主政者的目光主要还是盯住上级的 GDP 短期考核,围绕实现地方经济增长组织资源和管理资源,还没有可能针对战略性新兴产业的特点,围绕产业的国际国内市场需求组织和管理资源。

（二）被动的主导者——中央政府

在"送电到乡工程"(2002～2004 年)结束后该不该继续支持非常昂贵的光伏发电,在政府内部引起了很大的争议。与光伏发电技术相比较,风电技

---

① 清华大学气候政策研究中心 2012 年产业调研。

术更加成熟，因此在 2003 年后中央政府重点支持了风电发展。"十一五"（2005~2010 年）之前，中央政府只是在研发上设立了与光伏发电技术有关的项目，在高技术产业化项目中给予起步期的企业以支持，在税率上与所有高新技术行业的税收优惠一致。2006~2009 年，科技部对光伏项目的研发投入约为 3.75 亿元，其中"863"计划研究经费约为 2.75 亿元。2005~2007 年，国家发改委设立了可再生能源和新能源高技术产业化示范工程，其中 2005 年共批准 18 个项目（含 5 个太阳能光伏相关项目），补助资金 1.22 亿元①。

表 12 – 4　2006~2009 年科技部光伏项目支持经费统计

项目	项目数	拨款数额(百万元)
"863"计划ᵃ	86	275.44
"973"计划ᵇ	10	42.72
中小技术型企业创新基金ᶜ	106	57.22

资料来源：a 清华大学气候政策研究中心专家访谈；b 2006~2010 年"973"立项项目和经费预算清单，科技部网站；c 科技型中小企业技术创新基金网站，http：//www.innofund.gov.cn/。

2009 年金融危机影响了光伏制造业的海外市场，在光伏制造业和地方政府的推动下，国家能源局决定通过特许权招标项目启动国内市场。按照国家能源局的计划，将通过多次特许权招标降低光伏发电上网电价，在 2014 年左右推出光伏上网电价（梁钟荣等，2010）。2009 年进行了第一次特许权 10MW 项目招标，2010 年进行了第二次特许权 280MW 项目招标，然而 2011 年由于地方政府的推动而匆忙出台的光伏上网电价，致使原定的第三次特许权招标被迫取消（梁钟荣，2011）。

此外，中央政府于 2009 年启动"光电建筑一体化"和"金太阳工程"大规模示范项目，试图推动分布式光伏发电系统的发展。2011 年，"金太阳"项目中央政府补贴为 54 亿元（张晓霞，2012），"光电建筑一体化"示范项目补贴约为 12 亿元②。2011 年，中央政府推出了光伏上网电价，当年的新增装机

---

① 数据来自 2006 年第 1 期的《粉煤灰综合利用》简讯《发改委批复可再生能源和新能源高技术产业化专项项目》。

② 根据 2009 年、2010 年、2012 年政府补贴数据估计，这三年的补贴规模均在 12 亿元左右。

容量达到 2.2GW。截至 2011 年，中央财政累计安排 139 亿元，支持建设示范项目 1.6GW（王劲松，2012）。

关于如何启动国内光伏市场的问题，在政府内部一直存在很大争议。在发展方式上，存在着是按照"大规模－高集中－远距离－高电压输送"的集中开发模式，还是按照"分散上网，就地消纳"的分散模式进行发展的争议；在政府补贴实施方式上，存在着采用"行政审批"还是"竞争机制"的争议（王骏，2011）。这表现为中国对于支持光伏发电的政策中，既存在对集中开发模式的支持，也存在对分散模式的支持；既使用了行政审批方式的"金太阳"和"光电建筑一体化"示范工程，也采用了"特许权招标"的竞争机制。

需要指出的是，2009 年第一次特许权招标项目规模为 10MW，而此时光伏制造业已经第三年光伏电池产量世界第一，当年产量为 4011MW，特许权招标的规模已远远不能满足国内制造商的需求。在这种情况下，才出现了地方政府率先开启局部地区应用市场，进而促使中央政府出台全国性上网电价的行动。

2012 年，中国光伏制造业相继失去了美国和欧洲市场，这对于长期以来市场在外的该行业来说，无异于生死考验。在光伏制造商和地方政府的多方推动下，中央政府一方面积极与欧盟斡旋协商，另一方面做好了迅速扩大国内市场规模的准备。2012 年 8 月，《太阳能发电发展"十二五"规划》出台，在该规划中明确提出至 2015 年中国光伏发电装机将达 20GW 的计划，其中将有 10GW 为分布式光伏发电。2012 年 8 月，国家能源局召开光伏产业发展座谈会讨论光伏产业的发展问题，并进行了密集的产业调研（中国电力企业联合会，2012）。在与欧盟的一系列协商活动未取得明显进展后，2012 年 9 月中央政府密集启动了一系列扩大国内应用市场的措施（见表 12－2）。

（三）资本逐利者——银行和资本市场

在 2011 年前，资本的逐利特性使得银行及资本市场纷纷投资于光伏制造业，2005 年左右光伏制造业的高额利润带动了风投/私募对该领域的投资，2007 年左右出现了光伏企业上市融资的浪潮，2010 年，英利、赛维 LDK、尚德等 10 家光伏制造商共得到 325 亿美元的银行投资（UNEP，2011）。在光伏发电中，国有能源企业能够得到银行的支持，依靠的仍然是长期的合作关系。2011 年后，伴随着光伏制造业内产业泡沫的破灭，大批的资本撤离光伏制造业。

1. 银行

银行资金是光伏企业最重要的资金来源。在 2009 年之前，光伏制造业主要得到的是国家开发银行和国有商业银行的支持，在 2009 年后受光伏制造商的高额利润吸引，商业银行也为该行业提供了大量的贷款。2010 年，英利、赛维 LDK、尚德等 10 家光伏制造商共得到银行 325 亿美元的投资（UNEP，2011）。

2011 年，光伏制造业面临巨额亏损，随之而来的是信贷持续逾期，一些企业出现了借新还旧、拖欠利息和不良贷款增加等问题。2011 年，在紧缩的货币政策环境下，银行体系受额度限制、存贷比约束和对光伏市场前景悲观预期等因素影响，几乎所有商业银行和政策性银行都对中小太阳能光伏企业采取贷款收紧政策，即信贷以存量为主，不再给予新增信贷。贷款逾期现象普遍，仅国家开发银行 2009 年以来给光伏企业的信贷规模就超过了 2600 亿元，由此带来的金融风险亦不可小视（范必，2012）。

2. 股市

根据投中集团统计，2005 年至今，中国共有 24 家光伏制造企业在全球资本市场实现 IPO，累计融资金额为 39.68 亿美元。从市场分布来看，其中 7 家企业登陆 A 股市场，另外 17 家则分布于以美国为主的境外资本市场，其中 2010 年共有 6 家企业成功上市，融资总额为 11.16 亿美元，达到历史最高水平。2011 年至今，有 3 家企业实现上市，融资总额达 5.44 亿美元。

2012 年 8 月以后，股市资本大规模撤离中国光伏制造业。截至 2012 年 10 月 18 日，多家在美上市的光伏公司近一个月的股价也在 1 美元附近徘徊。晶澳太阳能、昱辉阳光、大全新能源、中电光伏、韩华新能源的股价分别报 0.79 美元、1.32 美元、0.84 美元、1.2 美元和 1.05 美元。自 8 月份以来大全新能源、尚德电力、晶澳太阳能相继收到退市警告（中国投资咨询网，2012）。

3. 风险投资/私募资金

2012 年 1 月 4 日投中集团统计数据显示，2005 年至今，我国光伏行业共披露 76 起 VC/PE 融资案例，融资总额达到 21.21 亿美元，平均单笔融资金额为 2791 万美元。其中，2008 年我国光伏行业共披露 16 起 VC/PE 融资案例，融资总额达 6.56 亿美元，融资企业数量及规模均达到历史最高水平（见图 12-5）。2011 年至今已披露 14 起案例，融资总额达 4.45 亿美元（李玲，2012）。2012 年投资者的热情骤减，2012 年第三季度，环保节能行业仅披露 4 起融资案例，总额为 5280 万美元，不到 2011 年第一季度最高的 3.354 亿元的 1/6（韩元佳，2012）。

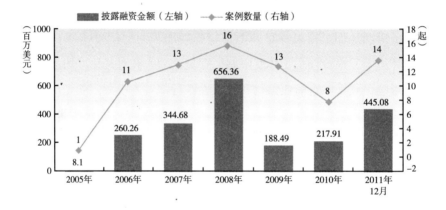

图 12-5 2005~2011 年光伏行业企业 VC/PE 融资规模
（截止时间：2011 年 12 月）

资料来源：李玲，2012，投中观点：《光伏行业步入寒冬细分领域投资机会犹存》，http：//report. chinaventure. com. cn/r/f/477. aspx，［2012-01-04］。

4. 债券

债券也是光伏制造商重要的融资渠道之一。从 2007 年 8 月 31 日至 2012 年 3 月 7 日，Bloomberg New Energy Finance 数据库中共记录了 11 次企业债券记录，其中发债时间集中在 2010 年和 2011 年，共计 15.5 亿美元。2012 年银行间市场交易商协会围绕中期票据和短期融资券的发行问题，对钢铁和光伏行业进行了专项调研。中国能源经济研究院红炜认为，光伏产业在中期票据和债券的融资渠道已堵塞（红炜，2012b）。

光伏制造业融资是在地方政府的推动下起步的，后来因为具有高额的利润率而吸引了大量的资本进入，而地方政府又在其中扮演了积极的推动者作用。在经历了爆发式增长之后，光伏制造业普遍面临着资金链断裂的绝境。从以上分析可以看到，银行、股市、风投/私募和债券融资渠道已堵塞，对于资金极度饥渴的光伏制造业而言，已到了山穷水尽的地步（红炜，2012b）。

三　光伏发电融资特点

（一）光伏发电融资是制造商推动的融资

光伏融资是典型的由制造商推动的融资，其主要特点有：①制造商在促进光伏国内应用中起到了主要的推动作用；②地方政府作为光伏制造商的代言人，与制造商一起推动了国内光伏应用市场的发展；③中央政府是被动的主导者，由于被制造商和地方政府推动而采取了一系列措施启动和扩大国内应用市场，从而带动了光伏发电融资。

光伏制造商是光伏发电融资的积极推动者。与风电制造业的发展模式不同，中国光伏制造业是以依托欧洲市场乃至全球市场发展起来的。缺乏了国内市场支持的中国光伏制造业，其发展方式从一开始就是扭曲的。光伏制造商一直没有放弃推动国内应用市场的努力，这种努力在其外部市场受挫时表现得尤为突出。地方政府在扶持本地光伏制造企业成长的过程中，与其结下战略合作伙伴关系，并成为其利益诉求的代言人。为了帮助本地制造商渡过难关，地方政府不仅充分调动自己的资源，还积极地为其寻求中央政府的政策支持，对一系列启动和扩大国内应用市场的政策起到了重要的推动作用。

需要指出的是，中央政府并不仅仅是因为受到制造商和地方政府的推动就会采取相应的措施，这是因为在推动光伏发电应用上，中央政府、地方政府和制造商的利益是一致的。光伏制造业属于中央政府重点扶持的"战略性新兴产业"，是政府认为会"创造新的经济增长点，新一轮国际竞争的制高点"的关键产业，因此中央政府才会响应制造商的诉求。光伏制造商和地方政府只是推动中央政府加速了其启动和扩大国内光伏应用的进程。

（二）光伏制造业融资是由地方政府推动的融资

光伏制造业是由地方政府推动的融资。地方政府在光伏制造业的起步阶段给予决定性的支持。2011 年后，光伏制造业的营业额和利润都大幅下滑，各方资本纷纷撤出这一领域，光伏制造业已无法融资。光伏制造业的困境也是地方政府的困境，上万名的工人将面临失业，地方税收的主要来源即将枯竭。在此情况下，地方政府面临着巨大的压力，各地纷纷对骨干企业加以施救，进而出现了国有资本大量进入光伏制造业，原来的民营企业纷纷呈现"国有化"的浪潮。这极大地缓解了光伏制造业所面临的资金链断裂问题，在巨大的国内市场启动之前，这也是解决光伏制造业融资困难的权宜之计。然而，倘若国有资本并没有设计良好的退出机制，"国有化"后的光伏制造业仍缺乏市场竞争力，最终仍将倒闭。地方政府所推动的融资机制仍面临着巨大的风险。

（三）与风电融资模式的比较

从融资的角度来看，集中式风电和集中式光伏发电项目的融资模式是相似的，基本上都是大型企业加银行的融资模式。分布式光伏发电的融资模式有所不同，由于中央政府采取了投资侧补贴的方式，所以分布式发电系统融资中自有资本金、银行贷款和政府补贴的比例分别是 30%、20% 和 50%。从融资模式的政策制定与执行机制来看，光伏发电与风电融资模式存在很大差异。光伏发电融资是由制造商推动的融资模式，而风电融资是由政府主导的融资（见表 12－5）。尽管二者都严重依赖政策支持的市场，且都由中央政府主导，但中央政府在光伏发电融资中是非常被动的，而在风电融资中却是积极主动的引导者。

光伏发电和风电融资的模式也表现为政策制定和执行机制的不同。风电是先有中央政府所制定的政策，后有企业、地方政府、银行及资本市场的响应，各方形成了一个多方面积极主动、合力推动的政策执行机制。光伏发电则是一个自下而上的企业－地方政府先导型的模式，企业和地方政府的行动对中央政府的政策制定产生了较大的影响；从政策执行来看，电网接入多年来一直是分布式发电的最大障碍，而企业和地方政府的行动促使中央政府最终解决了这一难题。2012 年 10 月国家电网公司表示，6MW 以下光伏发电系统将免费接入电网，从而开启了国内分布式发电市场。

表 12 – 5　光伏发电与风电融资模式的比较

比较内容	光伏发电融资	风电融资
融资模式	制造商推动的融资	政府主导的融资
中央政府的作用	被动的主导者	主动的引导者
地方政府的作用	主动的推动者	主动的参与者
银行和资本市场的作用	资本逐利者	政策信号接收者
制造商的作用	推动者	积极参与者
制造业的发展模式	海外市场拉动	国内市场拉动
国内市场支持	无	有
政策制定	受到光伏制造商和地方政府的影响	中央政府有清晰的发展战略
政策执行	分布式发电一直存在电网接入障碍,在光伏制造商和地方政府的推动下,中央政府推动国家电网公司表态支持分布式光伏发电系统电网接入	在清晰的政策指引下,政府、开发商、银行形成了巨大的合力,共同推动了风电发展

$\mathbb{B}.13$
"十二五"可再生能源投资
需求及政策启示

2009 年国家能源局已清晰地对可再生能源进行战略定位：2010 年前后，可再生能源争取占到能源消费的 10% 左右，战略定位是补充能源；2020 年前后，可再生能源占到能源消费的 15% 左右，战略定位是替代能源；2030 年前后，可再生能源占到能源消费的 25% 左右，战略定位是主流能源；2050 年前后，可再生能源占到能源消费的 40% 左右，战略定位是主导能源（《中国能源报》，2009）。随着战略目标的日益清晰，可再生能源融资需求也成为多方关注的焦点。

一 "十二五"可再生能源投资需求

2010 年，中国政府在《中华人民共和国国民经济和社会发展第十二个五年规划纲要》中提出：到 2015 年，中国非化石能源占一次能源消费比重达到 11.4%。2012 年 7 月发布的《可再生能源发展"十二五"规划》，提出了"十二五"时期可再生能源的主要发展目标：①可再生能源在能源消费中比重显著提高，2015 年全部可再生能源的年利用量达到 4.78 亿吨标准煤；②可再生能源发电在电力体系中上升为主要能源，"十二五"时期新增可再生能源发电装机 1.6 亿千瓦；③可再生能源燃料供热和燃料利用显著替代化石能源，2015 年总共替代化石能源约 1 亿吨标准煤；④分布式可再生能源应用形成较大规模。表 13-1 是 2015 年主要规划目标。

从投资需求来看（见表 13-2），根据《可再生能源发展"十二五"规划》，"十二五"期间可再生能源应用投资需求①估算总计约 1.8 万亿元，平均

---

① 此处的投资需求估算只包括表 13-2 中各项可再生能源应用的投资，不包括制造业的投资。

表 13 - 1 　《可再生能源发展"十二五"规划》的主要规划目标

内　　容	2010 年	2015 年（规划）
一　发电		
水电（不含抽水蓄能）（GW）	216	260
并网风电（GW）	31	100
光伏发电（GW）	0.8	21
各类生物质能发电（GW）	5.5	13
二　供气		
1. 沼气（亿立方米）	140	
其中农村沼气用户（万户）	4000	5000（所有沼气用户）
2. 工业有机废水沼气（处）		1000
三　供热制冷		
1. 太阳能热水器（万平方米）	16800	40000
2. 太阳灶（万台）		200
3. 地热能热利用（万吨标煤/年）	460	1500
四　燃料		
1. 生物质成型燃料（万吨）		1000
2. 生物燃料乙醇（万吨）	180	400
3. 生物柴油（万吨）	50	100

资料来源：《可再生能源发展"十二五"规划》。

每年为 3600 亿元。这包括水电建设总需求约 8000 亿元（占 44.4%），风电投资总需求约 5300 亿元（占 29.4%），太阳能发电装机投资总需求 2500 亿元（占 13.9%），各类生物质能新增投资约 1400 亿元（占 7.8%），以及其他可再生能源利用 800 亿元（占 4.4%）。与"十一五"时期相比，"十二五"时期可再生能源应用投资将增加 37.5%。

表 13 - 2 　"十一五"期间与"十二五"规划的可再生能源应用投资需求预测比较

单位：亿元

项　　目	"十一五"投资	"十二五"投资
水电	6205	8000
1. 大中型水电	5603	6200
2. 小水电	602	1200
3. 抽水蓄能电站		600

续表

项　　目	"十一五"投资	"十二五"投资
风电	4218	5300
太阳能发电	200	2500
生物质能	1545	1400
太阳能热水器、浅层地温能利用等	1125	800
总　　计	13293	18000

资料来源：1. "十二五"数据：《可再生能源发展"十二五"规划》。

2. "十一五"时期数据计算：

a. 水电投资："十一五"时期新增大水电装机容量为8004万千瓦，平均单位投资为7000元/kW，合计投资为5603亿元；新增小水电装机容量为2005万千瓦，平均单位投资为3000元/kW，合计投资为602亿元。

b. 风电投资："十一五"时期新增风电装机容量为4348万千瓦，平均单位投资为9700元/kW，合计投资为4218亿元。

c. 太阳能发电投资："十一五"时期新增并网光伏系统容量为71.7万千瓦，平均单位投资为2.19万元/kW，合计投资为157亿元；新增离网光伏装机容量为9.4万千瓦，平均单位投资为4.55万元/kW，合计投资为43亿元。合计太阳能发电投资为200亿元。

d. 生物质能投资："十一五"时期新增农村沼气建设2284万户，平均单位投资4000元/户，合计投资为914亿元；新增生物质能发电546万kW，单位投资为7640元/kW，合计投资为417亿元；新增燃料乙醇建厂149万t，单位投资为6000元/t，合计投资为89亿元；新增生物柴油建厂250万t，单位投资5000元/t，合计投资为125亿元。合计生物质能投资1545亿元。

e. 太阳能热水器、浅层地温能利用等投资："十一五"时期新增太阳能热水器3640万台，单位投资为750元/台，合计投资为273亿元；新增地热采暖建设2100万m²，单位投资为350元/m²，合计投资为74亿元；新增地源热泵建设19700万m²，单位投资为400元/m²，合计投资为778亿元。合计太阳能热水器、浅层地温能利用等投资共计1125亿元。

二　存在问题与启示

"十二五"时期，中国可再生能源总利用量将由2010年的2.86亿吨标准煤上升到2015年的4.78亿吨标准煤，可再生能源应用投资将达到1.8万亿元，比"十一五"时期增加37.5%。可再生能源发电将由"集中式开发"模式转为"集中式开发"与"分散式/分布式应用"模式并重的格局，分布式可再生能源应用将形成较大规模。风电开发将按照集中开发和分散开发并重的原则，鼓励开发分散式并网风电利用我国中部和南方遍布各地的风能资源。在规划的2015年20GW的光伏发电装机中，将有10GW为分布式光伏发电系统[①]。

---

① 资料来源：《可再生能源发展"十二五"规划》。

伴随着"十一五"时期可再生能源的快速发展，其中最突出的问题有：项目申请和审批过于复杂，融资机制单一，政策风险高。这些问题不仅对当前的"集中式开发"形成了阻碍，更是下一阶段"集中式开发"和"分散式开发"并举将面临的严峻挑战。这些问题对下一阶段发展的启示为：

（一）简化项目申请和审批流程

可再生能源发电项目的申请、审批手续和流程非常复杂，项目前期成本和交易成本过高。以风电项目为例，通过访谈了解到近几年来风电项目审批周期至少在一年左右，最长可达 2～3 年；平均每个风电项目前期成本为 200 万元到 300 万元；仅仅是向省发改委申请项目核准就需要 16 个左右部门的批准文件，大大增加了项目申请的不确定性（见附录 5）。项目开发前期大量时间、人力、金钱的投入和项目申请的不确定性的风险限制了中小企业的进入，较高的项目前期成本和交易成本也使得开发商提高收益预期，倾向于开发大型项目。

分散式/分布式可再生能源规模小，建设周期短，不可能在前期投入这么多的时间、人力和金钱，因此必须简化项目申请和审批流程。2011 年国家能源局发布《关于分散式接入风电项目开发建设指导意见的通知》中，提出"各省（区）能源主管部门会同有关部门，对简化分散式接入风电项目的开发建设和规划进行技术指导"，然而该政策缺乏切实可行的项目申请与审批办法和操作细则。2012 年 11 月，北京市首例个人光伏分布式项目申请遇到障碍，该用户被国家电网公司告知，欲申请发电补贴需要经过国家发改委的项目核准。有关决策部门可以根据可再生能源发电系统的规模确定不同的申请和核准程序：对小型的个人用户系统申请，可以免去项目核准程序；中小型规模的分散式/分布式系统，可以简化申请与核准程序；大规模的分散式/分布式系统，应规范申请与核准程序。

（二）促进融资机制多元化发展

当前可再生能源发展整体的融资环境仍不明朗，存在融资渠道少、融资模式单一、创新性金融工具缺乏、私营企业"融资难"等问题。到目前为止，可再生能源项目主要融资渠道是银行贷款、公开募股和债券，而且现阶段银行贷款和债券市场基本上只向国有和大型企业开放，公开募股非常困难。目前可

再生能源项目的融资方式包含了公司融资、项目融资和融资租赁，融资方式正在呈现多元化发展的趋势。但是与发达国家相比，中国的融资方式仍较简单，还未出现以项目的名义进行上市和发行债券的融资活动，也缺乏提供专业融资服务的第三方金融服务商。

在现在的融资体制下，中小企业和民营资本很难进入可再生能源领域。从这一角度看，可再生能源项目需要借鉴发达国家的经验，打通民营资本和社会资本的进入渠道，支持多种融资方式的多元化。例如德国政府在复兴银行设立了专项贷款，只要家庭用户申请安装光伏发电系统，就可以到各地的复兴银行申请此项贷款。在美国，光伏发电第三方融资商中的龙头企业——SolarCity 公司不仅作为第三方融资商为业主提供融资服务，还为业主提供系统的安装和维护服务。SolarCity 为业主提供多种支付方式，包括支付月租和签署购电协议，业主可以选择零首付或支付一定数目的首付。此外还有多种第三方融资模式（沈玫，2012）。

（三）降低政策风险

在中国的风电和光伏上网电价及相关政策设计、执行和监管中，存在着很大的风险。在上网电价政策中，没有上网电价适用年限和调整办法，所有参与风电和光伏发电的可再生能源企业都不知道申请到的上网电价可以享受多久，从而使政策带有很大的不确定性，蕴涵了政策变动的风险。该政策缺陷也是导致银行不支持中小企业可再生能源项目融资的主要原因。

可再生能源发电项目的电网接入和发电也存在很大的风险。2011 年，风电累计装机容量为 62.4GW，但并网容量仅为 45.05GW，并网率为 72.2%，未并网的装机容量达到 17.35GW（与 2011 年新增装机容量相当）。此外，2011 年并网风电被大量弃风，年弃风量达到 100 亿 kWh，弃风比例超过 12%，由于弃风而导致风电企业损失（不包括碳交易收入）达 50 亿元以上，约占风电行业赢利水平的 50%（李俊峰等，2012）。

此外，相关政策中还存在很大的电费结算风险。西部地区可再生能源电站的电费结算一直存在很大困难。以中节能石嘴山 10MW 光伏电站为例，自 2009 年年底发电至今，电网公司与该电站的电费结算价格一直是 0.25 元/kWh（当地的燃煤脱硫上网电价）。此外，西部地区电费结算的另一个问题是补贴资金拨付很慢，半年甚至一年才结算一次，这些电站往往有大约80%的贷款，每个月还款压力很大，补贴结算支付太慢导致企业出现资金困难，甚至拖垮了一些私营企业。

较高的政策风险使得私营企业对可再生能源领域望而却步，即便是国有企业也难以承受电网接入、发电量被弃、电费不能及时结算的风险。此外，政策风险还成为可再生能源项目融资的障碍。在下一阶段的发展中，不仅分散式/分布式可再生能源项目开发的主体无力承担这么高的政策风险，而要实现融资模式的多元化发展也需要降低相关政策设计和实施的风险。

中国的可再生能源是在技术、市场、资金都几乎等于零的基础上发展起来的，在金融市场相对落后的条件下，中国政府充分调动国有资本进行融资，实现了连续三年世界第一的融资规模，这是政策制定和实施方面了不起的创新。

本报告的主要研究结论如下：

第一，中国可再生能源融资的特点：以大型国有企业为主要开发商，以国有商业银行为主要融资渠道，融资方式由单一的公司融资方式逐步呈现多元化趋势。

第二，风力发电融资是典型的政府主导的融资模式，而光伏发电融资是由制造商推动的融资模式。两种融资模式在政策制定与实施机制方面存在很大差异。

第三，"十二五"时期，中国的可再生能源投资将比"十一五"时期增加37.5%。目前需要简化项目申请和审批流程、促进融资机制多元化发展、降低政策风险，才能解决下一阶段可再生能源融资和健康发展问题。

附录1 可再生能源技术发展各阶段融资渠道

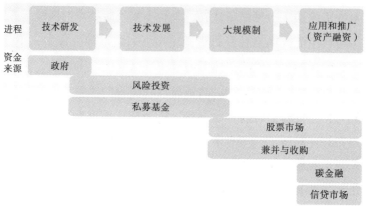

资料来源：UNEP, SEFI, Bloomberg New Energy Finance, Global trends in sustainable energy investment 2012。

附录2 中国风资源分布与风电开发情况

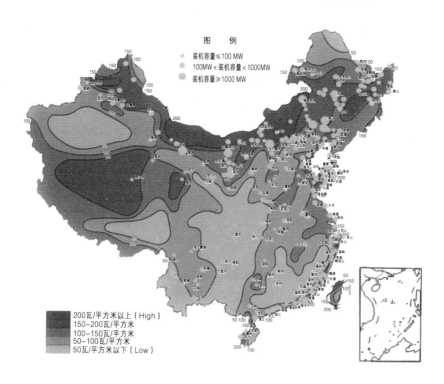

附录3 中国太阳能资源分布与光伏发电开发情况

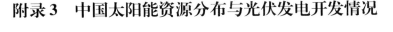

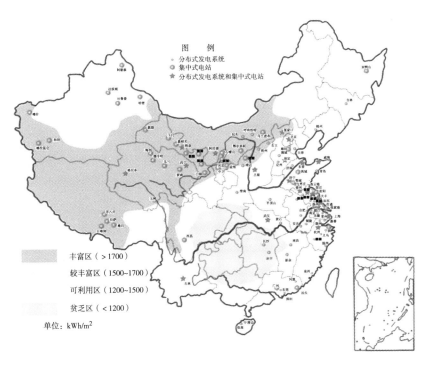

附录4 可再生能源开发商融资案例

案例1 龙源电力集团

1. 公司结构

龙源电力集团股份有限公司隶属于中国国电集团公司，主要从事风电场设计、开发、建设、管理和运营，还经营火电、太阳能、潮汐、生物质、地热等其他发电项目。截至2011年年底，公司总装机容量达1057.3万千瓦，其中风电装机容量达到859.8万千瓦，居亚洲和中国第一位；风电储备容量6300万千瓦，相当于三个三峡电站的装机容量。2009年12月10日在香港成功上市，首次募股募集资金177亿人民币。2011年公司实现利润总额36.09亿元，年底资产总额达到901亿元，净资产298.7亿元。

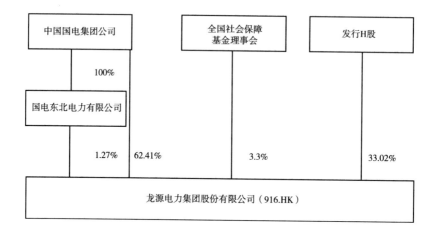

2. 公司融资

龙源电力集团 2008～2011 年融资情况

单位：亿元人民币

年　份		2011	2010	2009	2008
贷款和借款	银行贷款	277.95	202.76	273.18	209.67
	其他金融机构贷款及其他贷款	49.22	67.41	59.86	1.41
	政府贷款	0.02	0.02	0.02	0
	国电集团贷款	32.85	40.00	0	0
	同系附属公司贷款	2.00	0	0	0
	其他借款	114.74	61.56	0	9.22
	合计	476.77	371.75	333.06	220.29
债　券	长期债券	104.74	55.56	0	0
	短期债券	10.00	6.00	0	6.07
	其他债券			0	3.15
	合计	114.74	61.56	0	9.22
股　权	海外上市			167.27	
总　计		591.51	433.30	500.33	229.51

资料来源：龙源电力集团 2009～2011 年年报。

龙源电力集团2008～2011年融资构成

单位：%

年　份		2011	2010	2009	2008
贷款和借款	银行贷款	46.99	46.79	54.60	91.35
	其他金融机构贷款及其他贷款	8.32	15.56	11.96	0.61
	政府贷款	0	0	0	0
	国电集团贷款	5.55	9.23	0	0
	同系附属公司贷款	0.34	0	0	0
	其他借款	19.40	14.21	0	4.02
	合计	80.60	85.79	66.57	95.98
债　券	长期债券	17.71	12.82	0	0
	短期债券	1.69	1.38	0	2.64
	其他债券	0	0	0	1.37
	合计	19.40	14.21	0	4.02
股　权	海外上市			33.43	
总　计		100.00	100.00	100.00	100.00

资料来源：龙源电力集团2009～2011年年报。

注：1. 长期贷款指一年以上期限，短期指一年及以下期限；

2. 上市后，年报中未见股权融资信息，2012年增发H股。

3. 贷款

龙源电力集团长期与短期贷款小结

单位：亿元人民币

年份	2011		2010		2009		2008	
期限	长期	短期	长期	短期	长期	短期	长期	短期
银行贷款								
——有抵押	55.66	18.12	30.40	20.65	68.61	6.70	94.73	
——无抵押	134.38	69.79	112.38	39.33	105.23	92.65	85.01	29.93
其他金融机构贷款								
——无抵押	24.01	25.21		67.41		59.86		1.41
政府贷款								
——无抵押		0.02	0.02			0.02	0.02	
国电集团贷款								
——无抵押	10	22.85	10	30				
同系附属公司贷款								
——无抵押		2.00						
其他借款								
——有抵押	69.53	4	39.68				3.15	
——无抵押	35.21	6	15.87	6				6.07
合　计	328.79	147.98	208.36	163.39	173.85	159.21	182.91	37.41

资料来源：龙源电力集团2009～2011年年报。

龙源电力集团贷款利率

单位：%

年份	2011	2010	2009	2008
长期				
银行贷款	4.29~7.40	4.29~6.14	3.8~5.94	3.22~7.83
其他借款	4.67~6.56	4.67~5.15		
政府贷款		2.55	2.55	2.55
国电集团贷款	4.16	4.16		
短期				
银行贷款	4.12~6.56	4.37~5.10	4.37~5.30	4.54~7.47
其他金融机构贷款	5.45~6.31	3.72~4.51	3.60~6.12	3.60~6.72
其他借款	4.35~5.22	3.42		3.74~6.25
国电集团贷款	5.68~6.56	3.26		
政府贷款	2.55			

资料来源：龙源电力集团 2009~2011 年年报。

4. 股市融资

龙源电力于 2009 年年底在香港上市，其 IPO 吸引了中投公司、美国富商 Wilbur Ross 及中国人寿集团等的兴趣。最终以 8.16 港元招股价区间最高端定价，集资 171.36 亿港元（22 亿美元），成为 2009 年全球集资额排行第八大 IPO。在此次龙源电力上市融资所得中，有约 50% 将用于其在内地的风电项目投资，有近 20% 将用于偿还银行贷款，有近 10% 用于向外资购买风电设备，约 10% 将投资旗下香港雄亚公司（HeroAsia），另外的 10% 则将用于一般营运资金。

5. 债券

2008~2011 年龙源电力集团债券发行情况

发行时间	发行人	期限	金额（亿元）	票面利率（%）	实际利率（%）	募集资金运用
2008－10－27	江阴苏东发电	365 天	6.5		6.25	燃煤发电
2010－02－09	龙源电力集团	7 年	16	4.52	4.67	10 亿元用于风电项目开发,3 亿元偿还贷款,3 亿元补充营运资金
2010－03－12	江阴苏东热电	365 天	6		3.42	燃煤发电
2010－12－10	龙源电力集团	5 年	20	4.89	5.08	60% 偿还借款;40% 补充营运资金
2010－12－10	龙源电力集团	10 年	20	5.05	5.15	
2011－01－21	龙源电力集团	5 年	15	4.89	5.08	60% 偿还借款;40% 补充营运资金
2011－01－21	龙源电力集团	10 年	15	5.04	5.14	
2011－12－12	龙源电力集团	3 年	10	5.72	6.06	
2011－12－15	雄亚公司	2 年	6.9	4.50	5.12	拓展、发展龙源风电业务
2011－12－15	雄亚公司	3 年	2.6	4.75	5.18	
2011－05－16	江阴苏东热电	365 天	6		5.22	燃煤发电
2011－01－21	南通天生港	365 天	4		4.35	燃煤发电

资料来源：龙源电力集团 2009~2011 年年报。

6. 项目案例

龙源电力集团项目融资情况

项目名称	甘肃张掖光伏发电项目	青海格尔木光伏发电一期	青海格尔木光伏发电二期	内蒙古包头巴音特许权项目（第四批）	内蒙古和林示范风电场	甘肃瓜州风电特许权项目	江苏如东二期风电特许权项目
类型	光伏发电	光伏发电	光伏发电	风力发电特许权项目	风力发电	特许权项目	特许权项目
总装机容量（MW）	10MWp	20MWp	30MWp	201MW	49.5MW	300MW	100.5MW
年发电量（万 kWh）	1678	3337	5212	46592	12164		
上网电价	1元/kWh			0.4656元/kWh	0.52元/kWh		
开发商出资比例（%）	龙源（100）	龙源（100）	龙源（100）	龙源（75）、雄亚（维尔京）（25）	龙源（100）	龙源（75）、雄亚（维尔京）（25）	龙源（50）、雄亚（维尔京）（25）、南通天生港发电有限公司（25）
项目核准时间	2011-12-30	2011-05-25	2011-12-10	2009-04-16	2011-12-13	2008-11-27	2009-02-26
并网时间			是	是		2010-11-30	
申请 CDM 情况							
总投资（亿元）	2.1385	4.0112	5.5696	15.7977	4.5318	24.98	8.73
资本金（亿元）	0.4292	0.8022	1.1139	5.2659	0.9076		2.12
资本金占比（%）	20	20	20	20	20		24.3
贷款（亿元）	1.7093	3.1164	4.3134	10.5318	3.6305		6.61
贷款占比（%）	80	80	80	80	80		75.7
贷款提供方	中国工商银行						国家开发银行
贷款利率（%）	5.94	5.94	6.60	5.75	5.94		
贷款期限（年）	15	15	15	15	15		

案例 2　华能新能源公司

1. 公司结构

以 2011 年累计风电总装机容量计，华能新能源是中国第三大风力发电公司；而按照总装机容量增长百分比计，位居 2010 年全球前十大风力发电公司之首，控股装机容量从截至 2008 年年底的 402.3 兆瓦增加至截至 2011 年年底的 4904 兆瓦。华能新能源公司于 2011 年 6 月 10 日在香港联交所主板上市，全球共发行 24.85 亿股，共募集资金总额 7.99 亿美元（约合 62 亿港元）。所得款项净额中，将有 23% 用于海外及国内项目并购，57.8% 用于风电业务扩展，另有 19.2% 用于偿还银行贷款。

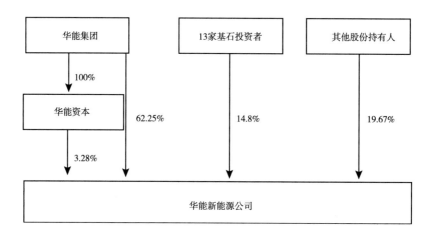

2. 公司融资

每年融资活动产生的现金构成

单位：亿元人民币

年　份	2011	2010	2009	2008
借贷	135.36	118.052	81.874	59.142
权益持有人/股东注资	54.02	21.724	0	0
子公司非控股权益持有人	0.0054	0.865	2.069	2.231
母公司注资	0	0	7	7.8
出售及售后租回交易	0	0	6.583	0
合　计	189.3854	140.641	97.526	69.173

资料来源：华能新能源公司 2011 年年报；华能新能源公司招股书。

各种融资活动产生现金占比

单位：%

年　份	2011	2010	2009	2008
借贷	71.5	83.9	84.0	85.5
权益持有人/股东注资	28.5	15.4	0	0
子公司非控股权益持有人	0.003	0.6	2.1	3.2
母公司注资	0	0	7.2	11.3
出售及售后租回交易	0	0	6.7	0
合　计	100	100	100	100

3. 贷款

华能新能源公司借贷情况

单位：百万元人民币

年份	2008	2009	2010 年	截至 2011 年 3 月 31 日
短期借款				
银行及其他金融机构贷款				
——有抵押	15			
——无抵押	1517	736.7	3969.8	4209.8
本集团其他子公司提供的贷款（无担保）	800	1400	—	
长期借款				
银行及其他贷款				
——有抵押	397	285.1	2355.6	2346.3
——无抵押	4103.8	8463.9	11693.5	14116.7
未使用的授信额度				88 亿元
未使用的信用额度				200 亿元

资料来源：华能新能源公司招股书。

注：短期借款指期限在一年及以下的借款，长期借款指一年期以上的借款。

贷款利息

单位：%

类　型	华能集团		华能新能源公司	
	2011 年	2010 年	2011 年	2010 年
长期（包括即期部分）				
银行及其他贷款	4.86 ~ 7.40	4.86 ~ 5.63	4.86 ~ 6.98	4.86 ~ 5.63
短期（不包括长期借款的即期部分）				
银行及其他贷款	5.90 ~ 7.87	4.59 ~ 5.00	5.90 ~ 7.87	4.59 ~ 5.00

资料来源：华能新能源公司 2011 年年报；华能新能源公司招股书。

4. 股市融资

华能新能源公司（00958.HK）于 2011 年 6 月 10 日在香港联交所主板上市，全球共发行 24.85 亿股，共募集资金总额 7.99 亿美元（约合 62 亿港元）。所得款项净额中，将有 57.8% 用于风电业务扩展，23% 用于海外及国内项目并购，有 19.2% 用于偿还银行贷款。

5. 联合承租模式下的融资租赁①

"联合承租模式下的风电项目融资租赁"是华能新能源开发的新模式，使用共同承担模式并建立一系列合同框架，确保风险均匀分摊至各缔约方，不需要母公司担保，同时不增加债务成本和影响税收优惠政策。其特

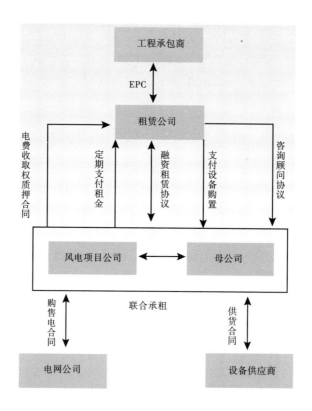

联合承租模式下的金融租赁模型

---

① 钟素芝、何亘：《联合承租与风电项目融资租赁》，《中国电力企业管理》2011 年第 7 期。

点有：

（1）共同承租：风电项目公司为第一承租人，母公司为第二承租人，将项目公司与母公司进行捆绑，使项目公司等同于母公司的资信评级，且不占用母公司的担保额度。

（2）风险均匀分摊：签订电费收费权质押合同——出租人与承租人在项目收益上面临的风险一致；将承租人支付租赁手续费的义务变更为与出租人签订咨询顾问协议——确保承租人在业务操作和政策运用上不会面临新的风险，约定出资人有义务对业务操作和政策运用方面出现的风险提供补偿措施。

（3）通过委托购买形式确保承租人享受增值税优惠政策。

（4）约定分批起租模式降低财务费用。

（5）租赁成本的构成：利息、手续费和保证金。

（6）主要合作的租赁公司：建行租赁。

案例3　山西国际电力集团

1. 公司介绍

山西国际电力集团是山西省政府直属的国有独资电力集团，集团公司注册资本60亿元。集团公司全资、控股的企业53家，参股24家，是山西省综合能源的投资商、运营商和服务商。山西福光风电有限公司和山西国际电力光伏发电有限公司是山西国际电力集团的三级子公司，承担着该集团风力发电和光伏发电项目的投资、建设和运营业务。

2. 债券融资

企业债券是山西国际电力集团主要融资渠道之一，2010～2012年该集团先后发行了五种企业债券，总发行量达43亿元人民币，涵盖短中长期债券。2012年山西国际电力集团首次通过发行企业债券为7个可再生能源项目和1个煤层气利用项目融资，该10年期固定利率债券募集的20亿元资金中的66%（13.2亿元）用于开发可再生能源项目。

3. 项目案例（2012年项目债券中涉及的7个可再生能源发电项目）

项目名称	平鲁败虎堡二期49.5MW风力发电项目	平鲁败虎堡风力发电一期工程扩容项目	平鲁败虎堡33.75MW风电项目	宁武盘道梁49.5MW风力发电项目	右玉小五台41.25MW风电项目	平鲁区光伏发电一期5MW工程项目	右玉县光伏发电一期10MW工程项目
开发商	山西福光风电有限公司	山西福光风电有限公司	山西国际电力集团	山西福光风电有限公司	山西国际电力集团有限公司	山西国际电力集团有限公司	山西国际电力集团有限公司
规模（MW）	49.5	15	33.75	49.5	41.25	5	10
政策类型	上网电价	上网电价	上网电价	上网电价	上网电价	金太阳工程	金太阳工程
批复时间（年）	2010	2010	2006	2011	2006	2009	2009
上网电价（元/kWh）	0.61	0.61	0.61	0.61	0.61	燃煤标杆上网电价	燃煤标杆上网电价
申请CDM	无	无	是	无	是	无	无
并网时间		2010-11-22	2008-07-26		2008-07-22	2011-12-22	2011-12-22
总投资（亿元）	4.9685	1.2065	3.4209	4.5226	4.1224	1.78	3.554
资本金（亿元）	0.9937	0.2413	0.68418	0.90452	0.82448	0.356	0.7108
占总投资比例（%）	20	20	20	20	20	20	20
银行贷款（亿元）	3.9748	0.9652	2.73672	3.61808	3.29792	0.534	1.0662
占投资比例（%）	80	80	80	80	80	30	30
政府补贴（亿元）	0	0	0	0	0	0.89	1.777
占投资比例（%）						50	50

资料来源：2012年山西国际电力集团有限公司债券募集说明书。

案例4 北京天润新能投资公司

1. 公司介绍

北京天润新能投资有限公司（以下简称"天润新能"）是新疆金风科技股份有限公司的全资子公司，成立于2007年4月11日，注册资本48160万元。天润新能主要从事风力发电投资、开发、建设、经营、技术服务等相关业务。天润新能的项目开发模式是典型的BOT模式"开发风电场－带动整机销售－转让再次获得溢价"，以项目子公司的名义进行融资，项目子公司负责风电场的开发、建设、运营与维护。截至2009年12月31日，该公司共有项目子公司24家，其中全资子公司10家，控股子公司11家，共同控制子公司3家。

天润新能公司的母公司新疆金风科技股份有限公司是中国最大、全球第二大风电设备制造商。金风科技同时在深圳证券交易所（股票代码：002202）和香港联合交易所（股票代码：2208）上市。

2. 公司融资

北京天润新能投资有限公司开发项目的资金分为两部分：自有资金和贷款。

天润新能的自有资金来自母公司（金风科技）注资和借款。根据2010年《金风科技关于为北京天润新能投资有限公司增资及提供借款的公告》，金风科技拟使用H股募集资金对其进行增资，增资额为1.5亿元人民币，增资后北京天润的注册资本增至48160万元人民币。此外，金风科技拟向天润新能提供不超过15.1亿元人民币的借款，专项用于风电项目开发。天润新能将按银行同期贷款利率按年向金风科技支付资金使用费。金风科技A股募集资金共有2.816亿元用于风电场开发销售项目：增资富汇丰能实施乌拉特风电场项目0.816亿元，塔城玛依塔斯实验示范风电场1亿元，金风达茂示范风电场1亿元。

金风科技同大型国有银行保持着良好的合作关系，北京天润的借款方有中国农业银行、中国建设银行和国家开发银行。

天润新能独立开发的项目，以项目子公司的名义向银行借款，北京天润新能公司为担保人。项目按照20%资本金，80%银行贷款的方式融资。合作开发方式也只是满足银行贷款最低资本金要求，其余采用银行贷款。天润新能向项目子公司收取一定的咨询服务费（内蒙古商都项目为450万元）。

3. 项目案例

北京天润新能公司部分风电场融资情况

项目名称	甘肃天润柳园一期风电场	甘肃天润柳园二期风电场	新疆塔城额敏玛依塔斯一期风电场	内蒙古苏尼特右旗一期风电场	内蒙古达茂旗一期风电场	内蒙古达茂旗二期风电场	吉林洮南新立二期风电场	新疆哈密天润风电场二期
规模（MW）	49.5	49.5	49.5	49.5	49.5	49.5	49.5	49.5
设备供应商	金风科技	金风科技	金风科技	金风科技	金风科技	金风科技	金风科技	金风科技
上网电价					0.51 元/kWh	0.51 元/kWh	0.58 元/kWh	0.58 元/kWh
开发商	北京天润新能	北京天润新能	北京天润新能 国华能源投资 神华国际	北京天润新能	北京天润新能	北京天润新能	北京天润新能	北京天润新能
开发商出资比例	100%	100%	北京天润:51% 国华能源:24% 神华国际:25%	100%	100%	100%	100%	100%
并网时间	2010-06-22		2008-12-22	2010-11-30	2009-04-30	2011-04-30	2011-06-15	
CDM申请	是		是	是	是	是	是	
总投资（亿元）	4.9044	4.4852	4		4.1661	4.386	4.596164	4.3274
资本金（亿元）	0.981	0.897	1.3				0.9207	0.86548
资本金占比（%）	20	20	32.5				20	20
贷款（亿元）	3.9234	3.5882	2.7				3.6754	3.46192
贷款占比（%）	80	80	67.5				80	80
贷款提供方	中国农业银行	国家开发银行						中国建设银行

案例 5 中国明阳风电集团

1. 公司介绍

中国明阳风电集团有限公司（以下简称"明阳风电"）成立于 2006 年，2010 年 10 月 1 日在美国纽交所上市，致力于兆瓦级风机的设计、制造、销售及服务。2011 年明阳风电以 2.9% 的全球市场份额成为世界第十大风电装机供应商；中国第四大风电装机供应商，占有国内市场 6.7% 的份额；同时也是国内最大的非国有/非国有控股风电装机供应商。

2. 融资渠道

明阳风电的融资渠道主要有金融租赁、海外上市、国资项目融资等渠道。

2009 年，明阳风电建立金融租赁公司，建立了新的商业模式。明阳风电已经与全国十家银行系金融租赁公司中的三家达成战略合作协议，分别是国银租赁、工银租赁和建信租赁。2009 年工商银行广东分行、工银国际、工银租赁向明阳提供 50 亿元人民币融资额度，开展密切金融租赁合作。2011 年明阳获得国家开发银行 50 亿美元金融授信，同时借助国银租赁的平台优势开展融资租赁业务。2011 年明阳风电的融资租赁规模就达到 25 亿元，占全年整体投入的 30%。

根据 ChinaVenture 投中集团旗下数据产品 CVSource 数据显示，明阳风电曾于 2009 年 6 月因风力发电机组及关键部件扩产项目建设，获国家扶持资金 6000 万元；2009 年 9 月获工商银行广东分行、工银国际、工银租赁等 50 亿元人民币融资额度；2008 年 9 月，完成海外上市前最后一轮私募，金额达 10 亿元。参与此轮私募的除了包括多家国际和国内大型投资基金外，还有瑞士银行（UBS）和摩根斯坦利（Morgan Stanley）投资银行。

2010 年 10 月 1 日，明阳风电登陆纽交所，成为中国首家在美国主板市场上市的风电整机制造企业。IPO 共计发行 2500 万股 ADS（1 ADS = 1 普通股），发行价 14 美元，募集资金 3.5 亿美元，创下 2010 年中国公司赴美 IPO 募集资金之最。

3. 融资租赁模式

明阳风电采取两种租赁模式：一是直租，由租赁公司采取装备给业主，在保障风场正常运营的情况下，减轻业主购置大型装备一次性的支付压力；二是售后回租，并收回款项，可以有效帮助业主回收资金。

3.1　直租模式

直租模式是指设备制造厂商与租赁公司合作，利用租赁为购买其产品的客户进行融资，并进行后续设备资产管理的一种业务模式。

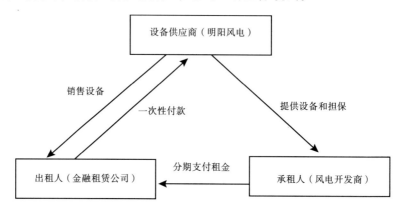

设备供应商将设备销售给金融租赁公司，在租赁期间设备所有权归金融租赁公司。租赁期间，金融租赁公司拥有设备的名义所有权，而承租人拥有设备的实质所有权；租赁期限届满，出租人确认承租人已经履行完毕其在融资租赁合同项下单所有责任和义务后，设备的所有权自动转移至承租人所有。

金融租赁公司一次性向设备供应商支付至少80%的设备款项；起租日前，承租人向金融租赁公司支付租赁保证金和手续费；租赁期间，承租人定期支付租金（包括设备款项和利息）。设备制造商和承租人之间并不发生直接的资金来往。金融租赁公司在其中起到调节的作用，在加快上游设备供应商资金流动的速度的同时缓解下游项目开发商的支付压力。

3.2　售后回租模式

售后回租是指将自制或外购的资产出售，然后向买方租回使用。明阳风电建立金融租赁公司与项目开发商签订融资租赁合同，向项目公司提供资金购买风电设备或项目，再由项目开发商定期支付租金，租回设备或项目。项目开发商通过分期付款的方式在租赁期满时行使购买期权获得资产，从而不影响设备或项目的正常使用和运营。租赁公司在法律上享有设备或项目的所有权，但项目开发商拥有资产使用权并承担设备或项目的风险和报酬。

针对特定的项目，明阳风电成立金融租赁公司与项目开发商签订融资租赁合同，向项目公司提供资金购买风电项目，再由项目开发商租回使用。而该风电项目由广东明阳风电提供设备，另由其香港子公司负责项目的建设、运营和维护，租赁合同到期后移交风电项目所有权。

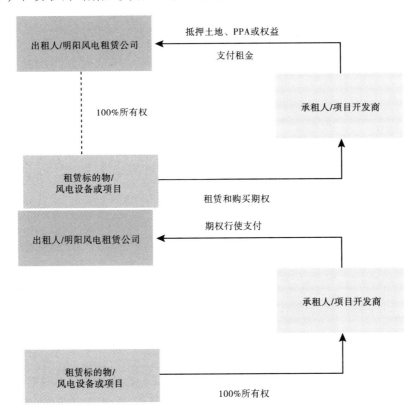

案例6 振发新能源科技有限公司

1. 公司介绍

振发新能源科技有限公司（以下简称"振发"）成立于2004年，是专业从事光伏发电系统集成的私营企业。振发的综合系统设计具有显著的土地资源集约利用特点，其开发的沿海地区光伏系统和滩涂、鱼塘综合利用，成为东部地区光伏应用的新模式。

振发作为资历雄厚的EPC总承包商，其优势是可以提供光伏系统的整体解决方案，具体包括了项目策划、可行性分析、工程设计和施工建设、运用维护等全方位的服务。其项目融资模式包括：

（1）以合作投资模式参与，绑定工程总承包，案例：江苏射阳滩涂光伏电站。

（2）独立开发：振发从 2011 年起，先后与兰州新区、山西长治县等地签订了光伏开发协议。振发作为独立开发商在上述地区建设光伏发电项目。

2. 公司融资

风投：VC-Series B-中国风险投资有限公司 2011 - 06 - 25 给振发投资。

3. 项目案例——江苏射阳滩涂光伏电站

项目名称	江苏射阳滩涂光伏电站
装机容量（MW）	20
年发电利用小时数	1100
上网电价（元/kWh）	1.7 元/kWh（国家定的基础电价 1.15 元/kWh 加上江苏省补贴的 0.55 元/kWh）
开发商	中节能无锡节能环保投资有限公司（股权：中节能——80%，振发——20%）江苏振发太阳能科技有限公司
日常运营维护单位	中节能太阳能射阳发电有限公司
立项时间	2010 - 01 - 05
并网时间	2010 - 12 - 26
总投资（亿元）	3.9538
资本金（亿元）	0.7908
资本金占总投资比例（%）	20%——（中节能：80%，振发：20%）
贷款（亿元）	3.163
贷款占总投资比例（%）	80
贷款提供方	国家开发银行
是否 CDM 项目	是（批复时间：2012 年 3 月）
占地面积（m²）	538000（高压线下走廊，无法用做其他用途）
系统安装情况	分为 20 个方阵系统，其中由 18 个多晶硅固定支架方阵系统、1 个单晶硅斜单轴跟踪方阵系统、1 个非晶薄膜电池方阵系统组成

案例7 浙江正泰新能源开发有限公司

1. 公司介绍

浙江正泰新能源开发有限公司（简称"新能源公司"）成立 2011 年 7 月，是正泰集团专业从事太阳能电站投资与建设的公司，定位于光伏发电系统整体解决方案服务商，主要负责正泰集团在光伏发电工程领域的投资、建设及对外工程总包等业务。新能源公司凭借正泰集团强大的资金后盾和银行的良好信贷关系，再加上发电系统全产业链 95% 以上的产品实现集团内自供。目前，已相继成立了宁夏正泰太阳能光伏发电有限公司、青海格尔木正泰新能源开发有限公司、温州正泰太阳能发电有限公司、长兴正泰太阳能发电有限公司等子公司。

2. 项目案例

项目名称	长兴县中钢集团一期屋顶光伏发电示范项目	东风裕隆汽车有限公司杭州临江工业园一期厂房屋顶光伏发电项目	甘肃金塔光伏发电项目	甘肃敦煌七里镇光伏发电项目
装机容量（MW）	2.2	18	40	50
设备供应商	正泰太阳能	正泰太阳能	正泰太阳能	正泰太阳能
项目类型	金太阳	金太阳	1元/kWh	1元/kWh
年平均发电量（万kWh）	189.65		6230	7823
项目核准时间	2011	2012	2011/10/27	2011/10/27
并网时间	2011	NA	2012年8月	2012年8月
总投资（亿元）	0.5456	2.502	7.7737	9.7104
资本金（亿元）	0.0545	1.242	1.55475	1.94204
资本金占比（%）	9.99	49.64	20	20
贷款（亿元）	0.3		6.21903	7.76836
贷款占比（%）	54.99		80	80
贷款提供方	国家开发银行		中国银行	中国银行
国家补贴（亿元）	0.1911	1.26	0	0
补贴占比（%）	35.03	50.36		

案例8 中国风电集团

1. 公司介绍

中国风电集团有限公司（以下简称"中国风电"）是一家专业从事风力和太阳能发电业务的集团，是香港证券市场上市公司，前身是"香港药业"。中国风电以风力和太阳能发电投资营运、风力和太阳能发电服务业务为主营业务，并在北京市、辽宁省、吉林省、内蒙古自治区、甘肃省、河北省等26个地区投资建设了风力及太阳能发电厂。2011年中国风电总装机容量已达到1310MW，权益装机量659MW，其中包含3个光伏电场，23个风电场。

2. 公司融资

融资时间	融资类型	融资机构	融资额度	期限	融资方
2011年	贷款	国际金融公司（IFC）	1.4亿美元		瓜州协合风力发电有限公司[项目融资]
2011年	贷款	亚洲开发银行	1.2亿美元		中国风电集团
2011年6月	贷款	中国工商银行阜新分行	6亿元	15年	中国风电集团阜新泰合风力发电有限公司
2011年3月	债券	汇丰银行	7.5亿元	3年	中国风电集团
2010年4月	意向性授信额度	中国建设银行股份有限公司辽宁省分行	50亿元		中国风电集团
2007年	发行新股	香港股票市场	9.23亿港币		中国风电集团
2009年7月	发行新股	香港股票市场	6亿港币		中国风电集团

3. 项目融资

项目名称	甘肃瓜州干河口第八风电场	辽宁省彰武平安地风电场	辽宁省彰武千佛山风电场	辽宁省彰武巨龙湖风电场	辽宁省彰武西大营子风电场	内蒙古武川义合美风电场一期	内蒙古扎鲁特旗一期风电场	辽宁彰武曲家沟风电场
装机容量（MW）	201	49.5	49.5	49.5	49.5	49.5	49.5	49.5
上网电价	0.52	0.61	0.61	0.61	0.61	0.51	0.54	0.61
开发商出资比例（%）	中国风电集团:60%；辽宁能源投资:40%	中国风电集团:60%；辽宁能源投资:40%	中国风电集团:60%；辽宁能源投资:40%	中国风电集团:60%；辽宁能源投资:40%	中国风电:49%；上海申华:51%	中国风电:46%；上海申华:49%；天津德恒:5%	中国风电:49%；中电投白音华:51%；	中国风电:49%；上海申花:51%
并网时间	2011/12/31	2010/11/23	2010/8/5	2009/12/9	2009/12/30	2010/12/8	2010/3/31	2009/8/31
申请CDM情况	是	是	是	是	是	是	是	是
总投资（亿元）	19.56	4.98	4.98	5.0673	5.0654	5.23	5.2992	4.62
资本金（亿元）	6.69	0.996	1.6434	1.672209	1.671582	1.8305	1.7487	1.5658
资本金占比（%）	33	20	33	33	33	35	33	33
贷款（亿元）	13.4025	3.984	3.3495	3.3622	3.3608	3.4	3.5505	3.0592
贷款利率（%）	5.94	5.94	5.94	5.94	5.94	7.83	7.83	7.83
贷款占比（%）	67	80	67	67	67	65	67	67
贷款提供方	IFC							

附录5 现行风电项目申请流程

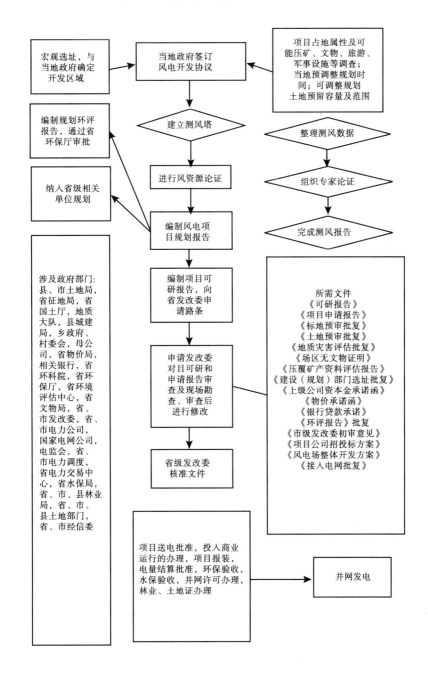

参考文献

1. EPIA（European Photovoltaic Industry Association），2012，Global market outlook for photovoltaic until 2016，Brussels：EPIA Renewable Energy House.

2. Frankfurt School UNEP Center Collaborating Center，Bloomberg New Energy Finance，2006，Global trends in sustainable energy investment 2006，Frankfurt.

3. Frankfurt School UNEP Center Collaborating Center，Bloomberg New Energy Finance，2007，Global trends in sustainable energy investment 2007，Frankfurt.

4. Frankfurt School UNEP Center Collaborating Center，Bloomberg New Energy Finance，2008，Global trends in sustainable energy investment 2008，Frankfurt.

5. Frankfurt School UNEP Center Collaborating Center，Bloomberg New Energy Finance，2009，Global trends in sustainable energy investment 2009，Frankfurt.

6. Frankfurt School UNEP Center Collaborating Center，Bloomberg New Energy Finance，2010，Global trends in sustainable energy investment 2010，Frankfurt.

7. Frankfurt School UNEP Center Collaborating Center，Bloomberg New Energy Finance，2011，Global trends in sustainable energy investment 2011，Frankfurt.

8. Frankfurt School UNEP Center Collaborating Center，Bloomberg New Energy Finance，2012，Global trends in sustainable energy investment 2012，Frankfurt.

9. REN21（Renewable Energy Policy Network for the 21st century），2012，Renewables 2011—Global status report，Paris：REN21 Secretariat.

10. SEMI，PVGroup，CPIA，中国光伏发展报告2011。

11. Solarbuzz，2012，Chinese PV Equipment Suppliers Grab Further Market-Share Gains，http：//www. solarbuzz. com/news/recent-findings/chinese-pv-equipment-suppliers-grab-further-market-share-gains，［2012 – 01 – 16］.

12. 北极星太阳能光伏网，2012，《光伏电站遭"限电"，巨额投资"晒太阳"》，http：//guangfu. bjx. com. cn/news/20120727/376238. shtml，［2012 – 07 – 27］。

13. 范必，2012，《重振光伏产业须靠国内市场》，世纪新能源网，http：//www. ne21. com/news/show – 33846. html，［2012 – 10 – 30］。

14. 房田甜，2011，《酒泉风电基地脱网半年调查：年内无新增风电装机》，《21世纪经济报道》，http：//stock. jrj. com. cn/2011/09/20064011082185 – 1. shtml，［2011 – 09 – 20］。

15. 傅蔚冈，2012，《拯救光伏产业从让企业破产开始》，《南方都市报》，http：//finance. jrj. com. cn/opinion/2012/09/12055714378944. shtml，［2012 – 09 – 12］。

16. 工控网,2012,《光伏四巨头将组团赴欧协商》,2012 – 09 – 07,http：//
news. jc001. cn/12/0907/683906. html,［2012 – 09 – 07］。

17. 国家发改委能源研究所,国际能源署(IEA),2011,《中国风电发展路线图 2050
(摘要版)》。

18. 国家开发银行,2012,《国家开发银行社会责任报告 2011》。

19. 郭力方,2012,《光伏企业现国有化初潮,赛维获溢价收购》,《中国证券报》,
http：//gzjj. gog. com. cn/system/2012/10/23/011706277. shtml,［2012 – 10 – 23］。

20. 国土资源部网站,2010,《额敏县塔城天润玛依塔斯二期 49.5MW 风电场项目建设
用　地》,　http：//www. mlr. gov. cn/tdsc/land/jggg/jghbgd/201202/t20120222＿
2467072. htm,［2010 – 12 – 06］。

21. 韩元佳,2012,《光伏产业被指败相毕现 180 家企业 3 年内倒闭》,《北京晨报》,
http：//news. dichan. sina. com. cn/2012/11/01/590221. html,［2012 – 11 – 01］。

22. 红炜,2012a,《光伏：青海的战略选择》,　《中国能源报》,http：//paper.
people. com. cn/zgnyb/html/2012 – 04/16/content＿1035940. htm,［2012 – 04 – 16］。

23. 红炜,2012b,《细分融资市场推进光伏业整合》,《中国证券报》,http：//review.
cnfol. com/120907/436,1705,13165603,00. shtml,［2012 – 09 – 07］。

24. i 美股,2012,《德国和日本光伏产业发展之路》,http：//news. imeigu. com/a/
1283010366497. html,［2010 – 08 – 28］。

25. 蒋卓颖：《政府表态"三不"》,　《21 世纪经济报道》,2012,http：//www.
21cbh. com/HTML/2012 – 7 – 17/zOMzA3XzQ3NjQzOQ. html,［2012 – 07 – 17］。

26. 《经济观察报》,2012,　《光伏"十二五"规划装机由 21GW 调整到 40GW》,
http：//www. pv001. net/22/10/10201＿1. html,［2012 – 09 – 08］。

27. 李凤英：《风电融资模式探讨》,《北方经济》2011 年第 3 期,第 91～92 页。

28. 李俊峰、蔡丰波、乔黎明等：《风光无限——2012 中国风电发展报告》,中国环境
科学出版社,2012。

29. 李俊峰、蔡丰波、唐文倩等：《风光无限——2011 中国风电发展报告》,中国环境
科学出版社,2011。

30. 李俊峰、高虎、施鹏飞等：《中国风电发展报告 2007》,中国环境科学出版社,
2007。

31. 李俊峰、施鹏飞、高虎：《中国风电发展报告 2010》,海南出版社,2010。

32. 李俊峰、王斯成、张敏吉等：《中国光伏发展报告 2007》,中国环境科学出版社,
2007。

33. 李玲,2012,《投中观点：光伏行业步入寒冬细分领域投资机会犹存》,http：//
report. chinaventure. com. cn/r/f/477. aspx,［2012 – 01 – 04］。

34. 李拓,2012,《"新权利革命"的突破口——对县级政权改革的思考与建议》,《中
国改革》,vol（345）：12～15。

35. 李永强,2012,《欧盟对华光伏"双反"或现转机》,《中国能源报》,http：//

paper. people. com. cn/zgnyb/html/2012 – 09/03/content_ 1106959. htm? div = – 1, [2012 – 09 – 03]。

36. 梁钟荣, 2011, 《光伏特许权招标面临两难》, 《21 世纪经济报道》, http：//www. 21cbh. com/HTML/2011 – 8 – 24/0NMDcyXzM1OTcONQ. html, [2011 – 08 – 24]。

37. 梁钟荣、孙中伦, 2010, 《地方项目启动受阻, 光伏企业转战国家特许权招标》, 《21 世 纪 经 济 报 道》, http：//finance. jrj. com. cn/biz/2010/08/0323477868555. shtml, [2010 – 08 – 03]。

38. 刘勇、施鹏飞, 2012, 《如何看待中国风电市场的发展》, http：//www. escn. com. cn/2012/0110/109817_ 2. html, [2012 – 01 – 10]。

39. 马凌、张涵, 2012, 《"双反"诉讼引发欧盟内部分歧》, 21 世纪经济网, http：//stock. sohu. com/20120730/n349326215. shtml, [2012 – 07 – 30]。

40. 齐晔：《中国低碳发展报告（2011～2012）》, 社会科学文献出版社, 2011。

41. 史燕君：《并网春风难破光伏寒冰, 行业恶性扩张后果短期难消化》, 人民网, http：//news. xinhuanet. com/fortune/2012 – 10/29/c_ 123881781. htm, [2012 – 10 – 29]。

42. 沈玫、林明彻, 2012, 《太阳能光伏发电装机的新型融资模式：探索美国分布式光伏发电第三方融资模型》, 第 12 届中国光伏大会暨国际光伏展览会论文（政策）。

43. 谭浩俊, 2012, 《赛维巨额债务黑洞留下两大"天问"》, 《上海证券报》, http：//business. sohu. com/20120723/n348760666. shtml, [2012 – 07 – 23]。

44. 汤群、杜晓斐：《国有企业融资结构的特殊性及其原因》2006 年第 6 期。

45. 田文会, 2008, 《中国风电集团资本撬动术》, 财时网——《财经时报》, http：//finance. sina. com. cn/chanjing/b/20080515/23464874487. shtml, [2008 – 05 – 15]。

46. 田占霄, 2011, 《中国风电专利现状分析》, 中国天津：国际风电产业配套洽谈会（2011 – 03 – 08～2011 – 03 – 10）。

47. 王劲松, 2012, 《中央财政支持新能源及可再生能源跨越式发展》, 《中国财经报》, http：//www. mof. gov. cn/zhengwuxinxi/caizhengxinwen/201211/t20121106 _ 692349. html, [2012 – 11 – 06]。

48. 王骏, 2011, 《新能源发展探讨》, 《中国能源报》, http：//www. chinaero. com. cn/zjsd/11/112150. shtml, [2011 – 11 – 23]。

49. 王斯成、王文静、赵玉文：《中国光伏产业发展报告 2004》, 2004。

50. 谢丹, 2011, 《光伏上网电价, 千呼万唤始出来》, 《南方周末》, http：//finance. sina. com. cn/chanjing/cyxw/20110805/110110267800. shtml, [2011 – 08 – 05]。

51. 新华网, 2012a, 《商务部紧急召光伏四巨头入京, 应对欧盟"反倾销"》, http：//stock. stockstar. com/SN2012081300003891. shtml, [2012 – 08 – 13]。

52. 新华网, 2012b, 《温家宝主持召开国务院常务会议分析经济形势, 部署近期工作》, http：//news. xinhuanet. com/fortune/2012 – 05/23/c_ 112022523. htm, [2012 – 05 –

23〕。

53. 新华网，2012c，《温家宝：中德同意协商解决光伏产业问题》，http：//news. xinhuanet. com/politics/2012 – 08/30/c_ 112905675. htm〔2012 – 08 – 30〕。

54. 新华网，2009，《李克强出席三门核电开工仪式，强调大力发展新能源》，http：//news. xinhuanet. com/newscenter/2009 – 04/19/content_ 11214196. htm，〔2009 – 04 – 19〕。

55. 新疆金风科技股份有限公司，2012，《2011 年年报》。

56. 新浪财经，2008，《股市在线：新能源之风能篇》，http：//finance. sina. com. cn/stock/jsy/20080512/16324858667. shtml，〔2008 – 05 – 12〕。

57. 新浪财经，2009，《龙源电力筹资 22 亿美元为今年来全球第八大 IPO》，http：//finance. sina. com. cn/stock/hkstock/ggIPO/20091204/13357057573. shtml，〔2009 – 12 – 04〕。

58. 徐山瀑、景艳、赵金松等：《勇攀现代科技高峰，做强绿色能源企业——无锡尚德电力控股有限公司发展调查》，《群众》2009 年第 7 期，第 27 ~ 29 页。

59. 宣晓伟：《"地区竞争"：利消弊长当反思》，《中国改革》2012 年第 8 期。

60. 杨明基：《金融支持甘肃风电产业发展探析》，《中国金融》2011 年第 8 期。

61. 杨艳、陈收：《我国上市公司的融资结构及其治理效率研究》2007 年第 1 期。

62. 于洪海：《我国可再生能源战略定位已确定——访国家能源局新能源和可再生能源司司长王骏》，《中国能源报》2009 年第 A03 版，〔2009 – 04 – 20〕。

63. 张五常：《中国的经济制度》，中信出版社，2009。

64. 张晓霞：《2012 金太阳装机超预期》，2012，http：//data. eastmoney. com/report/20120504/hy，4b0313d4 – cb31 – a264 – 66fd – 363538521e31. html，〔2012 – 05 – 04〕。

65. 赵普：《中国政府 700 亿拯救光伏双反后亟须扩大"内需"》，2012，《证券日报》，http：//finance. ifeng. com/news/industry/20121027/7212002. shtml，〔2012 – 10 – 27〕。

66. 证券时报网，2012，《中国 10 大光伏企业累计债务达 1110 亿》，http：//finance. jrj. com. cn/industry/2012/08/08103414052822. shtml，〔2012 – 08 – 08〕。

67. 中国 – 丹麦风能发展项目办公室，2009，中国可再生能源专业委员会，中国风电及电价发展研究报告。

68. 中国电力企业联合会，2012a，《2011 年全国电力工业统计快报》，http：//tj. cec. org. cn/tongji/niandushuju/2012 – 01 – 13/78769. html，〔2012 – 01 – 13〕。

69. 中国电力企业联合会，2012b，《中电联发布中国新能源发电发展研究报告》，http：//www. cec. org. cn/zhuanti/2012zhongguoqingjiedianlifenghui/yaowen/2012 – 03 – 30/82485. html，〔2012 – 03 – 15〕。

70. 中国电力企业联合会，2012c，国家能源局召开光伏产业发展座谈会，http：//www. cec. org. cn/yaowenkuaidi/2012 – 08 – 24/89678. html，〔2012 – 08 – 24〕。

71. 中国电力企业联合会：《电力工业统计资料提要（内部资料）》，2011。

72. 中国电力企业联合会：《电力工业统计资料提要（内部资料）》，2010。

73. 中国可再生能源学会：《中国新能源和可再生能源年鉴2010》，2010。

74. 中国绿色科技，2012，《中国绿色科技报告2012——迎接挑战，中国加快绿色科技进程》。

75. 中国价格协会能源供水价格专业委员会课题组：《对中国风电行业发展及其上网电价的研究》，《价格理论与实践》2010年第4期，第32~35页。

76. 中国投资咨询网，2012，《多家美股企业陷危局》，http：//www. ocn. com. cn/free/201210/taiyangeng180925. shtml，［2012 – 10 – 18］。

77. 周萃，2009，《国开行鼎力支持可再生能源发展》，《金融时报》，http：//news. hexun. com/2009 – 04 – 24/117043333. html，［2009 – 04 – 24］。

B V 制度创新篇：低碳发展试点

Institutional Innovation：Low Carbon Pilots

摘 要：

由于在当前经济、技术和社会发展阶段还未找到协调经济增长与低碳发展的根本解决途径和现成方案，中央政府试图通过地方试点创造并总结有效的政策和制度。国家发改委牵头"五省八市"低碳试点工作，一方面希望具有典型代表性的试点省市在同等地区起到示范带头作用，另一方面希望试点省市形成独特的低碳发展思路，以便在全国范围推广。

两年来，低碳试点工作取得显著成果。第一，低碳发展能力建设加强。成立以地方主要领导任组长的低碳工作领导小组；根据中央要求并结合地方特点形成较为完善的低碳规划体系；建立低碳发展智库并加强与国际机构和政府的合作。第二，低碳发展手段多样。通过区域试点探索经验，设立低碳专项资金支持低碳工作。第三，低碳发展内涵丰富且因地制宜。在产业、能源、交通、建筑、生活等各领域同步推进，并结合当地资源优势和经济阶段确立各自的发展模式。在此过程中，温室气体排放的统计、监测和考核体系初步建立；碳排放权交易试点工作取得阶段性成果。

低碳试点省市的工作虽已取得初步进展，但由于仍处于工业化和城镇化快速发展阶段，如何平衡发展与低碳的"矛盾"，建立完善的低碳发展评价体系并有效完成相应指标，真正走出一条低碳发展之路，责任还很艰巨。

关键词：

低碳试点 成果 挑战

B.14

中国低碳发展试点概况

一 低碳试点政策出台的背景和意义

2009年11月25日，哥本哈根气候变化大会前夕，中国正式对外宣布了控制温室气体排放的目标，即到2020年，单位GDP碳排放强度比2005年降低40%~45%。这既是中国政府对日益增强的国际减排压力的回应，也是中国转变经济增长方式的内在要求。2003年，中国共产党十六届三中全会首次提出"以人为本，全面、协调、可持续发展"的科学发展观，将环境发展作为国民经济与社会发展的一项基本内容；十六届五中全会进一步明确提出"建设资源节约型、环境友好型社会"，把"建设资源节约型和环境友好型社会"确定为国民经济与社会发展中长期规划的一项战略任务。中国共产党第十七次全国代表大会则提出"生态文明"的概念，指出未来中国要"基本形成节约能源资源和保护生态环境的产业结构、增长方式、消费模式"。这一系列的重大决定有效增强了各级政府在科学发展方面的认识，并开始探索资源节约型、环境友好型的新的经济增长方式。

在一系列的资源与环境问题中，能源与气候变化是这个时代的核心。自2003年英国提出"低碳经济"的概念以来，"低碳发展"逐渐成为解决能源问题、应对气候变化的一条基本途径。城市是重要的经济活动单元，在应对气候变化中具有核心地位。据估计，中国城市人口的能源需求占全部一次能源需求的75%，产生85%的二氧化碳排放（Dhakal，2009），地级以上城市二氧化碳排放量占总排放量的58.84%（仇保兴，2009）。建设"低碳城市"是实现全社会低碳发展的必由之路。

2008年以来，在世界自然基金会（WWF）、英国战略方案基金（SPF）、能源基金会等国际机构的支持以及住建部等部门的推动下，中国已有保定、上海、南昌、德州、杭州、成都、广元、厦门等数十个城市陆续提出了低碳城市的构想，并开展了一些具体行动（见专栏14-1）。

专栏14-1 中国城市低碳建设大事记

2008年1月，保定与上海两个城市入选世界自然基金会（WWF）"中国低碳城市发展项目"首批试点城市，分别从可再生能源产业发展的角度和建筑节能的角度尝试城市建设的新模式。

2008年初，珠海市两会中政协首先提议要把珠海建设成为低碳城市。

2008年，在中国社会科学院城市发展与环境研究所、国家发改委宏观经济研究院能源研究所和吉林大学等单位的帮助下，吉林市编制了《吉林市低碳经济路线图》。2009年底，在北京举办新闻发布会。

2008年12月，保定市发布《关于建设低碳城市的意见》，同时与清华大学合作，制定《保定市低碳城市发展规划纲要（2008~2020）》。

2009年起，英国战略方案基金（SPF）推动中国省及地方的低碳发展，先后支持了吉林市、南昌市、重庆市和广东省等进行低碳城市发展的研究和规划。

2009年10月，南昌市政府审议《关于进一步深化"花园城市绿色南昌"建设等若干意见》，构建低碳生态产业体系。

2009年12月，德州提出实施太阳城战略，编制了《低碳德州发展规划》。

2009年12月，杭州市发布《低碳新政50条》，构建"六位一体"的低碳城市。

2009年12月，成都市发布《成都低碳城市建设工作方案》。

2009年四川省广元市成立了由市委书记任组长的低碳经济发展领导小组（应对气候变化工作领导小组），在地震重灾区提出并实施"科学重建、低碳发展"理念。2010年7月，《广元市低碳重建与发展项目》成果发布会在北京举行。

2010年1月，住建部与深圳市签署合作框架协议，共建国家低碳生态示范市。

2010年1月，《厦门市低碳城市总体规划纲要》编制完成，确立交通、建

筑和生产三大领域为低碳发展的重点行业。

2010年3月，《无锡低碳城市发展战略规划》由环保部、社科院等方面专家组成的评审团评审通过。

2010年5月，国家新能源示范城市暨自治区和谐生态城区和城乡一体化吐鲁番示范区（吐鲁番市新区）开工。计划用10年时间（2010～2020年）分三期在戈壁荒地上建设低碳新城，太阳能发电和绿色交通成为主要应用。

2010年7月，德州市与眉山、银川和北京市东城区成为中瑞合作低碳城市项目所确定的首批低碳城市，中国社会科学院城市发展与环境研究所承担德州市低碳发展指数研究工作。

资料来源：清华大学气候政策中心根据相关资料整理。

然而，这一时期的低碳城市实践具有自发性、尝试性和零散性的特点，尚未形成统一的体系，具有"学中干，干中学""摸石头过河"的先行者色彩。

2010年8月，国家发改委正式开展低碳试点工作，低碳发展成为一种有组织的社会实践。在众多提出试点申请的省市中，国家发改委根据相关单位申请试点的积极性和领导的重视程度，试点省市有关低碳发展的工作积累，以及试点在全国的代表性，最终将广东、辽宁、湖北、陕西、云南五省和天津、重庆、深圳、厦门、杭州、南昌、贵阳、保定八市列为低碳试点省市。同时，国家发改委对试点省市提出了五项具体要求，要求各试点地区编制低碳发展规划、制定支持低碳绿色发展的配套政策、加快建立以低碳排放为特征的产业体系、建立温室气体排放数据统计和管理体系以及积极倡导低碳绿色生活方式和消费方式。

低碳试点省市覆盖我国的东、中、西部：东部地区有两省五市（辽宁、广东、天津、保定、杭州、厦门、深圳），中部有一省一市（湖北、南昌），西部有三省一市（重庆、云南、陕西、贵阳）。从经济和能耗水平，"五省八市"在全国范围内具有一定的代表性，2010年"五省八市"GDP总量占全国的34.4%，能源消费总量占全国的33.8%。试点省市地处不同地区，发展水平不同，各自具有不同的代表性。正如国家发改委副主任解振华所指出的那样，列入试点名单的省市并不代表其低碳发展水平就高，努力程度就大于未列入试点名单的地区。

从 2011 年 12 月 10 日广东的低碳试点工作实施方案得到批复至 2012 年 5 月，所有试点省市的低碳试点实施工作方案均已得到国家发改委的批复。试点省市的工作实施方案，经过多轮的修改和规范才最终确定，方案中较关键的几个问题包括：第一，要明确低碳发展的理念，厘清与节能减排和循环经济的区别；第二，要有清晰的目标，且目标要有一定的先进性和显示性，"五省八市"的目标基本要强于其他各省市和国家的目标，否则难以示范；第三，要突出地方特点，任何一个省市的低碳发展都要走出自己的道路，要突出自己地域的、发展的阶段特点。

国家发改委牵头的五省八市的低碳试点工作是国内低碳实践从零散向全面过渡的重要一环。中央政府一方面希望试点省市在同等地区起到示范带头作用，另一方面也希望试点省市形成自己独特的发展思路，总结成功经验，以便在全国层面上推广。中国未来经济转型发展的道路，需要通过低碳发展试点示范来积累经验，不仅是技术上的，更多是体制上的，为不同地域、不同自然条件、不同发展基础的省市的低碳发展提供有益指导。

二 试点省市经济、能耗情况比较

低碳试点省市"十一五"期间经济水平都呈上升趋势。从经济总量来看，五省中广东名列第一，其次是辽宁、湖北、陕西和云南；深圳排在八个城市的前面，后面依次为天津、重庆、保定、杭州、南昌、厦门、贵阳［见图 14 - 1 （a）］。按照人均 GDP 分类，低碳试点省市大致可分为"三个阶梯"——高于全国水平的第一、二阶梯、低于全国水平的第三阶梯。第一阶梯包括深圳、厦门、天津、杭州，2010 年人均 GDP 达到 7 万元以上；第二阶梯包括广东、保定、南昌、辽宁，2010 年人均 GDP 为 4 万 ~ 5 万元；第三阶梯包括重庆、湖北、贵阳、云南，2010 年人均 GDP 在 2 万元左右［见图 14 - 1 （b）］。

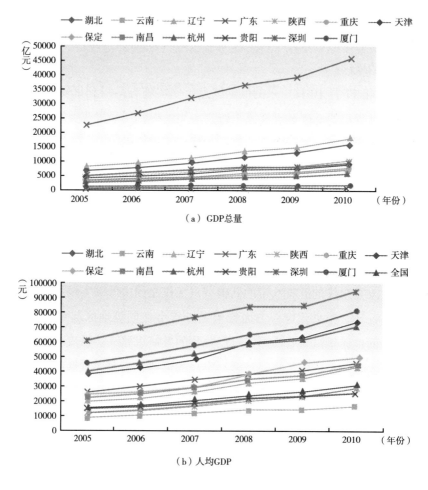

图14-1 "五省八市"及全国经济情况

低碳试点"十一五"期间的单位 GDP 能耗都呈下降趋势（见图14-2）。2010 年各试点省市的 GDP 能耗情况可分为三类：第一类万元 GDP 能耗 1.5 吨标煤左右，包括贵阳、云南、辽宁；第二类万元 GDP 能耗 1 吨标煤左右，包括湖北、重庆、保定、天津、南昌；第三类万元 GDP 能耗 0.5 吨标煤左右，包括广东、杭州、厦门、深圳。

各低碳试点的人均 GDP 和单位 GDP 能耗分布情况见图14-3，从中可以看出"十一五"期间低碳试点省市的经济水平上升，能耗强度下降，但各省市间的比较情形相对稳定。其中，经济较弱、能源消耗多的既包括湖北、陕

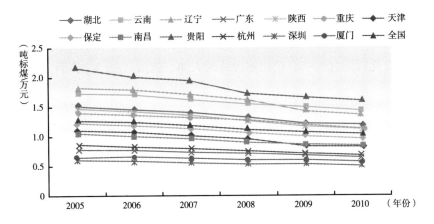

图14－2 "五省八市"及全国单位GDP能耗水平

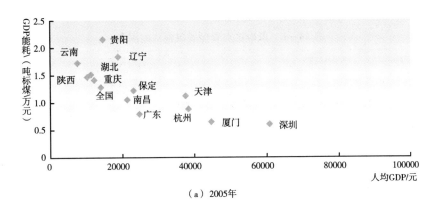

（a）2005年

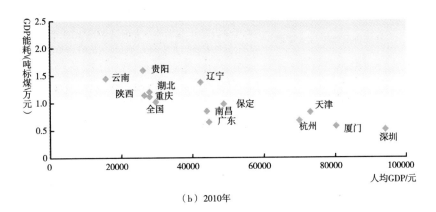

（b）2010年

图14－3 "五省八市"及全国经济发展和能耗情况

西、辽宁、重庆等老工业基地，也包括云南、贵阳等西部资源欠发达省市；经济较强、能源消耗较多的有保定、南昌和广东；经济强、能源消耗少的是基本进入后工业化时期且第三产业比例较高的天津、杭州、厦门、深圳。

三　试点省市低碳发展转型的理念基础

低碳试点省市在自然资源、经济发展、能源消耗等方面的基础条件不尽相同，在国家低碳试点开展之前，各地区因地制宜，已经探索出不同的发展理念（见表14－1）。这些发展理念体现了节约资源、保护环境、绿色生态、宜居和谐的思想，为低碳试点工作的开展奠定了良好的社会基础。

表14－1　低碳试点转型发展模式的探索

试点省市	发展基础	转型探索
湖北	老工业基地	"两型社会"建设、"两圈一带"战略(2007)
陕西	老工业基地	新能源规划(2009)
重庆	老工业基地	森林重庆、森林工程(2008)
辽宁	老工业基地	生态建设、循环经济(2007)
云南	西部欠发达,旅游业为主	"七彩云南保护行动计划"(2007);"两强一堡"(2009)
贵阳	西部欠发达	循环经济(2002)
广东	工业化中后期	"绿色广东"(2004)
保定	农业大市	"中国电谷·低碳保定"(2006)、"太阳能之城"(2007)
南昌	生态资源优势、工业薄弱	"既要金山银山,也要绿水青山"(2002);"生态立市""科学发展、绿色崛起";鄱阳湖生态经济区战略(2009)
天津	老工业城市	"新加坡天津生态城"(2007)
杭州	第三产业发达	"和谐创业"、环境立市(2004);"生活品质之城"(2006);"六位一体"战略(2009)
厦门	工业化中后期	生态功能区划(2000)
深圳	经济特区	循环经济(2006)

$\mathbb{B}.15$
低碳试点工作规划

一 低碳发展规划

在中国独特的行政体制下，规划是实现经济和社会各项发展目标的重要步骤，在各项战略实施过程中具有重要地位。中央政府对地方政府的低碳发展规划非常重视，要求各地结合地方特点编制规划，并通过规划引导其他各项工作。为了通过低碳试点的先行先试作用探索全国不同地域、不同发展水平、不同特色下的低碳发展模式，中央政府对低碳试点提出了严格的总体方案和规划要求。

从应对气候变化到建设低碳试点，低碳试点省市在中央政府各项政策的指引下，形成了从综合到专项的"1 + 4 + X"规划体系（见图 15 – 1）。"1"指的是将低碳发展纳入地区性的国民经济和社会发展的"十二五"规划，"4"指的是 4 项低碳发展相关的总体规划或方案，"X"指的是低碳发展的相关专项规划。

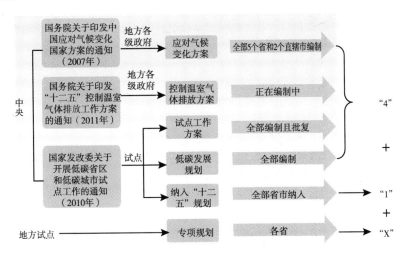

图 15 – 1　低碳省市响应中央政府要求形成的规划体系

（一）多数试点将低碳发展纳入"十二五"规划

国家发改委对低碳试点工作提出了五项具体要求，其中第一条就是编制低碳发展规划，"试点省和试点城市要将应对气候变化工作全面纳入本地区'十二五'规划，研究制定试点省和试点城市低碳发展规划"。

目前，全部试点省市已完成"十二五"规划编制并发布，但将低碳发展理念纳入"十二五"规划的程度不尽相同。一方面，四省（云南、陕西、广东、湖北）五市（重庆、杭州、南昌、深圳、厦门）在"十二五"规划中辟出专门章节陈述低碳发展，显示了对低碳发展理念的重视。另一方面，虽然在试点方案中各省市均提出了到2015年的定量碳减排目标，但在"十二五"规划中将此目标明确体现的仅有两省（陕西、湖北）两市（重庆、深圳），另外有两省（云南、辽宁）两市（保定、厦门）提出完成国家、省下达的目标，而一省（广东）四市（贵阳、天津、杭州、南昌）并没有将碳减排目标列入"十二五"规划中。低碳发展在各试点省市"十二五"规划中的体现见表15-1，表明了各试点省市对低碳发展作用与意义的不同认识。

表15-1 低碳发展在各试点省市"十二五"规划中的体现

试点省市	专门章节	章节位置与名称	定量化的低碳发展目标
云南	有	第十二章促进绿色发展，着力推进生态云南建设 第二节积极推动循环经济和低碳发展	单位生产总值二氧化碳排放量进一步降低，确保国家下达的约束性指标圆满完成
辽宁	无	无	完成国家下达的约束性指标
陕西	有	第十一篇切实加强资源节约和环境保护 第三十三章建设环境友好型社会 五、创建国家低碳示范省	单位产值碳排放降低15%
广东	有	第八篇绿色发展保护秀美山川 第四章推动低碳发展	无
湖北	有	第九篇建设资源节约型和环境友好型社会 第三十七章应对气候变化	单位生产总值二氧化碳排放降低17%
贵阳	无	无	无
重庆	有	第九章建设资源节约型和环境友好型社会 第四节积极应对气候变化	单位地区生产总值二氧化碳排放降低17%
天津	无	无	无

续表

试点省市	专门章节	章节位置与名称	定量化的低碳发展目标
保定	无	无	单位生产总值二氧化碳排放降低达省要求
杭州	有	第六章建设生态型城市 第四节建设低碳城市	无
南昌	有	第三篇建设示范性国家低碳生态名城 第一章扎实推进国家低碳城市试点	无
深圳	有	第九章推动低碳绿色发展	万元 GDP 二氧化碳排放量累计下降15%
厦门	有	第三章战略任务 第七节推进低碳生态城市建设	完成国家、省下达的任务

（二）全部试点已完成国家要求的低碳发展相关方案

1. 完成了国家对全部省（区、市）的普遍要求

2007 年 6 月 3 日，国务院发布了《中国应对气候变化国家方案》（国发〔2007〕17 号），要求地方各级人民政府要加强对本地区应对气候变化工作的组织领导，抓紧制定本地区应对气候变化的方案，并认真组织实施。目前，所有省级试点已完成了本地区应对气候变化方案。

2011 年 12 月，国务院发布《控制温室气体排放工作方案》（国发〔2011〕41 号），明确了"十二五"期间各地区单位国内生产总值二氧化碳排放下降指标，要求地方各级政府对碳排放的下降指标进行分解，同时要求地方各级人民政府对本行政区域内控制温室气体排放工作负总责，将其纳入地区总体工作布局，将各项工作任务分解落实到基层，并制定年度具体实施办法。目前，该项任务正在执行当中。

2. 完成了国家对试点省市的专项要求

编制试点工作方案是低碳试点政策五项具体工作要求之一，2012 年 6 月，全部省市的试点方案均已获得发改委批复并进入实施阶段。

同时，在低碳试点政策要求下，全部试点省市都已完成并公开发布了各自的低碳发展规划。

（三）试点省市根据各自特点制定了各种专项规划

在国民经济与社会发展的"十二五"规划指导下，试点省市还发布了节能、发展清洁能源、循环经济、建筑、交通等方面的专项规划。这些规划起到了支撑、完善或配合低碳发展规划的作用。

二 试点省市低碳规划的特点

（一）试点省市均设定了低碳发展愿景

各试点省市的低碳发展实施方案均对发展目标进行了定性描述，并分为两个阶段，一是2010～2015年的近期（即国家的"十二五"规划期间）发展目标；二是到2020年的远期发展目标。总体来说，愿景主要包括四个方面：实现经济发展方式向低碳发展转型；温室气体排放市场机制和低碳发展体制机制的建立与完善；低碳生活方式和消费模式的形成；生态环境改善。

各试点的低碳发展愿景在实施方案中转化为各项任务和具体行动，经济发展方式转变主要依靠大力发展低碳产业和调整能源结构等行动，温室气体排放市场机制主要指碳交易制度建立，低碳发展体制机制则体现在低碳试点的先行先试探索行动等方面，而低碳生活和消费主要通过低碳建筑、低碳交通和低碳生活三方面具体实现，生态环境改善集中在增强碳汇吸收能力方面。

（二）试点省市的量化目标略高于全国平均水平

各试点省市低碳发展实施方案均设定了相关的量化目标，包括碳排放强度（见图15-2和图15-3）、能源强度、非化石能源在能源消费中的比重、森林覆盖率、服务业所占比重等几个方面。低碳发展规划设立这些指标来实现区域的低碳转型。

中央设立低碳试点的基本目的，是希望通过试点地区的先行先试，带动全国范围内的低碳发展。发挥示范性是试点地区的责任。然而，从各试点地区的实施方案来看，其"十二五"期间的减排目标与全国平均水平基本相当，示

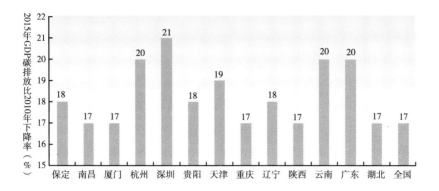

图 15 – 2 试点省市设定的 2015 年单位 GDP CO₂ 减排目标

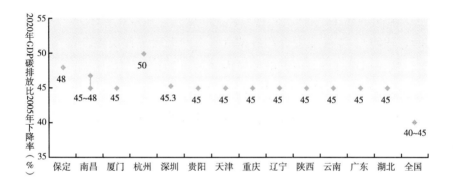

图 15 – 3 试点省市设定的 2020 年单位 GDP CO₂ 减排目标

范性不足；而其设定的 2020 年碳排放目标则集中在 45% 的水平，处于全国平均目标的上限，在探寻低碳发展的道路方面，较国家而言并没有取得根本性突破。以上内容反映出两条基本信息：首先，各试点地区更愿意在长期目标上体现其先进性和示范性，在短期目标上仍然重视经济总量的增长，不愿意设定远高于国家平均水平的减排目标；其次，各试点低碳发展实施方案主要将控制减排目标作为低碳发展的核心内容，还没有规划出一条明确实现经济转型的低碳道路。

B.16
低碳试点方案的政策内涵

"低碳发展"涉及经济、能源、环境、生活等各方面，如何从实际出发、统筹兼顾、明确本地区的低碳发展目标及具体措施，是一项全新的课题。在国家发改委对低碳试点工作的要求下，各试点省市积极开展工作，并进行了不同程度的政策创新。本报告所说的政策创新，是指某地方政府采纳一项对自身而言是新的项目或政策，而不论此政策之前是否被其他政府采用过（Walker，1969）。本章主要介绍各试点省市的低碳工作实施方案及相关的配套政策，从而展现试点对于低碳发展内涵的具体理解。总体而言，各试点省市的低碳发展工作包含产业结构调整、能源结构调整、低碳交通、低碳建筑、低碳生活、碳汇建设等方面；在具体的政策规划上，各试点省市也显示出因地制宜的特色。

一　产业结构调整

低碳发展中的产业结构调整是指增加低碳排放产业比重、减少高碳排放产业比重，通过改变产业结构降低生产领域的二氧化碳排放，并实现单位 GDP 碳排放降低的一种政策措施。产业结构调整主要包括两方面内容，一是通过技术创新及推广，实现高碳产业"低碳化"；二是制定和完善产业扶持政策，加快新兴低碳产业的发展。

在产业结构调整方面，各试点省市都制定了全面的总体规划，涉及农业、第二产业（即先进制造业、高新技术产业等）及服务业等主要产业部门（见表 16 - 1）。在不同的产业领域，各试点省市的着力点因地制宜，具备地方特色。政策创新主要集中在传统产业升级改造、发展先进制造业和高新技术产业、发展现代服务业、发展低碳农业等方面。

表 16 – 1　各试点产业结构调整规划概况

试点	传统产业低碳化改造	制造业	高新技术产业	服务业	农业
广东	改造燃煤锅炉,余热利用,热电联产	汽车,航空,船舶	半导体照明	金融,物流,信息服务,会展,文化	控制化肥施用量,发展现代农业
辽宁	淘汰落后产能,加快淘汰落后机组,推进热电联产	钢铁,装备	新材料,生物,节能环保	信息	推广农业废弃物综合利用技术,推广先进农业技术及生态农业技术
湖北	节能技术装备研发,节能技术改造	钢铁,有色金属,石化,汽车,装备制造	生物,节能环保,新材料	金融,物流,信息,中介,旅游,创意	低碳农业技术,农产品加工业
陕西	发展新型清洁煤发电技术,加快煤炭综合清洁利用	新能源汽车,装备制造	航空航天、卫星应用、高性能复合材料,物联网	电子商务,网上购物,连锁经营,服务外包,创新产业	生态农业,观光农业,设施农业
云南	重点耗能行业节能技术开发,能耗限额管理及节能对标管理,节能评估审查	烟草,能源,冶金,化工,装备	生物,光电子,新材料,生物医药	旅游文化,商贸流通,金融,信息	低碳农业技术,生态农业开发模式,农业产业化基地
天津	加快淘汰电力、钢铁等行业的落后产能,加强对高耗能、高碳排放行业的节能监管,推进燃煤锅炉改燃或拆除并网工程	航空,石化	生物技术与健康,新材料	物流,金融,信息,餐饮,旅游,穿衣产业,会展,总部和楼宇经济,服务外包	沿海都市型现代农业
重庆	开展节能审查,提高准入门槛,清洁生产	装备	笔记本电脑,轨道装备,新能源汽车,环保装备,仪器仪表,生物医药,"云计算",通信设备,高端集成电路,软件,LED	物流,金融,科技咨询,信息,服务外包	发展生物多样性农业,推广农业低碳化发展示范
深圳	技术创新,准入门槛,清洁生产,产品碳标签	汽车	新材料,生物,新一代信息技术	文化,金融	
厦门	改造提升化工、纺织等传统高耗能产业	汽车	电子,生物,新医药,新材料,节能环保,海洋高新,LED	航运物流,旅游会展,金融商务,软件与信息服务	

307

续表

试点	传统产业低碳化改造	制造业	高新技术产业	服务业	农业
杭州	严格控制新建高耗高排项目		电子信息,生物医药,新材料,新能源	休闲旅游,文化创意,金融,商贸,现代物流	都市农业
南昌		飞机,铜	LED,生物,医药	服务外包基地	打造以现代农业为主体的第一产业,积极发展低碳农业
贵阳	改造提升资源型产业,应用高新技术开发精深加工产品,开展工业废气综合利用	汽车,装备	生物医药	旅游,会展,物流	
保定	电力热力行业节能改造,纺织及化纤行业节能改造	汽车及零部件	电子信息及新材料	旅游,物流,文化创意,动漫	规模化,集约化

资料来源：根据各试点省市的低碳试点工作实施方案整理。

各试点省市产业结构调整体现了以下四个特点。

第一，传统产业低碳化升级改造是产业结构调整的基础。传统产业低碳化升级改造措施主要包括：淘汰落后产能，加强节能监管，实施能源审计、清洁生产审核等。通过以上措施，促进重点用能企业的节能减排，推动相关产业的低碳化升级改造。天津、辽宁、湖北、厦门、云南、贵阳、杭州等省市均提出了对传统产业进行低碳化改造的主张。

第二，先进制造业和高新技术产业是产业结构调整的主体。制造业仍是试点省市经济增长的重要来源，也是各试点省市开展低碳工作的重点领域。各试点省市依据当地传统工业的基础与优势，提出了在低碳框架下发展先进制造业的各项规划，包括装备、钢铁、汽车、航空、电力、石化、烟草等行业，内容翔实、目标明确。

高新技术产业的发展也是低碳目标下进行产业结构调整的主要内容。当前试点省市的高新技术产业主要包括航空航天、新一代信息技术、生物技术与健康、新能源、新材料、节能环保、高端装备制造等低能耗、低碳排放的战略性新兴产业。各试点省市均提出了明确的重点行业与相关的具体工程计划。

第三，现代服务业成为产业结构调整的着力点。天津、保定、广东、厦门、云南、重庆、贵阳、陕西、杭州、南昌等省市纷纷将大力发展现代服务业作为低碳试点的重要工作。例如，贵阳市提出了"继续加大以旅游、文化、会展、休闲度假、房地产和现代物流业为龙头的第三产业的发展力度"。陕西省着力发展工程设计、信息咨询、服务外包、文化创意、低碳咨询服务等产业，全力打造具有国际一流水平的服务外包基地和全国创意产业示范基地。广东省提出优先发展现代服务业，重点发展金融、物流、信息服务和科技服务等高技术服务业。

第四，低碳农业成为产业结构调整的重要内容。各试点均提出要通过发展低碳农业、现代农业实现碳减排，主要的创新行动包括：测土配方施肥、农村沼气的应用和推广、农业机械节能、推广秸秆还田、保护性耕作、提升农业种植效率、优化农业种植结构等，部分有广阔平原地区等条件的省市还提出农业集约化、规模化发展的相关工作。以云南省为例，其低碳农业建设包括加强有机食品、绿色食品和无公害食品基地的建设，发展生物质能和沼气池，推广保护性耕作、轮作施肥、秸秆还田、施用有机肥等技术，增加农田土壤有机质和固碳潜力，加大利用畜禽粪便生产沼气的示范和推广力度，构建种植业、养殖业、碳汇交易之间的产业循环。

二 能源结构调整

能源结构调整主要指降低高碳能源（煤炭等化石能源）的使用比例，提高清洁能源（水电、核电、风电、太阳能、生物质能等）的使用比例，在能源消耗总量不减少的情况下，达到减少碳排放的目的。能源结构调整不仅可以降低碳排放，还可以通过清洁能源的使用带动相关产业的发展。

能源结构调整受到各地原有能源结构及自然条件的限制，因此各试点省市的侧重有所不同，但总体的发展思路都是提高传统能源的利用效率，大力发展非化石能源和可再生能源，形成多种能源相互补充的能源格局。各试点的能源结构调整规划可以概括为以下几方面（见附表1）。

第一，提高煤炭等传统能源的利用效率，并逐渐减少其使用比例。通过采用先进技术，加快煤炭综合清洁利用，发展新型高效清洁煤发电技术，减少火电平均发电标准煤耗量；对于煤矿开采，加大勘探力度，延长其生产年限。促进各领域节能，具体措施包括改造燃煤锅炉、窑炉，在钢铁、有色金属、化工、建材等高耗能行业开展余热余压综合利用，推广节能技术，开展节能改造。

第二，积极推广风能、水能、太阳能、地热能、潮汐能等新型清洁能源。各试点根据其能源基础，提出了相关的清洁能源发展规划，将清洁能源广泛应用于生产领域和生活领域。各试点清洁能源发展规划如表16-2所示。

表16-2 各试点新能源产业发展规划概况

试点	重点产业	主要规划
广东	核电、风电、太阳能、生物质能、潮汐能	发展核电装备、风电装备等先进制造业以及太阳能光伏、节能环保战略新兴产业；推进岭澳核电二期等核电项目；重点发展沿海陆上风电，加快推进各风电场项目建设；建设垃圾发电、生物质能发电、潮汐发电站等项目，推进深海天然气水合物利用关键技术研发
辽宁	核电风能、太阳能、生物质能	加快辽宁红沿河核电一期四台百万千瓦机组建设，2012年第一台机组投产，2014年四台机组全部并网发电；重点推进红沿河核电厂二期、中核葫芦岛徐大堡核电厂一期尽快开工建设，开展黄海沿岸核电项目的规划选址、论证工作；推进以辽河西北和沿海为重点区域的风电场建设；全面开展太阳能资源详查以及光伏发电建设规划的编制工作；积极探索并适度推进垃圾焚烧发电等生物质能利用有效方式
湖北	核电、水电、太阳能、生物质能、风电	建设咸宁核电项目、浠水核电项目；建设水电项目并进行资产整合；加快光伏组件、逆变器、控制系统、系统集成等技术开发，提高光伏产业核心技术；建设垃圾发电和沼气发电项目；支持风电相关技术开发，适度开发风电
陕西	风能、水能、太阳能、生物质能	以建设国家新能源基地为目标，大力发展水电，进一步扩大陕南水电基地规模，增强发展实力；加快发展风力发电产业，建设全国重要的风电基地；培育壮大光伏产业，积极推广和扩大太阳能应用；建设榆林、咸阳、渭南等城市垃圾发电站
云南	水电、风能、太阳能、生物质能	加大金沙江中下游、澜沧江等水电基地的开发步伐，积极推进怒江水电基地的开发建设；在3个风能开发最佳区域优先布局，续建和新建20多个风电场；积极发展生物柴油原料种植业，推进生物柴油加工和基地建设，推进燃料乙醇生产能力建设

试点	重点产业	主要规划
天津	太阳能、风能、地热能、海洋能	以培育新能源产业、优化能源结构为出发点,大力发展太阳能和地热利用,积极支持和引导光伏发电、风力发电和生物质能发电,加快开展新能源的科技研发和产业化应用,壮大新能源产业;加快蔡家堡、塘沽、东疆保税港区和沙井子及马棚口二期等沿海及海上风电项目的建设;鼓励太阳能开发利用,推动中新天津生态城等光伏发电项目建设;推进先进的地(水)源热泵、生物质能利用等新能源相关技术的综合开发和应用
重庆	水电、风电、核电、太阳能	挖掘水电开发潜力,新增水电装机容量165万千瓦,创新水电开发机制,推进流域精细化开发;合理规划风电项目,大力推进风电场建设;积极推进生物质能发电,燃料乙醇等生物质液体燃料示范应用;推进核电发展;制定补贴政策鼓励与农村经济发展关系密切的太阳能、小水电、沼气、生物质气化等分布式能源发展
深圳	核电、风电	到2015年,争取核电装机规模达到800万千瓦,使深圳成为中国南方重要的核电产业基地;研究建设风电示范项目,带动风电装备产业发展
厦门	太阳能	加大与台湾地区产业对接与合作,做强现代照明和太阳能光伏产业
杭州	太阳能、风能、潮汐能、核能、水能	重点发展太阳能、风能、潮汐能、核能、水能的发电装备制造和新型电池、生物质能等,建成国内重要的新能源装备产业化基地
南昌	核能、风能、太阳能	积极推动开发核能、风能、太阳能发电储电设备,做大超高压传输、智能电网相关设施设备
贵阳	水能、地热能、太阳能、生物质能	加快水能资源开发,增加水电的供应比例;加快大、中型沼气池的建设,提高生物质能在农村生产、生活用能中的比例
保定	太阳能、风能、生物质能、水能	积极推进太阳能光伏并网发电工程建设,大力发展太阳能光伏发电与建筑一体化、太阳能照明等分布式太阳能发电应用系统;稳步推进风力发电,积极开展生物质能的利用;加快水资源开发利用,重点推进易县、阜平等地区的小水电项目建设

资料来源:根据各试点省市的低碳试点工作实施方案整理。

第三,提高天然气的利用比例。通过开拓新气源,完善输气管网及配套设施,拓展天然气在不同领域的应用,提高天然气在能源消耗中的比例。各试点省市将天然气主要应用于居民燃气、汽车、电厂、供热等领域。

第四,稳步发展生物质能及其他能源。生物质能的应用包括实施生活垃圾发电、沼气利用、生物柴油等项目,在农村地区应用空间较大。例如在秸秆、果木枝条等生物质燃料资源较丰富的地区,建设适当规模的生物质能发电项目;在中心城市和重点城镇周边,适当推进垃圾发电项目等。

三　低碳交通

为建设低碳交通基础设施，推广应用低碳型交通运输装备，建立健全交通运输碳排放管理体系，国家发改委和交通运输部共同推动了低碳交通建设。2011 年 3 月 15 日，交通运输部发布了《关于开展建设低碳交通运输体系城市试点工作的通知》，从 2011 年 2 月至 2013 年，首批选定天津、重庆、深圳、厦门、杭州、南昌、贵阳、保定、无锡、武汉 10 个城市开展建设低碳交通运输体系试点工作。同时规定将从节能减排专项资金中安排部分资金，用以支持城市低碳交通运输体系建设试点工作。2012 年 2 月 2 日，交通运输部发布了《关于开展低碳交通运输体系建设第二批城市试点工作的通知》，规定从 2012 年起到 2014 年，在北京、昆明、西安、宁波、广州、沈阳、哈尔滨、淮安、烟台、海口、成都、青岛、株洲、蚌埠、十堰、济源 16 个城市开展低碳交通运输体系建设试点工作，同时也将给予相应的政策支持。

低碳试点的五省八市均不同程度地包括在低碳交通试点地区当中，其中，天津、重庆、深圳、厦门、杭州、南昌、贵阳、保定、武汉（湖北）为第一批试点城市，昆明（云南）、西安（陕西）、广州（广东）、沈阳（辽宁）、十堰（湖北）为第二批试点城市。结合低碳交通试点的部署，各试点城市均将低碳交通或绿色交通作为低碳试点工作的一项重要内容，主要规划包括：优先发展公共交通，发展慢行系统，推广新能源汽车以及发展智能交通等内容（附表2）。

优先发展公共交通。所有试点都将优先发展公共交通作为发展低碳交通的基础措施。例如杭州市制定了详尽的低碳交通指标体系，力争实现地铁、公交车、出租车、免费单车、水上巴士等交通方式便捷换乘，居民绿色出行比例达到35%以上；同时完成地铁二期工程主体建设，建成和运营地铁长度达到117公里，市区公共交通出行方式分担率达到40%以上，万人公交车拥有量达到25 标台，实现城乡公交全覆盖（行政村通达率为100%）。

发展慢行系统。慢行系统也称慢行交通，就是把步行、自行车、公交车等慢速出行方式作为城市交通的重要方式，引导居民采用"步行 + 公交""自行车＋公交"的出行方式，这不仅可以有效解决交通拥堵问题，也是实现低碳交通的有效手段。天津、重庆、深圳、厦门、杭州、南昌、保定等城市提出了发展慢行交通系统。例如天津市发挥自行车出行比例高的优势，提出完善自行车和步行道路系统，营造良好的自行车、步行空间环境，增加对公共交通的投入，合理引导市民选择"自行车/步行＋公交/地铁"的绿色出行模式。

推广新能源汽车。新能源汽车是各试点城市发展低碳交通的重点领域。所有试点城市都力图发展新能源汽车：一方面发展新能源汽车产业，另一方面推广新能源汽车应用。在新能源汽车产业方面，厦门提出加快新能源汽车的研究开发，推动汽车产业链向纵深扩延；南昌打造较为完善的节能与新能源汽车产业链；深圳市和广东省也提出优先发展新能源汽车产业。在推广新能源汽车的应用方面，各试点城市积极淘汰高污染车辆，扩大新能源汽车的应用规模。

发展智能交通。智能交通是基于现代电子信息技术，通过信息的收集、处理、发布、交换、分析、利用等为交通参与者提供多样性的服务。智能交通在多数试点省市的行动方案中都有提及，但大部分还处于规划阶段，有待政府、企业、科研单位等多方的共同参与研究。

四 低碳建筑

低碳建筑是指在建筑材料制造、施工建造和建筑物使用的整个生命周期内，减少高碳能源的使用，降低二氧化碳排放量，涉及新建建筑的规划设计、施工、验收等各个环节以及建筑采暖、空调、通风、照明等多方面的能源使用。在推动建筑节能及低碳建筑方面，试点省市的主要措施包括：既有建筑节能改造，出台或严格执行新建建筑节能标准，对公共机构进行节能改造和用能监测，在建筑领域应用可再生能源及节能材料和节能技术。各试点规划概况详见附表3。

第一，既有建筑节能改造。所有低碳试点省市都提出进行既有建筑节能改造。政府机关、学校医院、宾馆商厦等大型、高耗能公共建筑是各试点省市进行既有建筑节能改造的重点。一些试点省市还将建筑节能改造与建筑维护、城市街道整治、危旧房改善等城市有机更新工程的实施相结合，湖北、杭州、南昌等地就采取了这种方式，提高建筑节能效果。贵阳、深圳等地则通过开展建筑低碳改造试点示范推进既有建筑节能改造。

第二，新建建筑节能标准。一方面，试点省市通过严格执行建筑节能标准，强化对新建建筑节能的管理和监督。例如，深圳将严格执行《深圳经济特区建筑节能条例》《公共建筑节能设计标准实施细则》等法规，保证新建筑100%节能达标；厦门把建筑节能监管工作纳入工程基本建设管理程序，严格执行建筑节能设计标准。另一方面，一些省市积极推进绿色建筑。例如，重庆积极编制低碳建筑标准，陕西试验制定绿色建筑标准，为新建建筑节能管理提供依据。

第三，公共机构节能标准和用能监测。政府机关等公共机构是低碳建筑工作中的重点，除了率先对公共机构实施全面的节能改造，各试点省市还对政府机关等公共机构实施节能标准和用能监测，将公共机构作为低碳节能的示范点。例如，广东省加快推进政府机关办公建筑和大型公共建筑的能耗监测和用能管理工作，深圳市建立公共机构能耗统计与监测平台，辽宁省提出政府办公建筑和大型公共建筑率先实现节能标准，天津市制定政府机构和大型公共机构建筑耗能定额。

第四，可再生能源的利用。可再生能源在建筑中应用的示范作用，可以带动建筑全生命周期低碳化，实现建筑能源来源多元化。可再生能源在建筑领域的应用主要包括：推广节能环保空调、太阳能热水器、太阳能光热系统、太阳能光伏发电设施、地源热泵系统等可再生能源技术和产品。部分试点省市还提出了具体的规划目标，例如南昌市提出太阳能热水器推广应用普及率年增长25%左右，年推广太阳能热水器集热面积达到10万平方米以上。

第五，采用节能材料、产品和技术。所有的低碳试点省市都提出推广应用新型节能材料、产品和技术。例如，辽宁提出实施安全可靠、经济可行的建筑节能技术体系，加大新型建筑材料和节能产品的研发、示范和推广应用；贵阳结合自身特有的气候条件，大力推广节能门窗、墙体保温隔热、建筑物遮阳等建筑节能产品与技术；重庆推广应用以工业废渣为主要原料的新型节能墙体材料和以优质塑钢门窗及复合塑料管道为主的新型节能建材等。

五 低碳生活

低碳生活是一种低能量、低消耗、低开支的生活态度和生活方式。与生产领域的低碳发展相比,低碳生活虽然也涉及低碳技术、新能源产品的研发,但更重要的是生活方式的转变。目前中国的公众对于低碳和低碳生活方式并不了解,只有提高公众的低碳意识,鼓励公众践行低碳生活方式,才能有效地实现低碳生活的目标。各试点省市主要通过宣传动员、政府垂范、社区示范、完善低碳生活服务体系及机制等促进低碳生活的形成。

首先,开展广泛的宣传教育及社会动员活动。各试点省市通过介绍政府低碳发展规划、普及低碳概念及相关知识、举办示范活动或体验活动等方式,鼓励公众在生活方面从高碳模式向低碳模式转变,倡导生活简单化、简约化,培养低碳生活的习惯。深圳市和杭州市还鼓励中小学校开展低碳教育(见表16-3)。

表16-3 各试点开展低碳生活宣传及动员概况

试点省市	低碳生活宣传及动员概况
广东	省发改委托《南方日报》发布《2010年广东低碳发展报告》(2011年2月);广州"低碳体验日"(2011年6月);编写《低碳生活三字经》(2011年11月);节能宣传月(2012年6月)
辽宁	辽宁(沈阳)节能宣传周;"育林树人杯"全省高中生征文大赛;低碳知识竞赛、电视公益宣传、能源紧缺体验等活动
湖北	"低碳新生活"主题活动(2010年10月);"湖北交通职工骑自行车活动"倡导慢行生活(2012年6月);编制《低碳发展——湖北在行动》画册
陕西	"植树1+1系列活动";低碳环保生活宣传活动(2010年5月16日);"低碳生活,绿色出行"节能宣传签字活动(2012年6月28日)
云南	"消除碳足迹"植树活动(2009年6月至今);节能宣传活动(2012年6月);大型公益骑行活动(2012年8月)
贵阳	地球一小时活动(2011年3月);步行日活动(2012年6月);"绿丝带"大型公益植树活动(2011年3月);"低碳小管家"活动(2011年12月)
深圳	"低碳深圳,绿色未来"深圳百万市民共建宜居生态城市系列活动(2010年4月);颁布低碳公约;公共机构节能成果宣传展览;开展土地日、地球日、水资源日、公共建筑实施26摄氏度大检查等低碳活动
天津	"节能低碳绿色发展"节能宣传活动;科技周科普宣传活动;"津沽环保行"活动

续表

试点省市	低碳生活宣传及动员概况
保定	"世界环境日"低碳社区环保宣传;"酷中国"项目巡展;"地球一小时"调查活动;全力打造"善美社区"活动
杭州	低碳科技馆(2012年7月18日开馆);公交周和无车日;"低碳城市建设"网络科普知识竞赛
南昌	世界低碳大会(2009年11月,2011年11月);"环保在儿童,低碳进农家"(2012年7月);《南昌响应"地球一小时"活动》(2011年3月25日)
厦门	"低碳公园"开园鼓励市民体验低碳生活;科技馆"低碳生活体验展"(2011年7月);《守护地球篇》《低碳传递篇》等系列公益宣传片;"节水日";"无车日";"植树节"
重庆	"我心中的低碳生活"学生征文大赛(2010年10月);青少年低碳先锋创造力大赛(2011年3月)

资料来源:根据各试点省市的低碳试点工作实施方案、国家低碳省区和城市试点工作交流会会议交流材料及相关新闻报道整理。相关新闻报道来源:《南方日报》,2011;《广州日报》,2011;中国南昌新闻网,2011;《南方日报》,2012;《辽宁日报》,2012;辽宁林业职业技术学院,2011;荆楚网,2010;交通运输部,2012;陕西省政务大厅,2010;陕西省人民政府,2012;云南网,2009;云南网,2012;云南低碳经济网,2012;中国网络电视台,2011;贵阳新闻网,2012;中国林业局,2011;《黔中早报》,2011;深圳新闻网,2010;人民网-天津视窗,2012;天津市职工技术协作网,2012;人民网-天津视窗,2012;中国保定新闻网,2012;保定晚报,2011;燕赵环保网,2012;河北法制网,2012;中国城市低碳经济网,2011;新华网-江西频道,2012;《厦门商报》,2011;厦门科技馆,2011;华龙网-重庆日报,2010;大渝网,2011。

其次,发挥政府在低碳生活建设中的表率作用。广东、云南、南昌、贵阳等地强调政府在社会生活中的引领和示范作用。云南省和贵阳市提出了"低碳办公"的理念,政府率先使用节能型办公设备和办公用品,高效利用办公用品,建设节约型政府。云南省还提出大力推进电子政务建设,推行"无纸化""网络化"办公;广东省提出对各级、各部门领导干部进行应对气候变化方面的专题培训,以提高在决策、执行等环节中对气候变化问题的重视程度和认知水平;南昌市提出政府率先垂范,形成合理消费的机关低碳文化,引导全社会树立正确的低碳消费观。

再次,建设低碳社区,开展低碳社区示范项目。深圳、厦门、杭州、天津、重庆等地开展低碳社区示范项目建设,研究引导人们低碳生活行为的政策,以点带面,促进城市居民价值观念和生活消费方式的变革。杭州市开展"万户低碳家庭"示范创建活动,并力图建设一批"低碳社区";厦门市围绕低碳城市建设,组织开展低碳生活示范社区创建工作,探索建立一套符合厦门实际的低碳生活发展模式；天津市分别在天津经济技术开发区西区和南港生活区建设低碳社区示范项目；重庆市则建设重点绿色低碳小城镇示范工程。

最后，完善低碳生活服务体系及低碳消费机制。一方面，通过加大投入、完善管理，推行城市生活垃圾分类管理及资源回收利用体系。在垃圾分类管理方面，厦门市新建生活小区全面推行城市生活垃圾分类管理。杭州市提出的目标是：至2015年主城区开展垃圾分类的家庭将达到50%以上。此外，杭州通过提升改造、新建社区回收站，积极探索在线收购、网上收购，构建和完善杭州市再生资源回收体系。另一方面，建立确保低碳消费的社会机制。湖北省提出优化市场交易方式，创造低碳消费有利条件，促进电子商务、连锁经营、物流配送等现代流通方式升级，推动低碳消费方式的形成。

六　增强碳汇吸收能力

各试点省市都采取了不同的方式来增强其碳汇吸收能力（见表16－4）。主要工作包括：增加林业碳汇、生态保护与修复、城乡绿化等。

表 16 – 4　各试点地区碳汇能力建设概况

地区	造林	生态保护与修复	城市绿化	乡村绿化
广东	√	√	√	√
辽宁	√	√		
湖北	√	√		
陕西	√	√	√	√
云南	√	√		
杭州	√	√	√	√
南昌	√	√	√	√
重庆			√	√
天津	√		√	
深圳	√	√	√	
厦门	√		√	
贵阳	√	√		
保定	√			√

资料来源：根据各试点省市的低碳试点工作实施方案整理。

首先，增加林业碳汇。通过造林提高森林覆盖率是碳汇能力建设的一项主要工作。表16-5列出了各试点省市的森林覆盖率指标。为了实现增加林业碳汇的目标，相关的工作还包括建立稳定的护林队伍，加强森林防火防御体系、林业病虫害预防体系建设，完善造林目标管理责任制等。

表16-5 各试点低碳方案的森林覆盖率指标

试点省市	森林覆盖率指标[①]		试点省市	森林覆盖率指标[①]	
	2015 年	2020 年		2015 年	2020 年
广东	58%	—	深圳	41.2%	—
辽宁	42%	—	厦门	43%	—
湖北	41.2%	—	杭州	65% 以上	—
陕西	43%	45%	南昌	25%	28%
云南	55%	58%	贵阳[②]	—	50% 左右
天津	24%	—	保定	—	25% 以上
重庆	43%	45% 以上			

注：①按 2003 年前标准计算。
②贵阳市政府，《贵阳市低碳发展行动计划（纲要）（2010~2020）》，2010。
资料来源：根据各试点省市的低碳试点工作实施方案整理。

其次，生态保护与修复。生态保护与修复主要包括退耕还林还草、草原建设、湿地保护、河流治理、水土保持、沙化治理等。例如辽宁省提出建设生态恢复示范区；广东省加强滨海湿地的资源调查，编制滨海湿地保护规划和重要湿地名录；湖北省继续实施重要湿地恢复与保护工程；深圳市建立珍稀濒危野生动植物繁育基地和救护中心，实施近海增殖放流和人工渔礁投放等措施，修复重建海洋生态系统；云南省实施保护和建设森林生态系统治理及修复石漠化生态系统，保护和恢复高原湿地生态系统等。

最后，城乡绿化。城乡绿化包括城乡绿地建设与利用，构建城市园林绿地系统，实施绿色村庄工程、河流或沿海沿岸绿化等。陕西、杭州、云南、保定、湖北、深圳、厦门等试点省市通过建设森林公园或合理布局各级城市公园，在提升人居环境质量的同时达到增加碳汇的目的；广东省试图深入挖掘绿道网的综合功能，发挥绿道在生态保护、环境改善、休闲游憩、经济带动等方面的多方位功能；深圳市结合城市道路系统、绿地系统、步行和自行车交通系统的建设，实现城市绿道、社区绿道与区域绿道的衔接互通，形成结构合理、功能完善、惠及民生的绿道网体系，增强城市碳汇能力；云南省以创建生态园林城市和森林城市为重点，进一步完善城市绿地系统，推进城市园林绿化；重庆市依托"两江四岸四山"，实施城市森林系统、公园系统、单位绿化和立体绿化等。

B.17

低碳试点所使用的政策工具

政策工具的创新可以为试点省市的建设积累宝贵经验并找到最有效的方法。戴维·奥斯本和特德·盖布勒在《改革政府》一书中形象地把政策工具比喻为"政府箭袋里的箭",政府所要做的是从中选择合适的"箭"(政策工具),然后射向"靶心"(政策问题)。政策工具就是政府为了达到政策目标所采取的不同的技术、手段、方法(Andrew et al, 2003)。

加拿大公共政策学者豪利特和拉米什根据政府在提供物品与服务过程中的干预程度及强制性程度,把政策工具分为自愿性工具(非强制性工具)、强制性工具和混合性工具三种类型(豪利特、拉米什,2006)。在低碳试点工作中,根据公共政策对碳减排行为的激励机制的不同,以"强制-自愿"关系为轴线,我们将政府所使用的政策工具分为命令与控制工具、经济激励工具、自愿性工具以及信息公开四类。各试点省市在低碳建设中所用到的政策工具情况见附表5。

一　命令与控制工具

命令与控制工具是指政府运用行政命令对政府机构本身、企业以及社会和个人所做出的有关节能减排、降低碳排放的强制性命令。命令与控制工具集中在淘汰落后产能、交通、建筑以及绿色政府采购等领域。

各试点省市运用的命令与控制工具主要有强制性标准、强制性任务、行业准入制度和查处等。强制性标准是各试点省市运用最多的政策工具,主要用在建筑节能标准、机动车排放标准和政府采购标准等领域。例如云南省制定和实施政府机构能耗使用定额标准和用能支出标准,实施政府内部日常管理的节能细则。贵阳市采取绿色政府采购政策,对任何公共支出用途均设立能效评估标准，设立政府采购的节能标准门槛；针对政府机构电耗、油耗、气耗等能耗科目，制定和实施政府机构能耗使用定额预算标准和用能支出标准等。

强制性任务由于具有任务分配上的灵活性和执行标准的强制力，成为低碳城市建设中所采用的主要政策工具之一。例如天津市发布的《关于开展天津市万家企业节能低碳行动的通知》将211家企业（单位）纳入万家企业节能低碳行动名单，在"十二五"期间需完成486万吨标准煤的节能量任务；云南、贵阳、重庆从获批试点省市以来，每年编制《淘汰落后产能公告名单》，并根据名单在年底完成淘汰落后行业、企业的任务；保定市政府要求将市区公交车、长途客运车等单程在300公里以内且适于使用LNG的车辆分别利用1年和5年时间完成"油"改"气"工作。

在落实淘汰落后产能这一强制任务方面，湖北、厦门和陕西将吊销许可证和行业准入制度作为政策工具。湖北省对未按期淘汰的企业，依法吊销排污许可证、生产许可证和安全生产许可证；厦门市实行行业准入制度，政府从法规上设置准入门槛，对国家禁止发展的行业和在厦门市无竞争能力的劣势产业，在规定期限内予以关闭或转移；陕西省在《陕西省循环经济促进条例》中规定，固定资产投资项目未进行节能审查，或者节能审查未获通过的，审批、核准机关不得审批、核准，建设单位不得开工建设。

二　经济激励工具

经济激励工具指政府通过财政、税收或市场机制调节企业节能减排的成本和收益，进而促使其做出相应行动的一类政策工具。在低碳试点建设中所用到的经济激励工具主要有补贴和专项贷款贴息、设立专项资金、碳排放权交易试点、税收优惠、政府采购、生态补偿等。

（一）低碳专项资金

低碳试点中用到的经济激励工具，最典型的就是各式各样的依靠本级财政设立的低碳专项资金。各试点省市低碳专项资金设立情况见表17-1。

表 17 - 1　各试点省市低碳专项资金设立和使用情况

地区	时间	资金名称	具体内容
直接服务于低碳试点政策的低碳专项资金			
广东	2011 年	低碳发展专项资金	资金额度为 3000 万/年,用于支持低碳发展基础性研究、低碳应用技术研发、低碳产业建设等内容。省发改委会同省财政厅根据低碳发展重点每年发布项目申请通知,根据项目的实际情况,采取无偿补助、以奖代补等支持方式,项目试行合同管理
湖北	2011 年	低碳发展专项资金	总额 1.7 亿元,由节能、淘汰落后产能、建筑节能、低碳试点和新能源建设 5 项组成,低碳试点专项资金为 2000 万元。其中,新增的低碳试点和新能源建设专项资金,按激励性转移支付的方式管理,奖励给各级政府统筹使用,发挥资金最大效益
云南	2011 年	省级低碳发展引导专项资金	2011 ~ 2015 年,省级财政每年安排 3000 万元资金,设立省级低碳发展引导专项资金,主要用于温室气体排放清单编制、统计及考核指标体系、碳汇交易试点、低碳认证等能力建设,以及低碳技术推广及应用、先行先试示范项目和推进低碳社区及生活等方面
其他主要与低碳相关的专项资金/基金			
南昌	2011 年	五年内投资 817.39 亿元打造超低碳城市	
陕西	2012 年	陕西省环保产业发展专项资金	
云南	2010 年,2012 年	节能减排专项资金(2010 年),战略性新兴产业发展专项资金(2012 年)	
重庆	2011 ~ 2015 年	市级节能专项资金	
天津	2012 年	提出设立推进天津市低碳城市建设的专项资金	
深圳	2012 年	循环经济与节能减排专项资金	
厦门	2012 年	修订"环保专项资金"管理办法(2012 年)	
杭州	2010 年,2012 年	太阳能光伏发电推广专项资金(2010 年),低碳产业基金(2010 年),生态建设专项资金(2012 年),提出建立低碳城市专项资金	
贵阳	2011 年	市级循环经济发展专项资金	
保定	2006 年	"中国电谷"新能源产业发展基金(2006 年)	
辽宁	2011 年,2012 年	提出建立辽宁省创业投资引导基金(如设立新能源和低碳产业投资基金)(2012 年),推动设立辽宁新能源和低碳产业投资基金(2011 年)	

　　试点省市设立的与低碳发展相关的专项资金可分为两类:一是直接服务于低碳试点政策的相关专项资金,以低碳试点的工作内容为直接对象,目前广东、湖北、云南等省正式设立,南昌、天津、杭州等市也提出了设立构想。二

是基于节能减排等相关工作的专项资金。此类专项资金各省均有，涉及节能减排、循环经济、高新产业、环保、新能源等诸多领域。

低碳专项资金和节能减排相关工作的专项资金虽然都对低碳建设有积极的作用，但是由于节能、新能源等财政资金申请渠道不同以及应用领域差异等原因，对统筹低碳发展工作有一定的限制，也不能全面覆盖相关领域，因此设立低碳专项资金可以对低碳建设发挥更大的作用。

各类低碳发展专项资金的来源主要是本级财政筹措，也有个别其他来源，如云南省的节能减排专项资金，来自在当地不同能源消耗与排放水平的企业之间收取的差别电费。由于主要渠道是本级财政筹措，低碳资金的设置受财政收入水平限制。一些财政收入水平相对较低的省区和城市在低碳发展的资金支持方面显得能力不足。贵阳市作为西部地区产业基础相对薄弱的城市，发展的压力比较大，在低碳发展的资金支持方面较为不足。

低碳发展专项资金的使用方法主要有五种：资金配套、投资补助、贷款贴息、直接奖励、项目管理费补助。其中，投资补助、资金配套与贷款贴息是试点省区和城市最常用的方法，通常同时使用。

（二）碳排放交易机制

为实现 2020 年碳排放强度比 2005 年下降 40% ~ 50% 的目标，我国在《国民经济和社会发展第十二个五年规划纲要》中提出了"十二五"期间碳排放强度下降 17% 的目标，同时，明确提出"建立完善温室气体排放的统计核算制度，逐步建立碳排放交易市场"。除了目标责任制等命令和控制工具，市场机制是我国实现温室气体排放控制目标的重要补充方式。2012 年，国务院对应对气候变化工作做出了重要指示，要求建立国家碳交易市场，使用市场工具应对气候变化。

碳交易可以通过市场机制对资源配置起到优化作用，提高企业参与的积极性，吸引更多的投资，从而以较低的成本助力完成温室气体排放控制目标。国家发改委作为负责应对气候变化工作的政府部门，正在努力推进碳交易市场的建设工作。我国的碳交易市场建设实施三步走战略：鼓励和规范基于项目的自

愿减排交易；在七省市开展碳排放权交易试点；在全国范围内开展碳排放权交易。发展路线图见图17-1。

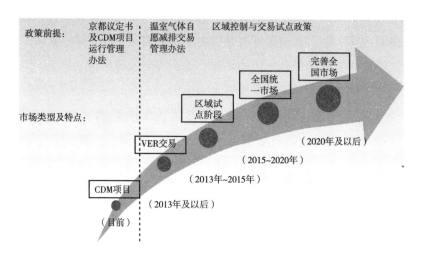

图17-1 我国碳交易发展技术路线图

资料来源：国家发改委气候司，2012。

国家发改委2011年10月29日下发《关于开展碳排放权交易试点工作的通知》，同意北京市、天津市、上海市、重庆市、湖北省、广东省及深圳市开展碳排放权交易试点工作。其中，除北京、上海外，其余均属于"五省八市"低碳试点地区。国家发改委2012年6月13日印发《温室气体自愿减排交易管理暂行办法》的通知，以保障自愿减排交易活动有序开展，并为逐步建立总量控制下的碳排放权交易市场积累经验，奠定技术和规则基础。

在各地碳交易所的推动和相关政府的支持下，碳交易平台的建设和自愿减排交易取得了初步进展，北京、上海和广东已取得了一些阶段性成果。

1. 平台建设及前期工作

碳交易试点省市特别是北京、上海、天津和深圳在试点政策出台前就成立了相应的碳排放交易所。北京、上海和天津的碳排放交易所作为国内主要的三家碳排放交易所，前期推出了合同能源管理、自愿减排交易平台，并开展了碳排放标准研究、碳中和服务等工作，为碳排放权交易试点省市积累了丰富的经验。目前，除湖北外，其他6个碳交易试点省市均已成立碳交易所，且开展了推动碳交易市场发展的一系列工作（见附表6）。

2. 碳排放权交易工作

北京市在碳排放权交易方面进展最快，《北京市碳排放权交易试点实施方案（2012～2015）》已上报国家发改委，并于2012年3月28日率先举行了"碳排放权交易试点启动仪式"，国家发改委副主任解振华，市委副书记、市长郭金龙等出席仪式。启动会上成立了北京市应对气候变化专家委员会，揭牌建设北京应对气候变化研究及人才培养基地，组建了北京市碳排放权交易企业、中介咨询及核证机构和绿色金融机构三大联盟，启动了北京市碳排放权交易电子平台系统。

专栏 17－1　北京市碳排放权交易试点机构成立

专家委员会助力决策

北京市应对气候变化专家委员会为应对气候变化提供全领域、全方位的指导和支持，为制定应对气候变化的相关战略、规划、政策法规等提供咨询和建议。

三大联盟共建交易体系

北京碳排放交易企业、北京中介咨询及核证机构和绿色金融机构三大联盟将有利于本市加快形成市场规范、交易活跃、各方认可的碳排放权交易体系。

北京碳排放交易企业联盟由北京金隅集团发起、10余家重点排放企业参与组成。联盟不仅要提出促进北京碳交易市场发展的意见和建议，还需要推动联盟企业强化自身温室气体核算、碳资产管理等能力建设。

北京中介咨询及核证机构联盟由中国质量认证中心发起，10余家碳排放交易中介咨询机构和第三方审核机构参与组成。联盟要开展企业温室气体核算和核查方法研究，为参与交易的企业开发温室气体计算方式和工具，同时为排放交易市场参与者提供技术、生产、融资和法律法规等咨询服务和培训。

绿色金融机构联盟则由北京银行发起，10余家金融机构或其分支机构参与组成。其主要职责是为本市碳排放权交易市场提供高效、便捷的结算服务平台；研究制定适合本市碳排放权交易体系的金融服务方案；开展绿色信贷，为参与企业实施温室气体减排项目提供融资服务等。

人才培养基地"智力支撑"

该基地将依托北京建筑工程学院，由其牵头联合首都其他高校及国内外产学研界的各方力量共同建设。基地将跟踪气候变化问题的国际、国内形势和动态，开展气候变化对本市经济社会的影响及应对措施等研究，培养储备本市应对气候变化的专业人才，为本市应对气候变化工作提供"智力支撑"。

资料来源：北京日报，2012年3月29日。

上海市人民政府2012年7月3日发布《关于开展碳排放交易试点工作的实施意见》，对碳排放交易工作开展的指导思想、基本原则、主要目标、主要安排（包括：试点范围、试点时间、交易参与方、交易标的、配额分配、登记注册、交易及履约、碳排放报告和第三方核查、交易平台和监督管理）、主要任务、工作进度和保障措施进行了说明。2012年8月16日，举行上海市碳排放交易试点工作启动大会，国家发改委副主任解振华到会，常务副市长杨雄出席会议并讲话。

广东省人民政府2012年9月7日发布《广东省碳排放权交易试点工作实施方案》，对碳排放权交易工作开展的指导思想、工作目标、总体安排（包括：交易产品、交易主体、交易平台、工作阶段）、主要任务、保障措施以及试点试验期安排进行了说明。2012年9月11日，广州联合交易园区启动广东省碳排放权交易试点暨广州碳排放权交易所揭牌仪式，广东省委副书记、省长朱小丹出席仪式并宣布广东省碳排放权交易试点启动，国家发改委副主任解振华和省委常委、常务副省长徐少华致辞。

启动会上，广东省发展改革委、住房城乡建设厅与西门子（中国）有限公司签署合作推动绿色低碳建筑发展协议；广东亚仿科技股份有限公司与华润水泥控股有限公司、中材亭达水泥有限公司签署仿真和数字化管控技术推广协议；广东省发改委与兴业银行广州分行签署合作推动碳排放权交易协议，拟在试点阶段（2013~2015年）为符合条件的节能环保企事业单位提供综合授信额度，合计100亿元，并利用自己的专业团队优势为企业提供推荐节能技改项目等中介服务；省林业厅与广州碳排放权交易所签署合作推动林业碳汇交易协议。此外，广州碳排放权交易所与广东塔牌集团、阳春海螺水泥有限公司、中材亭达水泥（罗定）有限公司、华润水泥（罗定）有限公司4家水泥企业签署了碳排放权配额认购确认书，合计签出了 130 万吨二氧化碳排放权配额，标志着中国基于碳排放总量控制下的一级市场首例碳排放权配额交易完成。

北京、上海和广东的试点方案基本内容比较见表 17-2。此外，天津、重庆、湖北和深圳也基本完成了各自的试点工作实施方案，有待进一步讨论确定和相关部门批准。2012 年 9 月 19 日，深圳市举办碳排放权交易试点工作新闻发布会，对工作进展和下一步安排进行通报。

表 17-2　北京、上海和广东的碳交易试点工作实施方案比较

试点	北　京	上　海	广　东
阶段	2013～2015 年	2013～2015 年	2012～2015 年
行业	●热力供应、电力和热电供应行业 ●制造业、大型公共建筑	●钢铁、石化、化工、有色、电力、建材、纺织、造纸、橡胶、化纤等工业行业 ●航空、港口、机场、铁路、商业、宾馆、金融等非工业行业	●电力、水泥、钢铁、陶瓷、石化、纺织、有色、塑料、造纸
交易主体	●北京辖区，2009～2011 年年均直接或间接 CO_2 排放量 1 万吨（含）以上的固定设施排放企业（单位），超过 600 家（年综合能耗 5000 吨标煤及以上重点用能单位）	●2010～2011 年中任何一年 CO_2 排放量两万吨及以上（包括直接排放和间接排放）的工业行业重点排放企业 ●2010～2011 年中任何一年二氧化碳排放量一万吨及以上的非工业行业重点排放企业	●2011～2014 年任一年排放两万吨二氧化碳（或综合能源消费量 1 万吨标准煤）及以上的企业
交易产品	●直接二氧化碳排放权 ●间接二氧化碳排放权 ●由中国温室气体自愿减排交易活动产生的中国核证减排量（CCER）	●以二氧化碳排放配额为主 ●以经国家或本市核证的基于项目的温室气体减排量为补充	●以碳排放配额为主 ●经国家或本省备案，基于项目的温室气体自愿减排量作为补充交易产品
配额分配方式	●分年度发放，部分免费，少部分拍卖 ●2013 年配额基于企业（单位）2009～2011 年排放水平计算确定并在 2012 年 12 月前免费发放 ●2014 年和 2015 年配额根据上年排放水平计算，每年 5 月前发放	●试点期间，碳排放初始配额实行免费发放。适时推行拍卖等有偿方式 ●基于 2009～2011 年试点企业二氧化碳排放水平，兼顾行业发展阶段，适度考虑合理增长和企业掀起节能减排行动，按各行业配额分配方法，一次性分配试点企业 2013～2015 年各年度碳排放配额 ●对部分有条件的行业，按行业基准线法则进行配额分配	●初期采取免费为主、有偿为辅的方式发放 ●根据控排企业 2010～2012 年二氧化碳历史排放情况，结合所属行业特点一次性向控排企业发放 2013～2015 年各年度碳排放配额，并根据宏观经济形势适当合理调整

碳排放权交易市场的建立逐步成为低碳试点建设的一项重要工作内容。由以上试点启动工作可以看出地方政府对于碳交易试点工作的高度重视与力推决心。碳交易试点工作目前取得了积极进展，各地碳交易所通过搭建交易平台、研究出台碳排放核查标准、提供碳中和服务等工作对碳交易体系建立起到基础建设作用，同时各交易所积极与银行合作，为构建碳金融市场奠定基础。特别是北京、上海和广东已经在碳排放权交易市场的开辟上迈出了关键的一步。然而接下来的工作将更加具有挑战性。首先，推动碳交易强制性市场的发展，解决立法问题尤为重要，湖北和深圳已经开始相关工作；其次，制定并统一MRV 的方法和标准则更加关键，各试点 MRV 不统一，无论对于 7 个试点省市之间的交易还是全国性市场的形成都会带来难以解决的问题。除此之外，碳排放权交易工作开展的相关问题包括：将给政府和企业带来较高成本；涉及行业较多，造成监管困难以及可能对地方经济发展造成影响等，这些问题需要尽快研究解决。

（三）财税激励政策

财税政策也是应用较为广泛的政策工具，具体包括税收优惠、财政补贴、贷款贴息等，通过综合运用各种财税政策，各试点省区和城市在电力、新能源汽车、建筑等领域促进企业革新技术，降低能耗，公众践行低碳生活方式。

广东省实施电动汽车充电价格优惠，对替代低效高排放机组发电予以适当经济补偿，还对节能照明产品、低碳建筑实行财政补贴、税收优惠减免等政策；深圳市设立全国首个低碳总部基地，入驻低碳总部基地的企业将获得包括租金补贴、科技研发资金资助、税收补贴、科技经费奖励、低息贷款等一揽子优惠政策；杭州市提出探索利用财政、税收等政策手段鼓励企业进行低碳技术创新。此外，深圳、广东等地出台了私人购买新能源汽车补贴政策，深圳以财政补贴、专项贷款贴息等方式鼓励新能源汽车产业发展。

（四）政府采购及优先服务

政府优先采购低碳产品，这一措施不仅可以促进低碳产业的发展，还可以形成示范和表率作用。例如，云南省将通过认证的低碳产品列入政府采购目录，要求政府采购时必须优先采购低碳产品；贵阳市实施绿色政府采购政策，设立政府采购节能标准；广东省要求市政工程的建设及改造优先选用高效照明产品，政府采购优先选择节能产品，同等条件下政府采购优先选择新能源汽车产品。

此外，政府还通过在市场审批环节中为低碳项目提供优先服务来引导低碳发展，具体而言有优先立项、优先供应土地和优先办理手续等措施。例如，云南省提出将低碳技术创新研发优先列入省级重大科技创新项目等各类科技计划，鼓励低碳关键技术的自主创新；贵阳市也提出对促进低碳发展的重大工程和重点项目优先立项；保定市要求对于新能源产业基地"中国电谷"的建设项目，应优先保证其项目用地；广东省规定对符合条件的低碳发展项目实行优先安排土地利用计划指标，采取"绿色通道"加快用地报批，优先供应土地。此外，广东还开设新能源汽车办证绿色通道，鼓励新能源汽车的购买和销售。

三 自愿性工具

低碳城市建设的自愿性工具主要指在政府引导下，企业和公众通过签署协议、加入公共自愿项目等方式所采取的自愿性碳减排行动的手段。虽然这些节能减排项目并不是强制实施，但企业和公众通过参与这些自愿碳减排项目会获得间接收益因而自愿加入。

在各试点省市的低碳发展行动中，最主要的自愿性工具是建立认证体系。在建筑节能方面，各试点省市广泛推行绿色建筑认证体系。天津市制定滨海新区绿色建筑标准及认证体系，要求新建项目应本着最大限度地节约资源、保护环境和减少污染的原则，为市民提供健康、适用和高效的使用空间；湖北省、重庆市、厦门市均颁发绿色建筑评价标识，制定建筑评价标准及认证体系，并按照建设部《绿色建筑评价标准》，对通过绿色建筑认证的建筑项目按照项目等级给予奖励。在企业生产方面，杭州、保定等地计划建立低碳产品认证制度，鼓励低碳产品的生产和经销。杭州市提出参考 ISO 14064 和 PAS 2050 标准，研究制定碳排放测评和管理标准，建立碳排放自助测算平台，制

定"低碳企业""低碳产品"认定的地方标准规范；保定市研究提出保定市低碳产品认证和标准标识制度，选择部分行业和产品初步建立低碳标准标识和认证制度。

除了建立认证体系之外，各地还出台了一些公共自愿项目，鼓励企业和公众参与。例如，湖北省发动社会团体及企事业单位参加认养绿地和认建公园，捐资者可以通过授予绿地冠名权或新闻媒体报道等形式获得嘉奖和鼓励。

四　信息公开

随着信息技术的日渐发达，任何一种政策工具都离不开对信息的利用。低碳城市建设的信息公开工具指政府通过强制或自愿信息公开行动，使消费者了解企业的运作和节能减碳情况，进而通过消费者的压力促进企业实现节能减碳的手段。

自愿信息公开主要的形式有低碳产品名录公开及信息综合服务平台建设。低碳产品名录公开方面，厦门市征集《住宅装修一次到位设计图集》并在网上发布，为开发商和业主提供更多选择，推荐商品住宅一次性装修产品名录；广东省征集低碳建筑信息并以此建立数据库，将"数据库"中所收录的技术与产品作为省内建筑设计、施工应用的重要指引。在信息综合服务平台建设方面，广东省建设省知识产权公共信息综合服务平台；云南省建立省级碳信用储备平台信息库；天津市滨海新区建成首家低碳信息平台。

强制信息公开主要集中在对公共机构耗能状况的公开以及对政府低碳工作考评信息的公开上。首先，强制公开公共机构耗能状况，不仅能够推动公共机构节能，提高公共机构能源利用效率，也可以发挥公共机构在全社会节能中的表率作用。例如，辽宁省公布了《辽宁省公共机构节能管理办法》，规定管理机关事务工作的机构应当定期公示本级公共机构的能耗状况；厦门市则要求对机关办公建筑和大型公共建筑实行能耗统计、能耗审计及能效公示。其次，公开政府的低碳工作情况，可以鼓励全社会的共同参与和监督。例如，湖北省按照《湖北省园林城市（县城）评选办法及标准》对已命名的省级园林城市

（县城）定期组织复查，实施动态管理，引入公众参与机制，公开向社会征求意见，对复查不合格、群众意见较大的，将予以整改或取消称号。天津市研究建立低碳发展绩效评估考核机制，落实各区县人民政府、市人民政府各部门低碳发展的目标责任考评制度，建立健全社会共同参与和监督机制。此外，辽宁省建立了工作简报制度。辽宁省政府在《辽宁省人民政府办公厅转发省经济和信息化委关于全省液化天然气（LNG）推广使用工作方案的通知》中规定省区和城市相关部门要及时反映推广使用工作进展情况，建立工作简报制度。

B.18
低碳试点的能力建设

一 成立低碳工作领导小组并建立工作机制

所有的试点省市均成立了低碳工作领导小组，主要包括基于原有工作成立领导小组和新成立领导小组两种情况（见图18－1）。

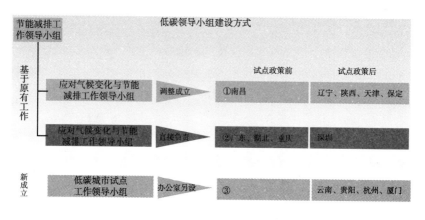

图18－1 各试点成立领导小组的主要方式示意图

第一，基于原有工作是指在原有应对气候变化与节能减排领导小组的基础上成立低碳领导小组，其中：广东、湖北、重庆和深圳是由原应对气候变化与节能减排工作领导小组直接负责低碳试点工作的开展，省（市）长任组长，办公室设在发改委（广东设在发改委和经信委），发改委主任任办公室主任（广东由发改委主任和经信委主任任办公室主任）。

南昌、辽宁、陕西、天津和保定则在原应对气候变化与节能减排工作领导小组的基础上进行调整，成立低碳试点工作领导小组，省（市）长等主要领导任组长，办公室设在发改委。其中，南昌原低碳经济试点城市项目领导小组组长为常务副市长，后低碳城市试点工作领导小组组长为市长。

第二，新成立是指原节能减排工作领导小组办公室设在省经委/省环保局（云南）、市经贸委/市环保局（贵阳）、市经委（杭州）、市经发局（厦门），而低碳试点工作领导小组办公室都改设在省（市）发改委。特别需要指出的是，杭州市原节能工作领导小组组长是副市长，办公室主任是市经委副主任；而建设低碳城市工作领导小组组长由市委书记担任，办公室主任由发改委主任担任。

以地方主要领导（省长、市长等）作为组长的低碳领导小组建设体现了地方政府对于低碳试点工作的高度重视，同时领导小组办公室基本都设在发改委，负责统筹、协调和推进全省（市）的低碳发展工作。由于发改委一方面主要负责应对气候变化的工作，同时又是综合的部门，在部门中职权较大，成为领导小组办公室，相当于职权又提高了一级，足以体现对低碳工作的重视以及将低碳发展视为综合性和长期性的策略。

各低碳试点领导小组的职能主要是对全省（市）的低碳发展实行统一领导、统一指挥、统一协调和统一监督。就领导小组的工作机制来看，不少省市为加强试点工作的组织协调，成立了联席会议制度。广东省 2011 年 4 月公布低碳省试点工作联席会议制度，由省委常委、常务副省长担任总召集人，省发改委为联席会议办公室，由发改委主任担任办公室主任；南昌市建立部门联席会议制度，建立激励约束机制和重大项目、示范试点单位全程管理制度，以全方位推进低碳城市建设。

二　启动温室气体统计、监测和考核体系建设

试点工作的主要任务之一就是建立温室气体排放数据统计和管理体系。这意味着试点地区要启动"区域碳盘查"，每个城市都要加强温室气体排放统计工作，建立完整的数据收集和核算系统，即将温室气体排放列入日常数据统计中。所有试点省市依据国家发改委的要求，均提出温室气体排放的统计、监测和考核体系的建设，但由于该项工作难度较大，且刚刚开始，尚未形成完善的制度，但取得了一些初步成果（详见附表7）。

专栏 18 - 1　国家对温室气体统计监测考核工作的推进

2010 年 7 月 19 日《国家发改委关于开展低碳省区和低碳城市试点工作的

通知》对低碳试点省市提出的一个重要任务就是要建立温室气体排放数据统计和管理体系，即试点地区要加强温室气体排放统计工作，建立完整的数据收集和核算系统，加强能力建设，提供机构和人员保障。

2010年9月27日，国家发改委下发《关于启动省级温室气体排放清单编制工作有关事项的通知》，要求各省、自治区、直辖市启动省级温室气体2005年清单的编制工作：

● 结合工作需要和本地实际，研究部署编制温室气体排放清单工作。明确清单编制工作承担单位，确定主要领域清单编制负责人和技术专家，制定工作计划和编制方案。

● 组织启动收集整理编制省级温室气体排放清单相关基础资料数据，重点收集整理能源活动、工业生产过程、农业活动、土地利用交换和林业、城市废弃物处理等领域温室气体排放清单相关的统计和调查数据。

● 根据工作需要和本地实际，组织好温室气体排放清单编制工作，确保完成省级温室气体排放清单编制。

同时，国家发改委气候司选择了陕西、浙江、湖北、云南、辽宁、广东和天津，作为省级温室气体清单编制的7个试点地区，并于2010年10月13日召开地方温室气体清单编制试点项目启动会。试点地区要在2年之内完成编制工作，争取在2011年6月底向国家发改委提交一个初步的报告。

2011年3月通过的《国民经济和社会发展第十二个五年规划纲要》不仅明确提出未来5年要实现能耗强度下降16%，二氧化碳排放强度下降17%，而且强调要建立完善温室气体排放和节能减排统计核算制度，逐步建立碳排放交易市场。

2011年12月1日，国务院下发《"十二五"控制温室气体排放工作方案的通知》，提出加快建立温室气体排放统计核算体系：

● 建立温室气体排放基础统计制度。将温室气体排放基础统计指标纳入政府统计指标体系，建立健全涵盖能源活动、工业生产过程、农业、土地利用变化与林业、废弃物处理等领域，适应温室气体排放核算的统计体系。根据温室气体排放统计需要，扩大能源统计调查范围，细化能源统计分类标准。重点排放单位要健全温室气体排放和能源消费的台账记录。

● 加强温室气体排放核算工作。制定地方温室气体排放清单编制指南，规范清单编制方法和数据来源。研究制定重点行业、企业温室气体排放核算指南。建立温室气体排放数据信息系统。定期编制国家和省级温室气体排放清单。加强对温室气体排放核算工作的指导，做好年度核算工作。加强温室气体计量工作，做好排放因子测算和数据质量监测，确保数据真实准确。构建国家、地方、企业三级温室气体排放基础统计和核算工作体系，加强能力建设，建立负责温室气体排放统计核算的专职工作队伍和基础统计队伍。实行重点企业直接报送能源和温室气体排放数据制度。

（一）温室气体清单编制取得初步进展

编制温室气体排放清单是低碳发展的重要基础性工作，可以为下一步建立温室气体排放统计工作、分解碳减排指标并开展考核工作提供依据。

各试点省市基本都由地方发改委牵头，组织或委托相关单位开展温室气体清单编制工作。省级温室气体清单编制试点工作推动了"五省八市"的清单编制工作的进展。属于试点单位的云南、辽宁、天津、杭州、陕西、广东和湖北全部完成了 2005 年的清单编制工作，其中云南、天津、杭州和湖北还完成了 2010 年的清单编制工作。其他如重庆、厦门正在开展清单编制工作；贵阳、南昌完成了 2009 年的碳盘查工作。

（二）温室气体监测工作得到推动

2010 年 1 月 4 日环保部下发《2010 年全国环境监测工作要点的通知》，提出对温室气体开展试点监测，对天津、重庆、石家庄、沈阳、广州、昆明、武汉、南昌、杭州、福州、西安、贵阳等的 31 个温室气体监测点位的 CO_2、CH_4 和 N_2O 开展连续自动监测。截至目前，贵阳、杭州、南昌、陕西和湖北的温室气体监测站均通过验收并投入使用，对甲烷、二氧化碳等指标进行连续监测。

（三）碳减排指标的分解和考核工作正在进行

2011 年底，国务院《"十二五"控制温室气体排放工作方案》对各地区

"十二五"单位国内生产总值二氧化碳排放下降指标提出要求,低碳试点有关地区情况见表18-1。碳强度下降指标将成为对各级政府考核的指标。

表18-1　各试点地区"十二五"单位GDP二氧化碳排放下降指标

单位:%

项目 \ 地区	天津	辽宁	浙江	福建	江西	湖北	广东	海南	重庆	贵州	云南	陕西	河北
单位国内生产总值二氧化碳排放下降	19	18	19	17.5	17	17	19.5	11	17	16	16.5	17	18
单位国内生产总值能源消耗下降	18	17	16	18	16	16	18	10	16	15	15	16	17

目前,低碳试点省市大多按照国务院要求,开始部署工作协调机制,落实碳强度下降指标分解方案和考核体系。其中广东省政府2012年8月20日印发了《"十二五"控制温室气体排放工作实施方案的通知》,提出"十二五"控制温室气体排放工作的总体要求和主要目标,将重点工作进行了部门分工,同时要求加强对控制温室气体排放目标责任的评价考核。广东在全国各省(区、市)碳强度下降指标最高(19.5%),在充分考虑各市经济社会发展实际情况的基础上,将指标分解到21个地级市,具体分解指标和方案见表18-2和专栏18-2。

表18-2　广东省"十二五"各地级以上市单位生产总值二氧化碳排放下降指标

单位:%

地区	单位生产总值二氧化碳排放下降	地区	单位生产总值二氧化碳排放下降
广州	21.0	中山	19.5
深圳	21.0	江门	19.5
珠海	19.5	阳江	19.5
汕头	18.5	湛江	19.5
佛山	21.0	茂名	19.5
韶关	18.5	肇庆	19.5
河源	18.5	清远	19.5
梅州	18.5	潮州	19.5
惠州	19.5	揭阳	19.5
汕尾	18.5	云浮	18.5
东莞	21.0	全省	19.5

专栏18-2 广东"十二五"碳强度下降指标分解初步方案

广东碳强度下降指标分解采取了量化的方法，先选取能反映碳强度下降能力的若干因素，然后用一个量化指标反映每个因素的实际情况，再将广东21市每个因素对应指标按权重合理计分并得出总分，最后按照总分排序，判断广东21市"十二五"碳强度下降应承担的责任，相应地确定碳强度下降指标。在广东的分解方法中，六个方面的指标被列入能反映碳强度下降能力的若干因素：能源结构、产业结构、新上重点项目、电力跨区域调度、经济发展水平、总体发展定位（前四个指标权重为20%，后两个指标权重为10%）。

● 能源结构以及产业结构指标的选取，体现了广东意图通过完成碳强度下降指标，来优化这两个结构的思路。能源结构指标，反映了一个地区的化石能源比重，化石能源比重越高的市，未来应承担越大的碳强度下降责任，由此促进广东各市加快能源结构调整优化；产业结构指标方面，选取第三产业增加值占生产总值的比重（"第三产业比重"）指标，第三产业比重越低的市，未来应承担越大的碳强度下降责任，从而促进广东各市加快产业结构调整优化，加快发展服务业。

● 新上重点项目、经济发展水平、总体发展定位这三大指标，则体现了广东根据各市不同的经济发展水平和阶段，为各市充分预留发展空间，来确定控制二氧化碳排放应尽责任的思路。

● 电力跨区域调度指标，体现了广东意图让发电方和用电方共担二氧化碳减排责任的思路。

为了方便统计，该分解初步方案将21市"十二五"碳强度下降指标分为高（21%）、中（19.5%）、低（18.5%）三档。初步的分解结果为，广州、深圳、佛山、东莞四市处于高档，茂名、阳江、湛江、云浮、汕尾、汕头、河源、韶关、梅州九市处于低档，其他八市处于中档。

广东发改委近日发布的《2012年广东国家低碳省试点工作要点》指出："制定建立控制温室气体排放评价考核制度的工作方案，提出对各地级以上市政府碳强度下降目标完成情况和控制温室气体排放措施落实情况进行评价考核的操作办法。"

资料来源：21世纪经济报道，2012年3月13日。

此外，2012 年 10 月，重庆市印发了《"十二五"控制温室气体排放和低碳试点工作方案》，采取"属地化"的方法，结合整个碳排放的总量按照重庆各个区县目前的实际情况、各区县未来的发展规划以及主体功能区所确定的产业发展重点，将碳排放的指标分解到全部 38 个区县。其他如贵阳、陕西、湖北等省市也正在制定指标分解方案。

三 其他能力建设

（一） 成立智库支持低碳发展研究

发展低碳城市本是一项制度创新，加强低碳理论和技术研究尤为必要。大部分试点省市均成立低碳相关的研究机构，包括综合性研究机构、专家智库型机构以及专题研究机构，目前很多机构已建立网站（见表 18 – 3）。同时，试点地区也积极与高校等研究机构合作开展低碳相关研究，目前已取得了一定的成果（详见附表 8）。

表 18 – 3　各试点低碳智库建设

试点	智库	试点	智库
云南	昆明低碳发展研究中心(2010 – 05 – 26) 云南大学低碳与节能技术研究所(2010 – 12 – 22)	陕西	陕西低碳发展协会(2012 – 03)
重庆	低碳发展专家委员会和技术委员会 重庆低碳研究中心 W(2010 – 03 – 9) 重庆市低碳发展协会 重庆低碳工业发展促进会(2011 – 03 – 27)	广东	广东省低碳发展专家委员会 广东省低碳发展促进会 W(2011 – 10 – 25) 广东省低碳产业技术协会 W(2011 – 11 – 25) 广东省低碳企业协会 W(2011 – 11)
贵阳	低碳发展专家委员会	深圳	深圳低碳经济研究会 W(2011 – 12) 低碳建筑和社区联合研究中心(2012 – 05) 深圳绿色低碳科技促进会 W(2011 – 06 – 14)

试点	智 库	试点	智 库
天津	低碳城市发展专家咨询委员会 天津市低碳发展研究中心 W（2011 – 10 – 28） 天津大学低碳建筑国际研究中心（2010 – 12 – 06）	厦门	低碳试点工作专家小组
保定	低碳发展研究院（2011 – 05 – 20） 低碳城市研究会 W（2009 – 05）	湖北	低碳试点专家委员会 湖北工业大学低碳经济与技术研究中心
南昌	低碳试点城市专家咨询组 江西低碳经济研究中心 W（2010 – 05 – 26）	杭州	杭州市低碳发展研究中心（筹备）

注："W"表示已建立网站。

（二）通过国际合作获取能力建设、资金和技术等支持

在经济全球化时代，气候变化和低碳发展的国际合作必不可少，国际城市普遍参与了众多国际低碳网络和平台，以交流经验并获取智力或财力的支持。国家低碳试点工作要求明确提出各省市应"开展相关国际合作，加强能力建设，做好服务工作"。就五省八市的对外合作情况看：合作主体包括国外政府、国际组织、企业以及科研机构；合作途径包括签署全面合作框架、制定低碳规划、合作开展低碳园区和低碳城的建设等项目，以及共同举办国际论坛。各试点省市国际合作开展情况见表 18 – 4。通过与国外不同机构的多种合作途径，低碳试点省市可以借鉴国外低碳发展的先进经验，获取资金、技术等资源，提高能力建设和技术水平。

表 18 – 4 各试点国际合作方式和内容

合作方式	合作内容
双方签署合作备忘录，开展全面长期合作	2008 年初，保定与 WWF 就"低碳城市发展项目"签署合作备忘录 2010 年 10 月，保定市政府代表与丹麦桑德堡市政府代表签署了为期三年的低碳城市发展合作框架协议 2010 年 10 月，南昌市人民政府和奥地利联邦交通、创新与科技部双边政府，签署了国际合作备忘录 2010 年 11 月，深圳市与德国纽伦堡两地政府代表签署了深圳与纽伦堡友好城市低碳合作备忘录及深圳纽伦堡 2011 年度交流计划 2011 年 9 月，云南昆明与瑞士签署了《气候变化合作与对话谅解备忘录》 2011 年 10 月，日立与重庆市两江新区签署了《关于资源循环与低碳经济合作等领域的谅解备忘录》

续表

合作方式	合作内容
合作建立低碳园区和低碳城	2008 年,天津和新加坡共建生态城 2009 年,杭州和新加坡低碳科技园项目启动 2010 年,重庆和英国开展低碳工业园项目 2011 年,中奥南昌低碳城市发展项目,具体包括编制规划、建立低碳技术示范区、岩棉生产项目等 2011 年,深圳与荷兰合作打造中欧低碳城 2011 年,湖北与英国驻华使馆在低碳园区评价体系项目方面开展研究和合作
共同举办低碳研讨会和国际论坛	2010 年 10 月,中奥低碳城市和绿色建筑高峰论坛在南昌举行 2011 年 7 月,"厦门低碳城市建设与发展中日洽谈会" 2012 年 2 月,召开"广州 – 英国低碳合作研讨会",从 2010 年起举办多期低碳城市建设国际论坛 2011 年 7 月,举办"厦门低碳城市建设与发展中日洽谈会" 2012 年 2 月,武汉光谷联合产权交易所和英国第三代环保主义共同举办中欧碳交易圆桌会议 2012 年 2 月,湖北省科技厅召开中英低碳超市商业模式座谈会

B.19
低碳试点工作总结

通过上述对低碳试点省市近两年从制订方案、确立目标、建立体系机制到实施行动的具体工作的总结，本部分将更深入地对低碳试点省市的相关工作进行探讨，第一，低碳试点省市发展低碳的动机；第二，低碳试点省市近两年来的工作成果和特点；第三，低碳试点省市工作的挑战；第四，低碳试点省市工作的前景。

一　地方政府开展低碳试点的驱动力

（一）　中央战略对地方决策的指引

首先，中央政府确立的宏观战略对地方政府的低碳发展具有导向作用。2006 年"十一五"规划将建设"两型社会"作为基本国策，并将降低能耗强度作为约束性指标。"十一五"期间国家出台了一系列节能减排政策，同时开展了多项相关行动。"十二五"规划将碳排放强度纳入约束性指标，明确提出将"绿色发展，建设'两型社会'"作为加快转变经济发展方式的重要着力点。"十二五"初期，国家出台了控制温室气体排放方案，并开展低碳省区和城市试点、碳交易试点等多项低碳发展行动。

其次，中央政府领导人公开发表关于应对气候变化和低碳发展的言论和观点，对地方政府开展低碳行动也起到了重要的推动作用。2007 年 9 月，胡锦涛在亚太经合组织（APEC）第 15 次领导人会议上，明确主张"发展低碳经济"，研发和推广"低碳能源技术"，增加碳汇，促进碳吸收技术发展。在随后的政治局集体学习上，中央领导人多次强调要把应对气候变化作为中国经济社会发展的重大战略和加快经济发展方式转变与经济结构调整的重大机遇。

2010年中央党校学习会议，温家宝、李克强参加，习近平主持，对各省省长、书记提出了城市发展转型的要求。

国家领导人公开发表有关低碳发展的言论和观点，以及中央政府确立有关低碳发展的政策文件都是国家政府认同低碳发展理念的有力说明。中央政府对于低碳发展理念的认同与推广，对地方政府采取低碳措施起到了积极推动作用，引发了地方政府对于低碳发展的政治意愿。

（二）地方政府发展模式转型的驱动

我国仍处于工业化发展的中期，经济增长对地方政府来说，仍然是最为主要的一项工作任务。旧的发展模式显然已经与时代主旋律相左，如何在面对工业化遗留问题上提出转型目标并在发展战略中纳入个性化发展模式是所有的省区和城市都要思考的问题。低碳试点为促使地方政府确立发展方向，找到新的发展模式，从而带动经济发展提供了一个新的思路和契机。

"五省八市"中，经济较弱、能源消耗多的一方面是湖北、陕西、辽宁、重庆等老工业基地，这些省市需要摆脱高耗能、粗利用的发展模式，向节约型、环保型的模式转变；另一方面是云南、贵阳等西部欠发达省市，正处于工业化和城镇化加速发展时期，如何确保工业化和城市化顺利发展，又不重复以牺牲环境为代价谋发展的老路，是必须面对的重大挑战，应当利用当地生态资源实现跨越式发展。经济较强、能源消耗较多的有：保定、南昌和广东，需要调整产业结构，转变经济增长模式，实现经济增长。经济强、能源消耗低的是基本进入后工业化时期且第三产业比例较高的天津、杭州、厦门、深圳，对于城市的定位需要上升到更高的品质、宜居的层面。

（三）获取更多的资源和发展机遇

低碳发展实践的背后是向国家争取相关优惠政策，向社会获取更多资源。首先，在国家发展战略倾向两型社会、低碳经济的背景下，地方发展低碳势必会得到中央政策优惠和资金支持。其次成为国家试点地区为城市打上低碳标签，有利于招商引资，促进就业，带动当地经济和社会发展；同时配套的低碳政策会吸引节能减排、新能源、碳交易等相关企业前来投资以及吸引相关人才前来就业，促进低碳良性发展。此外，国际组织对具有"低碳试点"牌子的省市非常关注，希望通过资金、技术、能力建设等多种支持方式进行合作以促进地方低碳发展。

（四）地方官员领导力驱动

由于低碳城市建设在我国还处于初级发展阶段，各方对其概念了解比较模糊，中央到地方都处于摸索阶段，此时地方高级官员对"低碳城市"概念的理解、内涵的领悟以及对低碳试点城市发展的预期，特别是对低碳发展的重视程度都将影响该省区和城市低碳发展的进度。保定、杭州和广东三省市的主要领导非常重视低碳发展，对该地的低碳建设都起到了重要的推动作用。

二 低碳试点工作成果和特点

我国低碳试点工作从 2010 年 7 月启动至今历时两年，中间经历了试点方案的编制和批复阶段，到 2012 年 5 月全部试点方案均已得到批复。目前虽然仍处于编制规划、出台政策、能力建设和制度建立的阶段，但已取得初步成果。

（一）对低碳发展的认识得到提升

首批低碳试点对于提升政府和公众对低碳发展的认识起到了重要作用。通过申请低碳试点、制订实施方案、编制低碳规划、进行能力建设等一系列工作，初步形成了系统的低碳发展规划体系，建立起相应的工作领导小组和专家智库。试点政府对于低碳发展的认识和理解已逐步深入。政府一方面出台低碳发展的政策规划鼓励企业和公民践行低碳生产与低碳消费；另一方面也在引导低碳消费方面起到主要作用：培育全民低碳意识，营造低碳消费文化氛围，宣传影响公众行为；此外，从自身入手，带头节能减排，率先使用节能减排型设备和办公用品，将办公大楼建造成节能型建筑，制定低碳产品目录，推行政府低碳采购等。公众在政府的宣传教育和广泛动员下也开始了解低碳发展，并积极参与到低碳出行、低碳消费、低碳社区建设、增加林业碳汇的行动中，逐步提高了低碳意识。

（二）低碳发展内涵丰富且因地制宜

试点的低碳发展领域较为全面，所有试点省市都在产业、能源、环境、生活等不同领域同时推进低碳发展。然而各个试点城市均在原有发展战略的基础上结合当地资源优势和经济特点选取了各自的发展模式（见表19－1）。

表19－1　各试点城市低碳发展特色

地区	低碳发展特色
广东	按照"加快转型升级、建设幸福广东"核心任务的要求，加快产业转型升级和能源结构调整，积极探索创新低碳发展体制机制，开展低碳市、县、区试点示范建设，实行低碳发展全省总动员
云南	以当地生态资源为优势，大力发展旅游业，加快开发水电，推进森林云南建设
辽宁	围绕老工业基地全面振兴任务，以节约资源、控制污染为主线，以改善生态环境质量为核心，推动传统产业升级，积极发展战略性新兴产业，积极发展核电等清洁能源
陕西	以调整经济结构、优化能源结构、提高能源利用效率和增加森林碳汇为重点，以制度创新、科技创新和政策激励为支撑，努力探索资源富集省"重化工业低碳转型、新兴产业低碳发展"的新模式
湖北	以"两型社会"建设为基础，转变老工业基地的经济粗放发展为特征，加快产业结构调整，着力淘汰落后产能，加强工业、公共机构和农村的节能工作，合理控制能源消费总量，大力发展循环经济
天津	在中新天津生态城的建设中全面贯彻循环经济、低碳发展理念，提倡绿色健康的生活方式和消费模式，建设生态宜居城市
重庆	按照"五个重庆"的总体要求，构建低碳能源体系，合理控制能源消费总量，通过打造两江新区等战略新兴产业核心聚集区打造低碳产业体系，积极推动低碳技术创新，创新低碳市场机制
杭州	着力建设低碳经济、低碳交通、低碳建筑、低碳生活、低碳环境、低碳社会"六位一体"的低碳示范城市，建立低碳产业聚集区，大力发展循环经济，加大可再生能源的利用，重点打造低碳交通体系
深圳	打造国际低碳城，助推新型产业，注重循环经济，追求更高生态文明，向"深圳质量"跨越
厦门	建设"宜居厦门"，低碳建筑领域先行，注重城市规划建设，发展低碳交通和低碳生活方式
南昌	以鄱阳湖生态经济区建设作为契机，大力发展服务外包、会展商务、文化旅游等服务业，推广可再生能源的利用，加快推进低碳示范
贵阳	以循环经济为基础，把低碳理念融入"建设生态文明城市"的重大战略，大力推动会展业、物流业、旅游业等服务业，改造提升资源型产业，着力推进先进制造业
保定	以新能源制造产业为支柱，拥有多个国家级新能源研发基地，良好的政策、资源与技术优势为保定市建设低碳城市奠定了坚实的基础

资料来源：清华大学气候政策中心根据相关资料归纳整理。

（三）低碳发展以产业结构调整为主，重视建筑交通

产业是城市经济发展的基础和支柱，调整和优化产业结构成为所有低碳试点行动的首要重点，体现了处于工业化和城市化快速发展阶段的特点。各试点城市产业结构调整体现以下特点：传统产业低碳化升级改造是产业结构调整的基础；先进制造业、高新技术产业、战略性新兴产业是产业调整的主体；现代服务业成为产业结构调整的着力点；低碳农业也是产业结构调整的一项重要内容。

同时，各低碳试点省市都将与消费相关的建筑和交通列为重点考虑的低碳发展重要领域，有效地削减未来城市因建筑和交通引起的能源需求和温室气体排放。交通方面，以构建公共交通系统和快速轨道交通系统为主，以步行和自行车的慢速交通系统为辅，同时限制私家汽车的使用，倡导混合燃料汽车、电动汽车等低碳排放的交通工具结构，以实现城市运行的低碳化目标。建筑方面，从设计和运行两方面入手。在建筑设计上执行节能标准，引入低碳理念，广泛采用低碳建筑技术，如充分利用太阳能、选用隔热保温的建筑材料、合理设计通风和采光系统；在运行过程中，大力推广节能产品；同时积极推行大型公共建筑节能监测与改造。

（四）低碳建设通过试点示范工作推进

为推进低碳建设工作，各试点省市基本都采取在内部开展试点建设，总结推广经验，以点带面的发展模式（见表 19 - 2）。试点示范工作包括四个方面：第一，通过在省市内部选取市、县、区等下级单位进行低碳综合试点；第二，通过城区、园区、社区等聚集区域进行低碳示范建设；第三，通过技术、能源、建筑、交通等重点工程和项目带动全面发展。此外，企业、机关、学校等团体也通过低碳建设起到示范带动作用。

表 19 - 2 低碳试点内部低碳示范机制

试点	示范机制	试 点
广东	低碳城市、县、区	四市：广州、珠海、河源、江门
		八区：珠海横琴新区、佛山禅城区和顺德区、韶关乳源县、河源和平县、梅州兴宁市和大埔县、云浮云安县
辽宁	低碳经济综合改革实验区、低碳与绿色建筑产业基地与示范园建设	低碳经济综合改革实验区：鞍山

续表

试点	示范机制	试 点
湖北	城市(县)、园区、企业、社区"四级试点示范"	
陕西	关中低碳示范区、省级低碳试点单位	西安高新区、西咸新区、宝鸡高新区、杨凌示范区、渭南高新区转型 7个市县：渭南、凤县等 5个园区：西安浐灞生态区、榆横工业园区等 15个企业：陕西重型汽车有限公司、榆林云化绿能有限公司等 园区、企业三个层面的27家单位
天津	低碳产业、低碳能源、低碳建筑、低碳技术、低碳园区、低碳社区、低碳小城等示范建设	园区：天津经济技术开发区、中新天津生态城、于家堡中心商务区、天津高新区、空港经济区
重庆	低碳产业、低碳能源、低碳建筑、节能增效等	低碳产业园区：两江新区、涪陵、万州 战略性新兴产业核心集聚区：两江新区、西永微电园
深圳	政府、企业、城区、园区、社区五级示范	城区：中荷(欧)低碳城、前海深港现代服务业合作区、光明和坪山新区
厦门	低碳示范城区、低碳产业示范区、低碳生活示范社区、低碳技术(产品)推广工程、能源结构优化工程、资源综合利用工程、低碳建筑、低碳交通、碳汇工程等	城区：集美新城、翔安新城等 园区：厦门科技创新园、翔安低碳产业示范园等
杭州	低碳产业集聚区、建筑节能示范工程	产业：杭州高新开发区、杭州经济开发区等
南昌	低碳示范区域、低碳示范基地、低碳示范企业、低碳示范工程	区域：南昌国家高新区、低碳产业示范区等四大示范区域 基地：薄膜太阳能电池示范城等七大示范基地
贵阳	低碳交通、绿色低碳建筑、低碳园区、低碳企业、低碳社区、低碳机关等	
保定	企业、园区、社区(村镇)单个方面示范	

（五）低碳发展手段呈现长效趋势

通过对"五省八市"低碳试点工作进展的总结，可以发现低碳工作从工作机制、法律保障、技术基础、创新制度等方面都体现出长效发展的趋势。第一，各低碳试点省市基本都建立起一套"政府领导规划，部门分工行动"的低碳发展工作机制，同时正在积极确定进一步的低碳目标任务分解及考核制度以确保低碳试点工作长期有序推进。第二，各试点省市除了继续完善原有节能、循环经济等法律法规外，一些试点省市如湖北、重庆、深圳、厦门正在探索出台促进低碳发展的地方性法规和规章制度，将为全国低碳法律法规建设探索经验。第三，低碳发展的基础性工作——温室气体排放的统计和监测工作已经初步开展起来，为各项创新制度的实施奠定良好的技术基础。除此之外，低碳试点建设也出现了各种制度创新，如各试点均提出要建立低碳产品认证和标准标识制度，并通过税收优惠和政府采购等措施鼓励低碳产品的推广和应用；多个试点省市提出开展碳强制和自愿碳交易工作，通过市场手段控制二氧化碳排放，云南提出研究建立碳汇交易和碳汇补偿机制。此外，多个试点省市也提出创新金融支持低碳发展的政策举措，探索建立绿色信贷、绿色保险等绿色金融体系，拓展低碳发展的企业融资渠道。在资金保障方面，湖北、云南、广东已经设立低碳专项资金，南昌、天津、杭州等地也提出设立低碳城市建设专项资金，以支持低碳发展。

三 低碳试点工作的挑战

我国低碳试点省市虽然已取得了初步进展，但是由于当前正处于工业化和城镇化快速发展的阶段，如何平衡发展与低碳的"矛盾"，有效完成低碳指标，真正走出一条低碳发展之路，并在全国范围内起到良好的示范带头作用，责任还很艰巨。

（一）低碳发展的思路有待明晰

低碳试点省市建设提出的时间较短，尚缺乏系统的理论支撑和建设实践经验。就目前各低碳试点省市的实施方案看，各低碳试点省市对低碳发展的认识已有一个大致的轮廓，虽然将节能、发展新能源、循环经济等内容都包括进去，但尚未站在城市发展的全局高度制定低碳发展规划，且对于各概念与低碳的区别还不是十分清晰。相关规划方案虽然全面，但低碳发展目标还不够明确，具体发展思路不够清晰，低碳发展重点和特色不够突出。

尽管对于低碳城市的理解存在多个角度，但学界研究给出以下几个共同点

（苏美蓉、陈彬等，2012）：其一，低碳城市是以低碳经济为基础的，因此仍然要保持经济发展，并遵循低能耗、低污染、低排放、高效益等特征；其二，低碳城市涉及社会、经济、文化、生产方式、消费模式、理念、技术、产品等方面，需要统筹考虑；其三，低碳城市建设是一个多目标问题，如何实现经济发展、生态环境保护、居民生活水平提高等目标间的共赢，是低碳城市建设的关键。

低碳城市的建设是一个长期、系统的工程，需要对发展低碳城市的路径进行详细规划，因地制宜地制定出符合本地区发展实际的战略规划。政府部门应将低碳城市的建设融于城市发展的总体规划之中，结合自身的自然条件、资源禀赋、文化传统、经济基础等各方面的情况，选择适合自身的发展模式，制定全面、长期、明确、可行性强的战略规划，在产业布局、能源、交通、建筑、金融等各个领域拟定标准和目标，为低碳城市的建设提供稳定的政策、技术、资金保障。

此外，各试点省市在产业布局方面应考虑本地工业基础，不能盲目发展新兴产业。保定、湖北、南昌、陕西、辽宁、厦门和广东等均提出发展太阳能、风能等新能源制造产业。新能源制造产业为低碳建设发展提供了基础，然而其发展也面临着许多挑战。如果通过高碳排放生产的新能源设备并未为当地或其他国内市场所用，就会和低碳发展的目标相悖。各省区和城市需要谨慎考虑新能源制造产业的引进。

（二）低碳发展指标的示范性有待加强

低碳试点省市的实施方案提出的主要约束性指标包括单位 GDP 能耗下降指标、单位 GDP 碳排放下降指标、非化石能源占一次能源消耗的比例以及森林覆盖率指标等。将试点实施方案约束性指标与国家公布的总体指标、国家相关政策要求的地方指标以及各试点"十二五"规划指标相比（见表 19 - 3），得到以下三点发现。

首先，与国家公布的"十二五"节能降碳总体指标相比，除云南的单位 GDP 能耗下降指标（15%）和厦门的单位 GDP 能耗下降指标（10%）较国家指标（16%）稍低外，其他省市的指标均比国家指标略高或与国家相同。与国

表 19 – 3　试点方案与国家规划及相关政策的低碳指标比较

试点省市	GDP 能耗强度（比2010年下降%）			碳强度（比2010年和2005年下降%）			非化石能源占比（%）		森林覆盖率（%）	
	"十二五"规划①	"十二五"节能减排综合性工作方案②	低碳试点实施方案③	"十二五"控制温室气体排放方案④	比2010年	2020年比2005年	"十二五"规划	低碳试点实施方案	"十二五"规划	低碳试点实施方案
国家	16	16	—	17	—	40 ~ 45	11.4	—	21.66	—
云南	G[5]	15	15	16.5	20	45	29.6	30	55	55
重庆	15	16	16	17	17	45	—	13	45	43
贵阳	G	—	16	—	18	45	—	10	45	
辽宁	17	17	17	18	18	45	4.5	4.5	42	
天津	18	18	18	—	19	45	—	2[9]	—	23
保定	S[6]	—	16	—	18	48	5	5	25	
杭州	S	—	19.5	—	20	50	—	10	42[10]	65
南昌	16	—	—	—	38[8]	45 ~ 48	7	7	25	25
陕西	16	16	16	17	17	45	10	10	43	43
广东	16	18	—	19.5	19.5	45	20	20	58	
深圳	0.47[7]	—	19.5	—	21	45.3	—	15	—	41.2
厦门	S	—	10	—	17	45	—	0.2[9]	—	
湖北	16	16	16	17	17	45	15	15	41.2	41.2

资料来源及说明：

①各省《国民经济与社会发展第十二个五年规划纲要》（2011 年 1 ~ 3 月）。

②《国务院关于印发"十二五"节能减排综合性工作方案的通知》（国发〔2011〕26 号）（2011 - 08 - 31）。

③低碳试点各省市低碳实施方案（2011 年 12 月至 2012 年 4 月）。

④《国务院关于印发"十二五"控制温室气体排放工作方案的通知》（国发〔2011〕41 号）（2011 - 12 - 01）。

⑤"G"表示控制在国家下达指标内。

⑥"S"表示控制在省下达指标内。

⑦深圳"十二五"规划提出万元 GDP 能耗下降到 0.47 吨标准煤。

⑧南昌市该指标相对于 2005 年。

⑨比 2010 年高的比例。

⑩指城市绿化覆盖率。

家公布的 2020 年降碳指标相比，除杭州和深圳有所突破外，大多数省市的降碳目标均在 40% ~ 45% 的范围。

其次，与国家发布的《"十二五"节能减排综合性方案》和《"十二五"控制温室气体排放方案》对省级地区的要求相比，除云南的单位 GDP 二氧化

碳排放指标比 2010 年下降指标（20%）比国家政策要求（16.5%）高外，其他省级地区指标均与国家政策要求相同。

最后，与各省"十二五"规划指标相比，除个别省市指标略有升降外，大多试点方案节能指标、非化石能源占比及森林覆盖率指标均与"十二五"规划指标相同。

需要注意的是，试点方案的批复基本上在国家相关政策发布之后，同时比地方"十二五"规划发布晚近 1 年时间，然而节能降碳的指标却没有大幅变化，先进性和示范性不够明显。由此可分析，处于当前经济发展阶段，试点省市具有纠结于平衡"发展"和"低碳"的矛盾心理，希望申请试点，通过发展低碳寻求经济转型之路，但是又恐于限制当地经济发展。

除此之外，由于低碳发展不简单等同于节能减排、循环经济和发展新能源，城市的低碳发展评价指标也不应仅仅局限于能源消耗强度下降、碳排放强度下降、非化石能源占比或者森林覆盖率的上升。低碳终究不是城市发展的终极目标，或者说它不能涵盖城市发展所追求的所有目标。因此低碳省区和城市的发展指标应该更加综合，体现经济发展、生态环境保护、居民生活等全方位的经济、社会与自然生态和谐。

（三）低碳政策和制度的创新需要加快

由于低碳试点发展时间较短，工作仍处于规划和能力建设阶段，虽然制定和颁布了许多低碳相关的规划和政策，提出了一些创新的制度，但仍未看到非常强有力的低碳发展法律法规和政策措施出台，一些创新的制度也还在研究之中。

首先，命令与控制工具方面的法律法规和强制标准需要制定和完善。第一，由于缺乏应对气候变化或低碳发展相关法律的支持，省（市）内出台的政策法规效力有限，个别省市刚刚提出要进行气候变化的低碳的相关立法。第二，目前各试点制定的强制性标准还主要集中在建筑、交通等的节能领域，低碳发展的相关标准还有待制定和完善。

其次，推进低碳发展的激励性和市场性工具还需加强。第一，低碳专项资金的设立工作需要加强，除广东、湖北和云南外，其他试点省市也应设立低碳专项资金以发挥低碳发展专款专用的作用。第二，大部分试点省市在金融支持政策、碳汇交易和生态补偿制度等方面还处于探索和研究阶段，财税优惠、政府采购等工具的使用也并不普遍。第三，碳交易试点的工作刚刚开始，应加强相关的机制和制度建立，充分利用市场手段减排二氧化碳。

此外，自愿性工具和信息公开有待加强。目前，部分试点省市在建筑节能方面已初步推行绿色认证体系，其他低碳产品认证和标准标识体系虽已提出，但仍处于研究和示范阶段，未大范围开展。应加强相关的认证工作，为税收优惠、政府采购等扶持政策和公众低碳消费提供依据。低碳产品名录、低碳信息平台等工作也应继续加强，达到政府低碳引导、企业低碳生产、居民低碳消费的目的。

（四）"十二五"低碳指标完成需更大努力

"十二五"是国家应对气候变化，实现 2020 年降碳指标的关键时期，也是各试点省市实现低碳发展的重要阶段，但从各试点省市的《国民经济和社会发展第十二个五年规划纲要》中看出，除贵阳和厦门的 GDP 增速目标比"十一五"略高外，其他试点省市"十二五"期间 GDP 增速目标虽比"十一五"减缓，但是都远高于国家提出的目标（7%）。由此可见，处于工业化和城镇化加速发展阶段的各试点省市均以经济平稳较快增长作为首要发展目标。同时，云南、广东、湖北、重庆和保定均提出要在"十二五"期间开展大型重化工产业项目和能源项目。此外，当前世界经济形势低迷，国内经济增速减缓，广东、贵州、重庆、天津等地方政府纷纷推出促进投资和增长的计划。低碳试点省市实现"十二五"低碳发展指标堪忧。

初步计算各试点省市"十二五" GDP 增速和能耗强度下降指标发现（见表 19-4），广东和深圳"十二五"节能量远大于"十一五"，其余试点省市"十二五"与"十一五"节能量基本相同。这对于"十一五"期间已竭力采取多种方式节能降碳的各试点省市来说，无疑是一个巨大的挑战。同时，各试点省市 2011 年的节能情况表明：大多数省市距离 2011 年预计指标还有一定差距，进一步表明"十二五"目标完成存在艰巨性。

表 19 - 4 各试点"十一五"与"十二五"经济增长和节能情况比较

试点省市	GDP 增速(%)		"十一五"节能情况		"十二五"节能情况		2011 年节能情况		
	"十一五"	"十二五"	节能量(万吨标煤)	单位 GDP 能耗下降率(%)(比 2005 年)	节能量(万吨标煤)	单位 GDP 能耗下降率(%)(比 2010 年)	节能量(万吨标煤)	单位 GDP 能耗下降率(%)(比 2010 年)	占"十二五"节能量比例(%)
国家	11.2	7	63532.2	19.06	63951.2	16	7238.1	2.01	11.3
云南	11.8	10	1458.6	17.41	1749.0	15	325.9	3.22	18.6
重庆	14.9	12.5	1591.0	20.95	1811.7	16	337.8	3.81	18.6
贵阳	14.2	15	421.6	25.4	406.7	16	59.8	3.11	14.7
辽宁	11	11	5624.5	20.01	5020.8	17		3.40	
天津	16	12	1735.8	21	1744.3	18	324.7	4.28	18.6
保定	11.7	11	366.1	20.2	401.9	16		3.5	
杭州	12.4	10	800.9	21.8	939.2	19.5	149.0	4.42	15.9
南昌	14.5	13	314.7	20.15	390.6	16		3	
陕西	14.9	12	2148.2	20.25	2012.1	16	355.5	3.56	17.6
广东	12.4	8	4184.4	16.42	6134.4	18	1087.9	3.78	17.7
深圳	13	10	604.5	13.6	1232.5	19.5	222.8	4.30	18.1
厦门	14.1	15	123.8	12.5	171.8	10		3.11	
湖北	13.9	10	3243.4	21.67	3211.4	16	434.1	3.79	13.5

注：其中，辽宁、保定、南昌、厦门的数据暂未找到。

资料来源：清华大学气候政策中心根据各试点省市统计年鉴、统计公报、"十一五"规划和公布的 2011 年单位 GDP 能耗情况等相关资料整理计算。

四 第二批低碳试点进展

鉴于第一批低碳试点省市取得了一定的初步成果，为稳步推进低碳试点省市示范工作，国家发改委希望适时扩大国家低碳省市示范试点范围，推广第一批试点的经验。第二批低碳试点工作呈现以下两个特点。

(一)国家政策更加明确

国家发改委 2012 年 4 月 27 日下发《关于组织推荐申报第二批低碳试点省

区和城市的通知》（以下简称《第二批通知》），要求各地在 2012 年 6 月 30 日之前提交申报材料，原则上各省区市申报单位不超过 2 个。根据《第二批通知》，申报纳入第二批低碳试点的省市需要具备的条件更加清晰。

首先，领导高度重视。申报省市人民政府要认真贯彻落实科学发展观和加快转变发展方式，高度重视绿色发展，组织领导得力，在绿色低碳发展方面具备一定的工作基础。其次，明确试点目标。申报省市要明确本地区"十二五"降低单位国内生产总值二氧化碳排放和非化石能源占一次能源比重以及森林碳汇等目标，并提出开展低碳试点工作的政策措施。再次，发挥绿色低碳发展示范带头作用。申报省市要围绕落实"十二五"碳强度下降目标，以先行先试为契机体现试点示范的先进性，在探索建立以低碳为特征的产业体系和生活方式方面有一定的典型性和代表性，能够发挥示范带头作用。最后，编写《低碳试点工作初步实施方案》（简称《方案》）。《方案》要以科学发展观为指导，紧密结合本地情况，工作思路清晰，方向明确，设计合理。

此外，申报试点的省（自治区、直辖市）需提供所在省级人民政府推荐文件；副省级及以下城市或地区需提供所在省级发展改革部门推荐文件。所有申报单位需提交《低碳试点工作初步实施方案》。

同时，第二批试点确定程序也更加明确：①确定初选名单。气候司根据《第二批通知》要求对各地申报材料进行初审，确定第二批纳入国家低碳试点的省市初选名单。②组织实地考察。气候司组织国家应对气候变化领导小组成员单位和专家对列入初选名单的省市进行实地考察。③专家评选推荐。气候司会同国家应对气候变化领导小组成员单位和专家对申报第二批国家低碳试点的省市《低碳试点工作初步实施方案》开展评审，确定最终推荐名单。

此外，第二批低碳试点将以城市为主、省区为辅。同时，中央对于第二批试点省市将给予一定的资金支持。

（二）申报试点更加积极、主动、先进

根据地方发改委网站，北京、上海、苏州、温州、镇江（江苏）、宁波（浙江）、池州（安徽）、鞍山（辽宁）、包头和呼伦贝尔（内蒙古）等省市都已积极组织申报。国家发改委已根据相关条件筛选出部分省市组织专家进行评审，并于 2012 年 11 月下发通知，确定北京、上海、海南、石家庄、秦皇岛、晋城、呼伦贝尔、吉林市、大兴安岭地区、苏州、淮安、镇江、宁波、温州、池州、南平、景德镇、赣州、青岛、济源、武汉、广州、桂林、广元、遵义、昆明、延安、金昌、乌鲁木齐 29 个省市为第二批低碳试点。与第一批低碳试点省市相比，第二批试点省市呈现出以下特点：领导对于低碳试点工作更加重视，亲自参与了试点申报的汇报工作。同时第二批试点省市很多都提出总量控制目标，如北京、上海、苏州、镇江、温州、宁波等城市基本都已有总量控制目标，苏州、温州等城市甚至提出峰值控制目标，即到 2020 年前二氧化碳排放达到峰值。两批低碳试点情况见表 19 - 5。

总体比较，第一批试点省市对于提升政府和公众对低碳发展的认识起到了重要作用，第二批试点省市得到了领导更多的重视和指导，其先进性和示范性较第一批明显改善。

表 19 - 5 两批低碳试点情况

省　市	第一批试点		第二批试点		试点数
	本级	下级	本级	下级	
北　京			√		1
天　津	√				1
河　北		保定		石家庄、秦皇岛	3
山　西				晋城	1
内蒙古				呼伦贝尔	1
辽　宁	√				1
吉　林				吉林	1
黑龙江				大兴安岭	1
上　海			√		1
江　苏				苏州、淮安、镇江	3
浙　江		杭州		宁波、温州	3
安　徽				池州	1
福　建		厦门		南平	2
江　西		南昌		景德镇、赣州	3
山　东				青岛	1
河　南				济源	1
湖　北	√			武汉	2
湖　南					0

省　市	第一批试点		第二批试点		试点数
	本级	下级	本级	下级	
广　东	√	深圳		广州	3
广　西				桂林	1
海　南			√		1
重　庆	√				1
四　川				广元	1
贵　州		贵阳		遵义	2
云　南	√			昆明	2
西　藏					0
陕　西	√			延安	2
甘　肃				金昌	1
青　海					0
宁　夏					0
新　疆				乌鲁木齐	1
小　计	7	6	3	26	42
合　计	13		29		

五　小结

首先，从低碳发展的地位来看，低碳发展具有转型经济增长方式的战略意义，与经济发展不矛盾，是一项综合而长期的工作，不应作为"新鲜事物"获取短期利益，应纳入地方发展规划的顶层设计，供地方根据自身的功能定位、自然条件、发展基础和资源优势探索出独特的低碳发展道路。

其次，从地方对低碳发展的认识来看，由于试点处于工业化和城市化快速发展阶段，各方对低碳发展的认识和理解还存在局限甚至误区，致使低碳发展目标还不够明确，低碳发展重点和特色不突出，政策工具不强，未形成鲜明的低碳发展模式。因此还需要在理论研究和实践工作中不断加强对低碳发展的认同。

再次，从中央对低碳试点的支持来看，中央层面需加强对低碳试点地区的支持，包括提供资金、出台优惠政策、组织开展培训与讨论、对地方结合实际的低碳探索进行有益指导，并适当扩大试点规模以免降低示范政策效应。

最后，从低碳发展的视野来看，低碳发展应从应对气候变化着手，不仅要关注减缓，还要加强适应行动。

附录

表1 各试点地区能源结构调整情况

地区	煤炭	风能、水能、太阳能、地热能、潮汐能等新型清洁能源	天然气	生物质能及其他能源
广东	优化发展火电。改造燃煤锅炉、窑炉。实施工业园区热电联产。开展余热余压利用。更新改造低效燃煤锅炉，推广低耗能离子点燃、超临界点燃、低污染燃烧等技术	1. 在确保安全的前提下积极发展核电 2. 大力发展风电 3. 积极开发利用太阳能，加快推广光伏发电应用 4. 积极开发海岛及近海风能、潮汐能、潮流能等新能源 5. 因地制宜，合理推广地源热泵技术，研究开发利用浅层地热资源供热、制冷，在地热资源条件较好的地区建设小型中低温地热发电站试验工程	节约和替代石油。提高天然气在珠江三角洲地区生活用能的比例，在电力、石化、冶金、建材和交通运输行业实现以天然气替代燃料油(轻油)和液化石油气	1. 适度发展生物质能。结合畜禽养殖，垃圾填埋，城市污水处理和工业有机废水处理，建设沼气利用工程 2. 因地制宜发展农村适用清洁能源。积极发展农村户用沼气和大中型沼气工程，合理利用农村木能资源，加快推进太阳能、生物质能利用，提高太阳能热水器、太阳灶、生物质能炉具等应用普及率，积极推进绿色能源示范县建设
辽宁	1. 继续推进一大批热电产集中供热项目 2. 重点发展60万千瓦以上超临界机组，大型联合循环机组以及30万千瓦及以上高效热电联产机组，提高清洁、高效机组比重	1. 积极发展核电，到2015年，全省核电装机确保达到400万千瓦 2. 推进风能、光伏发电等新能源项目建设，到2015年，全省光伏发电能力达到30万千瓦，进入全国前列		1. 到2020年，全省生物质能发电能力达到30万千瓦 2. 开发浅层地温和地热资源。探索利用海洋能，适时启动能源站建设，提高低碳能源发电装机比重
湖北	大力实施煤炭净化技术和加强相关基础设施的建设。优化发展火电。在负荷中心和电源支撑薄弱的地区，建设一定容量高效、清洁、环保的大型火电机组。根据国家煤运通道规划建设情况，适时启动口电站前期工作。在大中型城市与热负荷集中的工业园区，建设一批燃机热电联产项目，试点建设分布式能源。继续抓好落后小火电机组的淘汰工作。鼓励对现有30万千瓦级机组进行供热改造	1. 整合利用水电资源。重点抓好水电项目建设，对流域电站进行资产整合，实行梯级调度，综合改造部分利用效率低，存在环境安全隐患的水电项目。2. 推广应用太阳能热水系统，加快推进太阳能光伏建筑一体化发电。在城市推广及太阳能集中供热水工程，建设太阳能采暖和制冷示范工程，在农村和城镇推广户用太阳能热水器、太阳房和太阳灶等。3. 适度开发风电		有序发展生物质能。在桔秆、稻壳等农林作物副产品资源丰富地区，根据资源分布情况，有序建设在武汉、宜昌、襄阳等大中型城市建设垃圾焚烧发电，推进大型养殖场沼气发电工程

续表

地区	煤炭	风能、水能、太阳能、地热能、潮汐能等新型清洁能源	天然气	生物质能及其他能源
陕西	加快发展新型高效清洁煤发电技术,加快大容量循环流化床电站(CFBC)等示范项目建设。热电联产和煤矸石综合利用电厂采用单机30万千瓦以上发电机组。到2015年,单机30万千瓦以上发电机组达到90%,单机60万千瓦以上机组达到60%。火电平均发电标准煤耗304克/千瓦时,较2010年减少10克	陕西省以建设国家新能源基地为目标: 1. 大力发展水电,进一步扩大陕南水电基地规模,增强发展实力 2. 加快发展风力发电产业,建设全国重要的风电基地 3. 培育壮大光伏产业,积极推广和扩大太阳能热应用	稳步提高天然气利用比例,推进煤层气勘探开发。全面实施"气化陕西工程",加大勘探开发力度,积极开拓新气源	1. 科学开发生物质能,加快发展生物柴油,拓展沼气使用范围 2. 稳步开发地热能
云南		1. 加大金沙江中下游、澜沧江等水电基地的开发步伐,积极推进怒江水电基地的开发建设 2. 在3个风能开发最佳区域优先布局,续建利新建20多个风电场 3. 发展太阳能光热、光伏利用,推进与建筑结合的太阳能光热、光伏利用,并开拓太阳能光热和光伏利用在工农业的应用	2015年前完成中缅天然气管道建设(输送能力100亿立方米/年),一期输送量42亿立方米/年,争取一半以上留云南。优先发展城市燃气,进一步发展天然气化工,在昆明、大理、楚雄选择性布局天然气调峰电厂	1. 加强生物质能的开发。积极发展生物柴油原料种植业,推进生物柴油生产能力建设和基地建设,推进燃料乙醇生产能力建设;开发生物质固体成型燃料及生物质发电,到2015年全省农村沼气用户达到350万户 2. 推进农村户用沼气建设,到2015年全省农村户用沼气用户达到350万户 3. 加大煤层气开发利用。实施一批煤矿瓦斯抽放回收利用项目,发展瓦斯发电,开展煤矿瓦斯发电,到2015年,全省煤矿瓦斯气容量要达到1.72亿立方米以上,瓦斯发电的装机容量要达到12.4万千瓦

续表

地区	煤炭	风能、水能、太阳能、地热能、潮汐能等新型清洁能源	天然气	生物质能及其他能源
天津	1. 调整优化火电项目 2. 推进燃煤锅炉改燃或拆除并网工程	1. 加快蔡家堡、塘沽、东疆保税港区、沙井子及马棚口二期等沿海及海上风电项目的建设 2. 鼓励太阳能开发利用，推动中新天津生态城光伏发电项目建设；继续加大地热利用的推广力度	提高天然气利用比例。巩固和稳定现有天然气供应，积极开拓新气源；完善天然气门站、管线、储气设施等配套工程；继续拓展天然气在居民燃气、汽车、电厂、供热等领域的应用，稳步增加天然气供应量和使用量。到2015年，天然气在一次能源结构中的比例达到8%以上	推进先进的地（水）源热泵、生物质能利用等新能源相关技术的综合开发和应用
重庆	优化发展煤炭发电，大力促进煤炭的绿色生产与清洁煤技术和煤炭高效利用技术的应用；加大煤炭结构调整力度，合理调控煤炭消费，限制发展高耗煤产业，降低对煤炭的依赖，减轻煤炭生产、运输压力和环境问题	1. 积极推进大型水电项目建设，充分挖掘中小水电开发潜力，新增水电装机容量165万千瓦；创新水电开发机制，推进流域精细化开发；优化水电站开发方案和工程总体布置，开展两化旧电站扩能技改 2. 有效利用风能资源，合理规划风电项目，研究制定鼓励风电开发的政策和发展模式，大力推进风电场建设	按照100万～200万千瓦装机规模，推进天然气发电项目建设，支持两江新区云计算中心天然气发电项目	1. 积极推进生物质能发电，燃料乙醇等生物质液体燃料示范应用 2. 大力发展规模化畜养殖场、工业和城市污废水沼气发电工程；积极推进垃圾填埋场沼气回收发电以及垃圾焚烧发电项目 3. 推广应用江水源和污水源集中供冷供热技术 4. 推进核电发展 5. 制定补贴政策鼓励太阳能、小水电、沼气、生物质气化等分布式能源发展

续表

地区	煤炭	风能、水能、太阳能、地热能、潮汐能等新型清洁能源	天然气	生物质能及其他能源
深圳		大力开发利用核能和可再生能源： 1. 大力发展核电。利用深圳核电发展优势，加快推进岭澳核电二期、三期工程和核电产业园区建设 2. 强力推进太阳能应用。在新建12层以下具备太阳能集热条件的住宅建筑强制配置太阳能热水系统，12层以上的住宅建筑推广应用太阳能热水系统，推进实施太阳能光伏建筑一体化示范工程；积极开展太阳能空调、地源热泵等可再生能源建筑应用试点，在城市道路和公共场所推广安装使用太阳能、LED、风光互补照明等新能源产品 3. 积极开展风能利用示范。结合风能资源和建设条件，研究建设风电示范项目 4. 跟踪开发波浪、海流、潮汐、温差、盐差等海洋能利用方式	实施以引进天然气为主的石油替代战略，拓展天然气资源供应渠道，加快推进西气东输二线深港支干线等LNG项目建设，稳步增加低碳清洁能源供应量和使用量	1. 开展生物质能开发利用。加快推进老虎坑扩建、东部等垃圾焚烧发电项目规划建设工作；加大填埋场沼气利用；积极开展生物柴油、燃料乙醇、能源植物等研发工作，适时试点开展生物液体燃料的应用 2. 密切跟踪其他可再生能源。积极跟踪和推进氢能及燃料电池等技术研究和产业化发展
厦门	减少燃煤使用，提高低碳清洁能源使用比例。不再建设新的燃煤电厂，现有燃煤电厂积极采用节能减排技术，鼓励以LNG替代燃煤、降低碳排放。在已建和规划建设的热电联产集中供热范围内，不得单独新建锅炉	1. 积极发展可再生能源。大力发展太阳能等可再生能源发电，在太古飞机维修中心、经工食品工业园、三安光电园等建设光伏并网发电示范工程 2. 推广核电等低碳清洁能源，完成LNG二期工程和核电站建设，2015年核电占电力消费比重15%，2020年达到25%以上	推广使用天然气	大力发展生物质能（垃圾发电）等可再生能源发电

359

续表

地区	煤炭	风能、水能、太阳能、地热能、潮汐能等新型清洁能源	天然气	生物质能及其他能源
杭州		深入实施国家"太阳能光电建筑应用示范项目"、"十城万盏半导体照明应用工程"、"金太阳示范工程"、"省'百万屋顶发电计划'",大力推进杭州"阳光屋顶示范工程"、"百条道路太阳能照明计划",启动地铁、东站枢纽、奥体博览中心、杭师大新能源学院等光伏发电应用试点工作,到2015年,太阳能光电建筑应用累计装机容量70兆瓦,太阳能光热建筑应用面积达到300万平方米。大力发展水源热泵、地源热泵,推进新安江、富春江、钱塘江、省溪等水源和地下水热能资源利用,学校、医院等大型公共建筑应优先选用水源热泵系统;推进临安等城市利用空气源空调技术	杭州市提出加快城市天然气利用,增加天然气对煤炭和石油的替代,提高天然气在能源消费中的比重,积极推广分布式能源利用系统	加快推进生活垃圾焚烧发电工程,填埋气体发电工程,加强农村沼气池建设,积极推广秸秆气化燃料和固化成型燃料。积极开展钱塘江潮汐能利用研究
南昌		太阳能: 1. 大力推广太阳能光热利用,在城区推广普及太阳能一体化建筑,太阳能集中供热工程,在农村和小城镇推广用太阳能热水器。到2015年,太阳能热水器总集热面积达到60万平方米,2020年达到120万平方米。 2. 发展太阳能光伏发电,在城市建筑物和公共设施尽可能多地建设与建筑物一体化的屋顶太阳能并网光伏发电设施,支持鼓励有实力的企业建设小型光伏电站,作为企业公共用电的补充电源。在道路、公园、车站等公共设施照明中推广使用光伏电源和风光互补路	南昌市提出提高天然气使用比重,不断拓宽天然气应用领域,从传统的城市燃气逐步拓展到城市天然气工业、燃气空调以及分布式功能能系统等领域,到2020年天然气供应量达到8亿立方米	1. 生物质能。积极推广固化成型、沼气利用、垃圾焚烧发电、秸秆气化、生物柴油等方式的生物质能利用,逐步改变农村燃料结构,改善农村生活环境。到2015年规模化养殖场大中型沼气工程总数达到140处,2020年达到180处;全市农村户用沼气总户数达到6万户,2020年达到8万户。加快推进泉岭生活垃圾焚烧发电厂、麦园沼气发电厂二期的建设,到2015年实现生物质能发电量达6亿kWh。 2. 地热能。积极推进浅层地热能的开

续表

地区	煤炭	风能、水能、太阳能、地热能、潮汐能等新型清洁能源	天然气	生物质能及其他能源
南昌		灯照明,建设一批新能源照明示范项目,扩大城市光伏发电的利用规模。建设厚甬 10MW 薄膜太阳能并网电站。到 2020 年,建成 100 个屋顶光伏发电项目,太阳能光伏发电规模达到 100MW		发利用,推广满足环境保护和水资源保护要求的地源热泵技术,充分利用地表水、地下水、土壤等地热能。到 2015 年,浅层地热能应用面积达到 200 万平方米,到 2020 年达到 550 万平方米 3. 南昌市提出积极引入核电替代煤电,2016 年江西彭泽核电 4×125MW 项目建成后,到 2020 年实现核电占全市电力消费比重达到 29%,实现电力结构优化
贵阳	加强农村户用沼气池的建设维护,减少农村燃煤消耗	1. 加快水能资源开发,增加水电的供应比例 2. 推进地热、太阳能在绿色建筑、低碳社区的应用,在城市和农村有条件的地区推广太阳能热水器等节能产品 3. 加快风能等可再生能源的开发		1. 以现代生态农业规模化养殖企业建设为重点,加快大、中型沼气池的建设,提高生物质能在农村生产、生活用能中的比例 2. 扩大小油桐种植规模,在满足现有三万吨生物柴油生产能力的基础上,进一步增加生物质能的产出 3. 规范城市餐厨垃圾的管理,回收餐厨废气油脂生产生物柴油,建成餐厨垃圾生产沼气装置
保定	重点推进燃煤锅炉、传输系统等重点部位节能降碳先进技术的应用,加快淘汰落后的发电机组和小规模、分散式的燃煤锅炉。到 2015 年关停、淘汰落后产能 42 万千瓦,淘汰全市 4 吨以下燃煤锅炉 771 台	1. 积极推进太阳能光伏并网发电工程建设,大力发展太阳能光伏发电与建筑一体化、太阳能照明等分布式太阳能发电应用系统 2. 稳步推进风力发电 3. 加快水资源开发利用,重点推经易县、阜平等地区的小水电项目建设		积极开展生物质能的利用

资料来源:根据各试点省市低碳试点工作实施方案以及《深圳市低碳发展中长期规划》等配套政策整理。

表2 各试点地区低碳交通规划概况

地区	优先发展公共交通	发展慢行系统	新能源汽车	发展智能交通	其他
广东	提高城市公交覆盖面和短途公路客运班车按公交化模式运行比例。发展城际轨道交通		落实鼓励新能源汽车推广应用和产业发展的政策措施。提升新能源汽车产业技术水平。实施新能源汽车推广应用示范工程	建设智能交通物联网示范工程、完善公交应急机制，推进公路联网收费及电子不停车收费（ETC）	加快交通基础设施建设。发展现代物流，推进实施"绿色货运"项目。发展综合交通运输体系，争取实现各种交通运输方式之间的零距离换乘
辽宁	逐步建立起以公共汽（电）车和轨道交通为主体的城市公共交通体系。合理推进城市（际）功能快速交通（包括城际快速交通）的规划建设		积极协调液化石油气、压缩与天然气、液化天然气、生物柴油以及纯电动力、混合动力等新能源和清洁动力汽车的推广使用	推进智能交通管理系统和现代物流信息系统建设，提高交通运输组织管理现代化、智能化、科学化水平	
湖北	实施"公交优先"战略，开展公交示范城市建设，加快建设轨道交通和快速公交系统（BRT），加快公交交通场站和换乘枢纽建设		发展新能源汽车产业（主攻插电式混合动力汽车、纯电动汽车），鼓励推广新能源汽车等新型清洁能源和清洁燃料车辆	扩大高速公路联网不停车收费应用规模，完善公众交通出行信息系统和现代交通信息公共平台的功能	加快多种运输方式高效衔接，实现客运"零换乘"，货运"无缝衔接"
陕西	实施"公交优先"战略，协调政府加大对城市公共交通的投入，大力发展城市公共交通		公交车新能源改造试点工程：在西安等具备条件的城市公交上推广新能源城市公交车，电能、太阳能、氢能等清洁能源利用，开展新型清洁能源改造试点工程，降低碳排放量	重点加强联网不停车收费、电子证件、物流公共服务平台等关键技术研发与推广	做好交通运输节能减排工作，深入开展"车船路港"千家企业低碳交通专项行动
云南	积极推进城市轨道交通和城际高速铁路建设，加快昆明市经轨交通建设，在滇中城市群实现城际快速轨道交通网络		组织实施好昆明市节能与新能源汽车示范推广的试点工作，到2012年发展千辆新能源汽车，其中公交汽车占75%	大力推进智能交通管理系统和现代物流信息系统建设，提高交通运输组织管理的现代化、智能化、科学化水平，降低运输工具空驶率，推进各种运输方式间的协调发展	加快淘汰老旧、高耗能、高排放的汽车，以新型节能车辆代替高耗油老旧车辆，到2015年，营运车辆全部达到燃料消耗量限值标准要求

续表

地区	优先发展公共交通	发展慢行系统	新能源汽车	发展智能交通	其他
天津	发展公共交通,加快城市轨道交通建设;加大政府对公共交通的投入和补贴力度	提出完善自行车和步行道路系统,营造良好的自行车步行空间环境,引导市民选择"自行车步行+公交/地铁"的绿色出行模式	大力发展节能与新能源汽车	在中新天津生态城构建以公共交通和非机动车交通为主导的绿色交通设施和环境,建立智能化交通管理系统	完善城市资源配置,探索紧凑型道路的建设
重庆	发展快速交通系统,快速推进轨道交通建设,形成完善的轨道交通网络,构建一体化公共交通体系	在有条件的区域建立由轨道交通和步行构成的慢行交通体系	推广应用新能源汽车,建立电动汽车充电网络;推广使用CNG汽车、电动汽车,小排量、轻型化和环保型汽车,推广节能惠民工程和节能汽车推广目录中的车型	推进智能交通网络体系建设	推进城市室内照明、公路和隧道照明、市政装饰的半导体照明应用示范和推广普及
深圳	实施公共交通引导城市开发(TOD)和公交优先发展战略,构建以轨道交通为骨架、常规交通为网络、出租车为补充、慢行交通为延伸的一体化公共交通体系,加强轨道交通与常规交通的协作配合	加快建设步行和自行车交通系统。结合深圳市绿道网建设,推进慢行交通网建设,推进慢行交通和配套设施建设,积极营建城市慢行系统氛围。逐步建立公共自行车系统	示范推广新能源汽车,抓紧示范推广新能源汽车(或充电桩)建设标准以及配套政策	通过完善道路交通网建设,交通运行信号和交通信息平台建设,建立和完善智能交通管理系统	强化交通运输节能减排,提高车辆能效和排放的市场准入门槛。建立交通行业能源消耗和污染物排放统计和监测制度
厦门	推动BRT和轨道交通建设。调整优化公交常规公交线路,继续提高公交出行分担率	规划建设自行车道和人行道等慢行交通系统,包括滨水休闲步行系统,山体健身路径等,完善城市步行网络	完成国家"十城千辆"节能与新能源汽车示范推广试点工作。控制高耗能、高排放车辆进入运输市场。促进新能源汽车发展,加强配套建设	加强智能交通系统建设,完善交通组织与管理,提高道路场通率	全面推行在用机动车环保检验合格标志管理,提高绿标车和黄标车发放标准

续表

地区	优先发展公共交通	发展慢行系统	新能源汽车	发展智能交通	其他
杭州	突出"公交优先"政策,推进公交一体化进程,构筑六位一体的大公交系统	结合社区支路、景观支路、游步道等,建设自行车、步行道系统	鼓励购买小排量、新能源等环保节能型汽车,发展低排放、低能耗交通工具	积极推进智能化交通设施建设,建立实时、准确、高效的运输综合管理系统,减少迂回运输、重复运输、空车运输,降低碳排放	大力推进地铁、城际铁路等轨道交通发展,建设地方铁路专线(杭州－淳安);加强交通基础设施建设和行业管理
南昌		发展"免费自行车"服务系统	鼓励购买节能型汽车、新能源等环保低排放汽车,推广使用电动汽车	发展智能交通系统,全面推进城市交通信息化动态管理,推进多种交通方式无缝对接	严格执行排放标准;加快轨道交通建设;加速水运现代化建设
贵阳	实施"公交优先"发展战略,加快贵阳市轻轨1号线,2号线,贵(阳)开(阳)高速铁路,永(温)久(长)货运铁路建设,使贵阳市与金阳新区、浏区(市)县之间的主要交通方式向轨道交通转变,提高运行效率		鼓励使用节能环保型车辆,积极开发、生产清洁车用能源,鼓励交通运输工具使用液化天然气、醇类等清洁燃料		加快金阳新区建设开发,合理配置商业及教育、医疗等公共服务设施,缓解老城区人口、交通压力,有效地减少城市道路交通的能源需求
保定	优先发展公共交通	提倡步行和自行车出行,适度控制小车出行比例	积极调整交通能源结构,大力推进新能源车辆的普及和推广。到2015年全面完成城市公共交通油改气工作;到2020年城市公交车辆全部采用新型能源车辆		

资料来源:根据各试点省市低碳试点工作实施方案以及《深圳市低碳发展中长期规划》《陕西省综合交通运输"十二五"规划》等配套政策整理。

表3 各试点地区建筑节能规划概况

地区	既有建筑节能改造	新建建筑	公共机构节能	可再生能源建筑	节能材料、产品和技术	相关政策
广东	完善激励机制	标准、监督管理、绿色标识	能耗监测、用能管理	太阳能热水一体化发电、地热、农村(太阳能)	节能环保空调	《广东省民用建筑节能条例》(2011年3月30日通过);《广东省绿色建筑评价标识管理办法》(试行)(粤建科函[2011]527号)
辽宁	既有公共建筑节能改造激励政策	建筑能效标识制度、绿色建筑标志制度	政府办公公共建筑和大型公共建筑率先实现节能标准	太阳能、地源热泵、一体化、农村(太阳能热水)	加大产品研发、示范和推广	
湖北	结合建筑维护和城市街道整治"平改坡"等旧区改善工程进行	标准、标识	能耗统计、审计、公示、定额、监测、监管	太阳能热水系统建筑一体化、地源热泵、太阳能光伏发电建筑一体化	高效节能产品、绿色照明、能量回收技术	《2012年度全省建筑节能工作意见》(鄂建墙[2012]2号)(2012-3-30);《湖北省绿色建筑评价标准(试行)》(2010年6月印发);《湖北省绿色建筑评价管理实施细则(试行)》(鄂建文[2010]101号)
陕西	完善激励机制,加强节能改造	标准、能效专项监督管理	高效能空调、照明系统和办公自动化系统	太阳能热水、光伏、地热、农村(太阳能)	新型墙体材料	《居住建筑节能设计标准》陕发[2012]83号;《关于全面推进供热计量改革促进建筑节能工作的意见》陕政办发[2010]77号
云南	加强既有建筑的节能改造,对高耗能公共建筑进行节能改造	标准、监管	节能改造	太阳能光热建筑一体化、太阳能光热与地源热泵结合系统应用示范建筑	节能建筑材料	《云南省民用建筑节能设计标准》(征求意见稿)(2011年8月)

续表

地区	既有建筑节能改造	新建建筑	公共机构节能	可再生能源建筑	节能材料、产品和技术	相关政策
天津	以"平改坡"、供热计量和节能改造为重点;ESCO①	标准、绿色建筑认证示范	能耗定额、能源统计、审计、公示		绿色楼宇建设	《天津市建筑节约能源条例》2012年5月9日通过;《天津市节约能源条例》2012年5月9日通过
重庆		标准、标识		应用浅层热泵技术,推进可再生能源示范工程	新型节能墙体材料、新型节能建材	《重庆市绿色建筑评价标识管理办法》(试行)(渝建〔2011〕117号);重庆市建筑节能管理条例(征求意见稿)
深圳	大规模节能改造既有公共建筑低碳改造示范项目	条例、标准	改造、统计与监测	太阳能光伏一体化	推广使用节能设备和新能源产品	《深圳经济特区建筑节能条例》(2006年);《公共建筑节能设计标准实施细则》(2009年);《深圳市建筑节能与绿色建筑"十二五"规划》(2011年);《深圳市绿色建筑促进办法(草案)》发布(2012年4月6日)
厦门	墙体、耗电设备	标准	合同能源管理方式(围护、空调、办公、照明)		节能照明、新型墙体	《厦门市绿色建筑评价标识管理办法》(厦建科〔2009〕22号)(2009-9-2);厦门市关于国家机关办公建筑和大型公共建筑能耗监管的三个管理办法和一个实施细则②

续表

地区	既有建筑节能改造	新建建筑	公共机构节能	可再生能源建筑	节能材料、产品和技术	相关政策
杭州	试点,能节能改造	条例、标识,能效专项检测、监督	能耗监测、节能改造	太阳能光电、光热一体化	新材料、新技术	《市政府办公厅关于印发杭州市建筑节能示范工程管理暂行办法的通知》杭政办函[2011]123号;《杭州市建筑业"十二五"发展规划》杭建市发[2011]95号
南昌	电器照明	标准	标准和办法、能耗监测	太阳能热水、光伏、地热、农村(太阳能)	绿色照明、保温材料	《关于进一步加强新建建筑节能管理工作的通知》南昌市建委[2010]169号文
贵阳	对非节能居住建筑、大型公共建筑和党政机关办公楼,逐步推进节能改造	标准	节能标准门槛、能耗使用定额预算标准和用能支出标准、能源审计		节能门窗、墙体保温隔热,建筑物遮阳、绿色照明	《贵阳市民用建筑节能条例》(2011年12月23日贵阳市第十二届人民代表大会常务委员会第四十次会议通过,自2012年6月1日起施行)
保定	集中供热、节能电器、建筑热计量设备安装普及		标准、验收、任务指标	太阳能、地热、农村(沼气、生物质)	农村	《保定市"禁实""禁粘"考核达标验收管理办法(试行)》(2010年3月26日)

注：①ESCO——中文名为节能服务公司，又称能源管理公司，在中国又称为Energy Management Company，是一种基于合同能源管理机制运作的、以赢利为目的的专业化公司。

②即《厦门市国家机关办公建筑和大型公共建筑能耗统计管理办法》《厦门市国家机关办公建筑和大型公共建筑能源审计管理办法》《厦门市国家机关办公建筑和大型公共建筑能效公示管理办法》和《厦门市国家机关办公建筑和大型公共建筑能源审计细则》。

资料来源：根据各试点省市低碳试点工作实施方案整理。

表4　各试点地区低碳工作政策内涵创新要点汇总

试点	基于节能的产业结构调整	新能源产业	能源消耗结构调整	低碳交通	低碳建筑	低碳生活	碳汇能力建设
广东	加快发展先进制造业,优先发展现代服务业,加快发展低碳农业,发展循环经济	发展核电、风电、太阳能	优化发展火电;在确保安全的前提下积极发展核电,发展太阳能、风电,生物质能,因地制宜发展农村适用清洁能源,培育发展其他新兴能源,提高天然气应用比例	发展综合运输体系,优先发展公共交通,推广应用新能源汽车,发展智能交通,加快交通基础设施建设	推进既有建筑节能改造,严把新建建筑节能准入关,推广节能环保空调,推广可再生能源在建筑中的应用	倡导低碳生活方式,宣传低碳理念。加强各级、各部门领导干部对气候变化方面的专题培训。大力推广使用低碳产品,引导市民转变消费观念和消费模式	增加森林碳汇,加强生态系统修复与保护,建设绿道绿网,推进城乡绿化
辽宁	积极发展信息、新材料、节能环保产业等产业,加快发展服务业,推动传统产业低碳化	发展核电、风电、光伏发电、生物质利用	优先发展火电;大力发展智能电网;加快油气勘探开发利用;科学利用浅层地温和地热资源;探索利用海洋能;适时启动天然气电站建设	逐步建立起以公共汽(电)车和轨道交通为主体的城市公共交通体系,积极推广液化石油气、压缩与天然气、液化天然气、纯动力、混合动力等代用燃料和清洁用燃料车的推广使用,推进智能交通管理系统和现代物流信息系统建设	既有公共建筑节能改造激励政策;建筑节能效标识制度、绿色建筑标志制度;政府办公建筑和大型公共建筑率先实现节能标准;太阳能、地源热泵、一体化,农村太阳能热水;加大产品研发、示范推广	加大舆论宣传引导力度,通过举办活动倡导低碳生活方式。不断增加低碳产品和服务的供给,推进公共建筑低碳消费,推进城市建设的节约化、低碳化,倡导城市景观建设的生态化、低碳化。推广低碳技术	坚持以优先保护和自然修复为主,建立和完善生态补偿机制,加大生态保护和建设力度,实施重大生态修复工程

续表

试点	基于节能的产业结构调整	新能源产业	能源消耗结构调整	低碳交通	低碳建筑	低碳生活	碳汇能力建设
湖北	进一步发展先进制造业，大力培育发展高技术产业和战略性新兴产业，全面加快现代服务业发展，加快发展低碳农业	发展核电、水电、太阳能、生物质能、风电	优化发展火电，整合利用水电资源，积极开发利用太阳能，有序发展生物质能，适当开发风能	优化交通运输结构，大力推广应用新能源汽车，发展智能交通	严格执行建筑节能标准，大力推进可再生能源建筑应用，稳步推进既有建筑节能改造，推广高效节能设备和绿色照明	建立低碳生活的教育宣传机制，确立低碳消费的社会机制	增加森林碳汇，加强生态综合治理，合理布局城市各级公园及公共绿地，有效利用城市防护绿地体系与生产绿地，建设碳汇体系
陕西	大力发展高端制造业，加快发展现代服务业，积极发展壮大战略性新兴低碳农业	发展水电和风力发电产业，壮大光伏产业，发展新能源装备制造业	调整能源结构，提高非化石能源比重；加速风能、水能、太阳能等新能源开发利用；稳步发展生物质能及其他能源，稳步推进天然气、煤层气的开发利用；优化煤炭电结构；加快煤炭综合清洁利用	实施"公交优先"战略，协调政府加大对城市公共交通的投入，大力发展城市公共交通	严格执行建筑节能标准，大力推进可再生能源建筑应用，推广节能环保空调；推广可再生能源在建筑中的应用	深化宣传教育，开展低碳宣传活动，引导保持低碳生活理念	加强秦岭"碳汇库"建设，加强防护林体系建设，强化重点区域绿化工程
云南	优化产业结构和布局，推动现代服务业发展，积极培育壮大战略性新兴产业	大力发展水电、风能、太阳能、生物质能。加大金沙江中下游、澜沧江等水电基地的开发	优化能源结构，发展无碳和低碳能源，充分发挥云南省可再生能源优势，在	积极推进城市轨道交通和城际高速铁路建设，组织实施好昆明市	强化新建建筑的节能监管；积极推广各种节能建筑材料在新建建筑中的推广应用；	加强低碳发展和应对气候变化的宣传教育，提高公众的低碳意识，营	加强建设"森林云南"为目标，切实加强林业生态建设，进一步增强森林碳汇能力；

试点	基于节能的产业结构调整	新能源产业	能源消耗结构调整	低碳交通	低碳建筑	低碳生活	碳汇能力建设
云南	业，积极发展低碳农业，利用先进技术和高新技术改造传统产业，逐步形成以低碳排放为特征的产业体系	步伐，积极推进怒江水电基地的开发建设；在3个风能开发最佳区域优先布局，续建和新建20多个风电场；发展太阳能光伏、光伏发电，推进能源光伏发电与建筑结合的太阳能光伏利用，并开拓太阳能光伏应用；积极发展生物质能和光伏利用在工农业的应用；积极发展生物柴油原料种植业，推进生物柴油加工和基地建设，推进燃料乙醇生产能力建设	保护生态的基础上，加快开发水电、大力发展风电、太阳能、生物质能等新能源，把云南建成国家重要的低碳能源基地；拓展天然气、煤层气开发利用，提高清洁能源使用比重	节能与新能源汽车示范推广的试点工作，大力推进智能交通管理系统和现代物流信息系统建设，加快淘汰老旧、高耗能、高排放的汽车，以新型节油车辆替代高耗油老旧车辆	对高耗能公共建筑进行节能改造；积极开展可再生能源在建设领域的推广	造全社会关注、参与和支持低碳发展的浓厚氛围；倡导低碳生活方式，尽量减少"面子消费、奢侈消费"，把低碳理念融入公众的日常生活中	以创建生态园林城市为重点，进一步完善城市绿地系统，推进城市园林绿化，增加城市碳汇；利用云南碳汇潜力大的优势，积极开展碳汇造林，发展碳汇经济
天津	发展航空航天、石化等产业；生物技术、新材料；生活性服务业、新兴服务业；促进传统产业低碳化升级改造；积极发展沿海现代农业	发展太阳能、地热、风力发电，光伏发电、风力发电，生物质能发电，新能源的科技研发和产业化应用	优先发展非化石能源，提高天然气利用比例；调整优化火电项目；推进燃煤锅炉改燃或拆除并网工程，重点推进燃煤锅炉、传输系统等重点部位节能降碳先进技术的应用，加快淘汰落后的发电机组和小规模分散式的燃煤锅炉	发展公共交通，加大政府对公共交通的投入和补贴力度，完善自行车和步行道路系统，大力发展节能与新能源汽车，建立智能化交通管理系统，完善城市资源配置，探索紧凑型道路的建设	既有公共建筑节能改造激励政策	培养低碳消费习惯，低碳社区示范	继续搞好"三北防护林"，沿海防护林建设和京津风沙源治理工程。开展植树造林工程，加快实施道路、河流两侧绿色通道建设。因地制宜，改造低效林和灌木林，增强林业碳汇能力

续表

试点	基于节能的产业结构调整	新能源产业	能源消耗结构调整	低碳交通	低碳建筑	低碳生活	碳汇能力建设
重庆	加快转变经济发展方式,调整资源化产业结构,发展资源循环经济,加强资源综合利用和废弃物的资源化利用;大力发展电子信息产业、节能环保装备制造业;支持现代物流以及金融、科技、咨询、信息、服务外包等高端产业发展;发展多样性农业;规划建设低碳产业园	大力发展水电、风电、核电、太阳能。挖掘水电开发潜力,新增水电装机容量165万千瓦,创新水电开发机制,推进流域精细化开发。合理规划风电项目,大力推进风电场建设。积极推进生物质发电,燃料乙醇等生物质液体燃料示范应用。推进核电发展。制定补贴政策鼓励与农村经济发展关系密切的太阳能、小水电、沼气、生物质气化等分布式能源发展	合理控制能源消费总量,优化能源消费结构,提高非化石能源在一次能源消费中的比重。大力推进煤炭的绿色生产与清洁利用;强化天然气利用,形成以电力为核心,以煤为基础,以天然气为补充的可靠、经济、清洁、低碳的多元化能源保障体系;推动智能电网和分布式供能系统发展	发展快速交通系统,快速推进机动车交通建设,在有条件的区域建立由自行车和步行构成的慢行交通体系,推广应用新能源汽车、电动车充电网络,推进智能交通网络体系建设;推进城市室内照明、公路和市政隧道照明、市政装饰的半导体照明应用示范和推广普及	编制重庆市低碳建筑标准;推广应用新型节能墙体材料、新型节能建材;优化建筑设计,推行绿色施工;实施建筑运行节能,推广可再生能源建筑示范工程	培育公众低碳意识,逐步减少一次性用品;抑制商品过度包装;限制使用塑料购物袋;鼓励家庭和公共节能;绿色低碳,开展重点小城镇绿色低碳示范工程	建设"森林重庆"。增加林业碳汇,开展绿化长江重庆行动,建设城市森林工程,建设农村森林工程,建设通道森林工程,建设苗木基地工程
深圳	大力发展低碳新兴产业,巩固低碳优势产业,推进传统产业低碳化,加快培育发展减碳产业	发展核电、风电等新能源产业	提高清洁能源利用比例,降低能源生产部门的碳排放,推进电网智能化建设	构建低碳交通网络,推进交通节能减排,大力发展轨道交通、公共交通,推广新能源汽车	推广绿色建筑和既有建筑节能改造,降低公共机构能耗	促进形成低碳生活方式,开展低碳教育和宣传,开展低碳示范,倡导低碳生活方式	加强生态保护与建设,提升森林碳汇能力,构建城市碳汇体系

371

试点	基于节能的产业结构调整	新能源产业	能源消耗结构调整	低碳交通	低碳建筑	低碳生活	碳汇能力建设
厦门	突出结构减排，加强与台湾低碳产业和技术的合作，加快发展现代服务业，推进工业节能降耗，发展低耗能工业	发展太阳能光伏产业，加大与台湾地区产业对接与合作	减少燃煤使用，提高低碳清洁能源使用比例，积极发展可再生能源，加快智能电网建设	大力发展绿色交通，加强质量建设，规划慢行交通系统，促进节能环保型汽车的发展，全面推行机动车环保检验合格标志管理	严格加强建筑节能管理，推进既有建筑的节能改造，积极推广绿色建筑，发展绿色精装房	合理城市规划，推广绿色照明，低碳生活方式推广，倡导绿色消费，加大新型清洁能源在社区的推广和应用，完善再生资源回收利用体系	污染物减排与治理；环境保护与治理；提升人居环境质量，创建国家森林城市
杭州	积极发展十大低碳重点产业；建设一批低碳产业集聚区；改造提升一批传统产业；加快拓展静脉产业集群；推动低碳创业	发展风力发电和潮汐发电设备制造产业；巩固发展核电设备制造产业	推广应用太阳能、空气（地）热能、垃圾综合利用和沼气利用；加强工业节能减碳，加快能源结构调整与优化	加快推进"公交优先"战略；大力发展公共自行车，加强交通智能化管理，积极推进交通运输节能，严格执行机动车排放标准	推动太阳能光电、光热系统与建筑一体化设计；空调节能，水源热泵等技术应用。加强建筑节能专项监督检查，逐步建立建筑能耗统计和建筑能效标识制度	加强舆论宣传，组织开展全民节能减排行动，推进全国第二批再生能源回收体系建设试点城市工作，建设中国杭州低碳科技馆，开展低碳主题科普宣传进校园活动，倡导低碳理念，试行垃圾分类管理	建设国家森林市，开展全民义务植树活动，建设城市生态带
南昌	LED（半导体照明）产业；服务外包产业；文化旅游产业；新能源汽车产业；航空制造业；现代物流业；新能源装备制造产业；生物与新医药产业；新材料产业	太阳能光伏、新能源装备制造产业	提出了推广可再生能源（包括太阳能、地热能、生物质能），积极引入核电，提高天然气利用比重	严格执行排放标准，加快轨道交通建设，加速水运现代化，建设智能交通网络，发展"免费自行车"服务系统	执行建筑节能标准相关法规。发展节能型建筑，新建、改建、扩建的民用建筑严格执行节能50%的设计标准	提高低碳意识，优化城市规划，开展教育培训，倡导低碳生活	发展碳汇产业，努力建成国家森林城市，继续开展碳汇能力，推进造林绿化"一大四小"工程，建设"森林乡，花园南昌"

续表

试点	基于节能的产业结构调整	新能源产业	能源消耗结构调整	低碳交通	低碳建筑	低碳生活	碳汇能力建设
贵阳	大力推动服务业发展，主要包括旅游业大力发展低碳旅游业，打造中国低碳会展城市，发展低碳物流产业，改造提升资源型产业，着力推进先进制造业，推进传统工业低碳化；加快发展生物医药、装备制造新兴产业和战略新兴产业，加快产业园区建设，推进产业集群发展	大力发展水能、地热、太阳能、生物质能。加快太阳能资源开发，增加水电的供应比例；推进绿色建筑、低碳社区的应用；在城市和农村有条件的地区推广太阳能热水器；加快中型沼气池气池的建设，提高生物质能在农村生产、生活用能中的比例	加快水能资源开发，增加水电的供应比例；推进绿色建筑、低碳社区的应用；在城市和农村有条件的地区推广太阳能热水器；加快中型沼气池的建设，提高生物质能在农村生产、生活用能中的比例	实施"公交优先"发展战略，加快轻轨、高速铁路、货运铁路建设，向轨道交通方式转变，提高营运效率；鼓励使用节能环保型车辆，积极开发生产清洁车用能源；加快清洁能源新能源公交车生产	推进建筑节能，发展低碳绿色建筑，大力推广建筑节能产品与技术，减少使用人工空调制冷和供暖负荷，加强低碳、水冷利用和调节节电，推广利用环保型材料，对既有建筑进行节能改造，供热计量以"平改坡"，供热计量和节能改造为重点；大力推动公共建筑节能，设立政府采购节能标准推行榜，推进电子化办公等	加强低碳宣传，倡导在日常生活中的衣、食、行、用方面形成低碳生活方式与消费模式；鼓励市民乘坐公共交通，选择公交、步行等低碳出行方式；引导市民实行住房节能装修，推广应用节能型灯具等高效节能产品；倡导减少和一次性用品的使用	加强森林资源管理，加强野生动植物及绿地资源保护；加大生态公益林建设及保护，巩固退耕还林成果的补植补造。"两湖一库"林业生态建设。主要干道石漠化治理，采石迹地绿化建设，增加城市绿地面积，逐步实现"城郊区园林化、郊区森林化、庭院花园化"、林荫化，庭院花园化林
保定	发展先进制造业（汽车及零部件），电子信息及新材料；全面提升现代服务业（旅游、文化、创意、动漫）；加快发展现代农业（规模化集约化）；节能改造（电力行业、纺织行业）、节能行业等	积极推进太阳能光伏并网发电工程建设，大力发展太阳能光伏发电与建筑一体化，太阳能照明等分布式太阳能发电应用系统，稳步推进风力发电，积极开发水资源开发利用，重点推动易县、阜平等地区的小水电项目建设	重点推进燃煤锅炉、传输系统等重点部位节能降碳先进技术的应用，加快淘汰落后的发电机组和小规模、分散式的燃煤锅炉；推动气电、太阳能等可再生能，以及垃圾和秸秆等生物质能发电，提高电力装备的高效能，节能产品推广使用	优先发展公共交通，提倡步行和自行车出行，适度控制小汽车出行比例，积极调整交通能源结构，大力推进新能源车辆的普及和推广集中供热、节能计量及集中供装置普及	集中供热、节能电器、建筑热计量设备安装普及	建设低碳示范区（村镇），引领广大群众逐步确立低碳生活方式和消费模式	植树造林活动，建设环城林带，城郊森林公园，推进经济型生态防护林和农田林网建设。加快河流、水库、淀区等水体沿岸和道路两侧的植树造林

资料来源：根据各试点试点省市低碳试点工作实施方案以及《深圳市低碳发展中长期规划》整理。

373

表 5　各试点省市低碳政策工具创新概况汇总

工具类型	政策工具	地区	年份	政策内容
命令与控制工具	强制标准	广东	2011	《广东省民用建筑节能条例》对新建建筑节能施行强制性标准。具体规定包括不符合标准的不得颁发施工许可证，不予验收备案，买家可要求返修、赔偿等；新建的建筑应用条件的就必须安装太阳能热水系统；在既有建筑节能、建筑用能系统运行节能、可再生能源的应用等方面施行规范验收，对超过用电限额的征收超额附加费
		南昌	2012	修改《南昌市机动车排气污染防治条例》：排放污染物超过国家规定排放标准的机动车上路行驶的，由市环境保护行政管理部门责令限期治理，经排气污染治理，经行政管理部门复检合格后方可行驶
		湖北	2012	湖北省严格执行节能建筑标准，对变更建筑节能设计的，必须重新履行施工图审查程序，并不得降低节能设计标准；对新建高层建筑，大力推广应用外墙自保温系统，限制采用外墙外保温；12层以下新建居住建筑要求应用一种以上可再生能源
		厦门	2010	《厦门机动车环保标志制度》根据机动车发动机的排放标准，核发"绿标"和"黄标"。核发基本结束后，将适时对无环保标志及黄色环保标志的汽车采取禁行，限行措施
		深圳	2012	深圳市新建需按绿色建筑设计管理，对不符合标准的建设采取罚款，不得办理手续等措施
		云南	2011	云南制定和实施政府机构能耗使用定额标准和用能支出标准，实施政府内部日常管理的节能细则
		贵阳	2010	贵阳市采购绿色政府采购政策。对任何公共支出用途均设立节能评估标准，设立政府采购的节能门槛；针对政府机构电耗、油耗、气耗等能耗科目，制定和实施政府机构能耗使用定额预算和用能支出标准
		天津	2011	《天津市机动车排气污染防治管理办法》：对于环保检验不符合标准的机动车或者排气污染检测不合格的机动车，以及生产、销售不符合强制性标准的车辆的企业，环境保护行政主管部门予以罚款或查处
		天津	2012	《天津市节约能源条例》：固定资产投资项目建设单位开工建设不符合强制性节能标准的项目或者将该项目投入生产、使用的，由节能行政主管部门责令停止生产、使用，限期改造。在商品生产、销售的过程中若有不符合节能降耗标准的生产单位，市节能行政主管部门有权采取相关治理措施
		保定	2012	保定市启动"黄标车"淘汰机制，分期分批确定2005年前注册的"黄标车"淘汰期限，规定对未按期完成淘汰任务，老旧机动车转入我市
		辽宁	2012	辽宁省煤炭局下发《关于加快推进淘汰煤矿》企业兼并重组工作方案》，规定对未按期完成兼并重组或关闭任务，以及技术改造其煤矿建设项目核准，暂停采矿许可证延续等措施

续表

工具类型	政策工具	地区	年份	政策内容
	强制任务	天津	2011	《开展天津市万家企业节能低碳行动》:将211家企业（单位）纳入万家企业节能低碳行动名单,在"十二五"期间需完成486万吨标准煤的节能量任务
		云南等	2010,2011	云南、湖北、重庆、陕西、杭州、南昌等地从获批试点以来,每年编制《淘汰落后产能公告名单》,并根据名单在年底完成淘汰落后行业、企业的任务
		湖北	2012	湖北省对未按期完成落后产能淘汰任务的市,严格控制国家和省安排的投资项目,暂停对该地区重点行业建设项目办理审批、核准和备案手续;对未按期淘汰的企业,依法吊销排污许可证、生产许可证和安全生产许可证;对建假淘汰行为,依法追究企业负责人和当地政府有关人员的责任
命令与控制工具		保定	2012	保定市政府要求将市区公交车用1年时间,长途客运车辆单程300公里以内且适于使用LNG的车辆利用5年时间完成"油"改"气"工作
	吊销许可证	湖北	2012	湖北省对未按期完成落后产能淘汰任务的市,严格控制国家和省安排的投资项目,暂停对该地区重点行业建设项目办理审批、核准和备案手续;对未按期淘汰的企业,依法吊销排污许可证、生产许可证和安全生产许可证;对建假淘汰行为,依法追究企业负责人和当地政府有关人员的责任
	行业准入制度	厦门	2011	厦门市实行行业准入制度,政府从法规上设置准入门槛,对国家禁止发展的行业和在厦门无竞争能力的劣势产业,在规定期限内应予以关闭或转移
		陕西	2011	《陕西省循环经济促进条例》(2011年7月22日):县级以上人民政府按照合理利用资源、减少废物排放的原则,限制高耗能、高耗水、高污染、高环境风险的建设项目的建设和发展,淘汰落后工艺、技术和设备,实现传统产业技术升级。固定资产投资项目未进行节能审查,或者节能审查未获通过的,项目审批、核准机关不得审批、核准,建设单位不得开工建设
经济激励型工具	设立低碳试点专项资金	广东	2011	低碳发展专项资金
		湖北	2011	低碳发展专项资金
		云南	2011	省级低碳发展引导专项资金
		天津	2011	研究设立天津市低碳城市建设专项资金,加大对重点项目、低碳技术研发和能力建设的支持力度。滨海新区设立低碳经济发展专项资金,自2011年起,连续3年,滨海新区及各管委会共安排18亿元,用于支持新能源产业发展
		杭州	2010	提出成立"低碳城市专项资金"
		南昌	2011	提出设立市低碳发展专项资金,列入市财政预算,加大对低碳产业的扶持力度

375

续表

工具类型	政策工具	地区	年份	政策内容
经济激励型工具	其他低碳相关资金	杭州	2010	杭州市成立50亿元的低碳基金
		南昌	2011	五年内投资817.39亿元打造超低碳城市。其中投资光伏项目62.85亿元;投资LED项目108.68亿元;投资服务外包25.71亿元;投资文化旅游160.95亿元;投资低碳技术服务平台6.67亿元;投资低碳交通331亿元;投资其他低碳项目121.53亿元
		陕西	2012	陕西省环保产业发展专项资金
		云南	2010,2012	节能减排专项资金(2010年),战略性新兴产业发展专项资金(2012年)
		重庆	2011~2015	市级节能专项资金
		深圳	2012	循环经济与节能减排专项资金
		厦门	2012	修订"环保专项资金"管理办法(2012年)
		杭州	2010,2012	太阳能光伏发电推广专项资金(2010年),低碳产业基金(2012年),生态建设专项资金(2012年)
		贵阳	2011	市级循环经济发展专项资金
		保定	2006	"中国电谷"新能源产业发展基金(2006年)
		辽宁	2011,2012	提出建立辽宁省创业投资引导基金(如设立新能源和低碳产业投资基金)(2012年),推动设立辽宁新能源和低碳产业投资基金(2011年3月8日)
	碳汇补偿	云南	2011	积极开展碳汇补偿试点工作研究,探索适合云南省情的碳汇生态补偿方案
		陕西	2012	启动碳汇交易和碳汇造林补偿研究,积极开展碳汇补偿试点
	碳排放交易机制	北京等	2011	北京、上海、天津、深圳、重庆、广州、湖北7省区和城市开展碳排放交易机制试点工作
	财税激励政策	保定	2006	保定对"中国电谷"企业进行资金扶持,税收优惠
		深圳	2010	深圳设立全国首个低碳总部基地,人住低碳总部基地的企业将得包括租金补贴,科技研发资金资助,税收补贴,科技经费奖励,低息贷款等一揽子优惠政策
		云南	2011	云南省对低碳产品给予税收优惠等
		天津	2011	在加快天津市节能与新能源汽车示范推广工作方面安排市环保局,市商务委,市科委资金共3000万元,以补贴和专项贷款贴息的方式鼓励绿色经济,低碳技术发展

续表

工具类型	政策工具	地区	年份	政策内容
经济激励型工具	财税激励政策	天津	2011	《鼓励绿色经济、低碳技术发展的财政金融支持办法的通知》：对于新能源及可再生能源的开发利用，按项目投资额30%给予财政补助，最高补助不超过200万元；对于循环经济和生态园区的发展建设，按照不超过项目总投资的10%给予补助，最高补助不超过200万元；对车节能量不低于500吨标准煤工业节能改造项目给予50万～300万元不等的补助用于引进先进技术降低能耗；对于工业通过绿色建筑认证的建筑项目，给予10万～30万元的奖励；对于农村低碳技术应用项目，按实际投资额的20%给予财政补助，最高补助不超过100万元；若企业自愿开展能源审计并按审计要求制定相应节能规划，落实后续自愿实施节能措施的项目及自愿进行清洁生产审核并签订合同的项目，按合同金额的50%给予补助，最高补助不超过20万元
		辽宁	2011	辽宁省设立太阳能光伏发电上网电价财政补贴资金，专项用于扶持"十二五"期间太阳能光伏发电产业发展
		广东	2012	在发电市场中推动清洁高效机组对低效高排放机组子以适当经济补偿，替代低效高排放机组发电。继续落实节能照明产品财政补贴政策，鼓励群众优先选用节能灯具，LED光源。对低碳建筑实行税收优惠减免，财政拨款等激励制度
		广东	2010	建立一次性购车补贴制度，实施电动汽车充电价格优惠和通行、停车优惠
		厦门	2011～2015	财政补贴新能源汽车产业。"十二五"期间，市财政每年安排5000万元专项支持汽车城建设，包括新能源车的发展
		深圳	2010	深圳市正式出台私人购买新能源汽车补贴政策
		深圳	2012	新建建筑按绿色建筑标准设计管理，对于表现优秀的项目进行奖励（贴息、奖金、容积率奖励）
		杭州	2010	杭州市提出了探索利用财政、税收等政策手段鼓励企业低碳改改
	政府采购	云南	2011	云南省对低碳产品给予税收优惠等，并将通过认证的低碳产品列入政府采购目录，政府采购时必须优先采购这些碳产品
		广东	2012	市政工程的建设及改造优先选用高效照明产品，政府采购优先选择节能产品，同等条件下政府采购优先选择新能源汽车产品
		贵阳	2010	贵阳市采取绿色政府采购政策。对任何公共支出用途均设立能源效评估标准，设立政府采购的节能标准门槛

工具类型	政策工具	地区	年份	政策内容
经济激励型工具	优先服务及优先供应	保定	2006	"中国电谷"建设项目，优先保证其项目用地
		广东	2012	对符合条件的低碳发展项目实行优先安排土地利用计划指标，采取"绿色通道"加快用地报批，优先供应土地
		辽宁	2012	提出通过提高土地等生产要素的供给强度等方式鼓励新兴产业的发展
		云南	2011	提出将低碳技术创新研发优先列入省重大科技创新项目等各类科技计划，鼓励低碳关键技术的自主创新
		广东	2011	开设新能源汽车办证绿色通道
	建立低碳认证体系	天津	2011	提出制定滨海新区绿色建筑标准及认证体系
		湖北	2010	绿色建筑评价标准。《湖北省绿色建筑评价标准（试行）》(2010年6月印发)《湖北省绿色建筑评价标识管理细则（试行）》《鄂建文[2010]101号》
		辽宁	2010	研究实施辽宁省低碳产品认证和标识制度
		厦门	2009	绿色建筑评价标识。《厦门市绿色建筑评价标识管理办法》（厦建科[2009]22号）(2009-09-02)
		广东	2011	绿色建筑评价标识。《广东省绿色建筑评价标识管理办法（试行）》（粤建科函[2011]527号）
		杭州	2011	杭州市提出参考ISO 14064和PAS 2050标准，研制碳排放测评和管理标准，建立碳排放自助测算平台，制定"低碳企业""低碳产品"认定地方标准规范
自愿型工具		重庆	2012	重庆获批低碳产品认证试点，低碳产品评价标准和实施方案已经编制完成，履行相关审批程序后，将力争在年底前正式启动认证工作
		保定	2010	研究提出保定市低碳产品认证和标识制度，选择部分行业和产品初步建立低碳标准和标识的认证制度
	认养绿地	湖北	2011	发动社会团体及企事业单位参加认养认证绿地和公园，可以通过授予绿地冠名权或新闻媒体报道等形式对捐资者予以鼓励和嘉奖

续表

工具类型	政策工具		地区	年份	政策内容
信息工具	自愿公开	综合信息平台	广东	2011	广东省知识产权公共信息综合服务平台
			云南	2011	云南省提出建立省级碳信用储备项目库，建立省级碳信用储备平台信息库，为政府机构及企业提供国际碳信用市场需求情况和相关碳信用交易信息，推进省碳信用交易
			天津	2010	滨海建成首家低碳信息平台（泰达低碳经济信息网）
		低碳产品名录	广东	2012	广东省绿色低碳建筑技术与产品数据库；广东省绿色低碳建筑技术与产品目录，广东绿色低碳建筑技术与产品体系名录
			厦门	2011	住宅装修一次到位设计图集，推荐商品住宅一次性装修部品体系名录
	强制公开		天津	2012	天津市研究建立低碳发展绩效考评估考核机制，落实省区县人民政府、市人民政府各部门低碳发展的目标责任分解考评信息，建立健全社会共同与监督机制
			厦门	2010	对机关办公建筑和大型公共建筑实行能耗审计，能耗审计及能效公示
			辽宁	2011	辽宁省为了推动公共机构节能，提高公共机构能源利用效率，发挥公共机构在全社会节能中的表率作用，公布了《辽宁省公共机构节能管理办法》，其中规定管理机关事务工作的机构应当定期公示本级公共机构的能耗状况
			辽宁	2012	建立工作简报制度，辽宁省政府制定《辽宁省经济和信息化委关于全省液化天然气（LNG）推广使用工作方案》，规定省区和相关部门要及时反映推广使用工作进展情况，要建立工作简报制度
			湖北	2011	湖北省按照《湖北省园林城市（县城）评选办法及标准》对已命名的省级园林城市（县城）定期组织复查，实施动态管理。引入公众参与机制，公开向社会征求意见，群众意见较大的，将予以整改或取消称号。

资料来源：厦门市政府，2011；国务院法制办公室网，2011；中国南昌网，2012；湖北建设信息网，2012；新华网，2010；住房和城乡建设部，2012；国务院法制办公厅，2011；保定市政府办公室，2012；辽宁省煤管局，2012；湖北环境保护局，2012；陕西改革新闻网，2011；天津市滨海新区政府，2011；中国绿色碳汇基金会，2011；天津市滨海新区政府，2011；广东省发展和改革委员会，2012；厦门市建设与管理局，2011；人民网，2010；住房和城乡建设部，2012；广东省发展和改革委，2011；中央网络电视台，2010。

表6 各交易所前期主要工作

交易所		主要服务	典型事记
北京	北京环境交易所	碳交易，EMC 融资与节能量交易，排污权交易；低碳转型服务	• 2008 年 8 月 - 挂牌成立 • 2008 年 12 月 - 北京奥运会期间"绿色出行碳行动"所产生的 8895 吨二氧化碳作为生态补偿标指标挂牌 • 2009 年 6 月 - 与纽约-泛欧证券交易所集团旗下 BlueNext 交易所签署战略合作协议 • 2009 年 8 月 - 帮助天平汽车保险股份有限公司购买"绿色出行碳行动"碳减排指标，实现国内自愿碳减排第一单交易 • 2009 年 9 月 - 中欧 CDM 信息服务平台正式上线 • 2009 年 9 月 - 与 BlueNext 交易所共同启动中国第一个自愿碳减排标准——熊猫标准 • 2009 年 12 月 - 正式发布熊猫标准 V1.0 版 • 2009 年 12 月 - 与澳大利亚金融和能源交易所集团（FEX）共同签署全面战略合作协议 • 2010 年 1 月 - 成立我国首个低碳中和联盟 • 2010 年 1 月 - 与兴业银行联合推出国内首张低碳主体认同信用卡——中国低碳信用卡 • 2010 年 3 月 - 携手光大银行推出"绿色零碳信用卡" • 2010 年 4 月 - 与光大银行签署《中国光大银行低碳中和服务协议》 • 2010 年 5 月 - 携手中国节能协会节能服务产业委员会召开中国合同能源管理投融资交易平台新闻发布会 • 2010 年 6 月 - 为中国国际航空公司首个绿色航班提供合规的碳交易服务 • 2010 年 9 月 - 为百度世界大会提供碳中和服务 • 2011 年 2 月 - 正式发布中国低碳指数
上海	上海环境能源交易所	碳自愿减排项目；节能减排和环保技术交易类；合同能源管理等	• 2008 年 8 月 - 挂牌成立 • 2009 年 - 成立上海世博自愿减排交易平台 • 2009 年 9 月 - 与联合国开发计划署合作，建立了南南全球环境能源交易系统 • 2011 年 11 月 - 实现股份制改造 • 2011 年 11 月 - 与兴业银行上海分行签署战略合作协议 • 2011 年 12 月 - 交易所股份有限公司正式揭牌 • 2012 年 4 月 - 与浦发银行签署战略合作协议 • 2012 年 2 月 - 牵手零碳中心联合推出零碳信用置换系统

续表

省市	交易所	主要服务	典型事记
天津	天津排放权交易所	碳中和综合服务；合同能源管理综合服务	● 2008 年 9 月－挂牌成立 ● 2009 年 11 月－完成国内首笔基于规范碳足迹盘查的碳中和交易 ● 2009 年 12 月－签署首笔通过排放权市场达成的合同能源管理项目协议 ● 2010 年 4 月－完成首笔会议中和交易——为国际青年能源与气候变化峰会提供会议碳抵消服务 ● 2010 年 6 月－上线运行自主开发的温室气体自愿减排服务平台 ● 2011 年 6 月－组织大陆首笔基于 PAS 2060 碳中和标准的企业自愿减排交易 ● 2011 年 6 月－为亚太经合会组织低碳城镇会议提供碳中和服务 ● 2011 年 7 月－签署股份转让让交易交易所将所持有的 25% 的股权转让给中油资产管理有限公司 ● 2011 年 12 月－股东变更为中国石油天然气集团公司和天津产权交易中心 ● 2012 年 1 月－为中国节能提供服务产业 2011 年度峰会提供会议碳中和综合服务 ● 2012 年 2 月－协办 2010 中国碳排放交易交易交易所国际峰会
深圳	深圳排放权交易所	气候变化策化策略咨询、低碳管理、碳足迹盘查；产品碳标签；碳排放源和能源审计；碳抵消及 CDM 项目咨询；碳减排项目投资基金等	● 2010 年 9 月－挂牌成立 ● 2010 年 11 月－与北大汇丰商学院等四家单位启动的"碳排放定额标准与交易机制"课题研究正式立项 ● 2011 年 5 月－携手清华大学深圳研究生院联合打造首届零碳盛会 ● 2011 年 6 月－完成增资扩股 ● 2011 年 7 月－推出"低碳大运"自减碳交易平台 ● 2011 年 9 月－与中国饭店协会、深圳中南海滨绿色连锁酒店股份有限公司签署关于行业碳排放标准研究及酒店服务碳标签开发的合作协议
重庆	重庆碳排放交易中心	—	● 2012 年 6 月－挂牌成立
广州	广州碳排放权交易所	碳排放交易	● 2012 年 9 月 11 日－挂牌成立，并与广东省林业厅签署合作推动林业碳汇交易协议；同时与广东塔牌集团股份有限公司、阳春海螺水泥有限公司签署了碳排放权配额认购确认书
湖北	武汉光谷联合产权交易所	—	● 预计 2013 年挂牌

资料来源：相关交易所网站。

表 7 各试点地区建立温室气体统计、监测和考核体系进展

试点	清单编制			监测		目标分解	考核
	清单编制试点	清单编制完成情况	具体编制单位	监测试点	监测情况		考核情况
云南	√	完成省级 2005 年和 2010 年报告初稿	省环科院、省农科院（农业）等四家科研院所			发改委交对 16 个州市进行了二氧化碳排放下降目标分解；省人民政府在 2011 年 4 月 18 日召开的全省"十二五"低碳节能减排工作会议上，与各州市人民政府签订了目标责任书	省发改委开展了 2011 年低碳发展目标考核工作，考核评价结果上报省考评办，由省考评办统一发布
重庆		正在编制市级 2005 年和 2010 年清单	重庆国际投资咨询集团有限公司	√		对各区县（自治县）、重点碳排放企业下达碳减排目标	建立各级政府的目标责任评价考核制度，并纳入一把手考核制度；与重点碳排放企业签订碳减排承诺书，建立奖惩罚层面的考核与惩罚机制
贵阳		对 2009 年的二氧化碳排放情况进行核算	中国人民大学	√	2010 年 12 月，贵阳市温室气体监测项目通过验收，投入使用	根据各区（市、县）和产业部门温室气体排放情况，科学客观地分解温室气体排放目标任务	按年度制定温室气体排放目标和实施方案，并由市人民政府与各责任单位签订目标责任书，进一步明确目标，落实责任，层层分解落实考核指标
辽宁	√	2011 年完成省级 2005 年清单；2012 年 3 月启动省级 2010 年、市级 2005 年和 2010 年编制工作	工业、农业、畜牧业、林业、气象、环科院、国土资源局等部门				

续表

试点	清单编制			监测		考核	
	清单编制试点	清单编制完成情况	具体编制单位	监测试点	监测情况	目标分解	考核情况
天津	√	完成市级 2005 年、2010 年和区县 2010 年清单	以天津市环科院为依托的天津市低碳发展研究中心	√		以温室气体清单为依据,将控制指标科学、合理地分配到各区县,分解落实碳排放控制目标	
保定							
杭州	√(指浙江省)	成立领导小组,开展了市级 2005~2010 年各个年度的工作	市发改委、经信委、统计局、农业局、林水局、环保局、气象局、信息中心、市发展规划院、农科院、环科院、省林科院等	√	建立杭州温室气体监测中心站		
南昌		完成 2009 年碳盘查工作	厦门大学中国能源经济研究中心、英国碳基金公司、阿特金斯顾问(深圳)有限公司	√	2010 年 6 月,南昌温室气体自动监测站通过验收并投入使用	将建立碳减排目标责任制,制定具体的考核方案和评价标准	
陕西	√	完成省级 2005 年清单	陕西省气候中心(工业、土地利用和林业、废弃物处理)和陕西省信息中心(能源活动、畜牧业和农田)		2010 年 12 月,陕西省首个温室气体监测站在西安通过验收,对甲烷、二氧化碳进行 24 小时不间断监测	每年年初,将全省碳减排年度指标分解到各市	

续表

试点	清单编制			监测		考核	
	清单编制试点	清单编制完成情况	具体编制单位	监测试点	监测情况	目标分解	考核情况
广东	√	完成省级2005年清单	中科院广州能源所（工业）、广东省农科院土肥所（农业）		拟建温室气体监测网络	已分解，印发《"十二五"控制温室气体排放工作实施方案》	
深圳							
厦门		开展市级2010年和2011年清单编制				将减排任务分配到各区、部门、重点行业及企业，分解落实碳排放控制目标	
湖北	√	完成省级2005年和2010年清单编制	中国质量认证中心武汉分中心（工业）、湖北省环境科学研究院（城市废弃物）、湖北省林业调查规划院（土地利用变化和林业）		2012年6月，温室气体在线监测系统在武汉安装调试成功，实现了每5分钟显示一次大气中二氧化碳、甲烷、水汽含量指标	分解落实碳强度下降指标，建立碳强度下降目标考核制度	

注："√"表示该省市是相关工作试点。
资料来源：根据"国家低碳省市试点工作交流会"会议材料和其他公开资料整理。

表8　各试点地区低碳智库建设和研究情况比较

试点地区	新机构成立	合作研究机构	相关研究及成果
云南	昆明低碳发展研究中心(2010 - 05 - 26) 云南大学低碳与节能技术研究所(2010 - 12 - 22)	省统计局、云南大学等	开展了《各州市碳排放能源平衡研究》和《云南省碳排放量统计、核算、考核体系研究》等课题
重庆	低碳发展专家委员会和技术委员会 重庆低碳研究中心 W(2010 - 03 - 09) 重庆市低碳发展协会 重庆低碳工业发展促进会(2011 - 03 - 27)	国家发改委、中国科学院、重庆社科院等	《重庆低碳转型研究》
贵阳	低碳发展专家委员会	中国人民大学	《贵阳市低碳发展十二五规划》
辽宁		辽宁省清洁生产指导中心、东北大学	完成辽宁省低碳经济发展战略研究课题
天津	低碳城市发展专家咨询委员会 天津市低碳发展研究中心 W(2011 - 10 - 28) 天津大学低碳建筑国际研究中心(2010 - 12 - 06)	国家发改委能源经济与发展战略研究中心、世界资源所、中科院广州能源所、清华大学核能与新能源技术研究院等	《天津市应对气候变化与低碳发展"十二五"规划》《天津市国家低碳城市试点工作实施方案》《天津低碳生态城市建设及综合评价》等,完成市级2005年、2010年和区县2010年温室气体清单
保定	低碳发展研究院(2011 - 05 - 20) 低碳城市研究会 W(2009 - 05)	清华大学公共管理学院	《保定市低碳城市建设规划》
杭州	杭州市低碳发展研究中心(筹备)	杭州市环科院	承担市低碳建设中的环境问题及对策研究项目
南昌	低碳试点城市专家咨询组 江西低碳经济研究中心 W(2010 - 05 - 26)	南昌航空大学、南昌市规划设计研究总院、江西农业大学、南昌社科院等单位参与低碳城市规划项目	《南昌低碳城市发展规划》
陕西	陕西低碳发展协会(2012 - 03)	省社科院等高校开展专项课题; 各级政府开展理论研究	《陕西省低碳发展知识读本系列丛书》《陕西省低碳发展战略研究》《陕西低碳发展历程研究》《陕西黄河流域农业领域的重大行动专项研究》《陕西气候变化评估报告》

续表

试点地区	新机构成立	合作研究机构	相关研究及成果
广东	广东省低碳发展专家委员会 广东省低碳发展促进会 W（2011-10-25） 广东省低碳产业技术协会 W（2011-11-25） 广东省低碳企业协会 W（2011-11）	组织中科院广东分院、中山大学、华南农业大学等单位设立应对气候变化和低碳发展的研究执行机构	开展了温室气体清单编制，低碳规划、应对气候变化规划、碳排放权交易机制等专项研究，组织建设了温室气体排放综合性数据库
深圳	深圳低碳经济研究会 W（2011-12） 低碳建筑和社区联合研究中心（2012-05） 深圳绿色低碳科技促进会 W（2011-06-14）	与北大深圳研究生院、清华大学深圳研究生院多次举办低碳论坛；中国深圳综合开发研究院参与低碳生态城工作	开展低碳发展立法前期研究、深圳市碳排放总量控制与指标分解研究、低碳发展的评价与考核体系研究、低碳服务业培育与规模化研究等
厦门	低碳试点工作专家小组	厦门大学中国能源经济研究中心、中科院城市环境研究所等	在海洋碳汇、微藻固碳产油、城市环境等低碳领域形成了一批较高水平的研究成果
湖北	低碳试点专家委员会； 湖北工业大学低碳经济与技术研究中心	武汉大学、华中科技大学、中国质量认证中心等	组织省内能源、产业、金融等方面的专家进行了包括汉江流域绿色能源带建设、设立湖北碳基金问题研究、低碳园区评价体系建设、碳交易问题以及低碳商业模式问题等课题研究

注：W 表示该机构已建立网站。

资料来源及说明：各试点省市低碳试点工作实施方案；国家低碳省区和城市试点工作交流会会议交流材料。

参考文献

1. Dhakal，S，2009，Urban Energy Use and Carbon Emissions from Cities in China and Policy Implications. *Energy Policy*，2009，（37）：4208-4219.

2. 仇保兴，2009，《中国低碳城市发展模式转型趋势——低碳生态城市》，《城市发展研究》2009 年第 8 期，第 1~6 页。

3. 国家发改委，2010，《关于开展低碳省区和低碳城市试点工作的通知》（发改气候

〔2010〕1587号），〔2010-07-19〕。

4. 新华网，2011，《中华人民共和国国民经济和社会发展第十二个五年规划纲要》，http：//news. xinhuanet. com/politics/2011-03/16/c_ 121193916. htm，〔2011-03-16〕。

5. 广东省政府，2011，《广东省国民经济和社会发展第十二个五年规划纲要》，〔2011-04-19〕。

6. 湖北省政府，2011，《湖北省国民经济和社会发展第十二个五年规划纲要》，〔2011-02-27〕。

7. 辽宁省政府，2011，《辽宁省国民经济和社会发展第十二个五年规划纲要》，〔2011-06-06〕。

8. 贵阳市政府，2011，《贵阳市国民经济和社会发展第十二个五年规划纲要》，〔2011-03-20〕。

9. 杭州市政府，2011，《杭州市国民经济和社会发展第十二个五年规划纲要》，〔2011-02-10〕。

10. 南昌市政府，2011，《南昌市国民经济和社会发展第十二个五年规划纲要》，〔2011-01-27〕。

11. 厦门市政府，2011，《厦门市国民经济和社会发展第十二个五年规划纲要》，〔2011-04-21〕。

12. 陕西省政府，2011，《陕西省国民经济和社会发展第十二个五年规划纲要》，〔2011-01-30〕。

13. 深圳市政府，2011，《深圳市国民经济和社会发展第十二个五年规划纲要》，〔2011-03-30〕。

14. 天津市政府，2011，《天津市国民经济和社会发展第十二个五年规划纲要》，〔2011-03-22〕。

15. 云南省政府，2011，《云南省国民经济和社会发展第十二个五年规划纲要》，〔2011-07-18〕。

16. 重庆市政府，2011，《重庆市国民经济和社会发展第十二个五年规划纲要》，〔2011-01-24〕。

17. 保定市政府，2011，《保定市国民经济和社会发展第十二个五年规划纲要》，〔2011-05-05〕。

18. 国务院，2007，《关于印发中国应对气候变化国家方案的通知》，〔2007-06-03〕。

19. 国务院，2011，《"十二五"控制温室气体排放工作方案的通知》，〔2011-12-01〕。

20. 能源基金会，2012，《五省八市低碳试点工作实施方案汇编》。

21. Walker，1969，The Diffusion of Innovations among the American States，The American Political Science Review，63（3）：881.

22. 深圳市发展和改革委员会，2010，《深圳市低碳发展中长期规划（2011~2020

年)》。

23. 交通运输部，2012，《关于印发〈建设低碳交通运输体系指导意见〉和〈建设低碳交通运输体系试点工作方案〉的通知》交政法发〔2011〕53号，〔2011－02－21〕。

24. 交通运输部，2012，《关于开展低碳交通运输体系建设第二批城市试点工作的通知》（厅政法字〔2012〕19号），〔2012－02－02〕。

25. 陕西省发展和改革委员会，2011，《关于印发〈陕西省综合交通运输"十二五"规划〉的通知》（陕发改基础〔2011〕1125号），〔2011－07－01〕。

26. 国家发展改革委气候司，2012，《国家低碳省区和城市试点工作交流会会议交流材料》，〔2012－06〕。

27. 南方日报，2011，《2010年广东低碳发展报告发布》，http：//www.ccchina.gov.cn/cn/NewsInfo.asp? NewsId＝27179，〔2011－02－21〕。

28. 广州日报，2011，《广州迎来低碳体验日办公楼空调照明停开一天》，http：//wmgz.gov.cn/201106/14/60089_17327318.htm，〔2011－06－14〕。

29. 中国南昌新闻网，2011，《广东编写〈低碳生活三字经〉》，http：//www.ncnews.com.cn/zt/d2jdtdh/dtsd/gd/t20111101_788606.htm，〔2011－11－01〕。

30. 南方日报，2012，《节能低碳齐参与，广东省节能宣传月启动》，http：//tech.southcn.com/t/2012－06/12/content_48009581.htm，〔2012－06－12〕。

31. 辽宁日报，2012，《辽宁（沈阳）节能宣传周启动仪式10日在沈阳举行》，http：//www.gov.cn/gzdt/2012－06/11/content_2158148.htm，〔2012－06－11〕。

32. 辽宁林业职业技术学院，2011，《我院召开首届"育林树人杯"全省高中生征文大赛启动仪式》，http：//www.lnlzy.cn/zhaoshengjiuye－413－news/Info/3077，〔2011－12－31〕。

33. 荆楚网，2010，《湖北"慧"更好大型社会责任工程正式启动》，http：//news.cnhubei.com/gdxw/201010/t1490290.shtml，〔2010－10－16〕。

34. 交通运输部，2012，《各地交通运输部门积极开展节能减排宣传活动》，http：//news.163.com/12/0614/02/83U4ID8B00014JB5.html，〔2012－06－14〕。

35. 陕西省政务大厅，2010，《钟鼓楼广场昨日举行低碳环保生活宣传活动》，http：//www.sxhall.gov.cn/newshow.asp? id＝16703，〔2010－05－17〕。

36. 陕西省人民政府，2012，《省局机关举办"低碳生活，绿色出行"节能宣传签字活动》，http：//www.shaanxi.gov.cn/0/xxgk/1/2/6/543/2897/2906/2916/17622.htm，〔2012－06－28〕。

37. 云南网，2009，《"消除碳足迹"活动揭开植树月序幕》，http：//society.yunnan.cn/html/2009－06/07/content_394425.htm.〔2009－06－07〕。

38. 云南网，2012，《节能低碳绿色发展云南省节能宣传活动于昆明启动》，http：//www.yngreen.cn/html/2012－06/11/content_2244214.htm，〔2012－06－11〕。

39. 云南低碳经济网，2012，《云南大型公益骑行活动即将启幕》，http：//www.yndtjj.com/news1_24539.html，〔2012－08－08〕。

40. 中国网络电视台，2011，《贵阳2011年"地球一小时"活动在人民广场举行》，http：//news. cntv. cn/20110328/109135. shtml，［2011－03－28］。

41. 贵阳新闻网，2012，《贵阳举行"步行日"宣传活动》，http：//www. gywb. cn/main/view/id/174533. htm，［2012－06－12］。

42. 中国林业局，2011，《贵阳举行"绿丝带"大型公益植树活动》，http：//www. forestry. gov. cn/portal/lyjj/s/2427/content－470805. html，［2011－04－02］。

43. 黔中早报，2011，《贵阳"低碳小管家"活动启动》，http：//ms. gog. com. cn/system/2011/12/30/011300582. shtml，［2011－12－30］。

44. 深圳新闻网，2010，《低碳深圳，绿色未来》，http：//www. sznews. com/zhuanti/node_ 61920. htm#，［2010－06－08］。

45. 人民网－天津视窗，2012，《天津市南开区开展"节能低碳绿色发展"节能宣传活动》，http：//www. 022net. com/2012/6－14/513419242717599. html，［2012－06－14］。

46. 天津市职工技术协作网，2012，《天津市第26届科技周科普宣传活动》，http：//www. zghjx. cn/E_ ReadNews. asp？NewsID＝2356，［2012－05－18］。

47. 人民网－天津视窗，2012，《天津市纪念世界环境日暨第17个"津沽环保行"活动启动》，http：//www. 022net. com/2012/5－28/472063382673286. html，［2012－05－28］。

48. 中国保定新闻网，2012，《"世界环境日"低碳社区环保宣传忙》，http：//www. bd. gov. cn/html/bdgov/2012－06/12061115211878956771. html，［2012－06－11］。

49. 《保定晚报》，2011，《"酷中国"项目巡展来保定了》，http：//news. bdall. com/epaper/bdwb/html/2011－10/31/content_ 203529. htm，［2011－10－31］。

50. 燕赵环保网，2012，《地球一小时，把低碳带回家》，http：//www. yzhbw. net/gongyi/2012/60/，［2012－03－15］。

51. 河北法制网，2012，《和谐低碳善美文化保定将全力打造"善美社区"》，http：//baoding. hbfzb. com/html/2012/baodingtoutiao_ 0814/1397. html，［2012－08－14］。

52. 中国城市低碳经济网，2011，杭州市"低碳城市建设"网络科普知识竞赛正式启动，http：//www. cusdn. org. cn/news_ detail. php？md＝226&pid＝319&id＝145077，［2011－07－12］。

53. 新华网江西频道，2012，《环保在儿童低碳进农家"三下乡"走进社区纪实》，http：//www. jx. xinhuanet. com/edu/2012－07/12/c_ 112422926. htm，［2012－07－12］。

54. 中国城市低碳经济网，2011，《南昌响应"地球一小时"活动》，http：//www. cusdn. org. cn/news_ detail. php？md＝226&pid＝326&id＝123603，［2011－03－25］。

55. 厦门商报，2011，《厦门首个低碳公园正式开园千支节能灯换给市民》，http：//hz. focus. cn/news/2011－03－27/1243101. html，［2011－03－27］。

56. 厦门科技馆，2011，《对话爱迪生——低碳生活体验展》，http：//www. xmstm.

com. cn/ScheduleNews. asp？1＝1&typeid＝1&Page＝3，［2011－07－01］。

57. 华龙网—重庆日报，2010，《"我心中的低碳生活"学生征文大赛启动》，http：//cq. cqnews. net/kjxw/201010/t20101029＿4681009. htm，［2010－10－29］。

58. 大渝网，2011，《重庆青少年低碳先锋创造力大赛正式启动》，http：//cq. qq. com/a/20110323/000572. htm，［2011－03－23］。

59. 贵阳市政府，2010，《贵阳市低碳发展行动计划（纲要）（2010～2020）》，［2010－07］。

60. Andrew Jordan，Rudiger Wurzel，Anthony R. Zito and Lars Bruckner，2003. European Governement and Transfer of "NEW" Environmental Policy Instruments in the European Unio，*Public Administration*，81（3）：555－574.

61. 迈克尔·豪利特、M. 拉米什：《公共政策研究：政策循环与政策子系统》，三联书店，2006。

62. 云南省人民政府，2011，《云南省低碳发展规划纲要（2011～2020年）》，（云政发〔2011〕83号），［2011－07－07］。

63. 人民网，2012，《云南省63企业落后产能于2011年12月31日前淘汰》，http：//yn. people. com. cn/finance/news/n/2012/0130/c228596－16703993. html，［2012－01－30］。

64. 中国中小企业贵州信息网，2011，《贵阳市公布淘汰落后产能计划名单，涉及钢铁等6个行业23户企业》，http：//www. smegz. gov. cn/web/assembly/action/browsePage. do？channelID＝1106528297324&contentID＝1306660124919，［2011－05－31］。

65. 重庆市政府，2011，《重庆市2011年淘汰落后产能名单》，［2011－02－09］。

66. 保定市政府信息公开平台，2012，《关于印发保定市城市公交长途客运车辆推广使用液化天然气实施方案的通知（保市府办79号）》，http：//info. bd. gov. cn/content. jsp？code＝000445835/2012－02030，［2012－04－25］。

67. 湖北省政府，2012，《省人民政府关于印发湖北省"十二五"节能减排综合性工作方案的通知》（鄂政发〔2012〕35号），［2012－05－08］。

68. 厦门市政府，2011，《厦门市低碳城市总体规划纲要》，［2011－11－01］。

69. 陕西改革新闻网，2011，《陕西省循环经济促进条例发布》，http：//www. sxggxww. com/2011/0817/4023. html，［2011－08－17］。

70. 南方日报，2011，《广东每年安排3000万元低碳发展专项资金》，http：//www. cnjnsbmh. com/news/13451582. html，［2011－10－21］。

71. 广东省财政厅、发改委，2011，《广东省低碳发展专项资金管理暂行办法》（粤财工〔2011〕131号），［2011－05－19］。

72. 荆楚网－湖北日报，2011，《低碳试点的湖北行动》，http：//roll. sohu. com/20110813/n316236549. shtml，［2011－08－13］。

73. 中国证券报，2011，《辽宁设立新能源和低碳产业投资基金》，http：//

jn. ditan800. com/jienenguanli/51163/，［2011 － 03 － 08］。

74. 国务院法制办公室网，2011，《广东省民用建筑节能条例》，http：//www. chinalaw. gov. cn/article/fgkd/xfg/dfxfg/201112/20111200359068. shtml，［2011 － 12 － 23］。

75. 中国南昌网，2012，《我市对"南昌市机动车排气污染防治条例"中有关行政强制规定作了修改》，http：//xxgk. nc. gov. cn/bmgkxx/hbj/gzdt/zwdt/201205/t20120529_445257. htm，［2012 － 05 － 29］。

76. 湖北建设信息网，2012，《2012 年度全省建筑节能工作意见》（鄂建墙〔2012〕2号），http：//www. hbcic. gov. cn/Web/Article/2012/05/03/0859074490. aspx？ArticleID = b8d8d77c － 779e － 4724 － 9df5 － 14b72d5f33f0，［2012 － 04 － 01］。

77. 新华网，2010，《厦门市机动车 20 日起贴"黄绿标"》，http：//www. fj. xinhuanet. com/nnews/2010 － 12/09/content_ 21587321. htm，［2010 － 12 － 09］。

78. 住房和城乡建设部，2012，《深圳市〈深圳市绿色建筑促进办法（草案）〉发布》，［2012 － 03 － 31］。

79. 国务院法制办公室，2012，《〈天津市节约能源条例〉通过市人大常委会审议》，［2012 － 6 － 5］。

80. 保定市政府办公厅，2012，《关于进一步加强环境保护工作的实施意见》，［2012 － 05 － 08］。

81. 辽宁省煤管局，2012，《关于加快推进煤矿企业兼并重组工作方案》，［2012 － 05 － 23］。

82. 湖北环境保护网，2012，《省人民政府关于印发湖北省"十二五"节能减排综合性工作方案的通知》（鄂政发〔2012〕35 号），［2012 － 05 － 08］。

83. 陕西改革新闻网，2011， 《陕西省循环经济促进条例发布》，http：//www. sxggxww. com/2011/0817/4023_ 2. html，［2011 － 08 － 17］。

84. 天津市滨海新区政府，2011，《滨海新区促进新能源产业发展的若干措施》（津滨政发〔2011〕30 号），［2011 － 05 － 27］。

85. 中国绿色碳汇基金会，2011， 《辽宁设立新能源和低碳产业投资基金》，http：//www. thjj. org/sf_ 1BF768E6126B4F6897B0F16CBBA666B7_ 227_ thxw. html，［2011 － 03 － 05］。

86. 天津市滨海新区政府，2011，《关于印发鼓励绿色经济、低碳技术发展的财政金融支持办法的通知》，［2011 － 02 － 16］。

87. 广东省发展和改革委员会，2012，《关于印发〈2012 年广东国家低碳省试点工作要点〉的通知》（粤发改资环函〔2012〕296 号），［2012 － 02 － 15］。

88. 厦门市建设与管理局，2011，《市建设局、市科技局、市经发局、市政园林局谈低碳城市建设》，http：//www. xmjs. gov. cn/zmhd/ldft/dtcsjs/wzsl/，［2011 － 10 － 12］。

89. 人民网，2010， 《5 城市试点私人购买新能源汽车最高补贴 6 万元》，http：//auto. people. com. cn/BIG5/1049/11756264. html，［2010 － 06 － 02］。

90. 住房和城乡建设部，2012，《深圳市〈深圳市绿色建筑促进办法（草案）〉发布》，

[2012 – 03 – 31]。

91. 广东省发展和改革委，2011，《广东省新能源汽车产业发展工作方案（2010 ～ 2012)》，[2011 – 12 – 22]。

92. 中央网络电视台，2010，《滨海建成首家低碳信息平台》，http：//news. cntv. cn/ 20101119/109029. shtml，[2010 – 11 – 19]。

93. 国家发展改革委员会气候司，2012，《创建碳排放权交易体系，积极应对气候变 化》，[2012 – 07 – 25]。

94. 国家发展改革委员会，2011，《关于开展碳排放权交易试点工作的通知》，[2011 – 10 – 29]。

95. 国家发展改革委员会，2012，《关于印发〈温室气体自愿减排交易管理暂行办法〉 的通知》，[2012 – 06 – 13]。

96. 北京日报，2012. 《本市正式全面启动碳排放权交易试点》，http：// zhengwu. beijing. gov. cn/gzdt/bmdt/t1221981. htm，[2012 – 03 – 29]。

97. 上海市人民政府，2012，《关于开展碳排放交易试点工作的实施意见》（沪府发 〔2012〕64 号），[2012 – 07 – 03]。

98. 全球节能环保网，2012，《上海举行碳排放权交易试点启动仪式》，http：// www. gesep. com/news/show_ 176_ 321432. html，[2012 – 08 – 16]。

99. 广东省人民政府，2012，《广东省碳排放权交易试点工作实施方案》，[2012 – 09 – 07]。

100. 南方日报，2012，《中国首例碳排放权配额交易在广州碳排放交易所完成》， [2012 – 09 – 12]。

101. 广东省发展改革委，2010，《广东省新能源汽车产业发展工作方案》，[2010 – 07 – 07]。

102. 新华网，2010，《深圳设立首个低碳总部基地扶持低碳产业》，http：// news. xinhuanet. com/fortune/2010 – 08/20/c_ 12468334. htm，[2010 – 08 – 20]。

103. 腾讯财经，2010，《深圳私人购买新能源汽车额外补贴最高 6 万元》，http：// finance. qq. com/a/20100706/003633. htm，[2010 – 07 – 06]。

104. 杭州市政府，2011，《杭州市"十二五"低碳城市发展规划》，[2011 – 12 – 14]。

105. 中国昆明，2011，《云南将启动绿色建筑评价标识》，http：//www. km. gov. cn/ structure/xwpdlm/zwdtxx_ 179637_ 2. htm，[2011 – 12 – 29]。

106. 重庆低碳经济和绿色建筑网，2011，《关于印发"重庆市绿色建筑评价标识管理办法" （试行）的通知》，http：//www. cqbeea. com/2011/0513/459. html，[2011 – 05 – 13]。

107. 湖北省建筑节能与墙体材料革新办公室网，2012，《湖北省绿色建筑评价标识管理体 系介绍》，http：//www. hbqgjn. org. cn/book/book_ info. asp? id = 141，[2012 – 01 – 06]。

108. 厦门市人民政府，2009，《厦门市绿色建筑评价标识管理办法》（厦建科〔2009〕 22 号），[2009 – 09 – 02]。

109. 荆州市城市市政园林管理局官，2011，《湖北省"十二五"创建园林城市（县城）工作方案》（鄂建〔2011〕34 号），〔2011 – 05 – 23〕。

110. 厦门市建设与管理局，2011，《关于推荐第一批商品住宅一次性装修部品体系名录的通知》（厦建房〔2011〕35 号），〔2011 – 03 – 30〕。

111. 深圳市科技创新委员会，2012，《关于征集"广东省绿色低碳建筑技术与产品目录"的通知》（粤科函高字〔2012〕541 号），〔2012 – 05 – 18〕。

112. 广东省发展和改革委员会，2011，《2011 年广东低碳发展重点工作计划分工表》，〔2011 – 06 – 15〕。

113. 天津滨海新区参观考察网，2010，《滨海建成首家低碳信息平台》，http：// www. bhswjl. com/newsread2742. html，〔2010 – 11 – 19〕。

114. 辽宁省人民政府，2010，《辽宁省公共机构节能管理办法（第 248 号）》，〔2011 – 01 – 15〕。

115. 厦门商报，2010，《厦门加快建立长效建筑节能管理机制》，http：//info. hvacr. hc360. com/2010/12/270936306314 – 4. shtml，〔2010 – 12 – 27〕。

116. 荆州市城市市政园林管理局，2011，《湖北省"十二五"创建园林城市（县城）工作方案》（鄂建〔2011〕34 号），〔2011 – 05 – 23〕。

117. 辽宁省人民政府，2011，《辽宁省人民政府办公厅转发省经济和信息化委关于全省液化天然气（LNG）推广使用工作方案的通知（辽政办发〔2011〕57 号）》，〔2011 – 10 – 12〕。

118. 国务院，2006，《关于加强节能工作的决定》，〔2006 – 08 – 06〕。

119. 国务院，2007，《关于印发节能减排综合性工作方案的通知》，〔2007 – 05 – 23〕。

120. 国务院，2007，《关于成立国家应对气候变化及节能减排工作领导小组的通知》，〔2007 – 06 – 12〕。

121. 国家发展改革委员会，2010，《关于启动省级温室气体排放清单编制工作有关事项的通知》，〔2010 – 09 – 27〕。

122. 21 世纪经济报道，2010，《中国启动省级温室气体清单编制 7 试点地区须在 2 年内完成清单报告》，http：//finance. sina. com. cn/roll/20101012/09118762762. shtml，〔2010 – 02 – 12〕。

123. 环保部，2010，《2010 年全国环境监测工作要点的通知》，〔2010 – 01 – 04〕。

124. 广东省政府，2012，《关于印发"十二五"控制温室气体排放工作实施方案的通知》，〔2012 – 08 – 20〕。

125. 21 世纪经济报道，2012，《广东首试碳排放总量控制碳强度下降指标分解至 21 市》，http：//www. 21cbh. com/HTML/2012 – 3 – 13/zMMDcyXzQwODgzMw. html，〔2012 – 03 – 13〕。

126. 重庆市政府，2012，《"十二五"控制温室气体排放和低碳试点工作方案》，〔2012 – 10〕。

127. 苏美蓉、陈彬、陈晨、杨志峰、梁辰、王姣：《中国低碳城市热思考：现状、问

题及趋势》,《中国人口·资源与环境》2012年第3期。

128. 国家发展改革委员会,2012,《关于组织推荐申报第二批低碳试点省区和城市的通知》,[2012-04-27]。

129. 国家发改委:《国家发改委关于开展第二批低碳省区和低碳城市试点工作的通知》(发改气候〔2012〕3760号),[2012-11-26]。

B VI 低碳指标篇

Low-carbon indicators

B.20
低碳发展指标

一 能源消费和二氧化碳排放总量

表 20 – 1　能源消费总量及其构成

年份	电热当量计算法 能源消费 总　　量 （万吨标准煤）	发电煤耗计算法						
		能源消费 总　　量 （万吨标准煤）	占能源消费总量的比重（%）					
			煤炭	石油	天然气	水电、核电、 其他能发电	其中	
							水电	核电
1990	95384	98703	76.2	16.6	2.1	5.1	5.1	—
1995	123471	131176	74.6	17.5	1.8	6.1	5.7	0.4
2005	225781	235997	70.8	19.8	2.6	6.8	5.9	0.8
2006	247562	258676	71.1	19.3	2.9	6.7	5.9	0.7
2007	268413	280508	71.1	18.8	3.3	6.8	5.9	0.8
2008	277515	291448	70.3	18.3	3.7	7.7	6.7	0.8
2009	292028	306647	70.4	17.9	3.9	7.8	6.5	0.8
2010	307987	324939	68.0	19.0	4.4	8.6	7.1	0.7
2011	—	348002	68.4	18.6	5.0	8.0	6.4	0.8

　　资料来源：除 2011 年外，其余数据来自《中国能源统计年鉴 2011》；2011 年数据来自《中国统计年鉴 2012》。

表20－2　能源相关的二氧化碳排放量

单位：百万吨二氧化碳

年份	IEA①（部门法）	EIA②	CDIAC③	WRI④	本研究⑤
2000	3037	2850	3107	3038	3133
2005	5103	5513	5257	5058	5126
2006	5645	5817	5797	5604	5645
2007	6072	6184	6112	6028	6076
2008	6549	6721	6339		6214
2009	6801	7205	6658		6511
2010	7217	8321	7351		6825
2011					*7362

注：① IEA. CO$_2$ Emissions from Fuel Combustion 2012 – Highlights（Pre-Release）IEA, http：//www. iea. org/publications/freepublications/publication/name, 4010, en. html, 2012 – 10 – 19；② EIA. International Energy Statistics, Total Carbon Dioxide Emissions from the Consumption of Energy, http：//www. eia. gov/cfapps/ipdbproject/IEDIndex3. cfm? tid =90&pid =44&aid =8, 2012 – 10 – 30；③ CDIAC. Record High 2010 Global Carbon Dioxide Emissions from Fossil-Fuel Combustion and Cement Manufacture Posted on CDIAC Site. 2012 – 09 – 26, http：//cdiac. ornl. gov/trends/emis/prelim_ 2009 _ 2010 _ estimates. html；④ Climate Analysis Indicators Tool（CAIT）Version 8. 0, Washington, DC：World Resources Institute, 2011；⑤根据各种能源燃烧的碳排放系数，分部门进行核算汇总。本研究采用的各种能源的排放系数如下：煤，2.71tCO$_2$/tce；焦炭，3.15tCO$_2$/tce；焦炉煤气，1.28tCO$_2$/tce；其他煤气，1.28tCO$_2$/tce；原油，2.13tCO$_2$/tce；汽油，2.02tCO$_2$/tce；煤油，2.09tCO$_2$/tce；柴油，2.16tCO$_2$/tce；燃料油，2.27tCO$_2$/tce；液化石油气，1.83tCO$_2$/tce；炼厂干气，1.69tCO$_2$/tce；其他石油制品，2.13tCO$_2$/tce；热力，3.22 tCO$_2$/tce；天然气，1.65tCO$_2$/tce。《中国能源统计年鉴2011》新增能源类型：高炉煤气、转炉煤气，1.28tCO$_2$/tce；石脑油、润滑油、石蜡、溶剂油、石油沥青、石油焦，2.13tCO$_2$/tce；液化天然气，2.13tCO$_2$/tce。单位电力碳排放根据当年的能源结构进行计算。2011年数据根据化石能源消费量、能源消费结构粗略不考虑制造业用作原材料的部分。

表20－3　1994年、2005年、2010年中国温室气体排放清单

单位：百万吨二氧化碳当量

年份	排放来源	CO$_2$	CH$_4$	N$_2$O	其他温室气体	合计
1994①	温室气体排放总量	3073	720	264		4057
	能源活动	2795	197	16		3008
	工业生产过程	278		4. 7		283
	农业活动		361	244		605
	废弃物处理		162			162
	土地利用变化和林业	－407				－407
	温室气体净排放量（包含土地利用变化和林业）	2666	720	264		3650

续表

年份	排放来源	CO_2	CH_4	N_2O	其他温室气体	合计
2005[②]	温室气体排放总量	5976	933	394	165	7468
	能源活动	5404	324	40		5768
	工业生产过程	569		34	165	768
	农业活动		529	291		820
	废弃物处理	2.7	80	30		113
	土地利用变化和林业	-422	0.7	0.1		-421
	温室气体净排放量(包含土地利用变化和林业)	5554	933	394	165	7046
2010[③]	温室气体排放总量	8107	925	416	188	9636
	能源活动	7217	388	48		7653
	工业生产过程	890		7.3	188	1085
	农业活动		358	344		702
	废弃物处理		179	17		196

注：①中华人民共和国国家发展与改革委员会，《中华人民共和国气候变化初始国家信息通报》，中国计划出版社，2004：16. ② National Development and Reform Commission P. R. China. The Second National Communication on Climate Change of the People's Republic of China. National Development and Reform Commission P. R. China, 2012：50.③能源活动 CO_2 排放数据来自 IEA, CO_2 Emissions from Fuel Combustion 2012 - Highlights （Pre-Release）, http://www.iea.org/publications/freepublications/publication/name, 4010, en.html, 2012 - 10 - 19；工业生产过程 CO_2 排放数据来自 CDIAC, Record High 2010 Global Carbon Dioxide Emissions from Fossil-Fuel Combustion and Cement Manufacture Posted on CDIAC Site, http：//cdiac.ornl.gov/trends/emis/prelim_ 2009_ 2010_ estimates.html, 2012 - 09 - 26；CH_4、N_2O、其他温室气体排放数据来自 USEPA. DRAFT：Global Anthropogenic Non - CO_2 Greenhouse Gas Emissions：1990 - 2030, http：//www.epa.gov/climatechange/EPAactivities/economics/nonco2projections.html, 2011, August, 甲烷和氧化亚氮是包括一切人为排放源的排放量；其他温室气体包括工业源排放的氢氟碳化物 HFCs，全氟化碳 PFCs，六氟化硫 SF_6。

表 20 - 4　森林碳汇

时期	森林覆盖率[①]（%）	森林面积[①]（万 hm^2）	森林蓄积量[①]（亿 m^3）	森林植被碳吸收速率 MtCO2/a		人工林面积[①]（万 hm^2）	人工林蓄积量[①]（亿 m^3）	人工林植被碳吸收速率 MtCO2/a	
				李克让等[②]	Fang et al[③]			李克让等[②]	Fang et al[③]
1973~1976	12.7	12186	86.6	—	16.3	1139	1.6	—	44
1977~1981	12.0	11528	90.3	-112	-44.0	1273	2.7	35.3	139
1984~1988	13.0	12465	91.4	33	36.7	1874	5.3	78.3	66
1989~1993	13.9	13370	101.4	260	132.0	2137	7.1	58.3	81

续表

时期	森林覆盖率[①] （%）	森林面积[①] （万 hm²）	森林蓄积量[①] （亿 m³）	森林植被碳吸收速率 MtCO₂/a		人工林面积[①] （万 hm²）	人工林蓄积量[①] （亿 m³）	人工林植被碳吸收速率 MtCO₂/a	
				李克让等[②]	Fang et al[③]			李克让等[②]	Fang et al[③]
1994～1998	16.6	15894	112.7	398	88.0	2914	10.1	120	
1999～2003	18.2	17491	124.6	623		3229	15.0	140	
2004～2009	20.4	19545	133.6	*420		6169	19.6	*177	

注：2004～2009 年森林植被、人工林植被碳吸收速率根据森林蓄积量和森林碳储量与蓄积量的关系估算。

资料来源：①历次森林普查数据；②李克让、黄玫、陶波等：《中国陆地生态系统过程即对全球变化响应与适应的模拟研究》，气象出版社，2009；③ Fang J Y, Chen A P, Peng C H, et al. "Changes in Forest Biomass Carbon Storage in China between 1949 and 1998. Science", 2001, 292：2320 - 2322.

表 20 - 5　分部门能源消费总量

单位：万吨标煤

部门指标　　　　　年份	2005	2006	2007	2008	2009	2010
1 能源工业用能和加工、转换、储运损失	78991	87106	95206	95816	100443	107726
1.1 能源工业用能	22892	23572	25087	25536	26835	27288
1.2 加工、转换、储运损失	56100	63534	70119	70280	73608	80438
供热损失	46823	53836	60069	58541	60527	65563
其中：火力发电损失	2907	2799	2734	3364	3355	3580
2 终端能源消费	146790	160457	173207	181699	191584	199178
2.1 农业	3592	3707	3590	3514	3682	3868
2.2 制造业	96287	105683	114298	120735	127362	131280
2.3 交通运输	23049	25272	27376	28847	29917	31840
2.4 建筑	23862	25795	27943	28603	30623	32190
一次能源消费总计	225781	247563	268413	277515	292027	306904

注：中国能源平衡表中终端能源消费分为 7 个部门，本表将这些部门合并为 4 个，即农业部门、制造业部门、交通部门和建筑部门。具体方法为：1. 根据工业分行业终端能源消费量，将煤炭开采和洗选业，石油和天然气开采业，石油化工、炼焦及核燃料加工业，电力、热力的生产和供应业，燃气生产和供应业五个行业归到能源工业；根据中国能源平衡表，将农、林、牧、渔、水利业归为农业部门；将除能源工业外的其他工业和建筑业归为制造业部门；将交通运输、仓储及邮电通信业归为交通部门，批发、零售业和住宿、餐饮业，生活消费及其他行业归为建筑部门。2. 在各部门中，将能源工业、制造业部门、建筑部门内除生活消费外，汽油消费的 95% 和柴油消费的 35% 划分到交通部门；将建筑部门内居民消费的全部汽油、95% 的柴油划分到交通部门；将农业消费的全部汽油及 25% 的柴油划分到交通部门；此外，将交通部门内 15% 的电力消费划分到建筑部门。"交通运输"一栏的能源消耗量不包括外轮、机在中国加油量和中国轮、机在外国加油量。3. 终端能源消费量采用电热当量法计算。4. 此表中建筑部门能源消费量不含集中供暖。

表 20-6　分部门终端二氧化碳排放量

单位：百万吨二氧化碳

部门 \ 年份	2005	2006	2007	2008	2009	2010
能源工业	702	731	773	770	805	819
农业	124	129	128	123	127	130
制造业	3178	3540	3820	935	4114	4335
交通运输	509	558	604	632	654	697
建筑（包含采暖）	1014	1119	1227	1267	1373	1446

注：根据各部门内各能源品种的终端能耗，结合不同能源品种的碳排放因子计算得出。由于部门之间具有一定的交叉，各部门碳排放量之和不等于当年全国碳排放总量。本表中的建筑，包括了集中采暖能耗产生的碳排放。另外，2005~2010 年碳排放数据与《中国低碳发展报告 2011~2012》的数值有出入，是由于增加了其他石油制品及新增能源统计类型的碳排放。

表 20-7　能源工业分行业终端能源消费量

单位：万吨标煤

行业名称 \ 年份	2005	2006	2007	2008	2009	2010
煤炭开采和洗选业	5009	5074	5591	5975	6064	5905
石油和天然气开采业	2459	2505	2588	3141	2823	2992
石油加工、炼焦及核燃料加工业	9496	9574	10462	10273	11364	11651
电力、热力的生产和供应业	5530	6008	6009	5738	6265	6431
燃气生产和供应业	398	412	437	410	319	308
合　计	22892	23573	25087	25537	26835	27287

注：根据《中国能源统计年鉴 2009》《中国能源统计年鉴 2010》《中国能源统计年鉴 2011》中"工业分行业终端能源消费量（标准量）"中的相关数据计算得出。已将各行业汽油消费的 95%，柴油消费的 35% 划分到交通部门。

表 20-8　能源工业分行业二氧化碳排放量

单位：百万吨二氧化碳

行业名称 \ 年份	2005	2006	2007	2008	2009	2010
煤炭开采和洗选业	160	162	176	185	188	184
石油和天然气开采业	71	68	68	77	70	73
石油加工、炼焦及核燃料加工业	225	228	249	241	266	273
电力、热力的生产和供应业	236	264	270	256	270	279
燃气生产和供应业	9	10	11	10	9	10
合　计	701	732	774	769	803	819

注：根据各行业内各能源品种的终端能耗，结合不同能源品种的碳排放因子计算得出。其中石油加工、炼焦及核燃料加工业与《中国低碳发展报告 2011~2012》的数值有出入，是由于增加了其他石油制品的碳排放。2005~2009 年该行业其他石油制品消费量占该行业终端能耗的近 50%。

表20-9 制造业部门分行业能源消费量

单位：万吨标煤

行业名称＼年份	2005	2006	2007	2008	2009	2010
钢铁	33076	37184	41443	43406	47494	47269
有色金属	3886	4512	5360	5736	5950	6456
化工	17580	19496	21313	22026	21882	22773
纺织	3510	3903	4185	4112	4020	4012
造纸	2494	2621	2533	2824	2928	2817
食品、饮料、烟草	1896	2012	2029	2113	2162	2055
其他工业	34836	36806	37892	41311	43300	45897
合 计	97278	106534	114755	121528	127736	131279

注：根据《中国能源统计年鉴2011》中"工业分行业终端能源消费量（标准量）电热当量法"计算得出。其中，钢铁对应于"黑色金属冶炼及压延加工业"；有色金属对应于"有色金属冶炼及压延业"；化工对应于"化学原料及化学制品业"；纺织对应于"纺织业"和"纺织服装、鞋、帽制造业"；造纸对应于"造纸及纸制品业"；"食品、饮料、烟草"对应于"食品制造业""饮料制造业""烟草制品业"；其他工业包含建材工业。

表20-10 制造业部门分行业二氧化碳排放量

单位：百万吨二氧化碳

行业名称＼年份	2005	2006	2007	2008	2009	2010
钢铁	1033	1172	1281	1315	1427	1500
有色金属	168	201	245	247	251	278
化工	540	599	654	659	657	679
纺织	136	158	169	162	158	159
造纸	87	92	89	95	98	96
食品、饮料、烟草	61	66	68	70	71	68
其他工业	1153	1252	1314	1386	1453	1556
合 计	3178	3540	3820	3934	4115	4336

注：根据各行业内各能源品种的终端能耗，结合不同能源品种的碳排放因子计算得出。

表20-11 不同类型建筑的能源消费量

单位：万吨标煤

建筑分类＼年份	2005	2006	2007	2008	2009	2010
城镇住宅除集中采暖外[①]	11813	13129	14827	14980	15622	16316
农村住宅[②]	9475	10188	11083	11585	12436	13072
公共建筑除集中采暖外[③]	11613	12912	13896	14576	16225	17178

续表

建筑分类 ＼ 年份	2005	2006	2007	2008	2009	2010
北方城镇集中采暖④	9571	10659	11827	13054	14594	15550
合 计	42472	46888	51633	54195	58877	62116

注：各类建筑能源消耗和碳排放的计算方法为：①城镇住宅除集中采暖外能耗：中国能源统计年鉴的中国能源平衡表中，城镇生活消费的煤合计、焦炭、焦炉煤气、其他煤气、煤油、液化石油气、天然气、电力和5%的柴油消耗总和；②农村能耗：中国能源统计年鉴的中国能源平衡表中，乡村生活消费的煤合计、焦炭、焦炉煤气、其他煤气、煤油、液化石油气、天然气、电力和5%的柴油消耗总和；③公共建筑除集中采暖外能耗：中国能源统计年鉴的中国能源平衡表中，"交通运输、仓储及邮电通信业"中15%的电力，"批发零售业和住宿、餐饮业""其他"中的煤合计、焦炭、焦炉煤气、其他煤气、煤油、液化石油气、天然气、电力以及65%的柴油，5%的汽油消费的总和；④北方城镇集中采暖：采用《中国建筑节能年度发展研究报告2010》的结果。其中，电力按照发电煤耗法换算为标准煤。

表 20 - 12 不同类型建筑的二氧化碳排放量

单位：百万吨二氧化碳

建筑分类 ＼ 年份	2005	2006	2007	2008	2009	2010
城镇住宅除集中采暖外	254	283	318	313	325	336
农村住宅	235	251	271	277	296	309
公共建筑除集中采暖外	269	300	324	329	364	383
北方城镇集中采暖	256	284	315	347	388	419
合 计	1014	1118	1228	1266	1373	1447

注：根据分行业各能源品种的终端能耗，结合不同能源品种的碳排放因子计算得出。

表 20 - 13 2005 ~ 2011 年发电量

单位：Twh

指标 ＼ 年份	2005	2006	2007	2008	2009	2010	2011
火电	2047.3	2369.6	2722.9	2790.1	2982.8	3331.9	3897.5
核电	53.1	54.8	62.1	68.4	70.1	73.9	87.4
水电	397	435.8	485.3	585.2	615.6	722.2	662.6
风电及其他	1.3	2.7	5.6	13.1	46.1	44.6	73.3
总发电量	2498.7	2862.9	3275.9	3456.8	3714.6	4172.6	4720.8

数据来源：《中国能源统计年鉴2011》《全国电力工业统计快报2011》。

二 能源和二氧化碳排放效率

表 20 - 14 中国单位 GDP 能耗和二氧化碳排放强度

年份	2005 年不变价的 GDP① 亿元	能源消耗总量② 万吨标煤	能源相关的二氧化碳排放总量③ 百万吨二氧化碳	2005 年不变价的万元 GDP 能耗④ 吨标煤/万元	2005 年不变价的万元 GDP 碳耗⑤ 吨二氧化碳/万元
2005	184937	235997	5126	1.28	2.77
2006	208381	258676	5645	1.24	2.71
2007	237893	280508	6076	1.18	2.55
2008	260813	291448	6214	1.12	2.38
2009	284845	306647	6511	1.08	2.29
2010	314603	324939	6825	1.03	2.17
2011	343861	348002	7362	1.01	2.14
年份	2010 年不变价的 GDP 亿元	能源消耗总量 万吨标煤	能源相关的二氧化碳排放总量 百万吨二氧化碳	2010 年不变价的万元 GDP 能耗 吨标煤/万元	2010 年不变价的万元 GDP 碳耗 吨二氧化碳/万元
2010	401513	324939	6825	0.809	1.70
2011	438854	348002	7362	0.793	1.68

注：①根据《中国统计年鉴 2012》中的相关数据计算得出；②《中国统计年鉴 2012》中发电煤耗法计算的历年能源消耗；③表 20 - 2 本研究计算结果；④能源消耗总量/2005 年不变价的 GDP，能源消耗总量/2010 年不变价的 GDP；⑤能源相关的二氧化碳排放量/2005 年不变价的 GDP，能源相关的二氧化碳排放量/2010 年不变价的 GDP。

表 20 - 15 电力行业主要能耗指标

指标 \ 年份		2005	2006	2007	2008	2009	2010	2011	国际先进水平
供电煤耗	gce/kWh	370	367	356	345	340	333	330	294
发电煤耗	gce/kWh	343	342	332	322	320	312	309	280
厂用电率	%	5.87	5.93	5.83	5.90	5.76	5.43	5.39	
线路损失率	%	7.21	7.04	6.97	6.79	6.72	6.53	6.52	

资料来源：2005~2009 年数据来自《中国能源统计年鉴 2011》，2010 年数据来自中电联《电力行业 2010 年发展情况综述》，2011 年数据来自《中电联发布全国电力工业统计快报（2011 年）》。中国火电厂数据是 6000kW 以上机组数据。

表 20 - 16　火力发电度电碳排放

指标＼年份	单位	2005	2006	2007	2008	2009	2010
火力发电碳排放总量[①]	MtCO₂	1917.1	2212.5	2491.4	2477.0	2584.1	2811.6
火电发电量[②]	TWh	2047.3	2369.6	2722.9	2790.0	2982.8	3331.9
火力发电度电排放[③]	gCO₂/kWh	936.4	933.7	915.0	887.8	866.3	843.8

注：①根据《中国能源统计年鉴2011》中火电能源消耗乘以排放系数得出；②《中国能源统计年鉴2011》数据；③火电碳排放总量/火力发电量。

表 20 - 17　制造业部门内分行业单位工业增加值终端能耗

单位：吨标煤/万元

行业名称＼年份	2005	2006	2007	2008	2009	2010
钢铁	6.34	6.17	5.89	5.78	5.83	5.43
有色金属	3.58	3.42	3.68	3.48	3.19	3.25
化工	4.93	4.85	4.53	4.32	3.83	3.48
纺织	1.18	1.21	1.14	1.04	0.95	0.87
造纸	2.91	2.79	2.36	2.37	2.23	1.88
食品、饮料、烟草	0.54	0.53	0.47	0.44	0.41	0.35
制造业部门平均	2.10	2.02	1.89	1.79	1.70	1.55

注：工业增加值为2005年不变价。能源消耗采用《中国能源统计年鉴2009》《中国能源统计年鉴2010》《中国能源统计年鉴2011》中工业分行业终端能源消费量发电煤耗法，未扣除汽油、柴油等用于交通运输的使用量。

表 20 - 18　制造业部门内分行业单位工业增加值终端能源消费碳排放强度

单位：吨二氧化碳/万元

行业名称＼年份	2005	2006	2007	2008	2009	2010
钢铁	16.72	16.30	15.17	14.78	14.87	14.43
有色金属	8.13	7.80	8.34	7.71	7.08	7.14
化工	11.48	11.31	10.54	9.92	8.80	8.11
纺织	2.74	2.81	2.68	2.37	2.15	1.99
造纸	7.05	6.79	5.75	5.65	5.34	4.66
食品、饮料、烟草	1.31	1.28	1.14	1.05	0.97	0.85
其他工业	2.45	2.27	2.04	1.92	1.80	2.17
工业部门平均	4.48	4.30	3.98	3.71	3.50	3.86

注：工业增加值为2005年不变价。未扣除汽油、柴油等用于交通运输的排放量。

表 20 – 19　制造业部门内分行业增加值（2005 年不变价）

单位：亿元

行业名称＼年份	2005	2006	2007	2008	2009	2010
钢　铁	6181	7192	8448	8899	9596	10394
有色金属	2065	2573	2933	3207	3549	3899
化　工	4699	5301	6206	6646	7472	8377
纺　织	4986	5617	6326	6845	7317	8005
造　纸	1227	1357	1544	1690	1835	2070
食　品	4700	5176	5938	6627	7262	8010
其他工业	47118	55169	64558	72056	80591	71728
合　计	70976	82385	95953	105970	117622	112483

表 20 – 20　制造业部门内的行业增加值结构（2005 年不变价）

单位：%

行业名称＼年份	2005	2006	2007	2008	2009	2010
钢　铁	8.71	8.73	8.80	8.40	8.16	9.24
有色金属	2.91	3.12	3.06	3.03	3.02	3.47
化　工	6.62	6.43	6.47	6.27	6.35	7.45
纺　织	7.02	6.82	6.59	6.46	6.22	7.12
造　纸	1.73	1.65	1.61	1.59	1.56	1.84
食　品	6.62	6.28	6.19	6.25	6.17	7.12
其他工业	66.39	66.97	67.28	68.00	68.52	63.76

表 20 – 21　主要制造业产品综合能耗

产品能源效率指标	单位	2000 年	2005 年	2010 年	2011 年	国际先进水平[①]
钢可比能耗[③]	kgce/t	784	732	681	675	610
电解铝交流电耗	kWh/t	15418	14575	13979	13913	13800
铜冶炼综合能耗[②]	kgce/t	1227	780	500	497	360
水泥综合能耗[④]	kgce/t	183	178	143	133	118
砖瓦综合能耗[⑤]	kgce/万块标准砖	860	580	600	600	300
建筑陶瓷综合能耗	kgce/m²	8.6	6.8	5.7	5.5	3.4
平板玻璃综合能耗	kgce/重量箱	25.0	22.7	16.9	16.5	13
原油加工综合能耗	kgce/t	118	114	100	97	73
乙烯综合能耗[⑥]	kgce/t	1125	1073	950	895	629
合成氨综合能耗[⑦]	kgce/t	1699	1700	1587	1568	990
烧碱综合能耗[⑧]	kgce/t	1439	1297	1006	1060	910

续表

产品能源效率指标	单位	2000 年	2005 年	2010 年	2011 年	国际先进水平[①]
电石电耗	kWh/t	3475	3450	3340	3450	3000
纸和纸板综合能耗						
全行业	kgce/t	912	528	427	380	
自制浆企业	kgce/t	1540	1380	1200	1170	580
化纤电耗	kWh/t	2276	1396	967	951	900

注：①国际先进水平是居世界领先水平国家的平均值。②中外历年产品综合能耗中，电耗均按发电煤耗折算标准煤。③中国钢可比能耗为大中型企业，2011 年，大中型企业产量占全国的 86.3%。④水泥综合能耗按熟料热耗加水泥综合电耗计算，电耗按当年发电煤耗折算标准煤。国际先进水平为日本。2010 年，中、日熟料热耗分别为 115kgce/和 96kgce，电耗分别为 89kWh 和 78kWh。⑤砖瓦综合能耗国际先进水平为美国。⑥乙烯综合能耗国际先进水平为中东地区，主要用乙烷做原料，中国主要用石脑油做原料。⑦中国合成氨综合能耗是以煤、油、气为原料的大、中、小型企业的平均值。2010 年，中国煤占 79%。代表国际先进水平的是美国，天然气占合成氨原料的 98%。⑧烧碱综合能耗是离子膜法和隔膜法产量的加权平均值，离子膜法综合能耗比隔膜法低 30%。2011 年中国离子膜法产量占比为 86.5%。

资料来源：国家统计局；工业和信息化部；中国煤炭工业协会；中国电力企业联合会；中国钢铁工业协会；中国有色金属工业协会；中国建筑材料工业协会；中国化工节能技术协会；中国造纸协会；中国化纤协会；日本能源经济研究所，日本能源与经济统计手册 2012 年版；日本钢铁协会；韩国钢铁协会；日本水泥协会；日本能源学会志；IEA, Energy Statistics of OECD Countries；（USA）National Mining Association。

表 20 – 22 分建筑类型的单位建筑能耗

单位：千克标煤/平方米

建筑类型 \ 年份	2005	2006	2007	2008	2009	2010
北方城镇集中采暖	17.78	17.45	17.16	16.88	16.60	16.28
城镇住宅除集中采暖外	10.97	11.63	12.56	12.15	11.49	11.33
农村住宅	4.28	4.50	4.81	4.91	5.19	5.35
公共建筑除集中采暖外	20.44	20.95	20.91	20.45	21.90	21.85
中国平均	11.12	11.86	12.61	12.85	13.10	13.30

表 20 – 23 分建筑类型的单位建筑碳排放

单位：千克二氧化碳/平方米

建筑类型 \ 年份	2005	2006	2007	2008	2009	2010
北方城镇集中采暖	47.5	46.5	45.7	44.9	44.1	43.9
城镇住宅除集中采暖外	23.6	25.1	26.9	25.4	23.9	23.3
农村住宅	10.6	11.1	11.8	11.8	12.4	12.6
公共建筑除集中采暖外	47.3	48.7	48.7	46.2	49.2	48.7
中国平均	26.3	27.9	29.6	29.4	30.5	31.0

表 20 – 24　不同建筑类型的建筑面积

单位：亿平方米

建筑类型 ＼ 年份	2005	2006	2007	2008	2009	2010
城镇住宅	107.7	112.9	118.1	123.3	136.0	144.0
公 建	56.8	61.6	66.4	71.3	74.1	78.6
农村建筑	221.4	226.4	230.6	235.9	239.5	244.4

表 20 – 25　不同建筑类型占总建筑面积的百分比

单位：%

建筑类型 ＼ 年份	2005	2006	2007	2008	2009	2010
城镇住宅	27.91	28.16	28.45	28.64	30.25	30.84
公 建	14.72	15.37	16.00	16.56	16.48	16.83
农村建筑	57.37	56.47	55.55	54.80	53.27	52.33

表 20 – 26　不同运输方式的能源效率

指标	单位	2005 年	2010 年	2011 年
铁路	吨标煤/百万·吨公里	5.59	4.96	4.78
单位运输工作量综合能耗	吨标煤/百万·吨公里	6.48	5.01	4.76
单位运输工作量主营综合能耗	吨标煤/百万·吨公里		4.12	3.90
公路	吨标煤/百万·吨公里	55.6	52.8	50.5
城市公交企业	千克标煤/百车公里			48.8
班线客运企业	千克标煤/百车公里			11.3
专业货运企业	千克标煤/百车公里			2.2
民航	吨标煤/百万·吨公里	619	502	494
每吨公里耗油	公斤油/吨·公里	0.336	0.298	
水运	吨标煤/百万·吨公里	5.08	4.72	4.49
远洋和沿海货运企业	千克标煤/千吨海里			7.0

数据来源：中国交通年鉴 2001~2009 年；《2011 年铁道统计公报》；《2011 年公路水路交通运输行业发展统计公报》。

表 20 – 27　不同运输方式的客运、货运量

指标 ＼ 年份		2005	2006	2007	2008	2009	2010	2011
客运量（万人）	铁路	115583	125656	135670	146193	152451	167609	186226
	公路	1697381	1860487	2050680	2682114	2779081	3052738	3286220
	水运	20227	22047	22835	20334	22314	22392	24556
	民航	13827	15968	18576	19251	23052	26769	29317

指标\年份		2005	2006	2007	2008	2009	2010	2011
货运量 （万吨）	铁路	269296	288224	314237	330354	333348	364271	393263
	公路	1341778	1466347	1639432	1916759	2127834	2448052	2820100
	水运	219648	248703	281199	294510	318996	378949	425968
	民航	307	349	402	408	446	563	558
	管道	31037	33436	40552	43906	44598	49972	57073

数据来源：《中国统计年鉴2012》。

表 20 – 28　不同运输方式的旅客、货物周转量

指标\年份		2005	2006	2007	2008	2009	2010	2011
旅客周转量 （亿人公里）	铁路	6062	6622	7216	7779	7879	8762	9612
	公路	9292	10131	11507	12476	13511	15021	16760
	水运	68	74	78	59	69	72	75
	民航	2045	2371	2792	2883	3375	4039	4537
货物周转量 （亿吨公里）	铁路	20726	21954	23797	25106	25239	27644	29466
	公路	8693	9754	11355	32868	37189	43390	51375
	水运	49672	55486	64285	50263	57557	68428	75424
	民航	79	94	116	120	126	179	174
	管道	1088	1551	1866	1944	2022	2197	2885

数据来源：《中国统计年鉴2012》。

表 20 – 29　交通运输结构

单位：%

指标\年份		2005	2006	2007	2008	2009	2010	2011
客运量 结构	铁路	6.26	6.21	6.09	5.10	5.12	5.13	5.28
	公路	91.90	91.91	92.05	93.52	93.35	93.37	93.19
	水运	1.10	1.09	1.03	0.71	0.75	0.68	0.70
	民航	0.75	0.79	0.83	0.67	0.77	0.82	0.83
旅客 周转量 结构	铁路	34.71	34.49	33.42	33.53	31.73	31.41	31.02
	公路	53.20	52.77	53.29	53.78	54.41	53.85	54.09
	水运	0.39	0.39	0.36	0.25	0.28	0.26	0.24
	民航	11.71	12.35	12.93	12.43	13.59	14.48	14.64
货运量 结构	铁路	14.46	14.15	13.81	12.78	11.80	11.24	10.64
	公路	72.06	71.98	72.04	74.12	75.32	75.52	76.28
	水运	11.80	12.21	12.36	11.39	11.29	11.69	11.52
	民航	0.02	0.02	0.02	0.02	0.02	0.02	0.02
	管道	1.67	1.64	1.78	1.70	1.58	1.54	1.54

续表

指 标 年 份		2005	2006	2007	2008	2009	2010	2011
货物周转量结构	铁路	25.82	24.71	23.46	22.76	20.67	19.49	18.49
	公路	10.83	10.98	11.20	29.80	30.45	30.59	32.25
	水运	61.89	62.46	63.39	45.57	47.13	48.24	47.34
	民航	0.10	0.11	0.11	0.11	0.10	0.13	0.11
	管道	1.36	1.75	1.84	1.76	1.66	1.55	1.81

三 能源消费结构

表20-30 制造业部门能源消费结构

单位：%

能源类型 年 份	2005	2006	2007	2008	2009	2010
固体燃料	62.86	61.07	57.59	58.42	58.83	56.68
液体燃料	8.23	8.26	8.15	7.66	7.27	9.87
气体燃料	6.86	7.41	9.65	9.74	9.75	6.40
热 力	4.36	4.41	4.41	4.15	4.05	4.55
电 力	17.68	18.85	20.20	20.04	20.10	22.51

注：制造业能源消费结构根据《中国能源统计年鉴2011》中"工业分行业终端能源消费量（标准量）电热当量法"计算，已将制造业内部汽油消费的95%，柴油消费的35%划分到交通部门。固体燃料包括：煤合计、焦炭；液体燃料包括：油品合计；气体燃料包括：焦炉煤气、高炉煤气、转炉煤气、其他煤气、天然气、液化天然气。

表20-31 建筑部门能源消费结构

单位：%

能源类型 年 份	2005	2006	2007	2008	2009	2010
固体燃料	42.30	39.13	35.20	33.09	32.40	30.64
液体燃料	15.27	15.26	15.65	14.20	13.74	13.52
气体燃料	8.12	9.28	11.02	12.18	11.95	13.21
热 力	8.34	8.58	8.31	8.68	8.63	8.35
电 力	25.97	27.75	29.82	31.85	33.28	34.28

注：建筑部门能源消费结构根据《中国能源统计年鉴2011》中"工业分行业终端能源消费量（标准量）电热当量法"计算，已扣除相应比例的汽油、柴油到交通部门。固体燃料包括煤合计、焦炭；液体燃料包括油品合计；气体燃料包括焦炉煤气、高炉煤气、转炉煤气、其他煤气、天然气、液化天然气。建筑部门能源消费结构为不包括采暖的能源结构。

表 20-32 交通运输部门能源消费结构

单位：%

能源类型＼年份	2005	2006	2007	2008	2009	2010
煤	2.71	2.31	1.97	1.76	1.67	1.41
汽油	30.75	30.29	29.44	31.11	30.10	27.66
煤油	6.08	5.88	6.07	5.99	6.46	7.40
柴油	48.40	48.63	48.80	49.95	49.53	50.65
燃料油	7.82	8.37	9.18	5.66	5.97	5.95
液化石油气	0.35	0.36	0.34	0.32	0.31	0.32
天然气	1.78	2.00	1.96	2.91	3.62	3.33
电力	1.95	1.93	2.03	2.07	2.15	2.41
其他	0.16	0.23	0.21	0.22	0.17	0.87

注：交通运输部门能源消费结构根据《中国能源统计年鉴2011》中"工业分行业终端能源消费量（标准量）电热当量法"计算，已将能源工业、农业、制造业、建筑部门内部汽油、柴油消费，按相应比例划分到交通部门。

表 20-33 2005~2011 年用电结构

单位：%

指标＼年份	2005	2006	2007	2008	2009	2010	2011
火电	81.9	82.7	83.0	80.5	80.3	79.2	82.5
核电	2.1	1.9	1.9	2.0	1.9	1.8	1.9
水电	15.9	15.2	14.8	16.9	16.6	17.2	14.0
风电及其他	0.1	0.2	0.3	0.7	1.2	1.1	1.6

数据来源：《中国能源统计年鉴2011》《全国电力工业统计快报2011》。

表 20-34 2005~2011 年电力行业装机容量

单位：万千瓦

指标＼年份	2005	2006	2007	2008	2009	2010	2011
火力发电装机容量	39137	48382	55607	60285	65108	70967	76546
水电装机容量	11738	12857	14526	17260	19629	21605	23051
风电装机容量	127	256	587	1202	2581	4473	6240
核电装机容量	657	757	900	900	908	1082	1257
光伏	7	8	10	15	30	86	306

数据来源：《中国能源统计年鉴2011》《全国电力工业统计快报2011》。

四 国际比较

表20－35 2010年世界各地温室气体排放情况

单位：百万吨二氧化碳当量，吨二氧化碳当量/人

| 地 区 | 温室气体排放总量 | 二氧化碳 | 其中 | | 甲烷③ | 氧化亚氮③ | 其他温室气体③ | 人均二氧化碳排放量 | 人均温室气体排放总量 |
			能源燃烧①	水泥生产②					
中国	9694	8107	7217	890	925	416	246	6.06	7.24
美国	6530	5378	5369	9	642	345	165	17.34	21.06
欧盟27国	4010	3152	3057	95	403	381	74	7.67	9.76
OECD国家	15569	12676	12440	236	1562	942	389	10.29	12.64
非OECD国家	26949	18140	16737	1403	5632	2691	486	3.24	4.82
世界	43617	31915	30276	1639	7194	3633	875	4.68	6.39

注：① IEA，CO_2 Emissions from Fuel Combustion 2012 – Highlights（Pre-Release），http：//www.iea.org/publications/freepublications/publication/name，4010，en. html，2012 – 10 – 19；② CDIAC. Record High 2010 Global Carbon Dioxide Emissions from Fossil-Fuel Combustion and Cement Manufacture Posted on CDIAC Site. http：//cdiac. ornl. gov/trends/emis/prelim_ 2009_ 2010_ estimates. html，2012 – 09 – 26；③ USEPA. DRAFT：Global Anthropogenic Non-CO_2 Greenhouse Gas Emissions：1990 – 2030. http：//www. epa. gov/climatechange/EPAactivities/economics/nonco2projections. html，2011，August. 甲烷和氧化亚氮是包括一切人为排放源的排放量；其他温室气体包括破坏大气臭氧层的ODS物质和工业源排放的氢氟碳化物HFCs，全氟化碳PFCs，六氟化硫SF_6。

表20－36 火电厂发电煤耗国际比较

单位：克标煤/千瓦时

年份 国家	1990	1995	2000	2005	2006	2007	2008	2009	2010	2011
中国①	392	379	363	343	342	332	322	320	312	308
日本②	317	315	303	301	299	300	292		294	
德国	309	322	309	301	306					
韩国	332	322	311	302	300					

注：① 6MW以上机组；②九大电力公司平均。

资料来源：《中国能源统计年鉴2011》。

表20－37 火电厂供电煤耗国际比较

单位：克标煤/千瓦时

年份 国家	1990	1995	2000	2005	2006	2007	2008	2009	2010	2011
中国	427	412	392	370	367	356	345	340	333	329
日本	332	330.6	316	313.7	312.2	311.8	309.9	307	306	—

资料来源：《中国能源统计年鉴2011》。

B VII 附录

Appendices

B.21

附录一 名词解释

名　　词	含义解释
风险投资（VC）	根据美国全美风险投资协会的定义，风险投资是由职业金融家投入到新兴的、迅速发展的、具有巨大竞争潜力的企业中的一种权益资本
私募股权投资（PE）	指投资于非上市股权，或者上市公司非公开交易股权的一种投资方式。从投资方式角度看，私募股权投资是指通过私募形式对私有企业，即非上市企业进行的权益性投资，在交易实施过程中附带考虑了将来的退出机制，即通过上市、并购或管理层回购等方式，出售持股获利
表内融资	以公司的资产和信用作为依托进行融资和项目开发的融资方式
信托投资	指金融信托投资机构用自有资金及组织的资金进行的投资。信托投资的方式可分为两种：一种是参与经营的方式，称为股权式投资，即由信托投资机构委派代表参与对投资企业的领导和经营管理，并以投资比例作为分取利润或承担亏损责任的依据。另一种方式是合作方式，称为契约式投资，即仅作资金投入，不参与经营管理。这种方式的投资，信托投资机构投资后按商定的固定比例，在一定年限内分取投资收益，到期后或继续投资，或出让股权并收回所投资金
项目融资	项目融资以项目本身良好的经营状况和项目建成、投入使用后的现金流量作为偿还债务的资金来源。它将项目的资产而不是业主的其他资产作为借入资金的抵押的一种融资方式
融资租赁	融资租赁是一种由出租方融资，为承租方提供设备，承租方只需要按期交纳一定的租金，并在合同期后灵活处理残值的现代投融资业务，是一种具有融资和融物双重功能的合作

续表

名　　词	含义解释
溢价收益	溢价收益指所支付的实际金额超过项目股权的账面价值的部分
资本金	指项目投资中企业的自有资金部分,此部分资金由企业筹集,其来源可能为企业的利润,或企业从股市、债券市场等渠道筹集到的资金
政策性银行	政策性银行是指由政府发起、出资成立,为贯彻和配合政府特定经济政策和意图而进行融资和信用活动的机构
离岸债券	借款人在本国境外市场发行的以本国货币为面值的债券
基准利率	基准利率是金融市场上具有普遍参照作用的利率,其他利率水平或金融资产价格均可根据这一基准利率水平来确定。在中国,以中国人民银行对国家专业银行和其他金融机构规定的存贷款利率为基准利率
授信额度	银行向客户提供的一种灵活便捷、可循环使用的授信产品,只要授信余额不超过对应的业务品种指标,无论累计发放金额和发放次数为多少,均可快速向客户提供短期授信
基石投资者	主要是一些一流的机构投资者、大型企业集团以及知名富豪或其所属企业。基石投资者需要承诺购买,且上市后锁定 6 至 12 个月,此外基石投资者要在公司的招股书中披露,需要公开一些相关信息
内部收益率	投资项目各年现金流量的折现值之和为项目的净现值,净现值为零时的折现率就是项目的内部收益率
外源融资	外源融资是指企业通过一定方式向企业之外的其他经济主体筹集资金。外源融资方式包括银行贷款、发行股票、企业债券等,此外,企业之间的商业信用、融资租赁从一定意义上说也属于外源融资的范围
特许权招标	在没有出台统一的上网电价之前,由政府组织,以单个发电项目进行招标的形式来确定上网电价的行为
燃煤脱硫上网电价	指燃煤电厂脱硫后的火电上网电价
863 计划	国家高技术研究发展计划

B . 22
附录二　单位对照表

单位符号	含义
GW	10^9 W(吉瓦)
MW	10^6 W(兆瓦)
kWh	千瓦时
TWh	10^9 千瓦时
欧元/tCO_2	吨二氧化碳价格
m^2	平方米
km^2	平方公里
μm	微米
g/W	克/瓦
mm × mm	毫米 × 毫米
gce	克标准煤
kgce	千克标准煤
tce	吨标准煤

B.23
附录三　英文缩略词对照表

英文缩略词	含　义
REN21	Renewable Energy Policy Network for the 21st century
UNEP	United Nations Environment Programme
EPIA	European Photovoltaic Industry Association
SEMI	Semiconductor Equipment and Materials International Inc.
CPIA	China PV Industry Association
BOT	Build-operate-transfer
HKEx	Hongkong Exchanges and Clearing Limited
CDM	Carbon Development Mechanism
EB	Executive Board
GDP	Gross Domestic Production
iPO	Initial Public Offerings
CHUEE	China Utility-based Energy Efficiency Program
WWF	World Wide Fund For Nature
SPF	Strategic Program Fund
MRV	Measurement, Report, Verification
LNG	Liquefied Natural Gas
APEC	Asia-Pacific Economic Cooperation

Index of Figures and Tables

权威报告　热点资讯　海量资源

当代中国与世界发展的高端智库平台

皮书数据库 www.pishu.com.cn

皮书数据库是专业的人文社会科学综合学术资源总库，以大型连续性图书——皮书系列为基础，整合国内外相关资讯构建而成。包含七大子库，涵盖两百多个主题，囊括了近十几年间中国与世界经济社会发展报告，覆盖经济、社会、政治、文化、教育、国际问题等多个领域。

皮书数据库以篇章为基本单位，方便用户对皮书内容的阅读需求。用户可进行全文检索，也可对文献题目、内容提要、作者名称、作者单位、关键字等基本信息进行检索，还可对检索到的篇章再作二次筛选，进行在线阅读或下载阅读。智能多维度导航，可使用户根据自己熟知的分类标准进行分类导航筛选，使查找和检索更高效、便捷。

权威的研究报告，独特的调研数据，前沿的热点资讯，皮书数据库已发展成为国内最具影响力的关于中国与世界现实问题研究的成果库和资讯库。

皮书俱乐部会员服务指南

1.谁能成为皮书俱乐部会员？

- 皮书作者自动成为皮书俱乐部会员；
- 购买皮书产品（纸质图书、电子书、皮书数据库充值卡）的个人用户。

2.会员可享受的增值服务：

- 免费获赠该纸质图书的电子书；
- 免费获赠皮书数据库100元充值卡；
- 免费定期获赠皮书电子期刊；
- 优先参与各类皮书学术活动；
- 优先享受皮书产品的最新优惠。

社会科学文献出版社 皮书系列
SOCIAL SCIENCES ACADEMIC PRESS (CHINA)

卡号：6031434421251144

密码：

（本卡为图书内容的一部分，不购书刮卡，视为盗书）

3.如何享受皮书俱乐部会员服务？

（1）如何免费获得整本电子书？

购买纸质图书后，将购书信息特别是书后附赠的卡号和密码通过邮件形式发送到pishu@188.com，我们将验证您的信息，通过验证并成功注册后即可获得该本皮书的电子书。

（2）如何获赠皮书数据库100元充值卡？

第1步：刮开附赠卡的密码涂层（左下）；

第2步：登录皮书数据库网站（www.pishu.com.cn），注册成为皮书数据库用户，注册时请提供您的真实信息，以便您获得皮书俱乐部会员服务；

第3步：注册成功后登录，点击进入"会员中心"；

第4步：点击"在线充值"，输入正确的卡号和密码即可使用。

法 律 声 明

  "皮书系列"（含蓝皮书、绿皮书、黄皮书）由社会科学文献出版社最早使用并对外推广，现已成为中国图书市场上流行的品牌，是社会科学文献出版社的品牌图书。社会科学文献出版社拥有该系列图书的专有出版权和网络传播权，其 LOGO（▨）与"经济蓝皮书"、"社会蓝皮书"等皮书名称已在中华人民共和国工商行政管理总局商标局登记注册，社会科学文献出版社合法拥有其商标专用权。

  未经社会科学文献出版社的授权和许可，任何复制、模仿或以其他方式侵害"皮书系列"和 LOGO（▨）、"经济蓝皮书"、"社会蓝皮书"等皮书名称商标专用权的行为均属于侵权行为，社会科学文献出版社将采取法律手段追究其法律责任，维护合法权益。

  欢迎社会各界人士对侵犯社会科学文献出版社上述权利的违法行为进行举报。电话：010 - 59367121，电子邮箱：fawubu@ ssap. cn。

社会科学文献出版社